Erich Hubala
Otto Mayer
Wolf-Christian von der Mülbe

Die Residenz zu Würzburg

Erich Hubala/Otto Mayer

Die Residenz zu Würzburg

Aufnahmen von
Wolf-Christian von der Mülbe

edition popp

CIP-Kurztitelaufnahme der Deutschen Bibliothek

Hubala, Erich:
Die Residenz zu Würzburg / Erich Hubala ; Otto Mayer.
Aufnahmen von Wolf-Christian von der Mülbe.
– 1. Aufl. – Würzburg : Edition Popp im Arena-Verl., 1984.
ISBN 3–88155–111–5
NE: Mayer, Otto:

1. Auflage 1984

Alle Fotos der Bildteile und des Schutzumschlages von Wolf-Christian von der Mülbe, Dachau (außer den historischen Aufnahmen des Spiegelkabinetts)
Reproduktion 4farbig und schwarzweiß: Offset-Reprostudio Kirschbaum & Mende, Rottendorf
Gesamtherstellung: Richterdruck, Würzburg
Herstellung und Gestaltung: Winfried Popp
Lektorat: Rainer Brand
ISBN 3–88155–111–5

Erich Hubala

Otto Mayer

Die Würzburger Residenz. Geschichte ihres Ruhmes

Das heutige Bild der Würzburger Residenz, unser Urteil über die Architektur dieses ehemals fürstbischöflichen Schlosses, ist ein gewordenes. Es hat sich mit der Entstehung des Bauwerks und im Lauf der Zeiten und Kunstanschauungen gebildet, gewandelt und entfaltet, verdunkelt und geklärt. Selbst eine sogenannte »unvoreingenommene« Auffassung des Schloßbaus enthält viel aus dieser Überlieferung, denn wir selbst sind von Geschichte und Herkunft geprägt, und zwar auch dann, wenn wir das bestreiten, ja dann sogar in besonders hinderlicher Weise. Erst die Bereitschaft, die Bedingtheit unseres Bewußtseins anzuerkennen und dementsprechend auch die Möglichkeit zur kritischen Prüfung dieser Bedingtheit, macht uns gegenüber dem historischen Denkmal und gegenüber dem architektonischen Kunstwerk in dem Maße frei, das wir Menschen den stummen Zeugnissen der Vergangenheit gegenüber erreichen können. Die kritische Beschäftigung mit den faßbaren Spuren der Überlieferung ist also der beste Zugang zum Verständnis des Bauwerks der Residenz.

Auch aus einem anderen Grunde ist das ein notwendiger, nicht nur ein empfehlenswerter Weg. Denn die verschiedenen Stimmen des Lobes, des Tadels, der Rühmung oder der betrachtenden Würdigung, Äußerungen verschiedener Zeiten, solche, die aus offensichtlichem Interesse oder mit erkennbaren Tendenzen getan worden sind – all das bildet ein willkommenes Korrektiv unserer Impressionen und Beobachtungen und mehr noch: Es enthält gerade im Falle der Residenz in Würzburg nicht nur Spuren und Reflexe zeitbedingten Geschmacks, ideologischer Befangenheit, sondern im Kern etwas Richtiges, etwas Treffendes, was sich im heutigen Urteil erhalten hat und was wert ist entfaltet, nicht vergessen zu werden. Es mag sein, daß ein Betrachter des Bauwerks in Würzburg, dem eine lange Erfahrung mit mittelalterlicher und neuerer Baukunst Europas eignet oder der über eine geheimnisvolle Verständnisbereitschaft mit wahrhaft guter Architektur verfügt, diesen Kern spontan und ohne Kenntnis der Tradition erfassen kann. Auch für ihn aber dürfte es nicht gleichgültig sein zu wissen, daß er zwar nichts Neues, aber offenbar Wahres erfahren hat. Freilich sind Beschränkungen und gezielte Auswahl unerläßlich. Es wäre für unsere Absicht nutzlos, wenn auch recht kurzweilig, als scheinbaren Beweis für die Entwicklung des Bewußtseins vom Rang dieser Architektur eine lockere Blütenlese von Äußerungen zu bieten, die aus völlig verschiedenen Interessen und Situationen stammen und durch bekannte Namen aus der deutschen und europäischen Geisteswelt ausgezeichnet sind.

Nur zwei Beispiele, um das Gesagte mit Blick auf unser Thema zu verdeutlichen: »Das bischöfliche Residenzschloß zeichnet sich unter den Häusern aus. Es ist lang und breit. Schön kann man es nicht nennen. Der Platz vor demselben ist angenehm. Er ist von beiden Seiten durch eine Kolonnade eingeschlossen, deren jede ein Obelisk ziert.« So schrieb Heinrich von Kleist am 11. Oktober des Jahres 1800 aus und über Würzburg und bestätigte damit die Erfahrung, daß schon vor unseren Tagen bedeutende Männer Belangloses über Architektur äußern konnten, ohne daß sie es selbst und wohl auch andere bemerkt hätten. Aber eine nur nennenswerte Äußerung zur Residenzarchitektur kann niemand diesem gern zitierten Passus entnehmen. Der

Dichter hat damals nämlich seine Aufmerksamkeit auf ganz andere Dinge gerichtet, und zwar hauptsächlich auf militärische, für die der Residenzbau ganz und gar gleichgültig schien.

»Noch an demselben Abend besuchte ich den Schloßgarten«, schrieb Fürst Hermann von Pückler-Muskau am 14. Juli 1834 aus Würzburg, »und dieser sowie die Pracht und Größe der Residenz versetzten mich in Staunen und Enthusiasmus, denn ich ahnte gar nicht, etwas Ähnliches hier zu finden. Das Lokal des Gartens ist in hohem Grade günstig, die Lage geschickt, die Fruchtbarkeit üppig, die Behandlung durchaus großartig und die Erhaltung vortrefflich . . .« Der Fürst hatte als ein geradezu fanatischer Liebhaber von Gartenanlagen nur *diese* gesehen, nicht die Architektur. Das deutet schon die Wendung »sowie . . .« an. Es wäre albern, sein Schweigen über die Architektur als Tadel oder als Gleichgültigkeit einstufen zu wollen. Die Situation und das Interesse erklären seine Äußerung.

Beide Beispiele also warnen vor dem Mißverständnis, Äußerungen zwar bekannter und geistreicher Personen der Vergangenheit scheinbar gleichartig zur Erklärung von Stetigkeit oder Wandel in der Kunstkritik heranzuziehen, ohne klarzumachen, zu welchem Zweck eine solche Blütenlese dargeboten wird und ohne in das gewiß gefährliche, aber in unserem Zusammenhang unvermeidliche Geschäft der Interpretation einzutreten. Der Leser nämlich wird zu leicht durch die Authentizität, der er sich willig beugt, getäuscht und vermeint Originales sich einverleibt zu haben, wo vielleicht nicht einmal Originelles gegeben wird und ohne daß der Zusammenhang bezeichnet würde. Wir haben jedenfalls nicht vor, blind im Möglichen zu fischen. Vielmehr leitet uns die Absicht, beginnend mit der Planung und Entstehung des Residenzschlosses in Würzburg, Äußerungen der direkt Beteiligten an diesem Projekt auf die ihnen zugrundeliegenden oder erkennbaren Bedingungen und Motive hin zu prüfen. Dabei wird es eine nicht geringe Rolle spielen, daß wir mittels dieser Prüfung auch in Erfahrung bringen wollen, was denn in jedwedem Falle überhaupt unter Architektur verstanden wird. Nur auf solche Weise nämlich ermitteln wir die tatsächlichen Einstellungen in der Vergangenheit, die uns auch helfen können zu erkennen, welche unsere Einstellung denn ist.

Noch eine zusätzliche Einschränkung muß erwähnt werden. Sie betrifft die Wiedergabe von Brieftexten des 18. Jh. Nicht beabsichtigt ist, die dekorative und wohl auch stilistische Eigenart der altertümlichen Sprache hier genüßlich auszubreiten. Alle der zitierten oder herangezogenen Quellen, zumeist Briefe, sind sorgfältig ediert, so daß jeder, der es wünscht oder benötigt, sich rasch und bequem über den Wortlaut der Äußerungen informieren kann. In dem Zusammenhang dieser an Stelle einer Einleitung geschriebenen Marginalien zur Ruhmesgeschichte der Residenzarchitektur ist das sprachliche Gewand entbehrlich, weil es uns um das Verständnis von Sachentscheidungen bei der Planung eines kostspieligen Monumentalbaues geht, nicht um das Stimmungsmoment der »Zeit«.

Was die Geschichte des Ruhmes betrifft, so kann sich keiner der deutschen Residenzbauten des 18. Jahrhunderts mit dem Würzburger messen. Sein Lob als ein Meisterwerk der Architektur ist nie ganz verstummt, nicht einmal in den Zeiten, als nach dem Ende des geistlichen Fürstentums neue ästhetische Konfessionen oder politische Anschauungen, die sich eines ästhetischen Mäntelchens bedienten, an der monumentalen Dekoration um und in dem Schloßbau gar manches auszusetzen hatten. J. Gottfried Scharold z. B. stellt den Würzburger Schloßbau in seiner 1805 gedruckten Beschreibung von Würzburg über die Schlösser in London, Rom, Turin, Neapel, Parma, Stockholm, während er das inzwischen immer stärker angefeindete Ehrenhofgitter der Residenz kurzerhand als ein opus posthumum erklärt, um es von der ihn offensichtlich beeindruckenden Architektur abzukoppeln. Die Achtung vor der Architektur der Residenz bleibt auch in der Folgezeit erstaunlich hoch, als der Schloßbau meistenteils unbewohnt in den Dornröschenschlaf eines spärlich möblierten Kronprinzenschlosses der bayerischen Krone verfällt.

Beweise dafür liefern nicht nur die lokalen Reiseführer und Denkmalbeschreibungen, sondern auch die nun beginnende kunstgeschichtliche Fachliteratur. Das lapidare Urteil Georg Dehios über die Architektur der Würzburger Residenz: »der vollkommenste Profanbau des 18. Jahrhunderts«, geschrieben 1926 im dritten Band der Geschichte der Deutschen Kunst, ist bereits 1889 in Cornelius Gurlitts Geschichte des Barockstils und des Rokoko in Deutschland vorweggenommen. Denn in dieser ersten Übersicht über die barocken Baudenkmäler des alten Reiches heißt es von dem Residenzschloß in Würzburg: »vielleicht das vollkommenste Werk des Barockstils«, das »bei aller Großartigkeit doch vornehm bescheiden, bei allem überwuchernden Reichtum doch maßvoll und gehalten« sei, »gemäßigt, ohne der ursprünglichen Kraft beraubt zu sein«. Gurlitt nennt auch die Beweggründe seiner Einschätzung, wenn er über die Gesamtsituation bei der Entstehung der Würzburger Residenz die folgende, sehr erhellende Meditation anstellt: »Merkwürdige Mischung aller der in Franken wirkenden Kunstanschauungen, das Erzeugnis der hier unter dem Einfluß brandenburgisch-protestantischer und süddeutsch-katholischer Fürsten sich vollziehenden Vermählung der Gegensätze in der Architektur ...«

Hier steckt Wahres in offensichtlich Richtigem. Zweifellos ist es das Gemäßigte, die Synthese und, wie es einmal ausgedrückt wurde, das humane Charisma dieser Architektur, das nie aufgehört hat, auf Menschen, die über eine ausreichende Erfahrung mit mittelalterlicher und neuerer Baukunst verfügten, Eindruck zu machen. Es scheint also, als enthalte die Ruhmesgeschichte der Residenz einen festen Kern, der nicht durch ideologische Machenschaften entstanden ist, sondern vom Anfang an als etwas Gesehenes, wenn auch noch nicht ausdrücklich auch Beschriebenes vorhanden war. Insofern ist die Geschichte des Ruhmes dieser Architektur ein Prozeß, der immer deutlicher zum Bewußtsein brachte, was zunächst mehr als Gefühl denn als Einsicht, aber von allem Anfang an als etwas Erkanntes vorhanden war und nicht verlorengehen sollte.

Der monumentalen Dekoration außen und im Innern der Residenz ist es anders ergangen. Schon die Veränderungen, die einzelne Raumdekorationen unter dem Fürstbischof Adam Friedrich von Seinsheim erlitten, die radikalen Einbrüche in den Dekorationsstil während der großherzoglichen Zeit 1805–1815 und ebenso später unter dem Kronprinzen und König Ludwig I. von Bayern, der das Ehrenhofgitter 1820 beseitigen ließ, schließlich die Tilgung der Farbfassung des Außenbaus – all dies und andere Veränderungen haben die Dekoration der Residenz, ihren Ornat, der ihr außen und innen zugedacht war und zu dem natürlich auch die Gartenanlagen gehörten, einschneidend verwandelt. Andererseits ist es doch bemerkenswert, daß die glänzende Raumdekoration in der Saalmitte des Corps de Logis, also Vestibül, Gartensaal, Haupttreppe, Weißer Saal und Kaisersaal, im großen und ganzen unangetastet blieb, ein Faktum, über das zu staunen Grund genug besteht, wenn man sich der unstillbaren Lust zur Veränderung schon des 18. Jahrhunderts erinnert oder an andere deutsche Residenzschlösser denkt, in Unterfranken etwa an Schloß Werneck oder an säkularisierte Klosterbauten wie Ebrach, von Schloß Klesheim bei Salzburg ganz zu schweigen. Vielleicht hat der Ruhm des Malers Giovanni Battista Tiepolo mit dazu beigetragen, daß mit seinen Deckenfresken auch das Übrige der inneren Dekoration unangetastet blieb. Wahrscheinlicher aber ist die Rettung dem Umstand zu verdanken, daß die Residenz nach 1825 und mit Ausnahme der sehr ruhigen Zeit unter dem Prinzregenten Luitpold nicht mehr von einem Hofstaat bewohnt wurde und nicht als Sitz eines Staatsoberhauptes funktionieren mußte, sondern als ein in den Halbschatten der Vergangenheit gesunkenes Museum sich selbst überlassen blieb.

Das Schönborn-Projekt. Lothar Franz von Schönborn in Mainz. Bauberatung und Baubeurteilung 1720 (Fig. 1, 2)

Die Würzburger Residenz gilt nicht zu Unrecht als ein »Schönborn-Projekt«. Denn die beiden Bauherren, die den am 22. Mai 1720 grundgelegten Schloßbau planten, begannen und baulich im Jahre 1745 vollendet haben, waren Mitglieder des Hauses der Grafen von Schönborn, nämlich die Brüder Johann Philipp Franz, Würzburger Fürstbischof von 1719–1724, und Friedrich Carl, der 1729–1746 neben der Würde eines Bamberger auch die eines Würzburger geistlichen Landesherren bekleidet hat. Christoph Franz, Freiherr von Hutten, der von 1724–1729 das Hochstift Würzburg regierte und an dem begonnenen Residenzbau seines Vorgängers nur widerwillig das Allernotwendigste zu tun bereit war, kann als Bauherr in vollem Wortsinn nicht angesprochen werden. Und die beiden Fürstbischöfe, die nach baulicher Vollendung der neuen Stadtresidenz über die Ausstattung im Inneren und die Ausgestaltung des Gartens wie auch des »Vorplatzes« entschieden, nämlich Carl Philipp von Greiffenklau zu Vollrads (1749–1754) und Adam Friedrich von Seinsheim (1755–1779), waren persönlich dem Hause Schönborn mehrfach verpflichtet und bekannten sich auch dazu, so daß sie wenigstens in großen Linien als Fortsetzer und Vollender des Schönborn-Projektes gelten dürften.

»Schönborn-Projekt« – das bedeutet nicht nur die Tätigkeit der beiden Bauherren, von denen Friedrich Carl als Vizekanzler des Reiches seit 1705 in Wien residierte, seit 1719 schon an der Würzburger Planung seines Bruders (und Rivalen bei der Würzburger Bischofswahl dieses Jahres) mitwirkte und so von Anfang an mit im

Spiele war, sondern meint auch den »Beirat« anderer Mitglieder des gräflich Schönbornschen Hauses, vor allem des mächtigsten dieser Zeit, des Mainzer Kurfürsten, Erzbischofs und Reichskanzlers, des Bamberger Fürstbischofs Lothar Franz, Onkel der beiden Würzburger Bauherrn, der bis zu seinem Tode 1729 die Planung des Schloßbaus seines Neffen in der Mainmetropole förderte, aber auch kritisch und mit eigensinnigen Lieblingsvorstellungen verfolgte und lenkte. Mainz also war schon von Anfang an eine Quelle des Einflusses auf die Würzburger Residenzplanung, nicht anders als Wien, wo Friedrich Carl auf seine Weise an dem Bauprojekt Anteil nahm.

Beide Planungsparteien in Mainz und Wien verfügten über hauseigene oder der besonderen Geschmacksrichtung ihrer Herren bequeme Architekten. Lothar Franz hatte in Mainz und Bamberg den Obristleutnant und späteren General Maximilian von Welsch zur Hand, der sich besonders im Fortifikationswesen qualifiziert hatte, und die beiden Kavaliersarchitekten, die Reichsfreiherrn Philipp Christoph von Erthal und Anselm Franz von Ritter zu Groenesteyn. Friedrich Carl in Wien arbeitete mit »seinem« Baumeister Lucas von Hildebrandt eng zusammen, einem der Begründer und Entwickler der österreichischen Barockarchitektur, der des Vizekanzlers Schloßanlage in Göllersdorf kurz zuvor neu und zur Zufriedenheit seines Bauherrn umgestaltet hatte. Friedrich Carl konnte auch den kaiserlichen Generalbaubevollmächtigten Graf Gundacker von Althann konsultieren, der seinerseits mit den kaiserlichen Hofarchitekten Johann Bernhard Fischer von Erlach, der allerdings schon 1723 verstarb, und mit dessen Sohn, dem Ingenieurarchitekten Joseph Emanuel, der zur Zeit der Würzburger Planung eben von Pariser Studienreisen zurückgekommen war, engen Kontakt pflegte.

Es gab auch im zweiten Jahrzehnt des 18. Jahrhunderts Beziehungen freundschaftlicher Art zwischen dem Mainzer Kurfürsten und österreichischen Prälaten, so zu dem neugewählten Abt des Benediktinerstiftes Göttweig, Gottfried Bessel, den Lothar Franz seit längerem förderte und dessen Neubauprojekt des niederösterreichischen Stiftes ab 1718 der Mainzer Schönborn mitberaten und L. v. Hildebrandt ausgeführt hat. So entstanden also in Mainz und in Wien zwei gut informierte und mit eigenen Argumenten und Anschauungen ausgerüstete Lager verschiedener ästhetischer, baukünstlerischer und technisch-organisatorischer Richtung, die beide auf Johann Philipp Franz, den »Provinzbischof« in Würzburg, wie Lothar Franz gelegentlich zu spotten pflegte, einzuwirken trachteten, wobei zweifellos die überragende politische Stellung und die souveräne persönliche Wirkkraft Lothar Franzens bis zu seinem Tode, 1729, eine zwar unausgesprochene, aber kraftvolle Führerstellung beanspruchte, die ihr meistenteils auch stillschweigend zugebilligt wurde. Ein ungewöhnlich reger Briefverkehr zwischen diesen dramatis personae in Mainz, Bamberg, Wien und Würzburg erlaubt uns wichtige Einblicke in die »Schönborn-Planung« und ihre Motive der Planung und der Kritik daran.

Lothar Franz sorgte auch für die Bauleiter des Würzburger Residenzprojektes. Er empfahl seinem Neffen für dieses Amt Johann Dientzenhofer, der in einer solchen Stellung 1711–1718 beim Bau des Privatschlosses Pommersfelden gedient hatte, das Lothar Franz mit

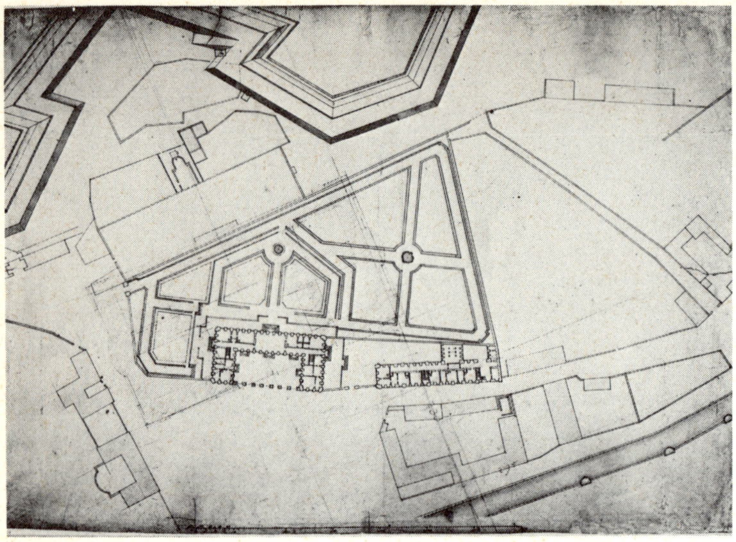

Fig. 1 Lageplan des Rennwegschlößchens und des Residenzbauprojekts (Berlin, Kunstbibl. Hdz 4672)

Subsidiengeldern des Kaisers für sich in der Bamberger Diözese errichten ließ. Dientzenhofer war von April 1720 bis 1724, zwei Jahre vor seinem Tode, als Bauleiter in Würzburg tätig.

Lothar Franz war es auch, der vor der erwähnten Bestallung Dientzenhofers in einem Brief vom 17. Oktober 1719 an seinen Würzburger Neffen den jungen Ingenieur und Artillerieleutnant, der ihm die ersten Würzburger Pläne nach Schloß Pommersfelden überbrachte, richtig einstufte und als eine ungewöhnliche Begabung in Sachen der Zivilbaukunst erkannte. Dieser Ingenieurleutnant war Balthasar Neumann. In dem erwähnten Brief nämlich empfahl Lothar Franz seinem Neffen, Neumann etwa zwei Jahre lang auf Studienreisen nach Italien und Frankreich zu schicken und meinte, daß sich jede Förderung dieses jungen Mannes, »der alles wohl begriffen und von solcher guten Eigenschaft zu sein scheinet«, verlohnen werde.

Diese Empfehlung des 1689 in Eger geborenen Neumann, der sich vom Stückgießergesellen bis zum in Mathematik, Geometrie, Architektur und Fortifikation ausgebildeten Offizier der Würzburger Schloßleibkompanie heraufgedient hatte, machte Epoche. Zwar kam es zunächst nicht zu den vorgeschlagenen italienischen und französischen Studienjahren, denn Neumann wurde am Ort beim Residenzprojekt gebraucht und zwar als Zeichner, Koordinator und als Dolmetsch der jeweiligen Vorstellungen und Wünsche der »Baudirigierungsgötter« in Mainz, Bamberg, Wien und Würzburg. Deshalb erhielt Neumann im Juli 1720 neben Dientzenhofer die Stelle eines Bauleiters und blieb Bauleiter auch nach dem Ausscheiden Dientzenhofers über alle Schicksale und Krisen dieses Bauunternehmens hinaus bis zur baulichen Vollendung im Dezember 1744 und später noch bis zu seinem Tode 1753. Und da Neumann nicht nur den Bau am Ort leitete, die Verantwortung für die technische und organisatorische Überwachung gegenüber der auf Fürstenbefehl auszahlenden Hofkammer trug, sondern unter beiden Schönbornbauherrn auch der Koordinator der sich abwechselnden Pläne, »Baugedanken«, »castelli di aria« war, ohne die formelle Freiheit zwar, entscheiden zu dürfen, aber unter dem stillschweigenden Zwang, solches doch und in wichtigen, den »Baudirigierungsgöttern« meist nicht erkennbaren Punkten tun zu müssen, ist das von Wolfgang Herrmann 1928 ausgesprochene Urteil über seine Stellung in der Planung und Baugeschichte der Würzburger Residenz richtig: »Neumann, der als einziger Architekt von Anfang an beim Bau bleibt, lenkt gewissermaßen alle noch so weit abgehenden Vorschläge auf den Bau selbst wieder zurück, versucht sie mit den Gegebenheiten in Einklang zu bringen. Im gewissen Sinne nimmt er eine ähnliche Stellung wie der Bauherr ein, der über dem Wechsel der Architekten steht, nur daß hier in Würzburg der Tod die Bauherrn dreimal wechseln ließ. So hatte Neumann wirklich als einziger das Glück, sein ganzes Leben als Künstler mit diesem Bau verbunden sein zu dürfen.«

Die schon erwähnte Korrespondenz um und über die Würzburger Residenzplanung gibt uns die einzigartige Gelegenheit, die aus dem Verlauf der Entstehungsgeschichte der Residenz erschließbare Position der Bauherrn einerseits und die Neumanns als Koordinator der Planung und Gestalter des Baues andererseits konkret belegen zu können. Für unsere Absicht einer kritischen Darstellung der Ruhmesgeschichte dieses Schloßbau-

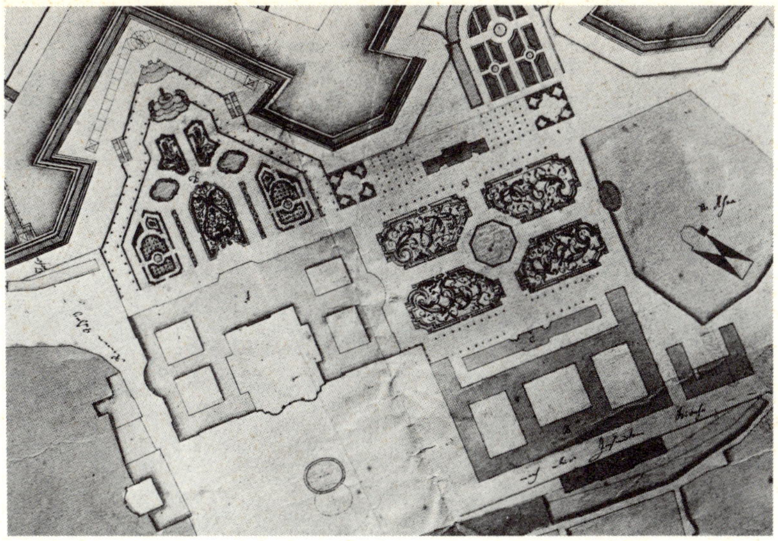

Fig. 2 Lageplan der erbauten Residenz, ca. 1744/49 mit Marstallbau (Berlin, Kunstbibl. Hdz 4713)

werks bedeutet das ein wertvolles Korrektiv. Wir beginnen mit der Prüfung von frühen Äußerungen des Mainzer Kurfürsten und Bauberaters, Lothar Franz von Schönborn, halten uns aber nicht dabei auf, den Unmut des Reichskanzlers zu registrieren, wenn seine Ratschläge oder gar seine Pläne in Würzburg nicht vorbehaltlos angenommen werden, was übrigens der Neffe Johann Philipp Franz nur behutsam und im Vertrauen auf die Interpretation Neumanns getan hat. Vielmehr versuchen wir zu erkennen, wo denn die Kritik des Mainzer Schönborn ansetzt und wie sich in dieser Kritik naturgemäß die Kunstanschauung dieses mächtigen Reichsfürsten äußert. Zweierlei läßt sich als vorrangiges Interesse erkennen: erstens die Situation des Baues, das städtebauliche »Decorum«, und zweitens die innere Raumgliederung mit Rücksicht auf Würde und auf Bequemlichkeit und kommunikative Ordnung, wobei besonders die aktuelle französische Kunst der »Distribution« von Lothar Franz offensichtlich stark beachtet wurde, vielleicht aufgrund von Anregungen, die er durch Maximilian von Welsch erfahren hatte.

Belege für diese Interessen und das Vermögen des Kurfürsten, sie auch zu aktivieren, bietet schon die Vorplanung des Residenzneubaues vor der Grundsteinlegung am 22. Mai 1720. Zunächst war die Lage des Neubaues auch nach der Aufgabe des sogenannten Rennwegschlößchens, das im Oktober/November 1719 als Stadtresidenz des Fürsten nur erweitert werden sollte, nicht mit der heutigen identisch, sondern sollte sich noch nach dem erwähnten Schlößchen richten. Die Divergenz ist gut auf einem Situationsplan der Berliner Kunstbibliothek (Hdz 4672) zu erkennen. Denn auf diesem im Oktober 1719 entstandenen Plan finden wir sowohl das erwähnte Rennwegschlößchen als auch – in Blei – die Lage der heutigen Residenz eingezeichnet. Leicht ist zu erkennen, daß sich das triklinienförmige Schlößchen ungefähr auf die Mündung des alten Grabens, die heutige Theaterstraße, ausrichtet und deshalb auch in keinem faßbaren anschaulichen Verhältnis zu dem Rosenbachschen Hof befindet, der damals wie auch heute an dem nach Norden aus der Stadt herausführenden Rennweg liegt. Nachdem der Entschluß zum Abbruch des Schlößchens gefaßt und ein völliger Neubau der Residenz beabsichtigt war, sollte dieser noch immer die Ausrichtung des Schlößchens haben. Die Schwenkung des Projekts in die jetzige Lage geht auf den Rat von Lothar Franz in einem Brief an seinen Neffen in Würzburg vom 30. Dezember 1719 zurück: Es sollte der Neubau so situiert werden, daß seine Mittellinie auf den äußersten Punkt der Bastion gerichtet ist. Das geschah auch.

Verschiedene Erklärungen wurden für diese von Lothar Franz angeregte Lageänderung angeboten. Zumeist wird angenommen, die Schwenkung sollte der Ausrichtung der Residenz auf die zwar damals noch nicht begonnene, aber schon beabsichtigte Schönbornkapelle am Dom dienen. Es gibt freilich manches, was bei einer solchen Erklärung schwer verständlich ist, so auch der Umstand, daß Lothar Franz diese Ausrichtung gar nicht nennt und daß es nicht der Fürstbischof in Würzburg selbst gewesen ist, der die Schwenkung vorsah. Auch ist die Ausrichtung keine genau geradlinige: daran ist eben die Visierung auf die Bastionsspitze schuld! Eine andere Erklärung sieht den Grund in dem Bestreben, für den hinter der Residenz anzulegenden Garten den meisten Platz zu gewinnen. In der Tat ist das durch

Fig. 3 Entwurf der Gartenfront, viell. von B. Neumann unter Einfluß von G. Boffrand (Berlin, Kunstbibl. Hdz 4684)

die Schwenkung gelungen. Wolfgang Herrmann wiederum hatte 1928 gewiß nicht unrecht, wenn er darauf aufmerksam machte, daß nur durch die von Lothar Franz vorgeschlagene Orientierung des Neubaus vor diesem ein angemessener »Vorplatz« entstehen konnte, der auch in einem faßlichen, nahezu rechtwinkeligen Verhältnis zum Rosenbachhof steht und das Fortbestehen des »Kammerbaus« erlaubte. – Welche der drei genannten Erklärungen gab also wirklich den Ausschlag?

Keine einzelne, sondern alle drei! Lothar Franzens Vorschlag war das Ei des Kolumbus, mit dem die erwähnten drei Situationsprobleme zugleich und optimal gelöst werden konnten: Die Schwenkung erlaubt eine allgemeine Ausrichtung auf die Kathedralkirche des Fürstbischofs, sie gestattet es, vor der Residenz einen ungefähr rechtwinkeligen, ausreichend großen »Vorplatz« anzulegen und hinter der Residenz einen symmetrisch erscheinenden ansteigenden Schloßgarten, sie brachte den Neubau in ein faßliches Verhältnis zum Rosenbachhof und ermöglichte es dem »Kammerbau«, der erst unter Friedrich Carl abgerissen wurde, ohne Kollision mit dem Neubau fortzubestehen. So also erklären wir uns den Vorschlag des Mainzer Beraters. Und diese Erklärung macht es auch verständlich, daß Lothar Franz in seinem Brief keines der drei Probleme, die wahrscheinlich alle, aber bisher einzeln diskutiert wurden, erwähnte: Er setzte sie voraus und nannte nur den Kunstgriff, mit dem sie alle drei und auf einen Schlag gelöst werden konnten.

Was Lothar Franz unter guter Schloßbaukunst verstand, das erfahren wir am besten aus der heftigen Kritik, die er an seinem Würzburger Neffen übte. Dieser verstünde nicht viel von Architektur. Man müsse ihm helfen und den armen Neumann davor bewahren, immer neue und unnütze Entwürfe zu zeichnen. Johann Philipp Franz, der »Episcobone«, verstehe nicht, einen Grundriß richtig zu lesen. – Konkret wird die Kritik des Mainzer Onkels im Februar und März des Jahres 1720, als das in Mainz ausgearbeitete Projekt in Würzburg von Johann Philipp Franz weitgehend und, wie Lothar Franz meinte, völlig dilettantisch korrigiert wurde. In einem langen Brief an den Freiherrn von Erthal, der zusammen mit Maximilian von Welsch das Mainzer Projekt in Würzburg vorgelegt hat, äußert sich der Unmut des Kurfürsten am 1. März 1720. Er sei entsetzt. Das glänzende Mainzer Projekt werde durch die Korrekturen eine »zertrümmert- und verstümmelte Bau-Mißgeburt«. Obendrein sei zu befürchten, daß die Verschlimmbesserungen des »Lips« ihm, Lothar Franz, zur Last gelegt würden, falls sie verwirklicht werden, was zu verhüten sei. Dann folgen die Zensuren. Sie alle beziehen sich durchwegs auf die »Distribution«, also auf bauliche Sachverhalte, z. B. auf das Halbstockwerk, das Johann Philipp Franz entgegen den Mainzer Plänen zwischen Erd- und Hauptgeschoß einschalten möchte und auf die Raumgliederung in jeder Hinsicht. Kritisiert wird die Galerie, weil sie nach Johann Philipp Franzens Veränderung fast wie ein Saal ausfällt, d. h. also die für Galerien französischen Musters unabdingbare Längserstreckung nicht mehr haben soll. Kritisiert wird das starre Festhalten der kubischen, auf 100 × 100 Fuß angenommenen vier großen Binnenhöfe des Nord- und Südblocks, obwohl der geringe Raumzuwachs, der von Würzburg aus gegenüber dem Mainzer Projekt gefordert wird, leicht durch entsprechende Verkleinerung der Binnenhöfe befriedigt werden könnte, was jedoch

Fig. 4 Nachzeichnung der ausgeführten Gartenfront (Bamberg, Staatsbibliothek VIII, D 52 n)

Johann Philipp Franz nicht haben will. Kritisiert wird die unangemessene Nachbarschaft von Räumen unvergleichlicher Funktion, wie etwa von Wachtstuben mit ihrem Tabakrauch einerseits und Zimmern der Bischofswohnung andererseits. Abgelehnt wird die schematische Übertragung von Entscheidungen, die nur an einer bestimmten Stelle ihren Sinn haben, wie z. B. der dreitorigen Einfahrt, die Johann Philipp Franz überall bei den Einfahrten durchsetzen möchte. Unverständnis, ja Empörung erregt der Wunsch des Neffen, auch an der Gartenseite der Residenz eine Straße entlang zu ziehen und sie durch Balkonbrücken vor dem Hauptstockwerk des Neubaues überqueren zu lassen. – Man sieht: Zweifellos stehen Fragen der Raumgliederung, der Situation und des Decorums im Vordergrund des Interesses von Lothar Franz, und ihre praktikable Beantwortung macht auch die Stärke seiner Beratung, seines Urteils aus.

Das Schloßprojekt auf dem Prüfstand in Paris 1723. Balthasar Neumann und Robert De Cotte (Fig. 3, 4)

Ein ganz anderes Bild erhalten wir durch die Prüfung von Äußerungen Neumanns zu Fragen der Schloßbaukunst. Anlaß, solche seinem Dienstherren gegenüber zu machen, bot die Reise nach Paris, die der inzwischen zum Hauptmann avancierte Baumeister im Januar 1723 unternahm und im Mai desselben Jahres beendete. Ihr Zweck war es, in Paris so viel wie möglich von moderner Ausstattung kennenzulernen, womöglich auch Passendes als Exempel und Vorbild anzukaufen, was dann in Würzburg nachgeahmt werden konnte, und durch Vermittlung des Kardinals de Rohan dem Ersten der königlichen Architekten Frankreichs, Robert De Cotte, die Würzburger Residenzpläne zur Begutachtung und zur Kritik vorzulegen. Die 1911 von Karl Lohmeyer edierten Briefe Neumanns an seinen Dienstherren befassen sich von allem Anfang an weitläufig mit Fragen der Schloßbaukunst. Zuerst am Beispiel des kurfürstlich Mannheimer Schlosses, das nach wechselvoller Vorbereitung unter der Leitung von Johann Clemens Froimont im Corps de Logis eben unter Dach gebracht war. Zwei Briefe vom 11. Januar 1723 aus Mannheim und vom 17. Januar 1723 aus Straßburg enthalten höchst aufschlußreiche Kommentare Neumanns zu diesem Bau, die nolens volens seine eigene Architekturauffassung enthüllen.

Sehen wir ab von technischen Details, die Neumann zeitlebens sehr interessiert haben, wie dem Mechanismus von sicheren Türschlössern und den Vor- und Nachteilen verschiedenförmiger Dächer, so spricht Neumann vornehmlich, mit Begeisterung und Augenmaß, von der architektonischen Gliederung und dabei wiederum in erster Linie von den in solcher Gliederung verkörperten Verhältnissen, den Proportionen. Er kritisiert unter diesem Gesichtspunkt die Pilasterordnung der siebenachsigen Seitenteile des Mannheimer Corps de Logis: Die Ordnung des Erdgeschosses wirke zu niedrig, die des Hauptgeschosses mit einem Mezzanin darüber erscheine zu lang, und zwar deshalb, weil die großen Pilaster nicht kommensurabel proportioniert wurden, d. h. ihre Breite nicht der Länge entspreche, so daß sie wie Lisenen Erdgeschoß und Hauptgeschoß durchschneiden, nicht aber, wie es der Ordnung ent-

17 Als vollkommensten Profanbau des 18. Jahrhunderts hat der Kunsthistoriker Georg Dehio die Würzburger Residenz bezeichnet. Gerade in seiner Gartenfront bestätigt das ehemalige Schloß der Würzburger Fürstbischöfe dieses Urteil. In seltener Vollendung werden hier die Elemente der baulichen Gestaltung zusammengefaßt.

18/19 Besonders deutlich wird der Zusammenklang der Architektur mit der Erscheinung der Baustoffe im streifigen Frühlicht eines Sommertages: Alles ist von einer geschmackvollen, delikaten Farbigkeit: die großen gegliederten Flächen der Fassade in gelblichem Sandstein, die Abfolge der Fenster, in deren Glas sich das Blau des Himmels spiegelt, und die geneigten oder gewölbten Dachflächen aus grauem Schiefer. Obwohl die Fassade vermutlich ursprünglich farbig gefaßt war, vermittelt sie uns in der heutigen Form einen Eindruck besonderer Harmonie.

20 In künstlerischer Einheit mit dem Garten der Würzburger Residenz, dem Hofgarten, stehen die Figuren, die Johann Peter Wagner geschaffen hat. Auf Treppenabsätzen und Balustraden und in den Nischen der Laubengänge postierte der Bildhauer seine Putten und Savoyarden. Obwohl diese Statuen in der letzten Epoche des Residenzbaus entstanden, wurden immer wieder Themen gewählt, die schon in Barock und Rokoko beliebt waren. Links oben: Frauenfigur am Mittelbassin des Südgartens (1777/78); rechts oben: Savoyarde mit dem typischen Murmeltier als »Bandelkramer«, als Straßenverkäufer, auf der Treppe zur südlichen Wallhöhe (1775); links unten: Treppe zur nördlichen Wallhöhe; rechts unten: Urne auf der nördlichen Wallbalustrade (1774/76).

17 "The very perfection of a profane building of the 18th century" – this is how the art historian Georg Dehio has labelled the Residence of Würzburg. With its garden fronture, the former residential palace of Würzburg's prince bishops perfectly confirms this enthusiastic judgement. Here the composition of architectural design elements has been brought to a rare perfection.

18/19 The harmony of the architecture and the appearance of the building materials comes out best under the faint sun rays of a summer morning: everything unites to a tasteful, delicate colour-scheme: the ochre-coloured sandstone of the well-proportioned facade, the blue of the sky reflected by the alignment of windows, the grey slate of the inclined or vaulted roofage. Although the facade may have been painted originally, it leaves a perfectly harmonious impression in its present state.

20 The figures sculptured by Johann Peter Wagner are in perfect artistic harmony with the garden of Würzburg Residence. The sculptor has placed his putti on landings and balustrades and in the pergola niches. Although the statues were made during the last phase of construction of the palace, subjects were chosen that had already been popular in the baroque and rococo periods. Left above: female figure at the central basin of the south garden (1777/78); right above: putto disguised as street pedlar accompanied by the typical marmot on the stairs leading to the south rampart (1775); left below: stairs leading to the north rampart; right below: urn on the north rampart balustrade (1774/76).

17 «Construction profane d'une perfection qui n'a pas sa pareille au XVIIIe siècle» – c'est de cette épithète que l'historien de l'art Georg Dehio a qualifié la Résidence de Würzburg. Par sa façade qui donne sur le jardin, l'ancienne résidence des princes-évêques de Würzburg confirme ce jugement enthousiaste.

18/19 L'accord de l'architecture et de l'effet des matériaux est exalté par le jour frisant d'un matin d'été. Un coloris de beauté parfaite règne sur l'ensemble de l'édifice: les grandes faces structurées des façades en grès ocre, la suite des fenêtres dont les vitres reflètent le bleu du ciel, et les surfaces en pente ou voûtées de la toiture en ardoise grise. Bien que probablement peinte à l'origine, la façade donne, sous sa forme actuelle, l'impression d'une harmonie particulière.

20 Les statues créés par Johann Peter Wagner se trouvent en parfait accord artistique avec le parc de la Résidence de Würzburg, le «Hofgarten». Le sculpteur a placé ses putti sur les paliers et les balustrades et dans les niches des arcades de feuillage. Bien que les statues aient été exécutées pendant la dernière phase de la construction, on y retrouve encore des sujets déjà populaires aux époques baroques et rococo. A gauche en haut: figure féminine près du bassin central du jardin méridional (1777/1778); à droite en haut: putto en camelot avec la marmotte typique sur l'escalier qui mène sur la bastion sud (1775); à gauche en bas: l'escalier qui mène sur la bastion nord; à droite en bas: urne sur la balustrade de la bastion nord (1774/76).

21 Die musizierende Kindergruppe im nördlichen Laubengang des Hofgartens (1774/76) ist wie die anderen Gartenplastiken nur ein Abguß des von Johann Peter Wagner in Sandstein geschaffenen Originals. Gerade bei den Kindergruppen ist es Wagner gelungen, in reichem Wechsel der Motive zwanglos und spielerisch verschiedene Gruppierungen zu gestalten.

22/23 Der Blick vom Kaisersaal der Residenz zeigt den herbstlichen Ostgarten, den Terrassengarten. Im Laufe der Planung und Baugeschichte hat dieser Teil des Hofgartens vielfältige Veränderungen erfahren. Bestimmend ist auch heute noch der künstlerische Ausgleich des Geländes, den der Hofgärtner Johann Prokopius Mayer in den 70er Jahren des 18. Jahrhunderts gestaltet hat: Die einrahmenden Spaliere und Laubengänge heben die Wirkung des Mittelrundes im Parterre hervor, dahinter steigt die Anlage in zwei Stufen zur Wallhöhe empor. Während der untere Gartenteil noch weitgehend dem französischen Garten des Rokoko verpflichtet ist, sind im oberen Teil bereits Gedanken des englischen Landschaftsgartens verwirklicht.

24 Zwei verschiedene Standpunkte stellen die südliche Front der Residenz aus einer jeweils anderen Perspektive dar. Ausgerichtet auf die Mittelachse mit der Ovalrotunde sind der Brunnen und die beiden Figurengruppen (1777/78): der Raub der Europa durch Zeus in Gestalt eines Stieres (oben) und der Raub der Persephone durch Hades, den Gott der Unterwelt (unten).

21 The group of children making music in the north pergola of the garden (1774/76) is only a cast just like all the other garden sculptures originally made out of sandstone by Johann Peter Wagner. Especially in his groups of children, Wagner succeeded in composing an astonishing variety of arrangements by modifying his motifs with perfect ease.

22/23 The view from the Emperor's Hall of the palace shows the autumnal east garden or terraced garden. In the planning and building stage, this part of the palace grounds has undergone various alterations. Its present shape still shows the artistic balance of the site created by the court gardener Johann Prokopius Mayer in the seventies of the 18th century. The enframing trellis and pergolas emphasize the effect of the central round bed. In the background, the garden ascends to the rampart in two terraces. Where as the lower part of the park still follows the tradition of the French rococo garden, the upper part shows features of the English landscape garden.

24 Two different points of view show the south front of the palace from different angles. The fountain and the group of figures (1777/78) are aligned on the central axis crossing the oval rotunda: the Rape of Europe by Zeus in the form of a bull (above) and the Rape of Persephone by Hades, god of the underworld (below).

21 Le groupe d'enfants musiciens dans la pergola nord du parc (1774/76) a été remplacé par un moulage qui résiste aux intempéries. C'est surtout dans ses groupes d'enfants que Wagner a réussi à composer, par le choix variant des motifs, des ensembles à l'impression naturelle et légère.

22/23 La vue du haut de la Salle Impériale de la Résidence montre la partie orientale du parc, le jardin à terrasses, un jour d'automne. A l'état de projet et au cours de l'histoire de la construction cette partie du parc a subi de multiples changements. On y distingue même aujourd'hui le balancement artistique du terrain réalisé dans les années soixante-dix du XVIIIe siècle par le jardinier de la cour Johann Prokopius Mayer. Les espaliers et les arcades de feuillage de cette partie du jardin soulignent l'effet produit par la corbeille centrale du parterre. Au fond, le jardin monte par deux étages jusqu'au niveau de la bastion. Tandis que la partie inférieure tient encore du jardin à la française style rococo, la partie supérieure laisse déjà pressentir le jardin anglais.

24 Deux vues de la façade sud de la Résidence prises de deux points de vue différents. La fontaine et les deux groupes de statues (1777/78) sont alignés sur l'axe central avec la rotonde ovale. En haut: Europe enlevée par Zeus métamorphosé en taureau; en bas: Perséphone enlevée par Hadès, dieu des Enfers.

spräche, für jedes Stockwerk eigentümlich gestaltet sind. Diese unrichtigen Verhältnisse seien auch durch unkritisch gewählte Fensterformate bedingt. Die Breite zur Höhe derselben verhalte sich beim Erdgeschoß wie 6:10, beim Hauptgeschoß wie 6:12, was nicht zu tadeln sei. Aber im Hauptgeschoß dränge sich die Gliederung, während beim Erdgeschoß das Fenster wie gerahmt erscheine. Dieser Punkt ist wichtig. Man erinnert sich, daß Lothar Franz es seinem Würzburger Neffen ankreidete, daß dieser auf einem Zwischenstockwerk = Mezzanin über dem Erdgeschoß bestanden habe, während es offensichtlich im Mainzer Projekt nur über dem Hauptgeschoß, also wie in Mannheim, vorgesehen war. An Neumanns Kritik ist zu erkennen, daß die Würzburger Forderung nach einem Mezzanin über dem Erdgeschoß wahrscheinlich gar nicht vom Bauherrn stammte, sondern von Neumann selbst, und daß damit auf jeden Fall ein Problem der Gliederung und ein solches der anschaulichen Proportionen gemeint war, nicht nur ein bauliches oder ein solches der Distribution!

Man hat sich heutzutage daran gewöhnt, Angaben, Beobachtungen und Maße, wie die von Neumann zitierten, als »technische Angaben« einzustufen und beiseite zu schieben, so als ob es sich tatsächlich um technische Belange handeln würde. Das aber ist gewiß bei Proportionen der Gliederung nicht der Fall. Man achte doch nur auf die Musik! Keinem Menschen würde es einfallen, die Notenlängen, also halbe, viertel oder ganze Noten, als etwas Technisches anzusehen oder einzustufen. Die Notenlängen gehören vielmehr für jeden Musiker und Musikliebhaber wesentlich zur Musik selbst, sind also unerläßliche Bestandteile der Musik und ihrer rhythmischen Aktualisierung, unerläßlich auch für ein Zusammenwirken mehrerer Stimmen. Diese Notenlängen aber in der Musik entsprechen durchaus den Maßen und damit den in der architektonischen Gliederung verkörperten Proportionen in der Baukunst, so daß Neumanns geradezu fanatisches Interesse an anschaulichen, für unseren Anblick in der Architektur verkörperten Verhältnissen nicht anders eingestuft werden kann als ein baukünstlerisches Interesse. Scharf unterschieden also stehen einander Lothar Franz als der erfahrene und sicher auch über die modernen französischen Gewohnheiten der Distribution gut unterrichtete Bauherr und Balthasar Neumann als der hauptsächlich baukünstlerisch und technisch interessierte Baumeister gegenüber.

In Paris lernte Neumann diese Kunst der Distribution und ihre Grundsätze aus erster Hand kennen. Der premier architecte du Roy Robert De Cotte war ja durch Anpassung und Entwicklung der Lehren von Hardouin zum erfolgreichsten Propagandisten dieser Lehre von der schmiegsamen Raumgliederung des Hôtel- und Schloßbaues geworden. In seinen Bleikorrekturen der deutschen Schloßprojekte für Schleißheim, Bonn, Poppelsdorf und auch für Würzburg verbirgt sich eine wahre Revolution auf Taubenfüßen. Der sanften Gewalt seiner rationalistischen Kritik scheint der Einbruch in die Gewohnheiten des deutschen 17. Jahrhunderts leichter und nachhaltiger gelungen zu sein als mancher theoretischen Erläuterung und auch vielen Stichpublikationen. Neumann verfolgte die Korrekturen De Cottes mit gespanntester Aufmerksamkeit und entwickelte eine Lernfähigkeit erstaunlichen Ausmaßes. Aber es wird auch deutlich, daß die von De Cotte sehr überlegen geäußerten Grundsätze der Distribution oft sachlich berechtigten Widerspruch finden. Das ist z. B. der Fall, als De Cotte die Binnenhöfe des Würzburger Projekts durch Einrücken der Räume immer mehr verkleinern will zugunsten eines bequemen oder flüssigeren Grundrisses der angrenzenden Zimmer oder der allseitigen Durchsetzung des sogenannten appartement double, also einer parallelen Raumfolge. Da fürchtet Neumann, daß die kubische Grundgestalt der vier großen Binnenhöfe »seines« Würzburger Projekts deformiert würde und zeigt damit an, daß diese nicht bloß ausgesparte Bebauung wie in den Augen De Cottes, sondern wichtige Bestandteile der Schloßanlage darstellen. Offensichtlich berühren wir an diesem Punkt einen Grundsatz Neumanns.

Höchst amüsant ist die Gegenwehr Neumanns in einem Fall, wo De Cotte Grundsätzliches zur Rechtfertigung einer seiner Korrekturen am Residenzprojekt für Würzburg äußerte. Es geht um die Lage der großen Schloßkapelle. De Cotte kritisiert die bisherige Position, nämlich im Nordoval der Rennwegfront, und schlägt vor, die Kapelle in die Mitte des Corps de Logis zu verlegen, und zwar zu seiten des Vestibüls, gegenüber dem großen Treppenhaus. Er erläutert das dem deutschen Kollegen, indem er meint, eine Schloßkirche dürfe nicht so weit von der Bautenmitte abliegen. Neumann antwortete darauf mit dem Hinweis auf Versailles. Dort liege die Schloßkirche, die Hardouin begonnen und De Cotte sogar selbst noch vollendet hat, weit ab von der Schloßmitte und sei dennoch sehr schön und gut erreichbar. – Die Verteidigung klingt wie eine kluge, taktisch-politische Gegenwehr. Sie ist aber doch mehr gewesen, denn erstens beweist sie Neumanns Kenntnis von Versailles und zweitens steckt darin eine unausgesprochene Kritik an dem Schematisch-Uniformen der französischen Auffassung und die Weigerung, die Mitte des Corps de Logis anders als einen Saalbau aufzufassen. Neumanns Ansicht blieb schließlich für die Würzburger Residenz maßgeblich, nachdem ab 1729 endlich die Ausgestaltung des Corps de Logis und die endgültige Lage der Schloßkapelle beraten, geplant und entschieden wurde.

Die schärfsten Unterschiede zwischen Neumann und De Cotte zeigten sich in Fragen der Außengliederung. Es mag schon dem deutschen Baumeister mißfallen haben, als De Cotte zugunsten innenräumlicher Wirkungen wie bei einem Pariser Hotelbau die Anordnung der Fenster und damit die Proportionen der Außengliederung, etwa im Ehrenhof des Residenzprojektes, willkürlich veränderte. Zum Überlaufen aber brachte der Franzose das Faß, als er für die noch zu entwerfende Gartenfront der Residenz einen Entwurf anfertigte, der nichts von der bisherigen, in Gestalt des Nordblockes ja schon ausgeführten Fassadengliederung gelten ließ, sondern in zwei Hauptstockwerken allein das französische Rundbogenfenster, »à la Maintenon«, anbrachte, ohne jedwede Gliederung oder Rhythmik, lediglich von den viersäuligen Kolonnadenbalkonen, den avant corps, unterbrochen. Neumann nahm seine Zuflucht zu Germain Boffrand, einem königlichen Architekten, der sich geschmeidiger den deutschen Geschmacksvorstellungen anzupassen verstand und den er gleichsam zum Zwecke der Paralysierung De Cottes und wohl ohne Befehl seines Dienstherren mit Entwürfen zur Würzburger Residenz befaßte, die Boffrand dann auch in einem Stichwerk von 1745 als seinen eigenen Beitrag zur Würzburger Residenzplanung publizierte. Boffrand

Fig. 5 L. v. Hildebrandt: Ehrenhofgitter-Projekt (Berlin, Kunstbibl. Hdz 4722)

war sogar 1724 in Würzburg. Vielleicht hat der Fürstbischof Neumanns Alleingang nachträglich gebilligt. Wie dem auch sei – es gibt in der Berliner Kunstbibliothek einen Aufrißentwurf der Würzburger Gartenfassade (Hdz 4684), der zweifellos noch näher an Neumanns Auffassung heranreicht als der ohnedies schon kompromißbereite des Boffrand, in dem sichtbar das System der stadtseitigen Fassadengliederung der Residenz auch für die Gartenfront aufgegriffen und damit eine Brücke gebaut wird für die später ausgeführte Lösung. Sie ist in der Tat von De Cottes Projekt am weitesten entfernt. War also der deutsche Architekt bereit, im Sinne der französischen Kunst der Distribution bei der Raumgliederung sich dem neuen Geschmack anzupassen, in den Fragen der Fassadengliederung und ihrer Proportionierung und bei der Gliederung und rhythmischen Anordnung der Massen hielt er an dem fest, was bereits begonnen war und mit dem auch die Porportionen des Schloßbaues bestimmt waren.

In diesem Punkt ist Neumanns Reaktion durchaus mit derjenigen Josef Emanuel Fischers vergleichbar, der in den Jahren 1717–1719 als Lernender sich in Paris aufhielt und vielleicht nach seiner Rückkehr auch ein Projekt für die Würzburger Residenz gezeichnet hat. Diese Vermutung, die vor Jahren einmal Johannes Schnell äußerte, stützt sich auf Form und Ikonographie eines Schaubildentwurfs von Josef Emanuel, der bisher immer als das »Erste Projekt für die kaiserliche Hofburg in Wien« angesehen wird. Das große, sorgfältig gezeichnete Blatt, zu dem kein Grundrißentwurf bekannt ist, kann sich aber kaum auf die Neugestaltung der Wiener Hofburgfront am Michaelerplatz beziehen. Dazu stimmen die erschließbaren Proportionen ebensowenig wie die Ikonographie, die eher auf die Residenz eines geistlichen Fürsten als auf die des Kaisers hinweist. Es ist zwar ohne die Hilfe eines zufälligen Archivfundes kaum möglich, die Frage zu entscheiden, ob dieser Schauentwurf für Wien oder für Würzburg entstanden ist. Hier genügt es, im Vergleich zu Neumann und De Cotte zu erkennen, wie sehr doch dem Projekt des Wiener Architekten, der später sich sehr gut mit Neumann verstanden haben soll, eine straffe Rhythmisierung und ein durchgehendes Gefühl für prägnante Proportionen fehlt.

Friedrich Carl von Schönborn. Die »Hauptzierde« der Residenz: Das Ehrenhofgitter und seine Beseitigung 1820 (Fig. 5, 6)

Diejenige Maßnahme, die der Residenzarchitektur neben der Beseitigung der farbigen Fassung am meisten geschadet hat, war der Abbruch des sogenannten »Ehrenhofgitters« im Jahre 1820. Das »Gatter- und Figurenwerk«, das der Bauherr Friedrich Carl die »Hauptzierde« seiner Residenz genannt hat, bestand aus Steinpfeilern mit Figuren und Vasen darauf, aus kunstvoll geschmiedeten Eisengittern in den Intervallen und aus zwei von steinernen Obelisken bekrönten Wacht-Häuschen zu seiten der mittleren breiten Einfahrt. Ein solches »Gitter« war von allem Anfang an als Begrenzung des Ehrenhofes vorgesehen, wie die Entwürfe und Stiche seit 1720/23 beweisen; ein solcher »temenos«, der den Zugang zum Schloß ausgrenzte, aber für den Anblick nicht versperrte, bildete einen selbstverständli-

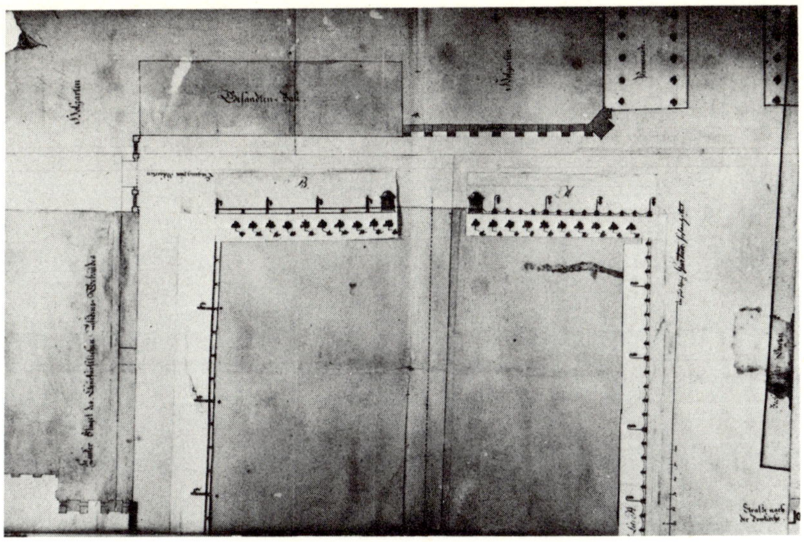

Fig. 6 J. A. Gaertner: Entwurf einer neuen Ehrenhofbalustrade, um 1803–04 (München, Bayer. Hauptstaatsarchiv, Plansammlung)

chen Bestandteil einer Villen-, Palast- und ebenso Schloßarchitektur. Das Zusammenspiel von Stein und »Erz« ist ja ein uraltes Leitthema der monumentalen Architektur und Dekoration, das besonders in der französischen Kunst des 17. Jahrhunderts gefördert wurde.

Über solche konventionelle Thematik aber ging das Würzburger Ehrenhofgitter weit hinaus. Es entwickelte ornamentale Anregungen des Wiener Bandelwerks zu einer höchst originellen und handwerklich vorzüglich, ja virtuos ausgebildeten Rocailleornamentik, von der wir heute nur mehr in den schmiedeeisernen Gittertoren rund um die Residenz einen Abglanz und in Gestalt der späteren Arbeiten, wie z. B. dem Mitteltor zum Hofgarten neben dem Gesandtenbau, einen allmählich vertrocknenden Nachhall besitzen.

Entstanden ist das Ehrenhofgitter in engster Zusammenarbeit des Hofbildhauers Wolfgang von der Auvera, der in Wien geschult wurde, und des Hofkunstschmieds aus Tirol, Johann Georg Oegg, der ebenfalls 1734 aus der Kaiserstadt nach Würzburg kam, in den Jahren 1736/37–1750. Die Entwürfe stammten von der Hand Lucas von Hildebrandts, wie die Formensprache und die Dokumente ausweisen. Balthasar Neumann hatte als Bauleiter dafür zu sorgen, daß die Arbeiten am Ehrenhofgitter, die natürlich auch die Fundamentierung, den Aufbau der Pfeiler und den Transport der schweren Gitter umfaßten, zügig vorangingen, was freilich nicht so leicht war. Wechselnde Ansichten über die Ikonologie und Signifikanz der Figuren, die alle Moralisches, Symbolisches oder Persönliches allegorisieren sollten, standen einem zügigen Abschluß ebenso im Wege wie die technischen und finanziellen Probleme bei der Herstellung.

Die Kosten waren enorm. Im Jahre 1740 allein bezahlte die Hofkammer an Oegg 28.745 Gulden für 45.388 Pfund schwere Gitter. Oegg wurde nach dem Gewicht bezahlt, pro Pfund erhielt er einen halben Reichsthaler, also 36 Kreutzer. Die Kosten für diese »Gatter« übertrafen auch bei weitem diejenigen, welche von der Auvera laut Kontrakt aus dem Jahre 1740 für die Bildhauerarbeiten erhielt. 4.100 Gulden wurden ihm dafür zugesichert, daß er die über vier Meter hohen Kolossalgruppen des Herkules, der die Hydra schlägt und der den Antäus besiegt, sechs allegorische Figuren, acht Trophäen, sechs Vasen, Schlußsteine, Kapitelle, Ornamente und die Löwen, welche die beiden Obelisken trugen, meißelte. Friedrich Carl erlebte den Abschluß des Werkes nicht, der erst unter Adam Friedrich von Seinsheim zustande kam. Die Steinpfeiler waren »in Steinfarbe« angestrichen, die Statuen weiß gefaßt und z. T. vergoldet, die Schmiedeeisengitter schwarz gestrichen und vergoldet: ein monumentales, transparentes Ornament vor dem Grund des Ehrenhofes und der Fassade des Corps de Logis, dessen Mauern ockergelb geschlämmt waren, während die Gliederung sich silberfarben abhob und einzelne Teile, so das große Schönbornwappen im Giebel über der dreitorigen Einfahrt, weiß-golden blinkten. »Nun siehet man das schöne Wappen, welches weiß ist angestrichen und zu jedermanns Vergnügen schön vorspielt und schon beim Hinauskommen aus dem Dom hervorleuchtet« schrieb Neumann am 11. Mai 1741 an seinen Dienstherren, als die Aufstellung des Ehrenhofgitters im Gang war.

Der Abbruch hat eine lange Vorgeschichte, sie wird erkennbar schon in dem Augenblick, in dem um 1750 das Ehrenhofgitter endlich vollendet in situ ist. Denn seit 1767 ca. zeigen die Kompositionen des Hofkunstschmiedes Georg Oegg und seiner Söhne einen inzwischen allseits in Gang gesetzten Geschmackswandel. Das einfache Stabwerk, das ja auch der Ausgangspunkt der ornamentalen Entwicklung solcher Schmiedeeisengitter gewesen war, tritt wieder klar hervor, die Verknüpfung der Bänder lockert sich, die flammenden und sich aus der Ebene hinauswendenden Rocaillen verschwinden, der durchgehende Bewegungsstrom stockt. Rosetten, Mäander und Akanthus als Motive treten auf. Mit der Geschmacksveränderung geht aber eine ideologische Verteufelung der Rokokoornamentik Hand in Hand.

1783 sieht sich Franz Ludwig von Erthal, der damalige Fürstbischof, veranlaßt, über Abbruch oder Erhalt des kaum 40 Jahre alten Gitters ein Fachgutachten der Architekten J. Michael Fischer, J. Philipp Geigel und Franz Ignaz Michael Neumann anzufordern, über das am 19. Mai dieses Jahres auch Protokoll geführt wurde. Alle drei Architekten empfahlen dem Fürsten, dem Drängen nicht nachzugeben und das Ehrenhofgitter bestehen zu lassen. Franz Ludwig hielt sich auch an diese Empfehlung, allerdings nicht ohne seine eigenen Bedenken gegen jede Form eines solchen Abschlusses des Ehrenhofes der Residenz laut werden zu lassen: »Nachdeme so viel Diffikultäten wegen Hinwegnehmung der Vergatterung an dem großen Residenzhof gemacht werden und sogar schon von einem neuen niedrigen Gatter, welches daselbst angebracht werden müsse, geredet wird, obgleich ich nicht die geringste Notwendigkeit davon einsehe und der gedachte Hof durch kleine runde Säulen und Ketten gesperrt werden könnte, und ich mich nun niemahlen dazu (nämlich zu einem neuen niedrigen Gatter) entschließen werde... so solle alles liegen gelassen werden.«

Das Zitat spricht für sich selbst, lange konnte der Abbruch nicht mehr vertagt werden. 1803–1804 fertigte der Hofbedienstete der damaligen kurbayerischen Regierung in Würzburg, der Vater des späteren Münchener Hofarchitekten Ludwig Gaertner, Johann Andreas, einen Entwurf für einen »modernen« Abschluß des Ehrenhofes an. Zwei gerade gemauerte, niedrige Balustraden, die zwischen sich eine breite Lücke für die Zufahrt offenlassen, sollten mit je einem liegenden Löwen, nach dem Vorbild der »ägyptischen« von Florenz, besetzt werden. Wir wissen nicht, ob der Architekt zu diesem zufällig erhaltenen Entwurf aufgefordert wurde oder ob er ihn auf der Woge der »öffentlichen Meinung« spontan, vielleicht zugunsten seiner dann auch erfolgten Beförderung nach München gezeichnet hat. Ein deutlicher Beleg für die stillschweigend schon vorausgesetzte Wegnahme des »Gatter- und Figurenwerks« ist das Projekt zweifellos. In dieselbe Richtung weist ja auch die schon zitierte Bemerkung von Gottfried Scharold in seinem Würzburgbuch von 1805, sicher nicht die einzige Äußerung zugunsten der Öffnung des Ehrenhofes.

Dies nämlich war der eigentliche Grund, ein politisch-ideologisches Motiv, das nur in irrtümliche historische Argumentation von Scharold eingekleidet wurde oder ästhetisch bemäntelt zu werden pflegte. 1860 spricht es Niedermayer in seiner »Kunstgeschichte von Wirzburg« naiv nach, indem er von dem abgebrochenen »Prachtgitter« sagt, es sei weggeschafft worden, »weil sich der innere Hof gar zu gefängnishaft ausnahm«. Zugrunde liegt also die Äquivokation von Gitter und Gefängnis, von unterscheidender Abgrenzung und unfreier Behinderung, alles inzwischen längst bekannte Motive einer Ästhetik, die anstelle der Schönheit die Moral setzt und die auf fortwährende Reduktion abzielt, zum Grau tendiert. Es war dieselbe Identifikation von Kunst mit Gerechtigkeit, die auch zu den Denkmalzerstörungen und den Statuenvernichtungen in Frankreich und anderswo geführt hat, Entfesselungen einer Bilderschriftlehre, die bis heute nicht zur Ruhe gekommen sind.

Konkret tritt uns die aufgeklärte Anschauung in den Äußerungen des bayerischen Kronprinzen Ludwig aus dem Jahre des Abbruchs entgegen. Am 20. 9. 1820 teilt er sich über das Ehrenhofgitter an Martin von Wagner, seinen Kunstberater und Gesinnungsgenossen, mit den folgenden Worten mit: »Das häßliche, der hiesigen Residenz Mitte sperrende Gitter, mit welcher es gar nicht im Einklang, im Gegenteil dem Style der in allem verderbenden Zeit Ludwigs XV. gemäß ist, wird abgebrochen ...« Der Wunsch des Kronprinzen wurde ihm buchstäblich von den Augen abgelesen. Auf Anordnung des Hofmarschalls, des Kämmerers und Obristen Jakob Washington wurde das »sehr kostspielige und kunstreiche eiserne Gatter«, die »kolossalischen Statuen« und die Pfeiler ab 1. September 1820 weggeräumt und mit Ausnahme der beiden Herkulesgruppen auch versteigert. Die Würzburger Kunstschmiede erwarben die Gitter als billiges Rohmaterial. Auch die beiden Herkulesgruppen, die offenbar noch in der Bannmeile der Residenz verblieben waren, sollten aus dem Blickfeld der Residenz schleunigst verschwinden. »Und da demnächst Se. Majestät der König dahier ankommen werden«, schreibt der Archivaktuar G. A. Döring ins Tagebuch, »müssen die vorhandenen Figuren schleunigst weggeschafft werden ...« Die inzwischen typisierte öffentliche Meinung wird in den Führern der Residenz und der Stadt Würzburg mumifiziert, so in Erbachers Schrift aus dem Jahre 1824: »Das noch vor einigen Jahren bestandene hohe und mit kolossalen Statuen besetzte Gitterwerk, das den Hof umschloß, aber die freye Aussicht des Ganzen hemmte, ist nun zum großen Vortheil derselben weggeschafft worden.« Diese und ähnliche Wendungen in der Lokalliteratur bezeugen den ideologischen Kern dieser Denkmalzerstörung. Der Zugang zur Residenz sollte demokratisiert werden. Das Gefühl des Ausgeschlossenseins sollte wenigstens optisch verhindert werden. Zugunsten einer sich messianisch gebenden rhetorischen Revolutionsgeste wurde die Architektur der Würzburger Residenz mutiliert.

Der fürstliche Absolutismus wird exorziert: Der Franconia-Brunnen 1891–1894

Heute befindet sich vor der Öffnung des Ehrenhofes der Franconia-Brunnen. Auf einer kreisförmigen Insel, die sich hart aus dem abfallenden Boden des Residenzplatzes heraushebt und deren polychromes Pavimentmuster ohne Parallele in Würzburg ist, steht die steinerne dreipaßförmige, in Ein- und Ausschwüngen profilierte Brunnenschale. Auch der mittlere Brunnenstock ist dreiseitig gebildet, denn drei Bronzefiguren sind entsprechend dem Brunnenstock vorgesetzt. Sie stellen Walther von der Vogelweide, den angeblich in Würzburg gestorbenen Dichter, Matthias Grünewald den

Maler, von dem es heißt, er sei in der Mainmetropole geboren worden, und Tilman Riemenschneider, den hier groß gewordenen spätgotischen Bildhauer, dar. Die Figuren sitzen. Sie sind in der ihnen zugeschriebenen Tätigkeit des Schreibens, des Zeichnens und des Modellierens dargestellt. Auf dem Brunnenstock steht die weibliche, mit dem Herzogenhut gekrönte Figur der Franconia, in der Linken die Herzogsfahne haltend, in der gesenkten einen Lorbeerkranz. Dieser Ruhmesgestus gilt dem kleinen Medaillonbildnis des Prinzregenten Luitpold. Denn ursprünglich wurde dieser Figurenbrunnen »Luitpoldbrunnen« genannt. Er »ist von der Gesamtbevölkerung Unterfrankens zur Feier des 70. Geburtstags Sr. Kgl. Hoheit des Prinzregenten als ein dauerndes Zeichen dankbarer Huldigung errichtet und am 3. Juni 1894 in Gegenwart des Regenten und unter dem Jubel der zu Tausenden herbeigeströmten Fremden und Einheimischen enthüllt worden. Der Erzgießer Professor Ferdinand von Miller in München ist nicht nur der geistige Schöpfer des ganzen Werkes, sondern es sind auch alle Bronzefiguren aus seinem Atelier hervorgegangen. Die Architektur hat Professor Gabriel von Seidel in München gezeichnet und hiervon H. J. Metzger von hier die steinernen Figurensockel und Muscheln angefertigt, während die große Brunnenschale und alle Mauerarbeiten einschließlich der Fundierung Baumeister J. Hofmann ausgeführt hat.« Diese, den Stadtführern der Folgezeit entnommenen Angaben gehen auf eine Gedenkschrift zurück, die aus Anlaß der feierlichen Enthüllung von R. von Bibra 1894 herausgebracht wurde.

Die Entstehungsgeschichte hat erst kürzlich Burkard von Roda weitgehend aufgeklärt. Am 12. Mai 1891 wurde die Stiftung des Brunnens beschlossen. In einer Modellsitzung des folgenden Jahres einigte man sich im großen über die Gestalt und die dargestellten Figuren. Es scheint, daß zeitweise auch eine vierte Gestalt im Gespräch gewesen ist, offensichtlich der Baumeister Balthasar Neumann. Vom Anfang an war die Position »auf dem oberen Teil« des Residenzplatzes vorgesehen. Daß die Hinweise auf den Prinzregenten am Denkmal selbst so diskret ausgefallen sind, wundert niemanden, der die heikle politische Situation um 1890 im Königreich kennt und die noble Art des Regenten bedenkt, die er zeitlebens in öffentlichen Angelegenheiten gezeigt hat. Erst kürzlich ist auch die Methode bekannt geworden, derzufolge die Stelle der Aufrichtung des Brunnens ermittelt wurde. Wahrscheinlich steht der Franconia-Brunnen im Schnittpunkt der beiden Geraden, die die inneren Kanten der Zwillingsbauten des Schlosses mit den großen Laternensäulen der Kolonnaden verbindet, eine Methode, die deutlich zeigt, daß jetzt zum Ende des 19. Jahrhunderts der Residenzplatz nicht mehr als »Vorplatz« des Schlosses aufgefaßt, sondern als ein in sich eigenständiges Viereck angesehen wurde, das nur auf einer Seite von der Residenz mehr oder weniger zufällig begrenzt wird.

Der ehemals Luitpoldbrunnen genannte Franconia-Brunnen ist ein wenig geliebtes Monument in Würzburg geblieben. Er ist, was seine stilistische Ausgestaltung betrifft, ein echtes Münchener Kind aus dem Übergang vom opulenten Historismus zur Art Nouveau, zum Jugendstil. Seine fränkischen Eigenschaften beschränken sich strikt auf die Ikonographie. Schon das Bodenmosaik der Brunneninsel belegt unsere Beurteilung, nicht minder die von Gabriel von Seidel entworfene Steinarchitektur, vor allem aber das charakteristische Zusammenwirken von patinierter, durch das kalkhaltige Wasser Frankens leider gänzlich ergrauter Bronze mit farbigem Marmor. Die Position des Monuments verleitet immer wieder dazu, in ihm so etwas wie ein »Sühnemal« für das abgebrochene Ehrenhofgitter sehen zu wollen. Solche verschwiegene Selbstkritik des Hauses Wittelsbach aber dürfte an den Tatsachen vorbeigehen. Der Bestiftete wird hauptsächlich zweierlei mit dem Brunnen bezweckt haben, nämlich endlich wieder Wasser auf dem Residenzplatz sichtbar und hörbar zu machen und damit die alte symbolische Geste des »Wasserspendens« wiederzubeleben, die für den Landesherrn und Fürsten ein schönes Opfer im Zeichen der Salus publica war und blieb. Und zweitens ging es ihm vermutlich um die Belebung des öffentlichen Denkmals als »moralischer« und als erzieherischer »Anstalt«, um Friedrich von Schillers Forderungen für die andere Form von Schauspiel zu variieren. Es klingt der Bildungsbegriff des Bürgertums bei dieser Stiftung ebenso mit wie die Vorstellung vom Landesvater, gegen die sich der Regent, vermutlich aus politischer Klugheit, niemals wehrte. Jedenfalls scheint es, als sei das fürstliche Residenzschloß in Würzburg als absolutistisches Monument mit diesem importierten Figurenbrunnen im Geiste der leutseligen, konstitutionellen Monarchie Bayerns exorziert worden.

Spekulanten contra Chronisten 1869: G. Karchs Erklärung der Residenz

Die kunsttopographische Lokalliteratur Würzburgs im 19. Jahrhundert von Gottfried Scharold 1805 bis Andreas Niedermayer 1860 will nicht mehr Chronik, sondern pragmatische Geschichtsdarstellung sein. Ihr Stolz ist die Quellenkenntnis und Quellenkritik. Kennzeichnend für diese Seite der Aufklärung ist das 1808 erschienene Buch des ehemaligen Domstift-Archivars Johann Anton Oegg. Dieser erste Band eines großangelegten Unternehmens trägt den programmatischen Titel: »Versuch einer Korographie der Erz- und Großherzogl. Haupt- und Residenzstadt Würzburg oder Historische Entwicklung ihrer Erbauung und Cultur, mittels einer rationellen Topographie, dann ihrer merkwürdigsten Ereignisse, in pragmatischen Annalen. Zum Behufe des Studiums der vaterländischen Geschichte und Diplomatik in zweien Hauptabteilungen bearbeitet und herausgegeben.« Der Verfasser begründet sein Unternehmen mit der Unkenntnis der Schriftquellen, die Schuld an den oft unbefriedigenden Ergebnissen des bisherigen Geschichtsstudiums trage und will den Mangel durch sein Buch beheben. Er ist sich aber bewußt, daß der »bekannte Mangel einer urkundlichen vaterländischen Chronik die Ausarbeitung einer pragmatischen Geschichte noch unmöglich macht« und hat daraus die vernünftige Konsequenz gezogen, sein Material topographisch zu präsentieren und in der 2. Abteilung die ihm wichtigen Urkunden des 8.–10. Jahrhunderts gesondert als »pragmatische Annalen« vorzulegen. Oeggs Standpunkt ist zwar nicht neu, aber er kann für die folgende topographisch-historische Lokalliteratur als symptomatisch gelten, im Guten wie auch im Schlechten.

Eine Folge dieser »pragmatischen« Geschichtsdarstellung war es, daß auch bei der Denkmälerbeschreibung die positiven Fakten, die bisher kaum erwähnt wurden, regelmäßig genannt werden. So z. B. die Länge und Breite des Residenzbaues, die Zahl der darin befindlichen Zimmer, die bekannten Daten der Grundsteinlegung, des Bauverlaufs etc. und daß die Beschreibung des Bauwerks breiteren Raum einnimmt als zuvor. Andererseits schleppen sich einzelne ästhetische Urteile, über deren Zusammenhang mit der Beschreibung und den Geschichtsdaten gar nicht nachgedacht wird, in dieser Literatur als unverbindliche, aber wohl stereotype Marginalien fort. Alles, was sich an Bildern am und im Bauwerk findet, wird zwar benannt, aber punktuell und nicht mehr im Zusammenhang, wie es in der barocken Literatur der Ikonologen der Fall gewesen war, die freilich ganz pragmatische und unwissenschaftliche Zwecke verfolgte: Fürstenlob, Übung der Frömmigkeit, Didaktik.

Gegen die unphilosophische Richtung der kunsttopographischen und historischen Lokalliteratur wandte sich der Veitshöchheimer Pfarrer und Dechant G. Karch 1869 mit seinem Buch über »Die königliche Residenz und der Hofgarten zu Würzburg, nach ihrem mythisch-philosophischen Charakter, dem platonischen Kosmos, im Zusammenhang erklärt...«. Das Werk hat zwei Teile. Im ersten werden der Würzburger Hofgarten und seine Bildwerke einer Auslegung unterworfen, die den Garten als Abbildung des platonischen Kosmos erweisen soll. Es geschieht das aufgrund von Beobachtungen, die Karch im Veitshöchheimer Garten gemacht und mit dem damals bekannten mehrbändigen Werk von Kreuzer verbunden hatte. Im zweiten Teil wird dieses Verfahren für die Entschlüsselung der Bildwerke in und an der Residenz und der darin enthaltenen Gemälde, nämlich der Fresken Giovanni Battista Tiepolos im Treppenhaus und Kaisersaal, genutzt.

Eine Kritik des Verfahrens von Karch fällt heute leicht. Er hat z. B. die pragmatischen Waffen der Quellenkritik nicht genutzt bei seinen Versuchen, die Signifikanz der Bildwerke zu erfahren und hat sich auch nicht, jedenfalls nicht erkennbar, der ikonologischen Fachliteratur der Barock- und Rokokozeit bedient. Karch achtete auch nicht mehr als aufgeklärter Philosoph auf die Emblematik dieser Bildwelt und auf die Formen der Allegorese, die nicht nur in kleinen, untergeordneten Bildzeichen wie die Emblematik, sondern auch in großen plastischen und gemalten Bildern, die vordergründig wie Historien aussahen, eingebracht worden war. Bei seinem Streben, die Idee des Ganzen monolithisch auszuweisen, konnte er gar nicht auf die offensichtlichen, archivalisch verbürgten Unterschiede der Konzepte und Absichten eingehen, die zu verschiedenen Zeiten über die Thematik von Bildern bestanden. Es ist ja bekannt, daß z. B. für den Kaisersaal unter Friedrich Carl von Schönborn andere Themen, nämlich vorwiegend Historienbilder, vorgesehen waren, als sie dann Tiepolo unter Johann Philipp von Greiffenklau malte.

Andererseits soll man Karchs Buch, das heute vergessen ist, auch nicht die Verdienste abstreiten, die manifest sind: Karch hat gegenüber den Descriptoren der Residenz auf die Notwendigkeit hingewiesen, den Sinn dieses Denkmals zu erkennen und die Bilder als Ausgangspunkt der dafür notwendigen Auslegung heranzuziehen. Und er hat – vielleicht gegen seine Absicht – evident gemacht, daß die gesamte Bildwelt der Residenz, soweit sie noch in der fürstbischöflichen Zeit entstanden ist, beides zur gleichen Zeit ist: nämlich einerseits streng konzentrisch, soweit es um sehr allgemeine, deshalb auch nur allgemein benennbare Symbolik geht, und andererseits verwirrend vielfältig, »mannigfaltig« im einzelnen, was nach dem bekannten vierfachen Schriftsinn und darüber hinaus wahrscheinlich noch öfters mit Hilfe von Schriftquellen auszulegen ist, anagogisch, moralisch, historisch und physisch. Das von Karch angezogene System des »platonischen Kosmos« paßte ihm zur symbolischen Dimension der Bildwelt nur deshalb, weil es systematisch ist und allgemein. Die heute aufgrund von Archivalien oder durch gelehrte Vergleichung der Ikonologen scheinbar sicher benennbaren Figuren der Bildwelt aber bezeichnete Karch eben willkürlich, und das auch wieder deshalb, weil er von einem System ausging: Seine Fehler und sein Verdienst – beides – enthüllen uns die Eigentümlichkeit der Bildwelt der Residenz als eine Bildsprache. Die symbolischen Hauptsachen sind durch Anschaulichkeit ausgezeichnet; man kann sie auch ohne Kreuzer und Karch entdecken und solche Entdeckung findet dann keinen Widerspruch beim Studium der ikonologischen Fachliteratur vom 16.–18. Jahrhundert. Die Benennung des einzelnen aber ist schwieriger und auch schwankend und schon bei Karch zeigt sich jenes bedenkliche Streben, das heute stärker denn je in der Literatur über barocke Kunst zu beobachten ist, das Streben nämlich, hinter den Bildern ihren Sinn zu finden, also Allegorese zu üben wie die Programmverfasser des 18. Jahrhunderts, aber dennoch zu glauben, daß sich damit der anschauliche Sachverhalt erklären ließe.

Was die umfassende symbolische Sinngebung des Residenzbaus angeht, hat Karch zumindest mit Hilfe Tiepolos den zentralen Bildgedanken der Sonnensymbolik erfaßt. Die Ergebnisse der ikonologischen Untersuchungen von Frank Büttner 1979 und 1980 bestätigen die Richtung von Karchs Interpretation als eine richtige. Schon die Ausführungen Karchs zum großen Treppenhaus-Fresko und zur Architektur bestätigen uns, daß er sich nicht unangemessen eingestellt hat: »Eine Stiege empor zum Besseren« heißt es bei ihm (S. 333) und er faßt auch die Architektur unter dem Bild anagogischen Aufstiegs zum Licht auf: »Der Fürst soll in diesen Säulen himmlischen göttlichen Lichts aufsteigen aus der Tiefe des Reiches der Buto (d. h. der ägyptischen Nacht- bzw. Mondgöttin, der Allmutter)... Er erhebe sich auf diesen anagogischen Treppen zur bellevue über Gottes Schöpfung... Und er wird als die vorleuchtende Landessonne hervorgehen.«

Natürlich ist es Geschmackssache, ob man diesen von der Ägyptenmode nicht unbeeinflußten Ton des Verfassers, der den »ägyptisch-orphisch-mythischen Charakter« der Bilder betont, angenehm findet oder nicht. Unbestreitbar aber ist die Tatsache, daß diese ganz im allgemeinen verbleibende, aber zugleich die anschauliche Wirkung von Architektur und Bild nicht verfehlende Auslegung im Kern das schon enthält, was später über das Erlebnis der großen Treppe gesagt und was schließlich auch an dem Gewölbefresko des Venezianers mit subtilen Argumenten gezeigt worden ist. Die Sonne Frankens ist dargestellt unter dem mythischen Bild des delischen Apollo und dem historischen

Bildnis des Landesfürsten Johann Philipp von Greiffenklau: »Ein Fürst soll gleich sein der Sonnen, Großen und Kleinen, Armen und Reichen soll er gleichscheinen, niemandem soll er die Strahlen seiner Gnade versagen.« In solchen Worten der Leichenpredigt auf diesen Fürsten, 1754, klingt der symbolische Sinn des Tiepolo-Freskos, das am 25. November dieses Jahres vollendet war, deutlicher nach als in manchen späteren Interpretationen, wie Frank Büttner gezeigt hat. Das Fresko ist nicht ohne biblisches Fundament, »wenn es uns zeigt, wie die Sonne über der ganzen Welt aufgeht, in der Gute und Schlechte, Zivilisierte und Unzivilisierte, Christen und Heiden, beisammen leben«, heißt es in Büttners Interpretation (1980, 144).

Nennen wir noch ein anderes Beispiel für die merkwürdige Treffsicherheit Karchs in symbolischer und die Fragwürdigkeit in mythologischer Hinsicht, nämlich seine Erklärung der vier Giebelreliefs an dem Nord- und Südblock der Stadtseite unserer Residenz. Aufgrund seiner fixen Idee vom orphisch-mythischen Gesamtsinn hatte Karch die Athena in den verschiedenen Erscheinungsformen der griechischen, durch Kreuzer bekannten Mythologie überall dort eingesetzt, wo allegorische Frauengestalten als Verkörperung allgemeiner Begriffe und Kräfte auftreten, so auch bei seiner Erörterung der vier Giebelreliefs (Seite 291 ff.). – Die Zentralfigur im Giebel über der Hofkirche ist für Karch Athena Theonoa, das entspricht unserer Auslegung als der Figur der Pietas: »Eine Priesterin bewegt auf dem Opferherd ihre Hand hin und her und trägt in der Linken die brennende Fackel höherer Erkenntnis, um zu erhalten das Feuer gläubiger Liebe zu Gott. Seitwärts zeigt sich ein Genius mit dem Kopfe eines Opferstieres und links hält ein Genius die (dem Tier) abgenommene Kette...« Unabhängig von den Erklärungen im einzelnen hat Karch im großen die Darstellung richtig erkärt. – Die Hauptfigur im zweiten, nördlichen Giebelfeld des Südblocks faßt Karch als Athena Ethonoa auf, er meint die Frau mit der Leier und versteht das Bild als Darstellung »der Cultur, den Sieg des Lichtes«. Da jedoch im Relief die glückliche Erscheinung von Einigkeit (Concordia), wie auch die unglücklichen Folgen des Mangels davon ersichtlich sind, müssen wir das Relief als Allegorie der Concordia auffassen. Ohne weitere Schwierigkeit erkennt Karch im nördlichen Giebelrelief des Nordblocks die symbolische Abbildung der Athena Polias und benennt das Ganze richtig nach Recht und Gerechtigkeit als Fundament des Staates. Die Justitia ist hier Gesamtsinn. Bei dem südlichen Relief im Giebel des Nordblocks, das Karch zunächst als Allegorie des Handels beschreibt, benennt er die Athena Ergane als Zentralfigur und kommt so der zutreffenden allegorischen Darstellung der Salus Publica sehr nahe.

Ganz zutreffend sind – im Allgemeinen, Symbolischen – des Verfassers Gedanken über die beiden Giebelreliefs der Gartenfront. Im südlichen sieht auch er eine symbolische Darstellung der Pax, im Norden der Bellona, wobei dort das Rossegespann, hier das Löwengespann thematisch unterscheidende Motive sind. Karchs vergessenes Buch ist als heilsame Opposition der immer stärker auf Materielles reduzierten Denkmalbeschreibung der Erinnerung wert und auch als früheres Exempel der Möglichkeiten und der Gefahren ikonologischer Spekulation lehrreich.

Ad fontes! Das Studium der Pläne und Quellen. Georg Eckert 1917, Fritz Hirsch 1912, Karl Lohmeyer 1911

Als Abschluß der Epoche kunsttopographischer Bearbeitung könnte man den starken Band in der Reihe der »Kunstdenkmäler des Königreichs Bayern« bezeichnen, den Felix Mader 1915 über die Stadt Würzburg herausbrachte und in dem er auf 82 Seiten die Residenz und ihre Ausstattung und Entstehung beschreibt. Schon der Zwang zu systematischer Darstellung mit dem Nachweis der benutzten Quellen sichert dieser soliden und noblen Arbeitsleistung unsere Achtung. Man kann sich heute kaum vorstellen, wie wir uns nach den massiven Zerstörungen des 2. Weltkrieges, die ja neben den Baudenkmälern Würzburgs auch die Archive, die Kunstsammlungen, etwa des Historischen Vereins und des Fränkischen Luitpoldmuseums, betrafen, über manche der ausgebrannten Baudenkmäler informiert hätten, wenn es diesen Band nicht gäbe. Hinzu kommt das Verdienst, die Kenntnisse über die Geschichte der Residenz erstmals und dokumentiert zusammengefaßt und fortentwickelt, auch Beiträge zur Neumann-Forschung, weit über die Monographie von Josef Keller 1897 hinaus erbracht und erstmals die in Paris verwahrten Konkurrenzentwürfe, deren Existenz Max Hauttmann signalisierte, herangezogen zu haben. Mader konnte ferner diejenigen Entwürfe und Pläne sichten, die ein Enkel des Zimmermanns Eckert, der den Dachstuhl der Residenz errichtet hatte, 1804 bei der Versteigerung des Nachlasses von Neumanns Sohn, Franz Ignaz Michael, in Würzburg erworben hatte und die von Georg Eckert, einem Nachkommen, im Familienbesitz wieder entdeckt wurden. Es handelt sich um den größten Planbestand zur Entstehungsgeschichte der Residenz von insgesamt 145 Blatt neben den später erst aufgefundenen, jetzt in der Berliner Kunstbibliothek befindlichen, 1928 durch Wolfgang Herrmann publizierten zur Baugeschichte der Residenz von 26 Blatt. Diese sind, wie Hans Reuthers kritischer Katalog 1979 beweist, erhalten. Die Pläne der Sammlung Eckert sind 1945 im Fränkischen Luitpoldmuseum verbrannt, wohin sie durch Schenkung der Stadt gelangt waren. Georg Eckert, der Entdecker der Pläne, hat aufgrund seines kritischen Studiums dieser Pläne die Baugeschichte der Residenz in seiner Würzburger Dissertation 1917 erstmals und grundlegend behandelt.

Der Aufstand der »Kollektivisten« um 1920 und das Dilemma: Genie-Kollektiv in der Fachliteratur (Fig. 7, 8)

Maders Band, Karl Lohmeyers Edition der Neumann-Briefe von 1921 und Georg Eckerts Dissertation erschienen zu einer Zeit, als sich eine tiefgreifende Veränderung in der Beurteilung der Würzburger Residenz in der Fachliteratur anbahnte, die seit 1920 vollends zutage trat. Man kann geradezu von einer Revolution der Beurteilung sprechen. Der Begriff, unter dem diese Revolution sich präsentierte, war der der »kollektivistischen Planung«. In direktem Zusammenhang mit diesem Begriff stand die völlig neue Einschätzung des Baumeisters Balthasar Neumann, der bisher unwidersprochen in der Literatur, so bei Gurlitt 1889, oder in der Neumann-Biographie von Josef Keller 1897, als der eigentliche Schöpfer der Residenz gegolten hatte.

Als Bahnbrecher der neuen Auffassung kann Walter Boll gelten. Sein Aufsatz in der Zeitschrift »Frankenland« 1921 mit dem Titel »Balthasar Neumann und die Vorgeschichte der Würzburger Residenz« gibt die Zusammenfassung der neuen Argumente und Anschauungen. Neumanns Entthronung ist eine vollständige: »Als geistiger Schöpfer des Residenzbaues hat er auszuscheiden.« Als Kardinalfehler der bisherigen Anschauung vom Schöpfertum Neumanns wird die bisherige Nichtbeachtung der »kollektivistischen Planung« angeprangert, die sich von allem Anfang an in der Entstehungsgeschichte der Residenz bis in die Bauzeit unter Friedrich Carl hinein feststellen ließe.

Nun möchte man heute meinen, daß unter dem Begriff der »kollektivistischen Planung« eine grundsätzlich neue Anschauung vom spätbarocken Entwurf hervorgebracht wurde und somit auch Schlußfolgerungen methodischer und baukünstlerischer Art gezogen werden, die sich von der herkömmlichen Weise, über Autor und Autorschaft zu sprechen, scharf unterschieden. Das aber war nicht der Fall. Zwar hatte Walter Boll in dem erwähnten Aufsatz Balthasar Neumann als Genie entthront. Aber gleichzeitig inthronisierte er ein neues Genie. In diesem Fall hieß es Lothar Franz von Schönborn. Zweimal bekräftigte Boll diese Auffassung: »... der geniale Mainzer Kurfürst« und »... der geniale Bauherr von Pommersfelden«. – Das Genie ist tot – es lebe das Genie! Nach diesem Schlachtruf verfuhr man jetzt auch in anderen Zusammenhängen. Karl Lohmeyer, der verdiente Herausgeber von kunsthistorisch wichtigem Archivmaterial, der 1911 und 1914 zwei Monographien der Baumeister Friedrich Joseph Stengel und Johannes Seiz publiziert hatte, war durch seine Archivstudien auf die Fährte eines bedeutenden Anteils des kurmainzischen Generals Maximilian von Welsch an der Residenzplanung gestoßen. Bruno Grimschitz hatte in Wien bei seinen Studien zu Lucas von Hildebrandt deutliche Fingerzeige einer Tätigkeit für Mainfranken gefunden und ging diesen Hinweisen nach. Maximilian von Welsch wie auch Lucas von Hildebrandt wurden nun zu Rivalen Neumanns, der immer mehr in die Rolle eines ausführenden Hofbeamten ohne eigene baukünstlerische Initiative zurückfiel, während die Bauberater Lothar Franz von Schönborn, Maximilian von Welsch, Freiherr von Erthal, Robert De Cotte, Germain Boffrand, Lucas von Hildebrandt und Friedrich Carl von Schönborn die Genie- und Schöpfernachfolge antraten. Innerhalb des Rahmens der »kollektivistischen Planung« kämpften jetzt die Kenner und Forscher darum, ihrem jeweiligen Helden einen entsprechenden »Anteil« an der Planung und an der Architektur der Residenz zu erstreiten.

Diese merkwürdige Dichothomie des neuen Begriffs vom Kollektivismus einerseits, der als Brecheisen zum Sturz des legendären Neumann-Denkmals dienen mußte, und des althergebrachten, aus der Ruhmesgeschichte der Malerei stammenden Begriffs des »Schöpfers«, dem noch die Vorstellung von »Eigenhändigkeit« anzuhängen schien, andererseits, prägte diese höchst lebendige und nach dem Quantum der Produktion unermeßlich reiche Phase in der Ruhmesgeschichte der Würzburger Residenzarchitektur. Da bei diesen Entwicklungen und Kontroversen gleichzeitig auch eine grundsätzliche Neuordnung der architekturgeschichtlichen Kriterien zur Debatte stand, darf man sich nicht mit dem offenkundigen Widerspruch zwi-

41 Ein Rundgang um den gesamten Bau macht die Gestaltung deutlich, zu der der Baumeister Balthasar Neumann die verschiedenen Planungen und Einflüsse genial zusammengefaßt hat. Die maßgeblichen Linien des Aufbaus werden bereits in dem Foto des Eckpavillons sichtbar, der als nördlicher Eckrisalit aus der Fluchtlinie der Stadtfront hervortritt. Die Zusammenfassung je eines Voll- und eines Halbgeschosses zu einer großen Ordnung gliedert die Front ebenso wie die Übereinanderstellung der Fenster und Säulen. Auffallend sind die Unterschiede zwischen dem nebenstehenden Entwurf (1720/22) und der Ausführung in den Proportionen der Fenster und des Hauptgeschosses.

42 Den Formenreichtum der Gliederung des Hauptstockwerks zeigt ein Blick über den Ehrenhof von der Höhe der Kolonnadenbalkone. Die Kapitelle der Säulen sind mit dem korinthischen Akanthusblattwerk verziert, die Säulen der unteren Ordnung in einfacherer dorischer Weise gestaltet.

43 Die Gliederungsfolge der Außenfassade (oben) bestimmt die schlichtere Gestaltung der Fassaden in den Innenhöfen (unten). In diesen fehlen die Säulen und die zum Dach hin abschließende Balustrade. Einfacher gehalten sind auch die Fensterrahmungen und die Form der unteren Halbstockfenster.

44 Die nördliche Front des Ehrenhofes zeigt den langsamen Abbau des Zwischenstockwerks in der unteren, der dorischen Ordnung. Von den vorgestellten Kolonnadenbalkonen werden die kleinen Fenster nur verdeckt, in dem nach hinten versetzten Mittelbau, der siebenachsigen Rücklage, fehlen sie völlig. Charakteristisch für diesen Bereich ist die »französische Form« der Pfeilerarkaden als Fenster.

41 A walk around the building gives an idea of the ingenious composition in which the architect Balthasar Neumann has united the various plans and influences. The predominant lines of the construction become visible in the plate showing the north corner pavilion projecting from the alignment of the town front. Its facade is structured by the combination of a full storey and an entresol in a large order and by the superposition of the windows and columns. There are striking differences between the original plan (1720/22, see opposite) and the actual layout especially in the proportions of the windows and the main storey.

42 A view across the main courtyard from the height of the colonnade balconies shows the richness of variety in the layout of the upper storey facade. The capitals of the columns are decorated with Corinthian acanthus leaves, the columns of the lower order are shaped in the plainer Doric style.

43 The layout of the exterior facade (above) also determines the less decorated arrangement of the inner courts (below). But here the columns and the balustrade bordering the facade towards the roof are missing and the window frames and the form of the lower entresol windows are less ornate.

44 The north front of the main courtyard shows the gradual disappearance of the entresol in the lower, i. e. Doric order. First the small windows are only hidden behind the colonnade balconies placed in front of them, but they have completely disappeared in the set back five-axis central structure. The "French form" of the pilaster arcades serving as windows is typical of this zone.

41 En contournant l'ensemble de l'édifice, on aperçoit la composition géniale par laquelle l'architecte Balthasar Neumann a su marier les divers projets et influences. Les lignes déterminantes de la structure architecturale de la Résidence se montrent sur la photo du pavillon d'angle, l'avant-corps nord qui fait saillie de l'alignement de la façade qui donne sur la ville. La réunion d'un entresol à un étage entier par un grand ordre subdivise la façade à la verticale ainsi que le fait la superposition des fenêtres et des colonnes à l'horizontale. On notera la différence frappante entre le projet (1720/22) reproduit ci-contre et sa réalisation dans les proportions des fenêtres et de l'étage.

42 Du haut des balcons sur colonnades, on aperçoit, en regardant à travers la cour d'honneur, la richesse de formes dans la structure de l'étage. Les chapiteaux des colonnes y sont décorés de feuille d'acanthe, les colonnes de l'ordre inférieur sont doriques.

43 L'ordonnance de la façade extérieure (v. planche en haut) détermine aussi la composition plus sobre des façades dans les cours intérieures, où il manque les colonnes et la balustrade au niveau du toit. Les chambranles des fenêtres y sont également moins ouvragés.

44 La façade nord de la cour d'honneur montre la disparition progressive de l'entresol dans l'ordre inférieur, soit dorique. A gauche, les fenêtres de la mezzanine sont seulement cachées par les balcons sur colonnades en saillie; elles ont pourtant complètement disparu dans le corps médian en retrait qui comporte sept axes. Le trait caractéristique de cette partie, c'est la forme «française» des arcades.

Sammlung Eckert. 314

P

45 In der Eingangsfront des Corps de Logis sind die Zwischenstockwerke völlig verschwunden. Dort gibt es nur noch das französische Rundbogenfenster als Fenstertür oder als Tor. Auch der Innenraum ist hier dementsprechend nur in zwei Stockwerke aufgeteilt. Durch diese Anlage wirkt der Bau niedriger als die gleich hohen Stadtfronten.

46 Beim Betreten des Gartens an der Südseite fällt die Ovalrotunde auf, die als ungewohntes Element aus der Südfront der Residenz hervortritt. Nur bei den Rotunden tritt der verdoppelte Pilaster als Element der Säulenordnung auf. Die Fensterformate gleichen völlig denen der Rücklagen, allerdings sind die Intervalle – auch durch das Pilasterpaar – breiter. So konnte der »Fremdkörper« der Ovalrotunde in das regelmäßige System integriert werden.

47 Was für die Gartenfront insgesamt gilt, gilt für den beherrschenden Saalbau im besonderen: Er ist der Höhepunkt, die Schlußfigur der gesamten Schloßanlage. Diese herausragende Stellung wurde durch die achteckige Grundform, die durchgehend großen Formate der Fenster und Türen, durch das zusätzliche Attikageschoß und die besonders reiche Bauplastik erreicht. Das Monogramm des bayerischen Kurfürsten Max Joseph im Wappen des Giebels ist eine Zutat des 19. Jahrhunderts.

48 Anfang und Ende der Gartenfront verkörpern die fünfachsigen Eckpavillons, die die beiden Schloßflügel dokumentieren. Wie der südliche Pavillon zeigt, wiederholen Form und Schmuck der Fenster die Formen, die auf der Stadtseite dem Saalbau vorbehalten waren. Auch der Kolonnadenbalkon, der den dreiachsigen Giebelmitten vorgestellt ist, findet sich an der Stadtfront nur im Ehrenhof.

45 The entresols have completely disappeared from the entrance facade of the central building. Only the French round arch windows and doors have remained. The interior of the central building is correspondingly subdivided into two storeys only. Due to this layout, the building seems lower than the town frontage, which, however, is just as high.

46 Seen from the south entrance of the palace grounds, the oval rotunda projecting as an unusual element from the south front of the palace attracts the visitor's attention. Only the rotundas possess the twin pilasters as an element of their columniation. The dimensions of the windows are the same as those of the set back structures, but the intervals between the windows are larger.

47 The garden frontage in general and the dominating hall structure in particular are generally regarded as climax of the whole palace. The prominent position of the central building is ensured by its octagonal ground-plan, the large dimension of the windows and doors, the additional attic and the particularly rich plastic decoration. The monogram of Bavarian Prince Elector Max Joseph in the coat of arms of the gable was added in the 19th century.

48 The ends of the garden front are formed by the five-axis corner pavilions marking the two wings of the palace. The example of the south pavilion demonstrates that form and decoration of the windows take up the forms which, at the town front, are reserved for the hall structure. Similarly the colonnade balcony placed in front of the three-axis gable centres only reappears in the main courtyard at the town front.

45 A la façade d'entrée du corps de logis qui renferme les grandes salles, les entresols sont complètement disparus. Seules les fenêtres françaises y ont été conservées en guise de portes-fenêtres ou de portes. L'intérieur aussi d'ailleurs n'est divisé qu'en rez-de-chaussée et étage.

46 En s'approchant de la Résidence par l'entrée sud du parc on est frappé par la rotonde ovale qui, en élément tout à fait insolite, fait saillie de la façade sud de l'édifice. Ce n'est qu'aux rotondes – il y en a une deuxième l'aile septentrionale – qu'apparaît le pilastre géminé comme élément de l'ordre architectural. C'est par cet élément structural que la rotonde ovale s'intègre dans l'ordonnance régulière de l'ensemble de la façade.

47 Ce qui vaut en général pour la façade qui donne sur le jardin, s'applique en particulier au dominant corps de logis qui renferme les grandes salles de parade: c'est le point culminant de l'ensemble du château. La mise en valeur en est assurée par le plan octogonal, les grands formats des fenêtres et des portes, par l'attique qui dépasse la ligne des gouttières et par la sculpture particulièrement riche. Le monogramme du prince électeur bavarois Max Joseph a été ajouté au XIXe siècle.

48 Les deux extrémités de la façade qui donne sur le parc sont marquées par les pavillons d'angle à cinq axes qui marquent les deux ailes du château. L'exemple du pavillon sud montre que la forme et le décor des fenêtres reprennent les formes qui, du côté de la ville, sont réservées à la façade du corps de logis.

Fig. 7 L. v. Hildebrandt: Oberes Belvedereschloß in Wien

schen Kollektiv und Genie allein befassen, sondern muß ihn in einem größeren Zusammenhang sehen. Dreierlei ist dabei zu beachten:

Erstens war es Fritz Hirsch, der Architekturhistoriker und Denkmalpfleger, der auf seine Weise Anstoß zu der Entthronung Neumanns als »Schöpfer« der Residenz gegeben hat. Er tat es durch die erste kritische Sichtung eines Klebebandes der Würzburger Universitätsbibliothek, in dem kleine und kleinste Entwurfsfragmente, hauptsächlich für die Ausstattung des Mobiliars und die Dekoration der Residenz unter dem sagenhaften Namen »Das Skizzenbuch Balthasar Neumanns« aufbewahrt wurden. Hirsch zeigte nun unwiderleglich, daß dies eine Legende war. Seine Schrift, welche die Zeichnungsfragmente auf ihre Autorschaft hin überprüfte, erschien 1915. Sie trägt deshalb den Titel: »Das *sogenannte* Skizzenbuch Balthasar Neumanns. Ein Beitrag zur Charakteristik des Meisters und zur Philosophie der Baukunst.« Fritz Hirsch zerstörte zwar eine Legende, aber nur diejenige von Neumann als einem genialen und schönen Zeichner, der alles und jedes für Bau und Dekoration selbst entwerfend hinzauberte wie ein genialischer Innendekorateur des Jugendstils.

Fritz Hirsch, der rührige Begründer der Zeitschrift für Geschichte der Architektur, der sich trotz seiner hohen Einschätzung des Archivstudiums in erster Linie doch von der Architektur selbst und von den Entwürfen der Baumeister Aufklärung und Fortschritt der Forschung erhoffte, war es aber nicht, der Neumanns Rolle in der Entstehungsgeschichte der Residenzarchitektur auf nahezu Null reduzierte. Beweis dessen ist seine Rezension der Standardveröffentlichung über die fürstbischöfliche Residenz, die 1923 in zwei Bänden und kostbarer Ausstattung erschien. Richard Sedlmaier als Kunsthistoriker und Rudolf Pfister als Architekt waren die Autoren. Dieses Werk hat die Vorstellung von der kollektivistischen Planung allgemein publik gemacht und hat den schon skizzierten Streit um die »Anteile« an der Autorschaft in diejenige Form gegossen, die seither weithin gültig blieb: An die Stelle Neumanns als »Autor« traten Maximilian von Welsch in der Bauzeit unter Johann Philipp Franz von Schönborn und Lucas von Hildebrandt in der zweiten Bauperiode seit 1729/30 unter Friedrich Carl von Schönborn. Im übrigen lag das Verdienst des »Residenzwerkes«, wie wir es nennen wollen, hauptsächlich in der Aufklärung der Ausstattung, ihrer Meister und Werke. Bis heute sind die dort zusammengetragenen Angaben, für die hauptsächlich Walter Boll, Heinrich Kreisel und Karl Lohmeyer Material beisteuerten, für jede Beschäftigung mit der Würzburger Residenz unentbehrlich.

Fritz Hirsch fand es unerläßlich, in der erwähnten Rezension des »Residenzwerkes« darauf hinzuweisen, daß beide Autoren die kritische Baugeschichte von Georg Eckert »stark benutzt« haben und daß »die Korrekturen am Lebenswerke B. Neumanns«, die er »bezüglich seines Anteiles am Bruchsaler Schloß vornehmen mußte, hier zu Folgerungen geführt haben, die mir zu weitgehend erscheinen«.

Noch wichtiger ist der Einspruch gegen die Umschreibung der »Schöpfungsgeschichte« der Residenzarchitektur, den Bruno Grimschitz in seiner Rezension des »Residenzwerkes« 1925 erhob. Denn Grimschitz war derjenige, der es ja veranlaßt hatte, daß Lucas von Hildebrandt in der kollektivistischen Planung der Resi-

Fig. 8 B. Neumann: Würzburger Residenz, Gartenfront, Mittelpavillon

denz erkannt und anerkannt wurde. Seine Besprechung ist der zweite wichtige Punkt, von dem aus die Revolution der Kollektivisten nach Gewinn und Verlust beurteilt werden kann. Sie trägt den Titel: »Das kollektivistische Problem der Würzburger Residenz und der Schönbornkapelle am Würzburger Dom.« Der Titel leitet sich von dem Umstand her, daß Grimschitz neben dem Residenzwerk auch Walter Bolls Monographie über die Schönbornkapelle (1925) besprach. Darin lag bereits ein fortschrittlicher Ansatz. Denn beide Bücher kennzeichnet die merkwürdige Widersprüchlichkeit zwischen dem Begriff des Kollektivismus und der Anschauung vom Schöpfer, vom »Autor«, die wir bereits gekennzeichnet haben. Insbesondere war die Entscheidung von Sedlmaier-Pfister über die Hofkirche der Residenz und von Walter Boll über die Schönbornkapelle methodisch gleich und beruhte auf den gleichen Voraussetzungen. In beiden Fällen wurde Lucas von Hildebrandt als der »eigentliche« Schöpfer aufgrund des Archiv- und Planstudiums behauptet und in beiden Fällen geschah das zwar auf Kosten Neumanns, nicht aber mit Hilfe einer dem modernen Begriff des Kollektivismus adäquaten Methode. Grimschitz widersprach. Der Biograph Hildebrandts also legte für beide Würzburger Kirchenräume die mangelnde Schlüssigkeit der erfolgten Zuweisung an Hildebrandt dar. Er tat das hauptsächlich aufgrund seiner stilkritisch formulierten Auffassung von der Erfindung bei Hildebrandt und bei Neumann, wobei er viel stärker als seine Kontrahenten auf die Kirchenbauten Neumanns und Hildebrandts einging.

Auch Georg Eckert schrieb eine Replik auf Sedlmaier-Pfister im Repertitorium für Kunstwissenschaft 1922. Auch für ihn war der Rekursus auf die Werke selbst für die Schlüssigkeit der Zuschreibungsfrage entscheidend. Im Falle von Maximilian von Welsch hat er gegen die Meinung von Sedlmaier-Pfister Argumente dieser Art ins Feld geführt. Eckerts triftige Antwort auf die vollständige Beseitigung Neumanns als Autor der Residenzarchitektur aber steht, so scheint mir, schon in der erwähnten Dissertation von 1917. Gemeint ist der Vergleich von Neumanns Kaiserpavillon der Würzburger Residenz mit Hildebrandts Mittelpavillon des Oberen Belvedereschlosses in Wien:

»Die Wiener Gartenfassade ist ja in ihrer Gesamtheit so prächtig, daß man beim ersten Anblick nicht glaubt, sie könne übertroffen werden. Aber ein Hauptgrund ihrer Wirkung liegt in der allerdings künstlerisch nicht zu überbietenden Lage, in dem stufenförmigen Hinaufschieben durch die glänzend gestaltete Gartenarchitektur, die mit dem Bau zu einer idealen Einheit verschmilzt. Untersucht man aber die Fassade selbst näher, so wird man doch gewisse Mängel derselben nicht ableugnen können. Vor allem zerfällt sie trotz ihrer guten Komposition stark in ihre Einzelteile. Die bindende Einheit ist dem Künstler nicht ganz gelungen; besonders hart stoßen die drei Mittelteile mit den zwei Seitenteilen beiderseits zusammen, durch den Wechsel in den Einzelformen und in der ganzen Gliederung neben der Änderung der Stockwerkshöhe ist dieser Gegensatz geradezu auffallend und wird auch durch die bei den Eckpavillons wiederkehrenden Formen der Mittelpartie nicht ausgeglichen. Außerdem herrschen durch die schmalen, hohen Fenster, die Doppelpilaster und die Attika mit Figuren ohne füllende Brüstung merkwürdig gestelzte Verhältnisse, die auch sonst den Werken Hildebrandts eigen sind. Noch weniger ist der Zusammenhang bei der Hofseite geglückt; hier herrscht im Mittelteil eine echte barocke Gepfropftheit. Und bei alledem ist auch hier wieder die Wirkung im Zusammenhang mit der vorliegenden spiegelnden Wasserfläche überwältigend; mit einer so großen Unmittelbarkeit weiß uns der Künstler zu packen, daß wir die entgegenstehenden Mängel immer wieder beim Anblick des Werkes momentan übersehen.«

»Was hat nun Neumann daraus beim Würzburger Schlosse gemacht? Betrachten wir zuerst wieder die Gartenfassade: ihre weitgehende Übereinstimmung mit dem Belvedere hat W. Pinder geradezu eine Bearbeitung der Hildebrandtschen Fassade genannt. Und trotzdem haben wir etwas ganz Neues und in der Wirkung Verschiedenes vor uns. Verkennen wir es nicht: vor allem ist die Neumannsche Fassade vollkommen einheitlich. Da fließt ein Teil so voll in den anderen über, ohne dabei von seiner Selbständigkeit etwas zu verlieren, als ob das alles aus einem Geist entstanden wäre, und nicht eine so lange Baugeschichte hinter sich hätte, die in der Zeit von der Pariser Studienreise bis zu den Wiener Bausitzungen so viele Kompromisse in sich schloß! Schauen wir speziell den Mittelteil etwas näher an: Hildebrandt hat ein ungewöhnliches Verhältnis, indem er in der Mitte Doppelstützen, außen einfache verwendet; dadurch verliert sein Bau gerade dort scheinbar an Stabilität, wo sie am meisten benötigt ist, an der Ecke.« »Neumann hat das normale Verhältnis durch Einfügen von Doppelstützen außen und einfachen innen wiederhergestellt; außerdem sind seine Fensterverhältnisse ansprechender. Durch die Zurückhaltung in der Gliederung der Flügelbauten und durch Bereicherung des Mittelteils mit dem Giebel sowie durch die glänzende Überleitung beim Zusammenschluß der einzelnen Bauteile, weiß er die Dominante glücklich zur gesteigerten Wirkung zu bringen und hat so eine Vollkommenheit zu erreichen vermocht, die dem Hildebrandtschen Bau versagt blieb . . .« »So hoch wir die beiden Meister in ihren Leistungen nun schätzen, so können wir auch gerade aus diesen ihre verschiedene künstlerische Natur erkennen; auf Hildebrandts Seite ist ein lebhaftes Temperament und eine sprudelnde Phantasie, Neumann war mehr der denkende Kopf, dem eine anschauliche Klarheit der künstlerischen Empfindung angeboren war.«

Die Auflösung des Dilemmas: Genie-Kollektiv im Begriff der Meisterschaft B. Neumanns: Hans Rose: Spätbarock 1922

Nun ist es merkwürdig zu sehen – und damit nennen wir nach Hirsch und Grimschitz den dritten und wichtigsten Punkt –, daß gleichzeitig mit der offenkundig methodisch nicht bewältigten Erscheinung der »kollektivistischen Planung« in der Fachliteratur über die Würzburger Residenz ein Buch erschienen ist, das aus einer umfassenden Anschauung der ganzen Epoche von 1660 bis 1780 den Kollektivismus als zentrales Stilphänomen versteht und deshalb auch den baukünstlerischen und historischen Rang der Würzburger Residenz anders und zutreffender angeben konnte, als es bisher geschah: Hans Roses Münchener Habilitationsschrift: »Spätbarock«, München 1922.

Rose schrieb sein Buch nicht aus genuiner Liebe zur Architektur des Spätbarock. Im Gegenteil. Für ihn war diese Epoche eine enorm persönlichkeitsfeindliche, eine der Beherrschung sozialer Manifestation und jeder Art von gelenkter Kommunikation gewidmete Zivilisation, die den einzelnen Künstler wie auch die einzelnen Künste vor ungeahnte, schwierige Aufgaben stellte. Die Aufgaben wurden deshalb so schwierig, weil diese Zivilisation und die sie prägende Elite, an der bereits in Frankreich der Stadtadel großen Anteil hatte, »gleichsam alles auf einmal« wünschte, ganz und gar nicht stetig in ihren Absichten war, sondern erheblich anfällig gegen alle Art des Neuen und dazu in einem bisher nicht existenten Ausmaß im Besitz heterogener, ganz verschiedenartiger »Vorbilder« und Kunstmotive. Spätbarock also ist für Hans Rose ein synthetischer Stil par excellence, ja sogar ein synkretistischer Stil, ein solcher nämlich, der als die eigentliche Kunstleistung die Verbindung, Verschmelzung und Verarbeitung des bisher Unverbundenen, ja Gegensätzlichen und Unzusammenhängenden forderte. Unter den Begriffen, die Rose zur Bestimmung dieser Kultur heranzog, spielt deshalb neben dem Dekorativen und dem Transitorischen das Wertproblem eine große Rolle. Und zwar im Sinne eines Ausgleichs der Werte durch Anpassung. Der Anpassungswert wird im Spätbarock höher geachtet und eingeschätzt als der Schönheitswert. Rose illustriert das durch einen Passus aus der verlorengegangenen Jugendschrift »De pulchro et Apto« des heiligen Augustinus, über die Unterscheidung des Angemessenen (Decorum) vom Schönen (Pulchrum): »Ich ließ die Gestalten der Körperwelt an meiner Seele vorüberziehen, und unterscheidend bestimmte ich das Schöne als das, was sein Wesen in sich selbst trägt, das Angemessene als das, was seinen Wert erst durch Anpassung an ein anderes gewinnt.« Wahrscheinlich liegt es an der synkretistischen und ästhetischen Forderung, daß der Spätbarock für die europäische Kunst von ca. 1860–1930 eine so große Anziehungskraft ausgeübt und so viel Anregung für Architekten, Dekorateure und Maler geliefert hat.

Aufgrund seiner Sicht der spätbarocken Epoche ist für Rose die »kollektivistische Planung« eines Schloßbaues nichts Sensationelles, sondern der typische Normalfall in dieser Zeit. Paradigma war die Planung der Ostfront des Louvre in Paris, die schließlich von einem kleinen Konsortium, dem der König selbst vorstand, dem Petite Conseil, festgelegt wurde. Den Mitgliedern dieses Planungsgremiums, dem auch Charles Perrault angehörte, war es untersagt, sich selbst oder einen einzelnen als »Erfinder« oder »Schöpfer« des Ausführungsentwurfes zu bezeichnen. Rose sieht sich deshalb auch bei der Erörterung der Würzburger Residenz, die er für das Meisterwerk der spätbarocken Schloßbaukunst hält, gar nicht veranlaßt, um jeden Preis den »eigentlichen« Schöpfer der Residenzarchitektur mit den alten Methoden einer Kennzeichnung von »Eigenstil« (oder: »Personalstil«) herauszufinden oder seinen Anteil exakt von den Anteilen anderer, an der Planung beteiligter Bauherrn, Berater, Kavaliersarchitekten oder Baumeister herauszumendeln. Gerade aber weil Rose den Kollektivismus für ein Stilmerkmal dieser Epoche ansieht, ist er in der Lage, verschiedene Rangstufen zu unterscheiden und im Falle der Residenz auch die höchste zu erkennen und denjenigen Baumeister als Künstler gelten zu lassen, der das Heterogene schließlich zu einer Einheit gebracht hat.

»Die Würzburger Residenz verdankt ihren Ruhm teils dem Reichtum an Baumotiven und teils dem Geschmack, mit dem das Viele sich zum Ganzen zusammenschließt, d. h. der Sicherheit, mit der die Akzente verteilt sind. Die Festräume, die glücklich zwischen eine Fülle von kleinen und mittelgroßen Gelassen eingefügt sind, stellen eine historische Musterkarte dar. Gerade in der Grundrißfügung spürt man die Folgen des Kollektivsystems. Man will alles auf einmal und das Bedürfnis nach Abwechslung ist groß ...«

Dementsprechend fällt auch das Gesamturteil Roses über die Würzburger Residenz aus: »Der Spätbarock hatte die Mitwirkung des Genialen zu grundsätzlich ausgeschaltet, als daß man auf der Höhe des Stils Überraschungen zu gewärtigen hätte. Je mehr man sich dem Ziel nähert, desto durchsichtiger wird die Kunstleistung, und nur ein solches, dem Persönlichen abgewandtes Zeitalter konnte der Nachwelt die Frage hinterlassen, ob das Meisterwerk dieser Epoche, die Würzburger Residenz, überhaupt von einem Künstler oder von einem militärischen Verwaltungsbeamten herrührt, eine Frage, die mit großem Aufwand an Beweismaterial neuerdings wieder diskutiert wird. Ich halte den Streit um das Künstlertum Balthasar Neumanns für müßig, insofern wir ihn nicht auf die Wertproblematik des Zeitalters überhaupt ausdehnen und unsere Anschauungen von den künstlerischen Methoden des Spätbarock berichtigen nach den Verhältnissen, wie sie bei einem solchen Schloßbau vorgelegen haben. Abgesehen davon, daß der individuelle Gehalt dieser Denkmäler gering ist und ein geschmackvoller Eklektiker schon zu bemerkenswerten Kunstleistungen aufsteigen konnte; ferner, daß es hier nicht auf originelle Erfindung ankommt, *sondern auf die Energie, mit der zahllose Vorbilder zusammengetragen und zu einem Ganzen verschmolzen werden,* waren diese Standardbauten fast alle Kollektivprodukte. Wir wissen, daß in den Würzburger Bau Welsch, Boffrand und Hildebrandt zumindest hineingeredet haben und Neumann war durchaus nicht die exklusive Persönlichkeit, die sich einer geschmackvollen Anregung von außen grundsätzlich verschlossen hätte. Daß im Kunstbetrieb des Spätbarock ein Kommissionssystem eingerissen war, ist anläßlich von Versailles erwähnt worden. Läßt man Neumann als Künstler fallen, dann müßte man bis zu Perrault und Levau hinauf, d. h. bis zu den Begründern des Stils, *allen* Baumeistern das Prädikat »Künstler« abstreiten ...« Soweit Hans Rose über die Residenz.

Er also hat das Verdienst, die kollektivistische Planung der Würzburger Residenz als das stilistisch normale, kennzeichnende Entwurfsverfahren erkannt zu haben, das nicht durch eine Suche nach *dem* Schöpfer wieder paralysiert und durchgestrichen werden kann. Rose zeigt deshalb auch, daß ihm bei solchen Bedingungen der Streit um das »Schöpfer- und Künstlertum« Balthasar Neumanns unsinnig erscheint. Neumanns Künstlertum beruht eben auf dieser synkretistischen Verschmelzungs- und Anpassungsfähigkeit, wobei die *Energie*, die für eine solche, uns teilweise kaum mehr vorstellbare Kompositionsmethode unerläßlich war, den Ausschlag gibt.

Die Würzburger Residenz. Baugestalt und Idee

Situation in der Stadt (Fig. 9–11)

Unser heutiges Erlebnis der Würzburger Residenz und ihrer Erscheinung bestimmen unwillkürlich drei Faktoren: die Lage im Osten der Stadt ohne anschauliche Beziehung zum Fluß, der Abstand, der Anstieg und die Ausrichtung durch den Platz vor dem Schloß und die Baumaterialien von Stein, Glas und Schiefer, die das Äußere des heute unverputzten hochragenden Etagenbaus eigentümlich für unsere Anschauung färben. Alle drei Faktoren sind historisch bedingt und bedürfen deshalb auch einer geschichtlichen Erklärung.

In der Reihe der monumentalen Bauten, die Würzburgs Stadtbild auszeichnen und bis heute prägen, war die Stadtresidenz der Fürstbischöfe der späteste. Würzburgs Vater war der Fluß. Dann entstand auf dem der Muttergottes geweihten Berg die Burg, von der auch die Straße und die den Fluß kreuzende Furt kontrolliert werden konnte. Der Burg auf dem linken Ufer des Mains wurde auf dem rechten die bischöfliche Kathedralkirche gegenübergestellt, der Dom. Dieses zweite Bauwerk von maßgeblicher Größe, Lage und Ausrichtung bildete dann den Nucleus für den Zusammenschluß der Siedlungen zur Stadt, die seit dem 11. Jahrhundert durch einen inneren Bering umschlossen war. Aber erst mit der steinernen Brücke, die spätestens seit dem 12. Jahrhundert Burg und Dom in eine den Flußraum unmittelbar beeinflussende Beziehung setzte, war die grundlegende bauliche Figur Würzburgs vollständig ausgebildet. Seither gibt die Trias von Burg, Brücke und Dom und damit die Wendung der Stadt zum Strom den Ton an für jede weitere Entwicklung des Würzburger Stadtbildes.

Alle Ansichten Würzburgs seit dem späten 15. Jahrhundert halten als Kern der Darstellung die beherrschende Stellung der Burg auf dem Marienberg, den Verlauf des Flusses, die ihn kreuzende Brücke und die Position des Domes fest. Und sehr bald wird es auch üblich, die zu einem deutlichen Fünfeck gediehene Umwallung zu zeigen, deren längste Seite vom Main selbst gebildet wird. Auch die Umwallung hängt – buchstäblich – vom Flußraum ab. Und kaum ein Zeichner des 16. und 17. Jahrhunderts verzichtet darauf, etwas von der Mainbrücke zu zeigen oder wenigstens ihre Existenz anzudeuten. Das alles entspricht auch noch der modernen Erfahrung mit Würzburg: Nur vom Flußraum her erschließt sich die Stadt dem Anblick, und zwar mit zwei einander zugekehrten Aspekten; darin ist vor allem der Grund für die so oft angestellten Vergleiche mit Bamberg und mit Prag zu erblicken.

Der Holzschnitt aus Sebastian Münsters Cosmographie von 1548 zeigt uns die herkömmliche Komposition des Würzburger Stadtbildes. Er ist besonders unterrichtend, weil die gewählte Draufsicht auf die Bischofsstadt es erlaubt, auch den Verlauf und die Form der Gassen und Plätze zur Anschauung zu bringen, nicht nur die herausragenden Monumentalbauten. Mit eindrucksvoller Betonung werden die Hauptsachen, die Burg, die Brücke und der Dom in der einfachen, klar gezeichneten und gut geschnittenen Darstellung hervorgehoben. Ungeachtet der tatsächlichen Abstände und Größenverhältnisse, die wir im Vergleich etwa mit einem modernen Stadtgrundriß schnell wahrnehmen können, sind die drei Monumente in eine Blickbahn eingestellt, die sogar noch über den Dom nach Osten hinauszureichen scheint und bis zu dem erst 1476 er-

Fig. 9 Würzburg, Stadtansicht aus S. Münsters Cosmographia, 1548

richteten »dicken« runden Turm reicht, der nordöstlich auf der Spitze der am weitesten vorgeschobenen Bastion errichtet wurde, in der Nähe des Rennweger Tores. Die Bauten der Burg sind übergroß herausgezeichnet und auch so, daß vieles von der langen Nordflanke mit ins Bild hineingenommen wird, ein alter Kunstgriff der Stadtansicht seit Schedels Weltchronik. Die Brücke mit ihren beiden Tortürmen, deren westlicher 1869, deren östlicher auf Initiative von Balthasar Neumann 1722 eingelegt wurde, erhält in der sehr breit gezeichneten Domstraße eine direkte Verlängerung, die auf die Westfront des Domes hinzielt, eine sehr sprechende bildliche Metapher für die architektonische »Achse« Burg–Brücke–Dom, deren städtebauliche Bedeutung nicht dadurch geschmälert wird, daß sie nicht in einer Horizontalebene liegt und auch nicht schnurgerade ist, wie man weiß. Der Baukörper des Domes mit dem doppelten Turmpaar im Westen und Osten, den beiden Flügeln des östlichen Querhauses und der mächtigen, über die Zone der Kryptafenster aufragenden Ostapsis ist gut erkennbar. Auf dem weiten Vorplatz vor der Apsis lesen wir die Bezeichnung »Thum-Stifft«, und in der Tat gehört ja dieser Vorplatz auch heute noch zur Chorfassade des Domes. Sichtbar ist auch die von einem Rundbogentor durchbrochene Mauer, die vom Dom zur Neumünsterkirche führte und erst auf Betreiben der Erbauer der Stadtresidenz im 18. Jahrhundert mit dem dahinterliegenden Domfriedhof gefallen ist. Der sich zu einem Dreiweg verästelnde Platz vor der Domchorfassade war baumbestanden, wie man sieht. Jedenfalls ist dort ein großer Baum mit einer bequemen Bank rund um den Stamm eingezeichnet. Der Vorplatz mündet, sich rasch verengend, in den Bischofshof (C). Der Buchstabe D bezeichnet den Domherrenhof Katzenwicker, wo die Universität eine erste Heimstatt fand. Er lag noch vor dem inneren Bering. Dessen Mauern mit ihren in kurzen Abständen angeordneten »Letzen«, den Rund- oder Hohltürmen, begleiten außen Graben und Wall. Auf dem anderen Mainufer sind links das Burkardstift und rechts die Deutschherren- und die Benediktiner-(Schotten-)Kirche auszumachen. Dort sieht man auch Umwallungen. Ansonsten scheint die Siedlung unterhalb der Marienburg nicht befestigt gewesen zu sein.

Auffällig an der Stadtansicht von 1548 ist der breite, ziemlich gerade Verlauf der Wagnergasse im Süden ungefähr parallel zur Domstraße, also jener Bahn, die auf dem Holzschnitt mit dem Buchstaben E bezeichnet ist. Sie wählte Fürstbischof Julius Echter als die dritte Hauptstraße seiner Residenzstadt, nachdem er im Norden, entlang der dort hinziehenden Befestigungsmauer, 1578 das große Spital gestiftet hatte, das seinen Namen trägt und auch heute noch den ursprünglichen Stiftungszwecken dient. 1582 – so sagt man – gründete der Landesherr das Kolleg bzw. die Universität und siedelte sie an der begradigten alten Wagnerstraße an, die fortan wegen des mächtigen Universitätsbaues, dem noch nach Osten zu das Jesuitenkolleg angefügt war, die Neubaustraße heißt. Das Ergebnis der umsichtigen städtebaulichen Maßnahmen Echters war die Errichtung von zwei baulichen Trabanten diesseits und jenseits des Domes, nämlich des Jesuitenkollegs und des Juliusspitals und ihre Aktualisierung im Stadtbild durch zwei breite Straßenzüge, die ungefähr dieselbe Ausrichtung besitzen wie die Domstraße in ihrer Mitte, nicht aber so wie diese am linken Ufer durch Berg und

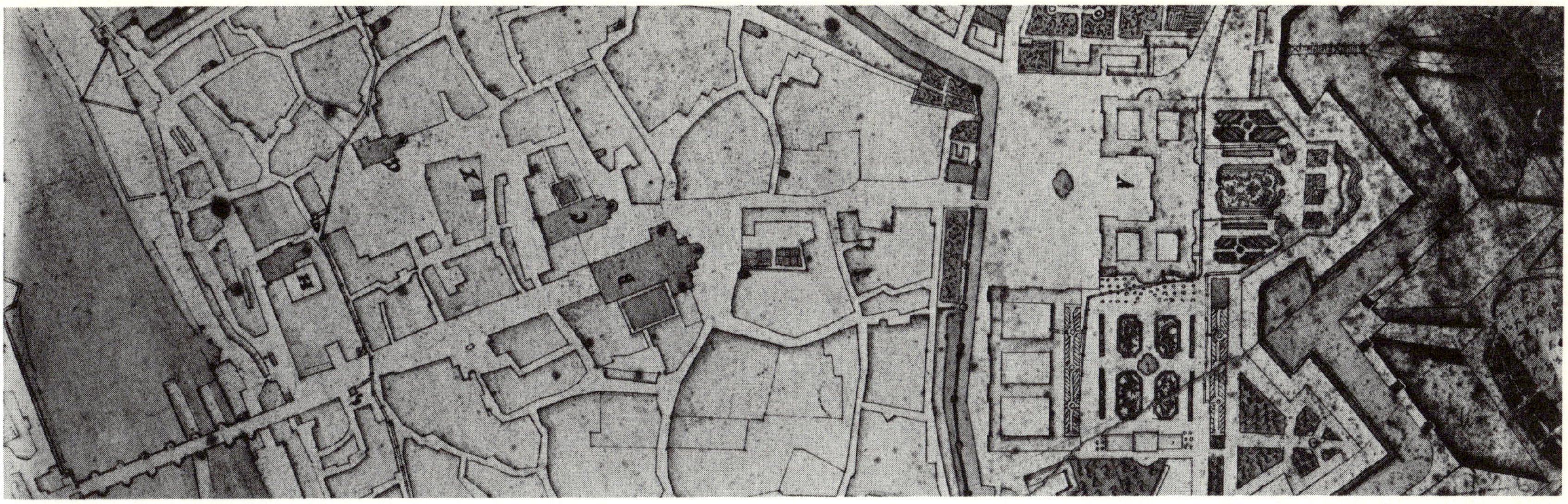

Fig. 10 J. A. Timler: Stadtplan Würzburg um 1750. Ausschnitt (ehemals Luitpold Museum)

Burg befestigt und überhöht sind. Bekanntlich stammt ja der heutige Durchbruch der Neubaustraße zum Flußraum erst aus dem späten 19. Jahrhundert und hat die Zerstörung der Johanneskirche zur Voraussetzung. Und ähnlich verhält es sich ja auch mit der heutigen Julius-Echter-Promenade. Man merkt es an der Verkehrsregelung an ihrem Westende, daß sie ursprünglich als eine außerhalb des inneren Berings gelegene Bahn zum Spital gehört, nicht etwa als ein unfertiger Bestandteil eines Boulevard-Ringes entstanden ist.

Alles, was vorrangig zur Stadt der Bürger gehört, nämlich das Rathaus an der Domstraße und die Marktplätze mit der Marienkirche und dem Friedhof sowie das Handwerkerviertel an der Pleichach, gliedert sich diesen großen Linien des Stadtbildes ein. Würzburg ist seit dem 15. Jahrhundert vornehmlich eben Bischofs- und Residenzstadt gewesen. Burg, Brücke und Dom als Verankerung der Stadt im Flußarm des Mains, fünfekkige Bischofsstadt auf dem rechten Flußufer als erster Umriß des Stadtkörpers, der zum Fluß hin gerichtet, zum Flußraum hin offen bleibt, und schließlich die beiden monumentalen Trabanten zu Domstraße und Dom, das Julius-Spital und die Julius-Echter-Universität – das sind die wichtigsten Gesichtszüge der Physiognomie Würzburgs vor der letzten großen Ausgestaltung im 17. Jahrhundert.

1617 starb Fürstbischof Julius Echter, ein Jahr später begann der große Krieg, an dessen Ende, 1648, die Marienburg zur Reichsfestung erklärt wurde. 1633–34 saßen die Schweden in der Stadt, Bernhard von Sachsen-Weimar deklarierte sich als Herzog von Franken. Nach seiner Vertreibung und besonders unter dem Kardinal, Fürstbischof und Kurfürsten Johann Philipp von Schönborn, der in Mainz und seit 1642 auch in Würzburg regierte, wurde Würzburg und der Marienberg mit neuen modernen Fortifikationsanlagen umringt, wie sie noch zur Zeit der Erbauung der neuen Stadtresidenz, 1723, die große, von Homann nach Angaben von Balthasar Neumann gestochene Stadtansicht zeigt. Zunächst konzentrierten sich die Baumaßnahmen auf den Marienberg und auf das linke Mainufer. Ende des 17. und zu Beginn des 18. Jahrhunderts, als wegen der unstabilen Verhältnisse im Reich die Befestigung schneller vorangetrieben werden sollte, war jedenfalls die Planung auch der Fortifikationen rund um die alte Bischofsstadt, zu der noch im Nordosten das Pleicher Viertel kam, vorgezeichnet und in allen Grundlinien begonnen. Das noch immer größtenteils unbebaute Areal zwischen dem inneren mittelalterlichen Bering und der Stadtmauererweiterung des 15. Jahrhunderts am Rennweg und bis zum sogenanten Dicken Turm war in die Planung miteingeschlossen. Zwei fast gleich große und ähnlich gerichtete pfeilförmige Bastionen waren an dieser Stelle angelegt worden, südlich des Tores, das zum Galgenberg führte und vor dem Stift St. Afra und einigen anderen, isoliert stehenden Bauten, darunter auch einer kleinen Michaelskapelle. Auf diesem Areal und auf dem ansteigenden Gelände einschließlich der beiden Bastionen wurde die Stadtresidenz errichtet.

Der auffallendste Zug dieses Schloßbaus in städtebaulicher Hinsicht, nämlich der Umstand, daß sie kein anschauliches Verhältnis zum Flußraum des Mains und zu der Trias von Burg, Brücke und Dom besitzt, erklärt sich also aus dem späten Zeitpunkt ihrer Entstehung in Verbindung mit der inzwischen durchgeführten fortifikatorischen Fesselung des Stadtkörpers, wodurch eben nur mehr wenige, wahrscheinlich überhaupt nur zwei ganz verschiedene Plätze als möglicher und brauchbarer Baugrund für den Bau einer Stadtresidenz der Fürstbischöfe in Frage kamen. Es gibt eine zeitgenössische Stellungnahme zu der Bauplatzfrage. Das Memoriale, das in acht Punkten sich äußert und zu dem sich noch ein Entwurf erhalten hat, ist undatiert und trägt den bezeichnenden Titel: »Relationes Warumb die neue hofhaltung besser und nützlicher dieseits ufm Renweg als jenseits des Mainß zu erbauen sein werde.« Der Text ist abgedruckt in den »Quellen zur Geschichte des Barocks in Franken unter dem Einfluß des Hauses Schönborn« unter Nr. 658. Max H. von Freeden nahm an, daß dieses Memoriale zum Ende des 17. Jahrhunderts entstanden ist, also vor der Erbauung des sogenannten Greiffenklau-Schlößchens am Rennweg 1701–1705, das neben dem sogenannten »Kammer«-, d. h. Verwaltungsbau gelegen, offensichtlich dazu bestimmt war, dem Fürstbischof als Wohnsitz in der Stadt zu dienen, nie aber bezogen wurde, weshalb auch Johann Philipp von Greiffenklau-Vollrads, der Erbauer, weiterhin auf dem Marienberg residierte.

Zwei verschiedene Bauplätze werden im Memoriale für eine zukünftige »hofhaltung« – das ist hier der an Bamberg erinnernde Ausdruck für Stadtresidenz – vorgeschlagen: am linken Mainufer eine Stelle unterhalb des Schottenangers, also nördlich der Mündung der Mainbrücke, dort, wo auch der Marienberg mehr Platz am Ufer frei ließ als nördlich der Brücke, bei Sankt Burkard, sowie das später genutzte Areal am Rennweg. Der Vergleich fällt in allen acht Punkten zugunsten des Rennweggeländes aus, das spricht sich ja schon im Titel aus. Es ist aber doch bezeichnend, daß sich in Würzburg Stimmen für eine Erbauung der neuen Hofhaltung nahe dem Fluß im alten »Weichbild« der Stadt, unter den Augen der Marienfeste gefunden haben und daß es auch gewichtige Stimmen gewesen sein müssen. Anders ist ja nicht zu erklären, daß der anonyme Verfasser sie so ausführlich widerlegen hat müssen. Und daß diese »Relationes« auch für den Hof nicht ohne Bedeutung gewesen sind, beweist der Umstand, daß die Schrift den späteren Bauakten der Residenz vorgeheftet wurde.

»Ist primo kein vorplatz so doch den ganzen bau zu geben (wäre) proportionaliter zu machen, weil (auf dem linken Mainufer) alles zu eng.« Dieser Satz aus dem Konzept des Memoriale ist wichtig. Er belegt erstmals den Namen, der von nun an als Bezeichnung des Residenzplatzes in allen Schriftquellen, besonders den Neumannbriefen, duchgehend üblich ist und beweist uns, daß ein angemessen großer (»proportionaliter«) Platz vor der neuen Hofhaltung in den Augen der Bauherrn und Zeitgenossen eine unabdingbare Voraussetzung für die zu errichtende Stadtresidenz gewesen ist. Wir dürfen folgern, daß Schloß und Platz davor als ein und dieselbe Planung anzusehen sind, unabhängig davon, wann tatsächlich die Ausgestaltung dieses »Vorplatzes« auch stattgefunden hat. Bekanntlich war das erst der Fall nach Ende des Rohbaues der Residenz 1744. Leider wird oft in dieser Hinsicht die Baugeschichte mit der Projekt- und Planungsgeschichte verwechselt. Das ist, wie man sieht, falsch. Und zwar auch deshalb, weil schon der genialische Kunstgriff Lothar Franz' von Schönborn 1719 mit der Ausrichtung des neuen Schloßprojekts auf die Bastionsspitze nur verständlich ist, wenn die planerische Einheit von Schloß und Vorplatz vorausgesetzt wird. Gewiß müssen wir das tun.

Ein anderer Punkt von fundamentaler Wichtigkeit besteht in der Beachtung eines ausreichenden räumlichen Zusammenhanges der zu errichtenden Hofhaltung mit der Kathedralkirche der Fürstbischöfe. Es ging dabei allerdings keineswegs um etwas »Optisches« oder gar um einen schnurgeraden Kahlschlag in schon bebaute Stadtteile, wie das 140 Jahre später in Paris zugunsten der Anlage der Boulevards durch den Architekten Haussman geschah, sondern um den Begriff vom geistlichen Landesfürsten und seiner vornehmsten Aufgabe, die in einer angemessenen Form gegenwärtig gehalten werden sollte. Die Kirche sollte, wie das Sprichwort sagt, beim Dorf belassen werden. Einerseits also war viel freier Platz erforderlich, der nicht erst auf dem mühsamen Wege von Verhandlungen mit privaten oder stiftlichen Grundeigentümern erworben werden sollte. Andererseits war die Nähe der Kathedralkirche gefordert, die nur einigermaßen zu sichern war, wenn der Bauplatz am Rennweg gewählt wurde. Dieser wichtige, geradezu natürliche Gesichtspunkt ist in der Fachliteratur öfters zu dem darin enthaltenen ästhetischen verkürzt worden, nämlich zu der Meinung, es ginge bei der Position des Neubaus auch am Rennweg um eine Blickverbindung zu der beabsichtigten und dann auch anstelle der Crispinkapelle an der südlichen Querhausstirn des Domes erbauten Grabkapelle des Hauses Schönborn. Solche Meinung verengt das Problem und versteckt seinen Gehalt in einer subjektiven Regung. Die Sache muß aber ernsthafter gesehen werden. Man wünschte dem Fürsten und seiner Hofhaltung nicht nur, daß sie die Kathedrale *sehen,* sondern daß sie bequem und auch öfters dorthin gehen und von dorther kommen konnten.

Wenn es nur um den optischen Kontakt mit der Kirche gegangen wäre, dann hätte sich ein solcher auch vom jenseitigen Ufer aus gewinnen lassen, vielleicht sogar leichter und schöner. Angemessener aber erschien es, den Neubau räumlich so nahe wie möglich bei der Kathedrale zu halten und ihn in die große »Achse« einzustellen von Burg – Brücke – Dom, wie sie durch den Vorschlag des Mainzer Schönborn idealiter angegeben wurde und mit Hilfe der Bastionsspitze auch festgestellt wurde.

Im Memoriale fehlen auch nicht Überlegungen über das Schauspiel einer solchen Architektur. Die Hofhaltung müsse eine gute und von weit her auch sichtbare und weithin wirkende Fassade besitzen. Solches sei aber im Gedränge der Häuser auf dem linken Mainufer nicht möglich, ergo muß die Wahl auf das freie Areal am Rennweg fallen, und dies um so mehr, als dort das Gelände ja aufsteige, deshalb auch bessere Gelegenheit geboten werde, das Schloß über die Umgebung angemessen zu erheben. Ohne Frage hängt dieser Punkt eng mit der Forderung nach einem Vorplatz zusammen.

Ganz an den Anfang stellt der anonyme Verfasser der »Relationes« die pragmatischen Argumente, so der gesunden Lage. Zu Recht weist er darauf hin, daß die Hofhaltung in der Nähe des Flusses nur im Sommer wirklich gesund heißen könne und auch nur in dieser Zeit dem Fürsten Freude machen würde, nicht im Herbst, Winter und Frühjahr. Völlig überzeugend müssen seine Argumente geklungen haben, die er für den Bauplatz am Rennweg zugunsten eines ausreichenden und großen Kellers äußert. Auf dem linken Mainufer könnte zwar ein Keller ausgegraben werden, der bei »kleinem Main« trocken bliebe, dennoch aber wäre er gewiß »ganz matt und warm«. Am Rennweg jedoch ließe sich ein herrlicher »tiefer, frischer, wasserloser Keller« ergraben, in dem sich leicht mehr als 2000 Fuder Wein lagern ließen und der »mithin zu großem Vorteil und Nutzen dienen würde«. Dieses Argument traf ins Schwarze. Jeder, der die Keller der Residenz, besonders den prachtvoll gewölbten unter dem Nordblock, besucht hat, wird zustimmen. – Schließlich fehlen in dem Memoriale auch nicht Überlegungen zur größtmöglichen Sicherheit des angestrebten Neubaus einer Residenz. Zwar, so meint der Verfasser, könnte man sich bei Erbauung der neuen Hofhaltung unterhalb des Schottenangers den Ausbau der dort vorgesehenen Fortifikationen sparen, wenn man den Neubau auf die Schanzen stellen würde und ihm den Feuerschutz der Kanonen der Marienburg gäbe. Aber diese Vorteile würden durch massive Nachteile mehr als aufgewogen. Die Hofhaltung befände sich in einer gleichsam offenen Situation, die zur Plünderung geradezu auffordern würde. Demgegenüber wäre ein Residenzbau am Rennweg viel sicherer. Er läge dort hinter der Krone der Bastionen, auf denen neue Gärten angelegt werden könnten, die in Friedenszeiten die angenehmsten Wirkungen zeitigten und selbst im Falle einer Verwüstung sich leichter wieder herstellen ließen als ein Schloßbau. Summa summarum: Der Bauplatz auf dem Rennweg sei in jeder Hinsicht einem auf dem linken Mainufer vorzuziehen, auch wenn damit die an sich sehr geschätzte Beziehung zum Weichbild des Flußraumes verlorengehe.

Schon Georg Eckert hat bezweifelt, daß dieses Memoriale vor 1700 entstanden ist. Denn das Rennwegschlößchen und der Kammerbau bei dem alten Hof von »Propsthausen« berücksichtigen wichtige Argumente der Relation nicht, so die Forderung nach einem ausreichenden und regelmäßigen Vorplatz oder nach einer stattlichen, weithin wirkenden Schaufront. Das letztere war mit der Triklinienform des Schlößchens nicht zu gewinnen, und für das erstere war die Lage dieses Baus, die wir von der Geländeaufnahme in Berlin (Hdz 4672) kennen, nicht geeignet. Schlößchen, Kammerbau, Rosenbachhof und Michaelskapelle einerseits und der Verlauf des alten Berings der Bischofsstadt mit dem davor hinziehenden Stadtgraben und dem Weg, der ihn begleitete, der enge, schleusenförmige Einlaß zu der heutigen Hofstraße und der weitere Verlauf der Stadtmauer andererseits – all das läßt sich in kein rationales, einen Vorplatz sicherndes, räumliches Verhältnis bringen. Man hat vielmehr den Eindruck, daß sich Fürstbischof von Greiffenklau beim Bau des Schlößchens an die gegebenen Bedingungen anschloß und höchstens bei der Ausrichtung des Neubaus stärker den Blick auf die heutige Theaterstraße, den alten Graben, richtete, also an der Stadt quasi vorbeischauen wollte. Eine solche geringe Rückung legt der Winkel nahe, der zwischen dem Verlauf von Schlößchen und Kammerbau feststellbar ist, die beide durch eine Mauer mit Tor – wie bei Domherrnhöfen in der Stadt seit alters her üblich – verbunden waren. Zudem ist nicht ersichtlich, wie in dem Keller des Greiffenklaubaues (wenn ein solcher überhaupt bestanden hat) an die 2000 Fuder Wein Platz haben sollten, eine Menge, die kaum zufällig derjenigen entspricht, die im Keller der neuen Residenz dann tatsächlich lagerte. Es ist deshalb doch wahrscheinlicher, daß das Memoriale erst im Zusammenhang mit den Neubauplänen einer Hofhaltung, um 1719, entstanden ist. Das würde allerdings die Annahme erfordern, daß auch nach Bestehen des Greiffenklau-Baus am Rennweg nochmals für einen Bauplatz der Residenz auf dem linken Mainufer plädiert wurde. Ganz ausgeschlossen ist das nicht. Lothar Franz von Schönborn in Mainz kannte nicht nur die Position eines solchen Residenzschlosses am Fluß, denn in Mainz befindet sich ja das Kurfürstenschloß, die alte Hofhaltung im Weichbild des Flusses, sondern hat sich auch durch die Anlage und den Ausbau einer am Rhein gelegenen villenmäßigen »Favorite« seit 1700, besonders seit 1714, ein Tusculum geschaffen, das seine Vorliebe für einen solchen Ufergarten und sein Verständnis für die möglichen Wirkungen solcher bühnenmäßigen Inszenierung am Wasser unter Beweis stellt. Die Mainzer Favorite, die wir aus den Kupferstichen von Salomon Kleiner kennen, der im Auftrag des Reichskanzlers und Kurfürsten die Anlage um 1724 zeichnete, ist von den Franzosen verwüstet worden und verschwand.

Der Mangel einer direkten anschaulichen Beziehung der Residenz zum Flußraum des Mains erklärt sich also aus der späten Entstehungszeit. Die einschränkenden Bedingungen, die der Anlage der neuen Residenz durch die Fortifikationen auferlegt wurden, gehören allerdings zu den normalen Ausstattungsmerkmalen einer solchen Hofhaltung. Sie liegen in Deutschland alle am Rande der Residenzstadt und damit auch im Zusammenhang mit der Befestigung, oft anstelle einer älteren landesherrlichen Burg, wie z. B. in Mannheim, oder unmittelbar neben einer solchen, wie in Stuttgart oder in München, und frönten der Ausdehnungssucht, die schon im 17. Jahrhundert aufkam und im 18. Jahrhundert bis zur Vernichtung jeglicher architektonischen Einheit grassierte. Davon macht z. B. auch die Residenz des Kaisers in Wien keine Ausnahme. Einzelfälle wie etwa Landshut, wo die sogenannte Stadtresidenz inmitten des Stadtbildes liegt, zählen nicht. Es handelt sich hierbei um den Ausbau eines Stadtpalastes der niederbayerischen Herzöge neben der Burg Landshut im 16. Jahrhundert noch vor der Ausbildung jener Forderungen und Bedürfnisse einer spätbarocken Hofhaltung.

Die beiden oft mit Würzburg in einem Atem genannten Residenzstädte Bamberg und Prag lassen sich in puncto Hofhaltung nicht vergleichen. Die »neue« Stadtresidenz des Bamberger Fürstbischofs Lothar Franz von Schönborn auf dem Domberg durch den Bau von Leonhard Dientzenhofer ab 1695 stellt eine Erweiterung der schon bestehenden Hofhaltung und eines Baubeginns unter dem Fürstbischof Johann Philipp von Gebsattel dar, und zwar auf einem Gelände, das seit alters her dafür ohne Bedrängung durch einen die Stadt auch umringenden Fortifikationsgürtel zur Verfügung stand. Daß der Bamberger Bauherr allerdings derselbe war, der die »Baudirigierungsgötter« der Würzburger Residenzplanung so energisch anführte, nämlich Lothar Franz, ist freilich ein Hinweis darauf, daß der »Bauwurm« die mächtige Schönbornsippe schon länger plagte und die Bescheidenheit von Johann Philipp Franz in der ersten Phase einer Residenzplanung in Würzburg im Jahre 1719, die ja noch auf den Ausbau oder Umbau des Greiffenklau-Schlößchens abzielte, wie behauptet wurde, vielleicht nur eine aus taktisch-politischen Gründen vorgeschützte Präliminarphase gewesen ist, hinter der vom Anfang an die unausgesprochene Absicht zu einem mächtigen und einheitlichen

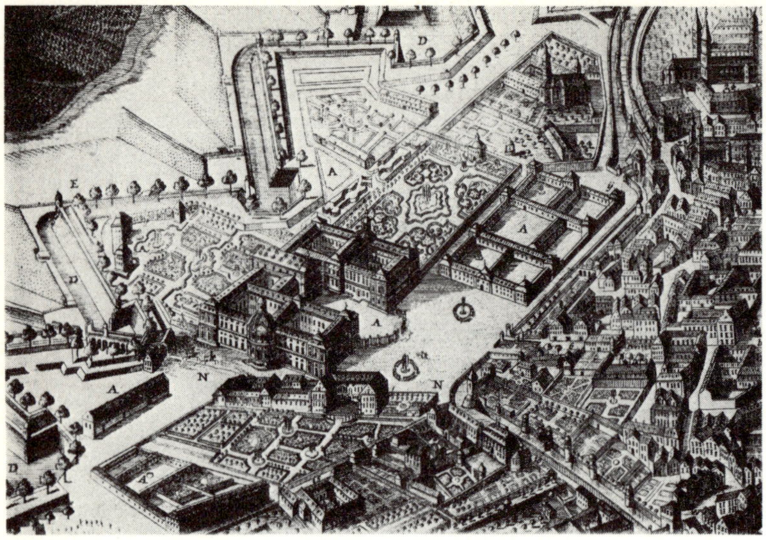

Fig. 11 B. Neumann u. Hohmann: Stadtansicht Würzburg. Ausschnitt mit Residenzprojekt (Thesenblatt d. Frh. v. Reitzenstein, 1723)

Neubau stand. In Prag liegen die Dinge überhaupt ganz anders als am Main. Die königliche und später auch kaiserliche Burg Hradschin bestand neben den drei Prager Städten, der Alt- und Neustadt und der Kleinen Seite, als unabhängiges, für Kathedrale, Burg und später auch Palast- und sogar Villenbauten ausreichendes Gelände. Niemals bestand im 17. oder 18. Jahrhundert die Absicht der Könige und Kaiser oder des Residenten, vom Hradschin herabzusteigen und eine Stadtresidenz zu erbauen. Und auch der Erzbischof von Prag blieb in seinem, im 16. Jahrhundert angelegten Palast vor den Toren der Burg, auf dem Hradschin wohnen.

Vergleichbar mit Würzburg war jedoch die Lage des kurfürstlichen Residenzschlosses von Mannheim, einschließlich auch der Situation des Gartens auf den Befestigungen zum Rhein hin, die jedoch heute alle verschwunden sind. Allerdings genießt Mannheim die Lage in der Ebene, die mit dem Vorbild des Residenzschlosses von Versailles modern geworden war und von allen fürstlichen Bauherren angestrebt wurde, wenn das nur möglich war. So auch von Friedrich Carl von Schönborn, dessen Schloß im niederösterreichischen Göllersdorf diese Bedingungen ebenso erfüllt wie das später errichtete im unterfränkischen Werneck. Beide Schloßbauten Friedrich Carls waren aber keine Residenzen, sondern ihrem Ursprung nach Fasanerien oder Jagdschlösser, nicht anders als etwa das Jagdschloß des Würzburger Fürstbischofs Peter Philipp von Dernbach in Veitshöchheim, das 1680 begonnen wurde und dessen mittlerer Saalbau auch heute noch zwischen den Erweiterungen des 18. Jahrhunderts erhalten ist. Villenmäßige Züge machen sich da bemerkbar, die seltsam mit dem steifen Pomp der steinernen Prunkgliederung kontrastieren und echt fränkisch in der Form der lustig formierten Schindeldächer eingedeutscht wurden.

Das Mannheimer Residenzschloß besaß jedoch ein ganz anderes bauliches Verhältnis zur Stadt, das in Würzburg deshalb niemals zu gewinnen war, weil hier eine solch rigorose, schachbrettförmige Durchstempelung des Wohngebietes mittels der immer wieder sich rechtwinkelig kreuzenden Straßen wie in Mannheim, einer Neustadt, nicht vorhanden war und auch nicht nachgeliefert werden konnte. Andererseits bestand für die Würzburger Planung am Rennweg eine Chance eigentümlicher Art. Indem nämlich der alte Baukörper der Bischofsstadt an dieser Stelle von den weiter ausgreifenden Bastionen der Befestigung des 17. Jahrhunderts abgerückt blieb, in diesem erheblich großen Zwischenraum nur einzelne Bauten und Gärten verstreut lagen, war es dort und nur dort möglich, eine räumliche Neuordnung durchzusetzen und dennoch den Schutz der Fortifikation zu genießen. Nur an dieser Stelle ähnelte die städtebauliche Situation im Grunde der typischen im barocken Rom: Ein Stück Stadtlandschaft, das durch einen übermäßig weit gezogenen Mauergürtel entstand, wird Gegenstand einer über sich selbst hinauswirkenden Bebauung. Aufgrund solcher Bedingungen entstand z. B. in Rom der große Nepotenpalast der Barberini. Und wenn auch die gewaltigen Dimensionen in Rom nicht vergleichbar sind den Ausmaßen der Würzburger Rennweglage, so sind doch die grundsätzlichen Merkmale der örtlichen Situation gleichartig gewesen.

Die exzentrische, mit dem Flußraum in keine anschauliche Beziehung gesetzte Lage der Würzburger

Fig. 12 J. A. Berndt: Residenz, Vorplatz und Hofgärten. Ca. 1775 (Berlin, Kunstbibl. Hdz 3393)

Residenz bedeutet eine Abwendung von herkömmlichen Gewohnheiten und städtebaulichen Verhaltungsgrundsätzen der Mainmetropole, daran kann kein Zweifel bestehen. Mit der Lage war auch dem Ausbau- und Erweiterungsstreben eine sehr enge Grenze gesetzt, ein Umstand, den wir heutzutage sicherlich dankbar erinnern. Er hat die Würzburger Residenz vor der Maßstabslosigkeit vieler französischer und deutscher Stadtresidenzen bewahrt. Die eigentümlichen Entstehungsbedingungen des neuen Schloßbaues haben aber auch überaus wichtige Folgerungen für den Residenzplatz gehabt, die selbst in der heutigen, also sehr späten Ausgestaltung dieses monumentalen Vorplatzes wirksam sind und meistens – leider – zugunsten von ganz schematischen Vorstellungen über »*den* Stadtplatz« unbeachtet bleiben.

Der »Vorplatz« der Residenz (Fig. 12–15)

Residenzplatz und Residenzbau, so sagten wir, gehören zu ein und derselben Planung. Zu dieser aus den Schriftquellen abgeleiteten Behauptung kehren wir jetzt zurück, um die städtebaulichen Hauptsachen des Vorplatzes der Residenz, wie sie sich heute darstellen, beschreibend zu zeigen. Der sogenannte Residenzplatz ist das Resultat sehr verschiedener Planstufen, er hat verschiedene Formen in den überlieferten Entwürfen für eine neue Hofhaltung durchlaufen. Der in diesen Entwürfen seit 1722/23 vorgesehene großflächige, niedrige, um rechtwinkelige Höfe konzipierte Marstall- und Versorgungsbau, der sich südöstlich vom Schloß, also anstelle des heutigen mit großen Bäumen bestandenen Hofgartens, hinter den südlichen Platzkolonnaden und an der heutigen Balthasar-Neumann-Promenade erheben sollte, ist nie begonnen und auch in verkürzter Form gar nicht realisiert worden. Vielmehr blieb der alte Kammerbau noch bis nach dem Tod Friedrich Carls 1746 bestehen und diente, wie auch ältere angrenzende Bauten, denjenigen Zwecken, die das Trabantenschloß erfüllen sollte, aber niemals erfüllt hat. Das alles sind gewiß tiefgreifende Wandlungen der Planung in der Schönbornzeit. Und dennoch – so verwunderlich es auch klingen mag – zeigt der Vorplatz der Residenz in seiner heutigen Beschaffenheit doch die Hauptsachen des Baubeschlusses als adäquates Ergebnis der Entstehungsgeschichte der Residenz.

Was sind denn die Hauptsachen? Sehr verschiedene Urteile darüber finden sich in der Literatur. Nach den Worten von Rudolf Pfister gehört »das Erlebnis des Würzburger Residenzplatzes ... zu den gewaltigsten, welche die europäische Architektur zu bieten hat. Ein in grandioser Öde sich erstreckender Steinplatz von monumentalen Ausmaßen« (nämlich rund 190 mal 115 Meter im Geviert), von dem derselbe Autor meint, es sei »Ein aussichtsloses Beginnen, die pantheistische Größe dieses Raumes in Worte einfassen, in Bildern darstellen zu wollen . . .«. Für Wilhelm Hausenstein dagegen war »die Weite des Platzes vor dem Schloß« nichts anderes als »eine mathematische Konzeption, ein Stück methodischer planvoll nüchterner Planimetrie . . .«. Solche gegensätzliche Einschätzung ist nicht verwunderlich. Die gemeinsame Voraussetzung für das überschwengliche Lob und für die deutlich reservierte Kennzeichnung ist nämlich eine Auffassung vom

65 Der Weg ins Innere der Residenz führt von der Stadtseite her über den Ehrenhof zur Eingangsfront des Saalbaus. Dort betritt man das Vestibül und steht vor der großen Treppe, die nach links zu den Prunkräumen des Obergeschosses führt. Balthasar Neumann hat mit dem gesamten Treppenbau eine architektonische Meisterleistung vollbracht. Vom Vestibül aus wird der Anstieg der Treppe durch Säulen, Bögen und Gewölbe dargestellt. Der Säulenbau trägt die Stiege nach oben, zuerst zu einem Podest auf halber Höhe und dann zweiläufig ins obere Stockwerk. Die drei Schiffe des eigentlichen Treppenbaus werden durch zwei weitere an den Seiten ergänzt.

66 Durch das Bogenmotiv, ein Leitmotiv der ganzen Komposition, wurde die Säulen- und Gewölbearchitektur des Treppenbaus mit dem Vestibül verbunden. Im Vordergrund sind es die Stichkappen als Verbindungsglieder, dahinter die drei Kuppeln vor dem Treppenbeginn, und dann wird der Blick frei auf die immer wechselnde, aber stets streng rechtwinklig geführte Bogenfolge des Treppenbaus.

67 Die beiden Aufnahmen zeigen Details aus Vestibül und Treppenhaus: Die Atlanten von Johann Wolfgang von der Auvera tragen das Gewölbe des Vestibüls (oben), das untere Bild zeigt bei den Säulen den Übergang von der mittleren Stiegenrampe zu den runden Säulen, die die Treppe zum Oberraum stützen.

68 Die beiden oberen Bilder zeigen durch einen Blick auf Säulen und Gewölbe noch einmal das fünfschiffige Treppenhaus. Auf der Aufnahme unten das Vestibül mit der nach Osten hin fensterdurchbrochenen Wand zum Gartensaal. Die klassizistischen Ornamente des Stucks von Lodovico Bossi (1765/66) werden im Übergang zu den Gewölben des Treppenbaus fortgeführt.

65 The access from the town to the interior of the palace is across the main courtyard towards the entrance facade of the hall structure. There one enters the vestibule and faces the large stairs ascending on the left towards the state-rooms of the upper storey. By the staircase-hall Balthasar Neumann has accomplished a true architectural masterpiece. Starting from the vestibule, the ascent of the stairs is achieved by a system of columns, arches and vaults. First the columns raise the stairs halfway up to a landing, then on in two flights towards the upper floor. Two lateral naves complete the three naves of the actual staircase.

66 The pillar and vault structure of the staircase-hall has been attached to the vestibule by means of arches, leitmotif of the whole composition. This is visible in the linking lunettes in the foreground, and, further towards the back, in the three domes preceding the actual staircase. And then the view opens on a series of arches of varying shapes but all set up on a strictly rectangular ground-plan.

67 The two plates show details of the vestibule and the staircase. The atlantes by Johann Wolfgang von der Auvera support the vestibule vault (above). The lower plate shows how, by juxtaposition of pillars and columns, the transition is established from the median stair-ramp to the round columns.

68 Giving another view of the columns and vaults, the two plates above once again show the five-nave staircase-hall structure. The plate below represents the vestibule with its east wall. The classicistic stucco ornamentation by Ludovico Bossi (1765/66) has been continued at the transition towards the vaults of the staircase-hall structure.

65 Pour accéder à l'intérieur de la Résidence du côté de la ville, on traverse la cour d'honneur et s'approche de la façade d'entrée du corps de logis. On entre dans le vestibule et se trouve devant le grand escalier qui monte à gauche vers les salles de parade de l'étage. Par la construction de ce grand escalier, Balthasar Neumann a réalisé un véritable chef-d'œuvre architectural. La montée de l'escalier se réalise, partant du vestibule, par un système génial de colonnes, arcs et voûtes. L'ensemble des colonnes emporte l'escalier vers le haut, d'abord vers un palier à demi-hauteur et ensuite par deux volées de marches parallèles opposées, vers l'étage.

66 L'ensemble de colonnes et de voûtes de la cage d'escalier est relié au vestibule par le motif de l'arc, leitmotiv de l'ensemble de la construction. Au premier plan, on le retrouve dans les lunettes qui servent de raccords, derrière dans les trois travées à coupoles situées devant le début de l'escalier, et plus loin la vue s'ouvre sur une série d'arcs de forme variée mais arrangés tous sur un plan rectangulaire.

67 Les deux planches montrent des détails du vestibule et de la cage d'escalier. Les atlantes exécutés par Wolfgang von der Auvera portent la voûte qui surmonte le vestibule (en haut). La photo d'en bas montre, par les piliers et colonnes, comment se fait le passage de la rampe médiane vers les colonnes cylindriques.

68 Les deux planches d'en haut montrent de nouveau les cinq nefs de la cage d'escalier. Sur la planche d'en bas, on voit le vestibule avec sa paroi orientale, percée par des fenêtres qui donnent sur la salle du jardin. L'ornementation néo-classique en stuc exécutée par Lodovico Bossi (1765/66) est reprise dans le passage vers les voûtes de la cage d'escalier.

69 Je weiter man die Treppe emporsteigt, desto umfassender wird der Blick auf das große Gewölbe, welches das Treppenhaus überspannt und auf dem sich das Bild der Welt entfaltet, das Giovanni Battista Tiepolo als Fresko geschaffen hat (1752/53). Vom Umkehrpodest der Treppe sieht man nach Süden. Die Treppe hinab zum Vestibül im Erdgeschoß, oben zur Wand, die den Raum zum Weißen Saal hin abschließt. Darüber fällt der Blick auf den Teil des großen Freskos, der Europa und die Glorie des Fürstbischofs Carl Philipp von Greiffenklau darstellt. Obwohl die Dekoration des Raumes gegenüber der ursprünglichen Planung vereinfacht wurde, zählt die gesamte Gestaltung heute zu den bedeutendsten Schöpfungen der deutschen Architektur.

70 Der Bereich des oberen Umganges setzt sich in Stil und optischem Gewicht deutlich vom Treppenschacht selbst ab. Das Licht, das zwischen den Pilastern durch die Fenster fällt, gibt der Geländerbrüstung und den Figuren Johann Peter Wagners eine besondere plastische Wirkung.

71 Mit der Figur des Meleager, der den Kopf des Kalydonischen Ebers trägt, und der Gestalt der Atalante, die ihre Freier im Wettlauf besiegte und dann tötete, griff Johann Peter Wagner Themen aus der griechischen Mythologie auf (1771/76). Schon durch die Wahl des edlen gebänderten Marmors unterscheiden sich die Figuren im Treppenhaus von den eher anmutigen und verspielten Gartenplastiken.

72 Johann Peter Wagners Meisterschaft in der Beherrschung des Materials erweist sich in der allegorischen Darstellung der Wahrheit, einer Skulptur, die auf der oberen Balustrade des Treppenhauses steht (1771/76).

69 The further one climbs up the stairs, the wider the view becomes on the huge vault spanning the staircase-hall and displaying the image of the world created as a fresco by Giovanni Battista Tiepolo (1752/53). From the landing of the stairs, the view goes south, down the stairs and towards the vestibule on the ground floor and above towards the wall separating the staircase from the White Hall. Above, the visitor's look falls on a part of the immense fresco representing Europa and the glory of Prince Bishop Carl Philipp von Greiffenklau. Although the decoration has been simplified compared with the original plans, the whole composition still ranks among the most distinguished creations of German architecture.

70 The zone of the upper gallery is clearly distinguished from the stairwell by its style and optical impression. The light falling in through the windows between the pilasters gives a particular plasticity to the balustrades and the figures by Johann Peter Wagner.

71 Creating the figure of Meleager carrying the head of the Calydonian boar and the statue of Atalante, who killed her suitors after defeating them in a race, Johann Peter Wagner took up themes from Greek mythology (1771/76). By the mere choice of the noble veined marble, he distinguished the figures in the staircase from the more ornate and graceful garden sculptures.

72 Johann Peter Wagner's masterly treatment of the material becomes visible in the allegorical figure of Truth, a sculpture standing on the upper balustrade of the staircase-hall (1771/76).

69 Au fur et à mesure qu'on avance dans l'escalier, le regard saisit la voûte immense qui recouvre la cage d'escalier et sur laquelle s'étend l'image du monde exécutée al fresco par Giovanni Battista Tiepolo (1752/53). Du haut du palier, en se dirigeant vers le sud, la vue s'étend vestibule en bas et sur le la paroi qui sépare la cage d'escalier de la Salle blanche en haut. Audessus, la vue s'ouvre sur la partie de la grande fresque qui représente l'Europe et la gloire du prince-évêque Carl Philipp von Greiffenklau. Bien que les projets originaux de la décoration aient été simplifiés, l'ensemble de cette cage d'escalier compte aujourd'hui parmi les créations les plus importantes de l'architecture allemande.

70 La zone de la galerie supérieure se distingue nettement de la cage d'escalier proprement dite par son style et son impression optique. La lumière qui pénètre par les fenêtres entre les pilastres donne du relief à la balustrade et aux figures de Johann Peter Wagner.

71 En créant la figure de Méléagre portant la tête du sanglier calydonien et la sculpture d'Atalante qui tua ses prétendants après les avoir battus à la course, Johann Peter Wagner reprit des sujets de la mythologie grecque (1771/76). Par le seul choix du précieux marbre veiné, les figures de la cage d'escalier se distinguent par rapport aux statues du parc plutôt gracieuses et frivoles.

72 La perfection de Johann Peter Wagner dans le façonnage de la matière se manifeste surtout dans la représentation allégorique de la Vérité, une sculpture qui se trouve sur la balustrade supérieure de la cage d'escalier.

»Stadtplatz«, die darunter immer dasselbe versteht, und zwar etwas höchst Abstraktes dazu. Aus der Vielzahl ähnlicher und geläufiger Definitionen sei nur eine, mehr zufällig, herausgegriffen. Sie findet sich in einem oft konsultierten Architekturlexikon und lautet: »Platz. Gestaltungselement der Stadtbaukunst durch Freihalten von Bebauung.« Solchen höchst griffigen Definitionen ist immer eines gemeinsam, die Vorstellung nämlich von einem allseits umbauten leeren Areal, wobei das letztere, der »Raum«, das ausschließliche Interesse beansprucht und zum Gestaltungsmittel der Stadtbaukunst – was immer das auch sein mag – hochstilisiert wird. Über den Residenzplatz in Würzburg kann eine solche auf den Krücken eines abstrakten Akademikerdeutsch daherstelzende Definition nichts Brauchbares mitteilen oder zeigen. Sie kann nicht einmal erklären, weshalb dieses »Gestaltungselement« immer als »Vorplatz« des Schlosses benannt wurde. Es ist also nötig, sich von diesen modischen Brillen bei einer Beschreibung und Wertung des Residenzplatzes als Vorplatz zu befreien.

Heutzutage ist das nicht leicht, weil der »Vorplatz« der Residenz als »Parkplatz« der Stadt und ihrer Gäste in einem Maße genutzt und zweckentfremdet wird, daß nur ganz selten Gelegenheit besteht, diesen »pantheistischen« Raum, wie Pfister sagte, frei von den vielen kleinen und großen, bunten Götzen des modernen Menschen zu sehen, frei von dem Gerümpel des ruhenden Verkehrs. Das aber ist doch hilfreich, wenn nicht notwendig, um die Hauptsachen zu erkennen, die diesen Vorplatz der Residenz auszeichnen und kennzeichnen. Drei solcher Hauptsachen sind zu nennen, die jedermann, Benutzer oder Betrachter des Residenzplatzes, erfährt und die gemeinsam diese Erfahrung bestimmen: Es wird Abstand zum Schloßbau geschaffen, es wird der Anstieg des Weges zum Schloß erfahren, es wird die Ausrichtung durch das Schloß und von dort her wahrgenommen. Erläutern wir diese einfachen Tatbestände als die Hauptsachen auch der baulichen Ausgestaltung des Vorplatzes der Residenz.

Das erste ist manifest. Das Schloß verschafft sich mittels des Platzes Abstand. Daß es sich dabei auch um eine städtebauliche Maßnahme von Bedeutung handelt, läßt sich einsehen, sobald wir beachten, daß und wie der Vorplatz die Fahrbahnen der Straßen verdrängt und sie, wortwörtlich, auf Abstand hält. Man beachte den Verlauf der heutigen Neumann-Promenade und des heutigen Rennweges! Nur an der nordwestlichen Ecke des Platzes, dort, wo Kapuzinerstraße und die Theaterstraße ziemlich breit in die Promenade und den Rennweg münden, erscheint heute und zugunsten des modernen Verkehrs der eingehaltene Abstand zum Schloßbau abgeschliffen, man möchte sagen: angenagt. Verschwunden sind übrigens auch die Barrieren, die bis zum Ende des Königreichs Bayern dem Fahrverkehr ein Ausweichen in die Bannmeile der Residenz unmöglich machten. Es ist bekannt, daß bis 1918 unbedingtes Parkverbot auf dem Platz galt. Zwar eröffnen Theaterstraße und besonders Hofstraße in der heutigen Form ein weites Blickfeld auf Vorplatz und Schloß, aber auch diese Ausrichtung drückt sich auf dem Platz nicht aus, setzt sich in keiner faßlichen baulichen Weise auf dem Vorplatz durch. Vergegenwärtigt man sich anhand der Berliner Geländeaufnahme (Hdz 4672) die Situation vor Baubeginn der neuen Residenz, als Schlößchen, Kammerbau, Hof Propsthausen, Rosenbachhof und Sankt-Afra-Stift auf dem weiten Gelände zwischen der alten Stadtmauer und der neuen Befestigung verstreut lagen, so wird vollkommen deutlich, daß heute nicht mehr die Wege der Gewohnheit für die bauliche Gestaltung ausschlaggebend sind, sondern die Ordnung, die der Schloßbau mittels des abstandschaffenden Vorplatzes erlassen hat. Das Schloß ist es, das mittels des Vorplatzes den Verkehr noch heute zwingt, Haken zu schlagen.

Hand in Hand mit dieser Erfahrung geht diejenige vom Anstieg des Platzes, die jeder machen muß, der sich am oder auf dem Vorplatz bewegt, ganz gleich, ob er sich darüber Rechenschaft gibt oder nicht. Dabei ist zweierlei zu beachten. Der Höhenunterschied zwischen dem Niveau an der Neumannpromenade und am Schloßbau beträgt zwar mehr als zwei Meter, ist aber nicht so stetig und groß, daß wir von einem »Aufstieg« sprechen dürften oder das Recht hätten, Assoziationen zu wecken, die mit »Hinauf«, »Hoch« etc. etwas zu tun haben. Nichts dergleichen. Manche bemerken den Anstieg nicht einmal. Es genügt zu sehen, daß man zum Schloß hinaufgehen muß und, aus dem Schloß kommend, hinunterschreitet zur Stadt. Den zweiten Punkt, der mit Rücksicht auf den »Anstieg« des Vorplatzes zu beachten ist, erwähnt schon Pfister. Der Anstieg erfolgt nicht gleichmäßig und allseits in derselben Weise wie z. B. bei dem kurzen breiten, stärker ansteigenden Vorplatz des Palazzo Pitti in Florenz. Vielmehr ist die Platzoberfläche ungleichmäßig gewölbt, und besonders deutlich ist es, daß sie nach Norden, zum Rennweg, abfällt, nicht nur nach Westen, zur Promenade. Es ist aber sicher nicht richtig, solche unregelmäßige Wölbung mit dem Bild einer »riesenhaften Kugel« zu verdeutlichen, von der wir nur ein kleines Kalottensegment auf dem Vorplatz vor uns sehen, wie Pfister es tut. Man weiß, woher dies Bild stammt, vom römischen Kapitolsplatz, und kennt auch das schlagende Gegenargument, das einst Hans Sedlmayr gegen eine zu voreilige assoziative Verlebendigung der alten symbolischen Redewendung gebraucht hat, nämlich vom Kapitol als dem Haupt der Welt, dem caput mundi. Nein. Es geht gar nicht bei dem in Frage stehenden Phänomen um künstlich erhitzte Symbolphantasie von Ikonologen. Die Rede ist nur von der Anschaulichkeit der baulichen Hauptsachen auf dem Vorplatz, durch die er das ist, was er ist und wozu wir vorläufig gar nichts hinzuzudenken haben, es seien denn vergleichbare Erfahrungen, die ebenso anschaulich sind.

Die heutige Pflasterung mit den z. T. noch alten spindelförmigen Kalksteinen, die allerdings durch breite Bahnen neuerer Pflastersteine gestört ist, verstärkt natürlich den Eindruck des verschieden gewölbten Anstiegs. War denn der Platz von allem Anfang an und vollständig, wie heute, gepflastert? Die Frage muß, glaube ich, verneint werden. Erst in der Zeit von 1783 scheint die Pflasterung auf den ganzen Platz ausgedehnt worden zu sein. Ursprünglich aber – und das ist wichtig! – waren nur bestimmte Teile am Schloßbau selbst gepflastert. Das war sicherlich der Fall vor der Einfahrt zum Nordblock der Stadtseite, denn dort wird unter dem Boden auch eine Kanalisation aus dem Hof hinausgeführt, die allem Anschein nach alt, ursprünglich ist. Und dementsprechend dann auch vor der Einfahrt in den südlichen Block. In beiden Fällen war die Pflasterung als eine runde, leicht gewölbte Pflasterzunge geformt. So nämlich ist sie noch auf der Ansicht der

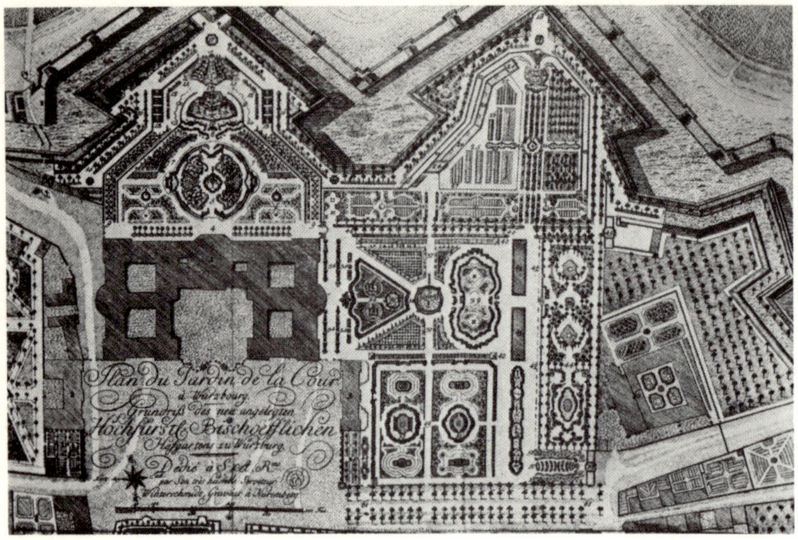

Fig. 13 A. W. Winterschmidt: Plan der Residenz, des Vorplatzes u. der Hofgärten n. J. P. Mayer ca. 1775

Würzburger Residenz von Bernhard Söckhler im hochfürstlich Würtzburgischen Hofkalender 1743 eingetragen, die auf einer Zeichnung oder auf Angaben von Balthasar Neumann beruht. Und vermutlich war auch damals schon der Ehrenhof gepflastert. Das legt die Ansicht des Kupferstechers J. A. Berndt aus dem Jahre 1775 nahe mit dem Titel: »Prospect der hochfürstl. Residenz«, die gewiß auf älteren Vorlagen beruht, aber für das Schloß den Zustand bei Ende der Rohbauarbeiten 1744 festhält, ergänzt durch neuere Angaben. An diesen Darstellungen von Pflaster vor dem Schloßbau und in Zusammenhang damit ist bemerkenswert, daß sie vor den Toren sowohl die Wölbung wie auch die gerundete Zungenform zur Darstellung bringen. Diese drückt die Stellung und Rolle des Bauwerks für den Platz ganz unwillkürlich aus, jene entspricht den vernünftigen Regeln städtischer Pflasterung, die darauf zu achten hat, daß Regenwasser abfließen kann, daß auf jeden Fall ein noch so kunstvoller »Plattensee«, um eine Wendung des Münchner Volksmundes zu benutzen, die schlechteste aller möglichen Pflasterungen von Plätzen darstellt.

Übrigens liegt es an den Aufgaben der erhaltenen Entwürfe und Pläne für den Residenzbau, ob darauf etwas vom Vorplatz zu sehen ist oder nicht. Der Umstand allein, daß kein Pflaster eingezeichnet oder angedeutet ist, sagt noch gar nichts darüber aus, ob zur Zeit der Abfassung dieses Planes oder dieser Ansicht Pflaster auf dem Platz gewesen ist oder nicht. Daß außer dem Ehrenhof auch die Binnenhöfe gepflastert waren, das beweist der Kupferstich von A. W. Winterschmidt nach den Zeichnungen des Gartenarchitekten Johann Prokop Mayer, um 1774. Wir sehen auf diesem Grundriß-Stich, der in anderen Punkten summarisch ist, sorgfältig das Pflaster eingetragen, in den Höfen besonders klar, auf dem Vorplatz deutlicher nur in unmittelbarer Nähe des Bauwerks selbst, dort allerdings ohne die typischen Pflasterzungen, mit denen das Hofpflaster aus Nord- und Südeinfahrt hinausreicht. Übrigens zeigt dieser späte Plan auch die Spuren des Verkehrs auf der Fläche des Vorplatzes, indem er von der Kapuzinerstraße sowie von der Hofstraße her hellere Bahnen zu den drei Einfahrten des Residenzbaues andeutet. Es sind das Spuren der Verkehrsgewohnheiten der Menschen, die erst vom Schloßbau, eben durch die drei Einfahrten, geordnet werden und für die bauliche Gestalt des Vorplatzes keine Bedeutung hatten.

Beides: Abstand schaffen und Anstieg fordern sind eigentümliche, nur vom Schloßbau her verständliche Hauptsachen der Vorplatzarchitektur, die mit der dritten Hauptsache engstens zusammenhängen, nämlich mit der eindeutigen Ausrichtung. Man kann diesen städtebaulichen Sachverhalt in die polemisch zugeschärfte Feststellung einkleiden, daß der Residenzplatz keine Platzwand im Westen besitzt, daß auch die als solche angesehenen Begrenzungen im Norden und Süden keine sind, sondern bestenfalls Ausrichter der Platzstruktur darstellen und daß deshalb nur der Schloßbau selbst, an der Ostseite des Platzes, die Bezeichnung als »Platzfront«, »Platzwand« überhaupt verdient, womit bewiesen wird, was der alte Name immer zum Ausdruck bringen wollte: Vorplatz der Residenz nämlich.

Sieht man vom Schloßbau selbst ab und von den dreigliedrigen Torbauten im Norden, dem sogenannten Rennwegtor, und im Süden, dem sogenannten Hofgartentor, so sind die baulichen Instrumente der Ausrichtung hauptsächlich an der Nord- und Südseite die folgenden: die beiden im großen und ganzen gleich geformten Palastfronten, im Norden der Rosenbachhof, der dort schon stand, bevor die Residenz erbaut wurde und sein Pendant, der 1765–67 durch Joh. Philipp Geigel kopierend errichtete sogenannte Gesandtenbau (damals auch »Neuer Bau« genannt, das heutige Hofkeller-Restaurant) sowie die beiden, zehn Joche umfassenden sogenannten Kolonnaden. Sie entstanden ebenfalls unter der Baudirektion von Geigel und aufgrund auch anderer Anregungen seit 1765 bis 1775 und wurden mit der Errichtung zweier großer, innen durch Wendeltreppen ersteigbaren »Riesensäulen« (fälschlich früher immer wieder als »Obelisken« bezeichnet) abgeschlossen. Daß es sich bei solcher, zweiarmiger, nach Westen zu drastisch herabgestufter Trabantenarchitektur um eine ausrichtende, vom Schloßbau ausgehende und diesen in entsprechender Weise »fassende« handelt, steht ganz und gar außer Frage. Selbst Kleinigkeiten beweisen diese evidente Aufgabe, so z. B. der wenig beachtete Umstand, daß die Kolonnaden auf der Nordseite um etwas kürzer sind als ihre Pendants, obwohl die Gliederung uns wortwörtliche Gleichheit vortäuscht. Daß es sich bei dieser zweiarmigen Trabantenarchitektur um die Verarbeitung des weltbekannten Paradigmas in Rom, der Kolonnaden Berninis auf dem vorderen Teil des Petersplatzes handelt, geht schon auf der seit Anfang üblichen Bezeichnung »Kolonnaden« für die Würzburger Arkaturen hervor. Im einzelnen aber ist nichts mehr außer der ausrichtenden Funktion vergleichbar, und gerade das ist nicht der baukünstlerische Gehalt von Berninis dreischiffigen monumentalen Säulengängen in Rom, sondern betrifft eher die geschlossenen Platzwände des oberen Teils der Piazza di San Pietro in Rom, der sogenannten Piazza retta. Dort nämlich finden wir auch jene Inszenierung der Peterskirche, die zwar nichts mit Augentäuschung zu tun hat, wie gelegentlich gefabelt wird, aber viel mit dem Kunstgriff der architektonischen Fassung einer Fassade oder eines Monumentalbaues, wobei entscheidend ist, daß die niedrigen Trabantenmauern für das Auge nicht lückenlos an den Mittelbau anschließen, sondern so viel an Lücke sehen lassen, daß die Vorstellung des Vorbeifluchtens entsteht. Hierin erkennt man die Bedeutung auch der Torbauten diesseits und jenseits der Stadtfront der Residenz.

Der Eindruck eines Gefälles vom Schloß herab zur Stadt nach Westen, das macht unsere Betrachtung jetzt erst vollkommen bewußt, liegt nicht allein an dem ansteigenden Platzgrund, sondern vor allem an der herabgestuften zweiarmigen seitlichen Bebauung und daran, daß diese Trabanten den Schloßbau nicht festhalten, wie Polizisten den Dieb, sondern ihm volle Freiheit lassen, vor uns sich unbedrängt zu erheben und so zu dominieren. Und noch eins ist bei der seitlichen Bebauung in Würzburg wichtig, ja geradezu charkteristisch: das Abnehmen der Dichte, nicht nur der Größe der Formen. Man beachte doch, wie die sogenannten Kolonnaden gegliedert sind. Paarweise markieren vorgekröpfte dorische Freisäulen den Schritt dieser Folge. In den zehn Intervallen rechts und links des Platzes befinden sich der dorischen Kolonnade untergeordnete Pfeilerarkaden, also die kleine Ordnung, verglichen mit der großen dorischen. Geprüft aber an unserer Anschauung ist die gegebene ordnungsgemäße Beschreibung dieser Architektur nicht mehr nützlich. Es wurden nämlich die Proportionen so gewählt und die dorischen

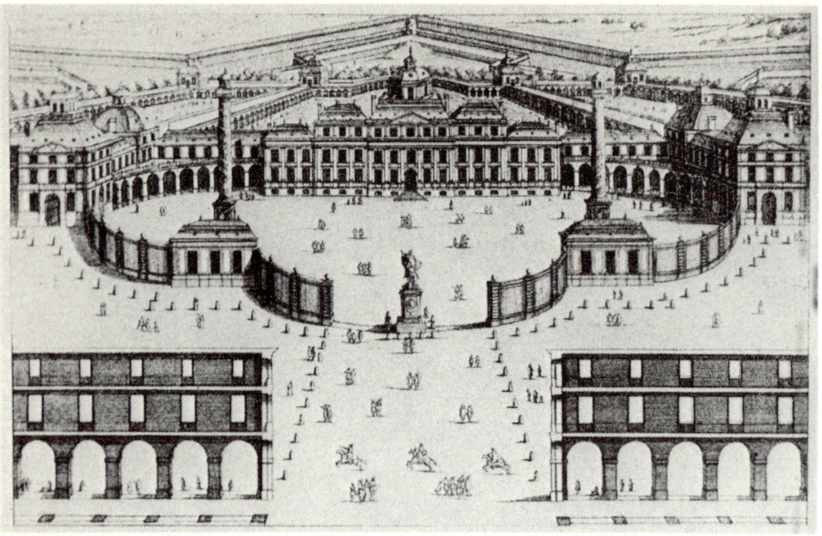

Fig. 14 D. Marot: Projekt für das Residenzschloß in Mannheim u. seinen Vorplatz um 1670

Säulenpaare so von der flachen Arkatur gelöst, daß wir eher den Unterschied von Fest und Unfest, von Aufgerichtet und von Offen für eine angemessene Beschreibung bemühen sollten.

Und in der Tat bewährt sich diese Beurteilung auch in großem Zusammenhang: Kantenfest und hochragend erscheint die Residenz mit dem mächtigen, geradezu vordringend sich gebenden Zwillingsbau, niedriger, aber wie erstarrt stehen seitlich die beiden zweistöckigen Trabantenbauten von Rosenbachhof und sog. Gesandtenbau, aber undurchdringlich, »blind« gleichsam gegenüber den dahinter sich ausbreitenden Gärten. Dann jedoch lockert sich mit einem Male die Dichte der Fügung und in den nur dünn vergitterten Intervallen der Arkatur drängt sich von links und rechts das Grün der Gärten ins Bild, immer wieder von den gebündelten dorischen Säulenpaaren unterbrochen und zurückgedrängt. Dieses Bild entspricht auch deshalb dem anschaulich Gegebenen, weil auf den Säulenpaaren Figurenpaare stehen. Es kehren damit Elemente der Dekoration des Schlosses wieder, solche, die auch auf den Torpfeilern links und rechts der Residenz stehen und ebenso auf den Pfeilern des Ehrenhofgitters gestanden sind. Man sieht: Alles, was bisher auf dem Vorplatz beschrieben wurde, findet seinen Sinn nur mit Rücksicht auf das Schloß und – natürlich – in Abhängigkeit von den Maßverhältnissen des Schloßbaues. Daran ist zu erinnern, wenn die Größe, die Position und die Ikonographie der Laternensäulen zu würdigen ist. Daß sie als »Obelisken« im 19. Jahrhundert benannt werden, hängt vielleicht mit den Obelisken des Ehrenhofgitters zusammen, könnte jedoch auch auf die beginnende Ägyptenmode hindeuten, die schon in Peter Wagners Statuen für das Treppenhaus anzuklingen scheint. Bozzetti für diese Figuren sind 1773 datiert. Der Ikonologe Karch war da mit seinen Spekulationen 1869 von der Wahrheit so gar weit nicht entfernt, scheint mir. Auch Karch beschreibt zwar die Säulen als »Obelisken« falsch. Sein Fehler ist um so gravierender, als Karch den falschen Namen zur Grundlage für kühne Assoziationen zugunsten ägyptischen Dunkelsinns machte. Aber er hat recht, wenn er auf die großen, ursprünglich vergoldeten Kupferkugeln auf der Spitze der Säulen als Symbole der Sonne hinweist und im Zusammenhang damit die Bilder am Postament der Säulen mit der ägyptischen Mondgöttin Buco zu erklären sucht. Auch ist seine Beobachtung bedenkenswert, daß die Gesichter, die sich am Fuß der Säulen in einem Kranz befinden, einen Schmuck aus Tüchern (»Tänien«) tragen und deshalb nicht das Bild des Sonnengottes Helios darstellen könnten, der vielmehr mit einem Strahlenkranz um das Haupt ausgestattet sein müßte.

Alles in allem sind die Kolossal-Säulen am Eingang des Vorplatzes Lichtträger, monumentale Laternen, an deren Fuß ursprünglich Wasser in zwei Brunnenschalen fließen sollte. Leider ist diese allegorische Geste einer symbolischen Wasserspende zugunsten der Salus Publica nicht verwirklicht und auch bei der Wiederherstellung nach 1945 nicht rekonstruiert worden. Es besitzen die Säulen auch maßgebende Funktion. Die vom Schloß ausgehende Bewegung versandet ja nicht, sondern wird in Gestalt des Säulenpaares festgestellt, wobei der monumentale Maßstab bekräftigt wird und das ins Landschaftliche übergehende, lockere Gefüge räumlicher Beziehungen nochmals zusammengerafft und aufgerichtet wird. Auch die auffallende Übereck-

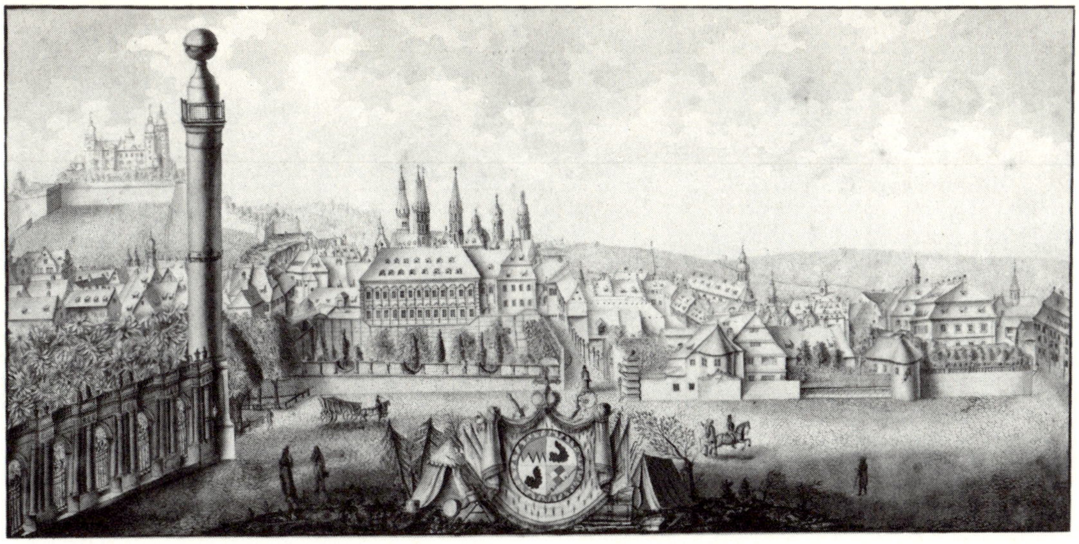

Fig. 15 A. Sorge: Blick aus der Residenz auf Vorplatz, Stadt u. Marienberg 1799 (Privatbesitz)

Stellung der Postamente gehört zu der Aufgabe der Kolossal-Säulen als Metae, denn sie stehen dort, wo eben die Bannmeile der Residenz endet, dort wo sich auch der gebündelte Verkehr nun nach allen Richtungen verteilt. Formal halten sie in allen Einzelheiten das Vorbild der kolossalen römisch-antiken Kaisersäulen fest, der Trajansäule vor allem. Die paarweise Anordnung aber weist sie noch als spätbarocke Bauglieder aus. Denn es war Gianlorenzo Bernini, der wohl erstmals in seinen gewaltigen Planphantasien um eine Neugestaltung des gesamten Geländes zwischen Louvre und Tuilerien in Paris überlegte, zwei solcher kolossalen Säulen aufzustellen, ein Baugedanke, der dann aus der Phantasie europäischer Bauherren des 17. und 18. Jahrhunderts niemals verschwunden ist. Jean Marots Schloßprojekt für Mannheim ist ein Beispiel.

Die Westseite des Vorplatzes war niemals architektionisch einheitlich gestaltet und vor allem, sie war nie in der Weise einer »Platzwand« bebaut. Beim Baubeginn der Residenz befand sich dort die alte Stadtmauer mit Graben und einem Weg davor und mit verschieden gestuften Gebäuden und Gartenmauern. Es gibt eine Zeichnung des Ingenieurleutnants Adam Sorge aus dem Jahre 1799, ein wichtiges von Max H. v. Freeden erstmals 1966 publiziertes Bilddokument, auf dem wir den damaligen Zustand der Westseite des Vorplatzes dargestellt finden, wie er sich aus einem der Hauptgeschoßfenster der Residenz ergab. Wir blicken von oben auf den Platz und auf die zweiarmige Trabantenarchitektur. Der Blick umfaßt die Stadt und links ebenso die Marienburg. Groß und beherrschend baut sich in der linken Bildhälfte der Dom mit seinen vier Türmen auf, wir erblicken die Dachung der großen Kuppelrotunde des Neumünsters mit dem damals erst neu behelmten Turm. Die Marienkirche macht sich mit ihrem damals noch barocken Turmhelm und der kolossalen Marienstatue darauf bemerkbar. Weiter rechts ist noch der lange Baukörper der Dominikanerkirche sichtbar mit dem Dachreiter über dem Chor und niedriger die Gertrudkirche im Pleichacher Viertel. Das ganze Bild hat ein deutliches und jähes Gefälle von links nach rechts, die Ansicht wurde von dem Zeichner so gewählt, daß eine der kolossalen Lichtsäulen zwischen Marienburg und Dom zu stehen kommt. Der Platz ist gepflastert. An seinem Westende ist die innere mittelalterliche Mauer schon gefallen, der ursprüngliche enge Durchlaß zur heutigen Hofstraße ist verschwunden, der Weg zum Dom geöffnet. Die neue Straßenbeleuchtung fällt auf. Noch besteht der alte Domherrnhof Katzenwicker zwischen Hof- und heutiger Theaterstraße, dem damaligen Graben. Stattlich zeigt sich der Bechtolsheimerhof vis-à-vis der Residenz, der ja heute noch besteht, und die besonders schön ausgestaltete Mauer seines Gartens, von der ein Stück beim Eingang in die heutige Hofstraße erhalten bzw. rekonstruiert wurde. Nichts ist zu sehen von einer, wie auch immer erschließbaren baulichen Vereinheitlichung dieser Westseite des Vorplatzes mit Ausnahme vielleicht der erwähnten Gartenmauer. Daß sie ein solches Aussehen erhalten hat, mag seinen Grund in der Absicht finden, gegenüber der Residenz mit Anstand aufzutreten und nichts Ungeordnetes sehen zu lassen. Wie wenig aber dieser achtbare Grundsatz mit irgendwelchen Anschauungen von städtebaulicher Uniformierung zu tun gehabt hat, beweist der Fortgang dieser westlichen Bebauung des Vorplatzes. Hier sehen wir tatsächlich und in krassem Unterschied zu

der seitlichen symmetrischen Architektur des Platzes nur angrenzende, in ihrer individuellen Gestalt verbliebene Gebäude. Und das ist auch durchaus verständlich, es steht im Einklang mit den seit 1720 durchgehenden Anschauungen und Auffassungen des Residenzplatzes als Vorplatz des Schlosses.

Dieser Vorplatz war niemals in seiner Entstehungsgeschichte des 18. Jahrhunderts ein für sich bestehender, allseits umbauter, einheitlicher »Platz«, dessen Wesen und Sinn darin bestanden hätte, »Raum« zu sein, und für den die umliegenden Gebäude, große und kleine, bedeutende und unbedeutende, nur »Platzwand« gewesen wären, sondern stets vom Schloßbau erzeugter Vorplatz, von ihm im Sinne einer Kunst- und einer Sprachgeschichte der Architektur abhängig. Vom Schloß nahm er seinen Ausgang, bildlich und baulich gesprochen, von dort erhielt er seinen Sinn und seine Aufgabe, Abstand zu schaffen, Anstieg zu zeigen und die Ausrichtung zu empfangen, die heute noch für ihn bestimmend ist und die wiederum der Schloßbau diktiert. Diese Ausrichtung gilt dem Ausblick des Schlosses. Er umfaßt Burg, Dom und Stadt in einem Blickfeld, das über den Vorplatz hinausgeht, der die Bannmeile verkörpert und nach Westen zu offenbleibt.

Die Baustoffe: Steinsichtig oder farbig gefaßt? (Fig. 16–19)

Für den modernen Menschen ist die Würzburger Residenz stark, oder sogar in erster Linie durch die Erscheinung der Baustoffe charakterisiert, die sich am Äußeren des Schlosses gänzlich unverhüllt zeigen. Diese durch die natürliche Alterung reiche Erscheinung von Stein, Glas und Schiefer kann gelegentlich, im streifigen Frühlicht eines Sommertages oder gegen Abend, wenn langsam die Augusthitze aus der Stadt zu weichen beginnt, oder im Frühjahr und im frühen Herbst ungemein schön sein, ja, den Grad einer fast musikalischen Verzauberung annehmen. Es klingt alles zusammen. Alles ist von einer geschmackvollen, ja delikaten Farbigkeit. Da sind die großen Flächen der Fassade in dem grüngrauen oder grüngelblichen Mainsandstein in fortwährend unterschiedlicher Formung, Glättung, reliefmäßiger Prägung; kein Farbfleck, sondern ein leises aber fortwährendes Stufen, Gliedern, Punktieren, was sich als Lebendigkeit des Farbeindrucks äußert. Da sind die Fenster in der raschen und aufragenden Abfolge und damit das Glas, in dem sich vor den unbeleuchteten Innenräumen der Himmel spiegelt, eine nach Blau hin gefärbte Helligkeit, die in den zahllosen kleinen »Augen« der Fensterscheiben für den Anblick wachgehalten wird. Da sind die ausgedehnten Dachflächen aus Schiefer. Unbeschreiblich sind Ton und Modulation dieser verschieden geneigten oder gewölbten Dachflächen mit den goldenen »Blinkern« dazwischen. Es ist schon verzeihlich, daß ein Mann von so feinem Geschmack, Takt und Formenverständnis wie Hans Rose von der Erscheinungsweise der Baustoffe an der Würzburger Residenz mit dem Ton höchster Achtung spricht: »Was aber dieser ganzen Gruppe von Bauwerken ihr einheitliches Gepräge gibt, ist die außerordentliche schöne Steinbehandlung und die diskrete Farbwirkung des Materials. Die Steinmetzen scheinen spielend mit dem Ornament fertig geworden zu sein. Es

Fig. 16 Stadtfront der Residenz

perlt deutlich aus dem Stein hervor. Die Fugen schließen haarscharf. Graugrüner Sandstein und tiefblauer Schiefer bilden einen Farbakkord, der bis in den Klassizismus hinein als die ausgesprochen vornehme Nuance im europäischen Stadtbild gegolten hat.«

Mainfranken war und ist ein klassisches Gebiet der Steinbaukunst, der Werksteinarchitektur. Reich ist der Bestand des Landes an gediegenem Steinmaterial, sehr verschieden in Farbe, Struktur, Lichtempfänglichkeit und Solidität: der grüngelbliche und grüngraue Sandstein, der rötliche oder tiefrote Buntsandstein, der Muschelkalk. In diesen Materialien, besonders im Sandstein, ist seit dem hohen Mittelalter gearbeitet worden. Die Reihe der bedeutenden Baudenkmäler aus Stein ist zu lang, und kann nur in den Hauptpunkten erinnert werden: der Dom zu Bamberg, die ehemalige Zisterzienserkirche in Ebrach, die Stiftskirche von Aschaffenburg; die mächtigen aus Stein, mühsam, aber protzig herausgearbeiteten Festungen, Rosenberg bei Kronach, Plassenburg bei Kulmbach, Coburg; die Denkmäler des neuen antikischen, metikulösen Steinmetzenstils, das Rathaus in Schweinfurt, die Würzburger Universitätskirche. Und wer von Gößweinstein über Vierzehnheiligen nach Würzburg reist und vor der Residenz angekommen ist, weiß, daß mainfränkische Architektur in der Geschichte der Werksteinbearbeitung Epoche gemacht hat.

Als man den Bau der Residenz 1720 begann, hatte die Werksteinbearbeitung in Würzburg schon eine lange und auch in dem von Joseph Greising beherrschten Zeitalter eine sehr kunstvolle Tradition. In diesen ersten beiden Jahrzehnten des 18. Jahrhunderts haben die Steinmetzen der Mainmetropole gelernt, praktisch alles aus Stein zu verfertigen; die Lust auch am Spiel mit dem Stein hat bisweilen Formen angenommen, die nicht so weit von dem Gartenzwergvergnügen unserer Großeltern entfernt ist. Nicht Freiheit ist damals in diesem Handwerk erreicht worden, eher Ungebundenheit. Das wurde unter dem Bauleiter der Residenz Neumann doch anders. Es ist an dem Außenbau der Residenz deutlich zu beobachten, wie sich im Verlauf der Bauzeit des Schlosses die Qualität der handwerklichen Arbeit gesteigert hat. So ist z. B. der Quaderverband am nördlichen der beiden Baublöcke an der Stadtseite weniger sorgfältig als im Mittelteil des Corps de Logis, und an der Gartenfront ist diese Sorgfalt gleichmäßig hoch. Neumann hat auch, wie das öfters schon ihn rühmend hervorgehoben wurde, die zwei schwierigsten Aufgaben eines Organisators für einen Steinbau glänzend bewältigt, nämlich den Transport von Werkstein und von Baumaterial im Verein mit der Erkundung der geeigneten, nahen und so auch relativ billigen Quellen und die Gewinnung von brauchbaren Parlieren und Steinmetzen für die präzise Herstellung des figürlichen und ornamentalen Details der Bauplastik.

Der Schloßbau der Residenz ist außen heute ein unverputzter Steinbau. Sandsteinquader, »Quatersteine« in den Rechnungen genannt, sind auf Schiefer versetzt und in knappen Fugen mit Kalkmörtel verstrichen worden. Sie wurden mit Bruchstein, »Mauersteine« genannt, in verschiedener Tiefe hintermauert. Die Fundamente, die prachtvollen Kellergewölbe und die geböschten Bausockel, in denen die Oberlichter des Kellers sitzen, wurden in Muschelkalk herausgearbeitet. Für die diffizilen Formen der figürlichen und der ornamentalen Bauplastik verwendete man Sandstein von

Fig. 17/18 Zwei Fensterentwürfe aus der frühen Planung. (Würzburg Univ. Bibl. Delin III, 140^{V} u. 141^{V})

besserer Qualität, »Fenstersandstein« genannt. Für Figürliches wurden die größeren Blöcke aus dem Bruch in Abtswind hergekarrt oder per Schiff auf dem Main angefahren. Die Pavimente wurden in den sogenannten »Sandplatten« verlegt, also in dünnen geschnittenen Platten, die entweder »gevierte« waren, das heißt schon rechtwinkelig geschnittene, oder »gemeine«, also zufälligen Zuschnitts. Was an der Residenz völlig fehlt, ist der rote Buntsandstein, wie wir ihn am städtischen Familienhof der Greiffenklau sehen, der deshalb auch der »rote Bau« genannt wird.

Neumann besorgte das Steinmaterial so kostengünstig wie möglich. Der Muschelkalk kam aus den Befestigungsgräben von Würzburg, beim Pleichacher Tor oder aus dem Mainviertel – Hinweis auch auf den Befestigungsbau, der ja gleichzeitig mit dem Schloßbau belebt wurde, wie die Urkunde der Grundsteinlegung ausdrücklich angibt (Quellen Nr. 791, vom 22. Mai 1720). Aus dem Bruch am Faulenberg, aber auch von dem Mönichsberg und vom Hubland kam die größte Menge der »Quatersteine« und als Abraum auch das Bruchsteinmaterial, das für die Hintermauerung benötigt wurde. Die Kosten waren hoch, denn für die Residenz wurden kostenlose Handlangerdienste, die bei den Befestigungen fortlaufend gebraucht wurden, wohl selten geleistet. Hans Reuther gibt in seinem datenreichen Aufsatz über »die Natursteinverwendung in der fränkischen Barockarchitektur« 1956 die Gesamtkosten für den Steinbau und die Steinmetzarbeiten mit mehr als 100 000 Gulden an. Die Kosten müssen aber als niedrig angesehen werden, wenn man bedenkt, daß die im 17. und 18. Jahrhundert immer wieder vorkommenden Unregelmäßigkeiten, technische und organisatorische Versager, Materialverschleiß, Ratlosigkeit im Beschaffen und Kontrollieren von Werksteinen usw. in Würzburg nicht stattfanden. Es gibt genügend Belege in den Briefen Neumanns als Bauleiter, die seine fortgesetzte Sorge um sicheren Steintransport und solide Steinverarbeitung zum Ausdruck bringen. Insbesondere gilt das für die Beschaffung von Marmor, der meist aus dem Hessischen per Schiff herkam, gelegentlich aber auch aus anderen Gegenden und aus Italien. Sehr lebhaft und lehrreich schildert Neumann z. B. den Transport der großen Steinmonolithe, die er für die Schönbornkapelle hat heranschaffen lassen und erinnert an dieses Kunststück, als Lucas von Hildebrandt aus Wien für die neue Hofkirche kolossale Säulen-Monolithe anordnet, als bitte er um Streichhölzer. Backsteine wurden für die Gewölbe in der Residenz verwendet, gelegentlich in Tuffbettung und bei dem 19,5 mal 22,5 Meter großen Muldengewölbe über dem Treppenhaus auch im Wechsel mit leichteren Tuffsteinen.

Von der Beschaffung von Fensterglas ist in der Literatur über die Residenz wenig die Rede, meist spricht man von Spiegelglas, das zuerst in der fürstbischöflichen Manufaktur von Lohr hergestellt wurde, dann auch in einer Glashütte am Steigerwaldhang, die Neumann selbst betrieb. Für die Verwertung des Fensterglases bedeutete es eine erhebliche Kostenersparnis und Vereinfachung, daß auch die großen Fenster der Residenz dank der Unterteilung aus vielen Scheiben zusammengesetzt wurden. Man erinnert sich des Neumannbriefes aus Mannheim im Januar 1723, in dem Neumann sehr angeregt und genau über die Sieben-Scheiben-Rahmen der Mannheimer Fenster berichtet. Es geht dabei nicht nur um ein technisch-finanzielles, also

Fig. 19 G. Oegg u. W. Auvera: Entwurf für ein Oberlichtgitter der Hauptportale, ca. 1744–49 (Würzburg, Univ. Bibl. Delin III, 146^V)

wirtschaftliches Problem, sondern auch um ein baukünstlerisches. Jedermann weiß, daß die Gliederung von Fenstern unmittelbaren Anteil an der Gesamtgliederung einer Architektur hat. Man leiste sich einmal das Experiment auszudenken, wie die Würzburger Residenz aussehen würde, wenn ihre Fenster ohne jede Sprossenteilung bestünden! Eine Architektur mit regelmäßigen Löchern statt Fenstern wäre das Ergebnis – eine tote Architektur.

Die Schieferdeckung war neben der herkömmlichen Deckung mit Schindeln als die vornehme für den Monumentalbau reserviert. Das war noch nicht so selbstverständlich in Unterfranken vor dem Residenzbau. Wurde doch z. B. das Schloß von Pommersfelden mit Dachziegeln eingedeckt, so, wie es kürzlich wieder restauriert wurde. Schieferdachung hatte bereits die neue Hofhaltung auf dem Bamberger Domberg und ebenso die heutige Martinskirche in Bamberg, die ehemalige Namen-Jesu-Kirche der Bamberger Jesuiten.

Zu diesen drei hauptsächlichen Baustoffen ist noch bei der Würzburger Residenz das Eisen der Kupferschmiede, das Kupfer und das Holz hinzuzuzählen. Beginnend mit dem noch einfachen, dünnen Oberlichtgitter am Nordschloß, das 1728 von Michael Lintz geliefert wurde, hat sich das Ornament aus geschmiedetem Eisen an dem Residenzbau eingebürgert. Es gibt spätere Beispiele von Entwürfen für Oberlichtgitter, wie z. B. ein besonders schönes Blatt im sogenannten Skizzenbuch, Delin III, 146, das uns zeigt, bis zu welch virtuosen Leistungen Oegg und die Seinen aufgestachelt werden konnten. Und Briefe Oeggs an seinen Dienstherren und an den Bauleiter beweisen uns, daß dieser Meister die Herausforderung angenommen hat. Er schreibt nämlich, daß er sich zwar an die Entwürfe halten wolle, die Herr von Hildebrandt aus Wien geschickt habe. Er könne aber, wie eine schon vorgelegte Probe beweist, kunstvollere selbst machen und darnach schmieden. Allerdings müßten ihm dafür mehr als 30 Kreutzer bezahlt werden. Er fordere einen halben Reichsthaler (36 Kreutzer) pro Pfund. Gelegentlich wurden auch architektonische Formen aus Metall hergestellt, so die acht Säulen korinthischer Ordnung, die der Kupferschmied Tümbler 1733–1735 nach Anweisung von Neumann für den Glockenturm schmiedete, der auf dem Querbau des Südschlosses stand und nach 1945 wieder rekonstruiert wurde.

Neben den zahlreichen Aufgaben, die Zimmerleute und Schreiner an dem Residenzbau mit der Herstellung von Türrahmung, Fensterrahmen, Gaubenfenstern und geschnitzten Türflügeln zu bewältigen hatten, steht schließlich als die Krönung handwerklicher Architektur die Herstellung der Dachstühle. Hans Reuther und Hans-J. Sachse haben die z. T. wirklich schwierigen Dachstuhlkonstruktionen der Residenz studiert und mehrfach behandelt. Reuther hat auch nachgewiesen, daß die verschiedenen Neigungswinkel der Dachflächen bei Mansarddächern der Residenz geometrisch konstruiert wurden und daß dabei ein mit Neumann befreundeter Architekturtheoretiker, nämlich Johann Jakob Schübler, als Berater fungierte. Die Schwierigkeit mancher der Dachstühle leitete sich vornehmlich von dem Umstand her, daß besonders große und für das Innere wichtige Gewölbe Neumanns erheblich in den Dachraum hineinragten, so etwa das Gewölbe des Treppenhauses oder des Kaisersaales. Es blieb deshalb am Dachfuß oft nur wenig Platz zum Festmachen eines

Stichgebälks, das es erlaubte, das übliche deutsche Zimmermannsdach, also das Kehlbalkendach, mit einem Hängewerk zu versehen. Neumanns Längsschnitt durch die geplante Hofkirche der Residenz in der Berliner Kunstbibliothek (Hdz 4687) zeigt uns, daß der Architekt die Dachstuhlkonstruktion sorgfältig einzeichnete, also kompetent beachtete. Der aufzusetzende Dachstuhl mußte zuerst auf dem Boden zusammengesetzt werden, so auch der große über dem Corps de Logis. Der heutige Südgarten wurde als Werkplatz von Neumann dafür ausersehen. Wir lesen in seinen Berichten an den Dienstherrn, daß und wie dies geschah. Schließlich setzte der Zimmermann Georg Eckert mit seinen Leuten diesen letzten Dachstuhl der Residenz auf. Zu Ende des Jahres 1744 war diese Arbeit getan. »Anjetzo um 2 Uhr« schreibt Neumann am 30. Dezember 1744, »wird unterthänigst der beiliegende Spruch anläßlich der ›aufsetzung des Strauss'‹ auf die letzten Helmstangen« gesprochen werden. Morgen, setzte er fort, werden insgesamt 16 heilige Messen als Dankfest für die glückliche Vollendung des Residenzbaues in Würzburg gelesen werden, die er – Neumann – verteilt habe. Beim Hochamt im Dom werde eine Predigt gehalten und eine große Musik aufgeführt werden, »um zu bitten umb Ewer. Hochfürstl. Gnaden lang gesegnete undt beglückte Regierung, welches der Himmel gebe«.

Es gilt als sicher, daß der heutige steinsichtige Zustand des Äußeren der Würzburger Residenz nicht der ursprüngliche ist, sondern erst durch Abnehmen von Farbe entstand. Diese Auffassung stützt sich auf Befunde von Farbe, hauptsächlich in den Binnenhöfen, wo drei solcher Farbschichten festgestellt werden konnten, sowie auf verschiedene kleine Stellen auch am Außenbau, wo Farbspuren, zuerst wohl von Georg Eckert, beobachtet wurden. Man fand sie meist bei Fensterrahmungen oder an den kleinen Gewölben, die im Inneren der dorischen Gebälke der Kolonnadenbalkons hineingesetzt sind. Bis heute ist es allerdings noch nicht gelungen, den Zeitpunkt archivalisch festzustellen, an dem die Steinsichtigkeit des Außenbaus hergestellt wurde, und ebensowenig können eindeutige Beweise für die Herstellung von Farbigkeit der gesamten Außenarchitektur der Residenz in der Entstehungszeit des 18. Jahrhunderts vorgewiesen werden. Die seit längerem als Ersatz dafür zitierten Briefstellen Neumanns und entsprechende Abrechnungen mit Handwerkern beziehen sich auf die Giebelreliefs, auf die Statuen am Ehrenhofgitter, auf die Pfeiler desselben, auf analoge Fälle der Gartenarchitektur bei gleichzeitigen unterfränkischen Bauwerken. Was die erwähnten Farbbefunde in den Binnenhöfen betrifft, so sagen sie natürlich direkt nichts über die Farbigkeit der Außenarchitektur aus. Beweis dafür war eine Ansicht der Residenz von der Stadt aus, die Sebastian Vierheilig etwa 1805 als teilweise polychrom lavierte Federzeichnung ausgeführt hat. Auf dieser im Bayerischen Nationalmuseum verwahrten Darstellung sind die Binnenhöfe weiß verputzt, an den Außenfassaden aber nur die Gliederung silbergrau gefärbt. Wenn wir nicht wegen der sachkundigen und sachgenauen Darstellung Vierheiligs annehmen dürften, daß er das Blatt quasi mit dokumentarischen Absichten gezeichnet hat, blieben auch solche Auskünfte über die Farbigkeit der Residenz recht unsichere. Und was die Befunde am Außenbau angeht, die in der Tat sehr gering sind, läßt sich auch nur vermuten, daß die lichtockergelbe Farbe noch aus der Bauzeit herstammt und nicht ein späteres Farbgewand dokumentiert, das vor der völligen Steinsichtigkeit der Residenz bestanden hat.

Die tragfähigsten Argumente für eine ursprüngliche Farbigkeit des Äußeren der Residenz sind die Beobachtungen über Art und Zusammensetzung des Quaderbaues. Schon Rudolf Pfister hat zu Recht darauf verwiesen, daß die benutzten »Quatersteine« an der Stadtfront des Nordschlosses von verschiedener Größe sind, daß selbst die Größe der Lagen oft willkürlich wechselt und daß man beobachten kann, daß zugunsten eines zügigen Aufbaues das Steinmaterial, wie es kam, verarbeitet wurde. Indessen muß auch diese Behauptung noch eingeschränkt werden: Das Gesagte gilt nicht für das dorische Stockwerk, dessen Bänderung mit Sorgfalt und metrisch genau ausgeführt wurde, sondern nur für das obere komposite, das seit Sommer 1722 an dieser Stelle im Bau war. Wichtiger noch als diese Ergänzung ist die schon mitgeteilte Beobachtung, daß die Sorgfalt auch in der Herrichtung des einfachen Steinverbandes außen im Verlauf der Bauzeit zugenommen hat.

Indessen ist es doch wahrscheinlich, daß der Außenbau der Residenz farbig gefaßt war. Allerdings werden wir nicht mit einer Putzschicht rechnen dürfen, sondern, wie Hans Reuther es ausdrückt, mit einer ockerfarbenen Schlämme, also einer bloßen Bemalung des Steinwerks, nicht mit einer Verkleidung wie bei einer Putzschicht. Auf dem Hintergrund der so getönten Mauer hob sich dann die Gliederung – »die architectur«, wie Neumann 1723 regelmäßig sagt – ab. Das letztere ist durch das Aquarell von Vierheilig überliefert. Für die großen Giebelreliefs jedoch ist uns archivalisch die weiße Farbe überliefert. Und weiß gefaßt, mit Gold als Schmuck, waren ja auch die Statuen des Ehrenhofgitters und – im Analogieschluß geurteilt – auch die Attikastatuen der Residenz und ihre Bildwerke.

Die konkreten Gründe für die Beseitigung der Farbe am Außenbau der Residenz kennen wir nicht, können sie aber in der klassizistischen Architekturauffassung der Leo-von-Klenze-Zeit vermuten. Zugrunde liegt eine Vorstellung von Form in der Architektur, die zur Zeit, als die erste große Architekturgeschichte in Bildern von Seroux d'Agincourt 1823 erschienen ist, nicht verwunderte und auch von Goethe geteilt wurde, wie seine Stellungnahme zur Frage der Farbigkeit in griechischen Tempeln aus dem Jahre 1830 beweist: »So viel aber möchten wir behaupten, daß der köstliche Stoff des pentelischen Marmors sowie der ernste Ton eherner Statuen den Anlaß gegeben (hat), die reine Form über alles zu schätzen.« Nicht bei Goethe zu finden ist aber der später zur Weltanschauung aufgedonnerte Versuch, die Farbigkeit der spätbarocken Baukunst moralisch zu diffamieren und als Kriterium für solche Versuche den Götzen der »Materialgerechtigkeit« aufzubauen.

Bis in unsere Zeit hat dieser Spuk, den Henry Moore so einsichtig kritisiert hat, angedauert, und zweifellos hat er auch dem Denkmalschutz und der Denkmalpflege im 19. Jahrhundert erhebliche Schwierigkeiten gemacht. Ja, er hat mit Schuld daran, daß mittelalterliche Bauten (der Bamberger Dom z. B.) und barocke (die Münchener Michaelskirche z. B.) steinsichtig gemacht wurden.

Soll der Außenbau des Würzburger Schlosses deshalb wieder polychrom »rekonstruiert« werden? Man zögert, diese Frage mit ja zu beantworten. Viele Gründe wären da anzuführen. Ein wichtiger sei erwähnt. Er betrifft die Sorge, ob nicht mit einer solchen Entscheidung der Teufel mit dem Beelzebub ausgetrieben werde. Denn zu heftig sind die Kehrtwendungen in Grundsatzfragen der Denkmalpflege heutzutage, zu schnell sind die Farbtöpfe, die einst als banausisch verpönt waren, en masse in Aktion gesetzt worden, und zu gering ist unser Vertrauen in den Nuancenreichtum der heutigen marktkonformen chemischen Farbanstriche.

Die beiden baulichen Themen: Zwillingspalast und Saalbau (Fig. 16, 20–22)

Drei unterschiedliche Ansichten bietet uns die Residenz. Von der Stadt her gesehen zeigt sie sich als ein Zwillingsschloß. Zwei gleichartige, hohe Paläste im Norden und Süden sind im Abstand von mehr als 50 Metern mit gleicher Frontlinie so angeordnet, daß zwischen ihnen ein etwa 54 Meter tiefer Ehrenhof entsteht, der, wie wir wissen, durch ein »Gatter- und Figurenwerk« zur Stadt hin abgeschlossen war und auch abgeschlossen werden sollte. Als zweites Aufbauelement neben dem Zwillingsschloß zeigt sich in der Tiefe des Ehrenhofes das sogenannte Corps de Logis, der alles überhöhende Saalbau. In Gestalt dieses Bauteils werden die beiden Zwillingspaläste zusammengefaßt.

Den zweiten Aspekt bieten die Seitenfronten im Norden am Rennweg und im Süden vor dem Garten. Beide Fronten bestätigen die hier vorgetragene Auffassung vom Aufbau der Residenz aus zwei verschiedenen Elementen, aus den Zwillingspalästen und dem Saalbau. Denn sie bringen die große, ca. 90 Meter umfassende Tiefenerstreckung des nördlichen und des südlichen Palastes zum Ausdruck, bestätigen also deren kantenfeste, gegen die Stadt gleichsam vorgerückte Bildung, die durch zwei große Binnenhöfe, die sie einschließen, verursacht wird. Sie enthalten aber auch als Fremdkörper die mächtigen ovalen Mittelrotunden. Unvermittelt durchdringt sich also mit den Zwillingspalästen noch etwas anderes, aus ihnen nicht Erklärbares. Wird eine Luftbildaufnahme der Residenz zu dieser Beschreibung herangezogen, dann erläutert sie sich von selbst. Man nimmt die großen Binnenhöfe wahr und die sie trennenden Querflügel. Man erkennt, daß diese Querflügel mit den sogenannten »Ovalen« im Norden und Süden in einem Zusammenhang stehen, sieht aber auch, daß die Form dieser querovalen gewölbten Rotunden sonst nirgends im Residenzschloß ihre Analogie oder Erklärung findet. Eine Äußerung des Corps de Logis kann jedenfalls in den Ovalpavillonbauten der Seitenflanken nicht gesehen werden, denn die ihnen zugeordneten Querflügel zwischen den vier großen Binnenhöfen der beiden Zwillingspaläste gehen nicht in den Saalbau über, sondern enden in kubischen, von dreiachsigen Risaliten besetzten Pavillons links und rechts im Ehrenhof, hinter denen erst östlich die Saalbaufront beginnt. Wir haben es also keineswegs mit einer rasterförmigen Durchdringung zu tun, wie sie oft in Beschreibungen der Residenz anzuklingen scheint, und ebensowenig mit einem »Vorwölben« oder Aufblähen der knapp geschichteten Nord- oder Südfront in der Mitte. Beschreibungen, die solches dem Betrachter einreden wollen, sind falsch. Das beweist der unvermittelte Einsatz der ovalen Rotunden, der nur als Über-

Fig. 20 C. Balling: Aufriß der Stadtfront (Hist. Museum der Stadt Frankfurt)

schneidung, nicht aber als Fortsetzung der übrigen Fassadengliederung zu erklären ist, wie später noch zu zeigen sein wird.

Ein Vergleich der Stadtfront mit den Seiten-, oder besser: mit den Flankenfronten der Residenz kann das bisher Erreichte befestigen und ergänzen. Er vermag beides zu zeigen, nämlich das fortlaufende System der Fassadengliederung der Stadtfront, die an den Flanken konsequent fortgesetzt wird und so die Einheit der Zwillingspaläste dartut, und andererseits eine sorgfältige Unterscheidung von Stadt- und Seitenfront, die mit der Gesamtkomposition zusammenhängt und ihre einseitige Abhängigkeit von dem Corps de Logis, dem Saalbau, erweist.

Die Stadtfronten der Zwillingspaläste sind gleichartig und gleichförmig, wenn wir von dem Kapellenportal des Südpalastes absehen. Jede spannt sich von Eckpavillon zu Eckpavillon aus. Deren dreiachsige Risalite zeigen im Giebelfeld die symbolischen Leitmotive der Justitia und der Salus Publica am nördlichen und die der Concordia und der Pietas am südlichen Palast. Dazwischen sehen wir siebenachsige Rücklagen mit der Einfahrt jeweils in der Mitte. Die rundbogige, hohe Einfahrt wird lediglich durch das breitere Intervall und das reicher geschmückte, von Hermen flankierte Rundfenster des Hauptgeschosses betont. An der Stadtseite ist also den Zwillingspalästen nicht eine starke Mittenbetonung eigentümlich, sondern eine viel stärkere Betonung der Kanten. Das ist es, was sie in unseren Augen als Zwillinge kennzeichnet und erkennen läßt, daß sie noch von etwas anderem, Drittem, abhängig sind, nämlich vom Corps de Logis, das an der Stadtseite ja überhaupt nur als gesteigerte Mittenbetonung auftritt. Anders liegen die Dinge bei den Flankenfronten. Dort gibt es nicht nur die starke Betonung der Eckpavillonbauten mit dem dreiachsigen Risalit, der jetzt allerdings, gleichsam in der Sekundäransicht, keinen Giebel mehr trägt. Sondern es gibt auch eine sehr deutliche Mittenbetonung in der Gestalt der schon erwähnten »Ovale«, wie man verkürzend die querovalen Rotunden nennt. Wir haben also richtig beschrieben: Die Seitenfronten der Residenz zeigen uns nur das eine Aufbauelement der Zwillingspaläste, und die »Ovale« sind gleichsam Reliquien der Baugeschichte, die nicht vom Corps de Logis abgeleitet werden können und auch nicht als eine seitliche Äußerung des Saalbaus mißzuverstehen sind. Im übrigen beweist die streng eingehaltene gleiche Traufhöhe die baukörperliche Einheit der Zwillingspaläste, einschließlich auch der sogenannten »Ovale«.

Der dritte Aspekt der Residenz von außen, nämlich die Gartenfront, gibt sich als etwas Neues zu erkennen, aber als ein Neues, das Bestehendes schon in sich enthält, solches der Stadtfront und solches der Flankenfronten und daran erinnert wie eine Reprise in der Musik. Es wird allerdings nirgends wörtlich wiederholt. So ist es möglich, daß beide Aufbauelemente der Residenz, die Zwillingspaläste und der Saalbau des Corps de Logis in dieser Gartenfront ihre Zusammenfassung, Durchdringung und Vollendung finden.

Die Länge der Gartenfront beträgt ca. 167 Meter gegenüber den ca. 90 Metern der Flankenfronten. Sie ist – natürlich – gleich lang wie die Stadtfront. Diese Gleichheit aber ist abstrakt, unanschaulich. Denn vor der Stadtfront stehend, erfassen wir zuerst und letztlich immer die beiden Palastfronten des Zwillingsbaues, die jede ungefähr so lang ist wie die Lücke zwischen ihnen

89 Die Fresken des Giovanni Battista Tiepolo (1752/53) bilden einen der künstlerischen Höhepunkte der Würzburger Residenz. Mit Tiepolo konnte Fürstbischof Carl Philipp von Greiffenklau den führenden Maler seiner Zeit verpflichten. In der umlaufenden terrestrischen Zone des Treppenhausgewölbes stellte Tiepolo die vier damals bekannten Erdteile Europa, Asien, Afrika und Amerika in typisierten Gestalten und charakteristischen Szenerien dar. Der Ausschnitt der Südseite zeigt die Personifikation Europas, die von Gestalten umgeben wird, die auf die Bedeutung der Religion und der bildenden Künste in diesem Erdteil hinweisen.

90/91 An der westlichen Längsseite des Treppenhausfreskos wird der Erdteil Asien dargestellt. Einen Ausschnitt bildet die Gruppe an der Pyramide. Links die beiden Pilger, die die gestürzte Steinfigur der Diana von Ephesos hinter sich lassen und zum Berg Golgatha blikken. Ein bärtiger Mann mit einer Fackel in der Hand sieht auf die Figur. Er sitzt hinter zwei Steinblöcken, die mit einem Relief und Schriftzeichen des armenischen Alphabets verziert sind. Auf einem weiteren Block rechts ist die Signatur Tiepolos zu lesen. Die aufrecht stehende Frauengestalt ist mit der Pyramide als Personifikation des Fürstenruhmes aufzufassen.

92 Den Höhepunkt in der Folge der Repräsentationsräume bildet der Kaisersaal, der das Obergeschoß des Mittelbaus zur Gartenseite hin einnimmt. Der Blick auf die nördliche Schmalseite zeigt das Fresko Tiepolos, das die Belehnung des Würzburger Bischofs Herold durch Kaiser Friedrich Barbarossa darstellt. Über der Tür das Gemälde von Domenico Tiepolo: Bischof Ambrosius verweigert in Mailand Kaiser Theodosius den Eintritt zur Kirche. Links über dem Kamin das Porträt des Auftraggebers Carl Philipp von Greiffenklau.

89 The frescoes by Giovanni Battista Tiepolo (1752/53) represent one of the artistic climaxes of Würzburg Residence. With Tiepolo, Prince Bishop Carl Philipp von Greiffenklau managed to engage the preeminent painter of his time. In the terrestrial zone running round the whole staircase vault, Tiepolo represents the four continents known at the time, Europe, Asia, Africa and America through typified figures and characteristic scenes. The detail of the south side shows the personification of Europe surrounded by figures emphasizing the importance of religion and the fine arts in this continent.

90/91 The continent of Asia is represented on the west long side of the staircase-hall fresco. The group at the pyramide is a detail of it. On the left, two pilgrims are leaving behind the overturned statue of Diana of Ephesos and looking towards the Calvary of Golgotha. A bearded man with a torch is looking at the statue. He is sitting behind two stone blocks decorated with a relief and with characters of the Armenian alphabet. Another block on the right bears Tiepolo's signature. The female figure standing erect next to the pyramide is to be interpreted as personification of the princial glory.

92 The climax in the series of state-rooms is the Emperor's Hall occupying the upper storey of the central building towards the garden front. The view of the north narrow side shows the fresco by Tiepolo, which represents Bishop Herold of Würzburg being infeuded by Emperor Friedrich Barbarossa. Above the door, the painting by Domenico Tiepolo: Bishop Ambrose of Milan refuses to admit Emperor Theodosius to the church. On the left, above the chimney, the portrait of the orderer Carl Philipp von Greiffenklau.

89 Les fresques de Giovanni Battista Tiepolo (1752/53) représentent l'un des points culminants de la décoration artistique de la Résidence de Würzburg. En la personne de Tiepolo, le prince-évêque Carl Philipp von Greiffenklau a réussi d'engager le peintre éminent de son époque. Dans la zone terrestre, le registre inférieur de la voûte de la cage d'escalier, Tiepolo a illustré les quatre continents connus à l'époque, l'Europe, l'Asie, l'Afrique et l'Amérique, par la représentation de personnages typifiés et de scènes caractéristiques. Au-dessus de l'Europe, on distingue le portrait du prince-évêque emporté vers le haut.

90/91 La face ouest du grand côté de la fresque représente le continent d'Asie. Le groupe près de la pyramide en fait partie. A gauche, les deux pèlerins qui abandonnent la statue renversée de Diane d'Ephèse et qui regardent vers le calvaire du Golgatha. Un homme barbu, un flambeau à la main, regarde la statue. Il est assis derrière deux blocs de pierre décorés d'un relief et de caractères de l'alphabet arménien. Sur un autre bloc plus à droite, on distingue la signature de Tiepolo. La femme debout à côté de la pyramide doit être interprétée – comme personnification de la gloire princière.

92 Le point culminant dans la série des salles de parade, c'est la Salle Impériale qui occupe l'étage du corps de logis du côté du parc. La vue de la face sud montre la fresque de Tiepolo qui représente l'évêque Hérold de Würzburg inféodé par l'empereur Frédéric Barberousse. Au-dessus de la porte, le tableau de Domenico Tiepolo: l'évêque Ambroise de Milan refuse à l'empereur Théodose d'entrer dans l'église. A gauche, au-dessus de la cheminée, le portrait du prince-évêque Carl Philipp von Greiffenklau.

BATTA. TIEPOLO
F. 1753

GIO. BTTA. TIEPOLO 1752

93 Das Fresko auf der Südseite des Kaisersaales stellt die Hochzeit Kaiser Friedrich Barbarossas mit Beatrix von Burgund in Würzburg dar. Das königliche Paar kniet vor dem Würzburger Bischof Gebhard, dahinter haben sich der Hofstaat und die Würdenträger des Reiches versammelt.

94/95 Der Ausschnitt aus dem Deckenfresko des Kaisersaales zeigt den Wagen des Apoll. Auf ihm sitzt die Personifikation Burgunds in Gestalt der Prinzessin Beatrix. Über ihr der Sonnengott Apoll, der mit ausgreifender Geste zum Genius des Reiches hinüberzeigt. Rechts lagern auf dunklen Wolken die drei Gottheiten Ceres mit dem Ährenbündel, Venus mit Amor und der mit Weinlaub bekränzte Bacchus.

96 Der Ausschnitt des Freskos auf der Nordseite des Kaisersaales stellt die Belehnung des Würzburger Bischofs Herold mit dem Herzogtum Franken durch Kaiser Friedrich Barbarossa dar. Der Kaiser sitzt auf einem goldenen Thron, der von den Statuen des Herakles und der Minerva flankiert wird. Rechts vom Thron steht der Erzmarschall des Reiches mit dem blanken Schwert. Links kniet der Bischof mit der fränkischen Fahne, hinter ihm Pagen, die Pluviale und Herzogshut als Zeichen geistlicher und weltlicher Macht halten.

93 The fresco on the south side of the Emperor's Hall represents the marriage of Emperor Friedrich Barbarossa to Beatrix of Burgundy. The royal couple is kneeling down in front of Bishop Gerhard of Würzburg. The royal suite and the dignitaries of the Empire have assembled behind.

94/95 The detail of the ceiling fresco represents the chariot of Apollo. In it is sitting the personification of Burgundy in the guise of Princess Beatrix. Above her, the sun god Apollo is pointing with an extensive gesture towards the genius of the Empire. The three deities Ceres with the sheaf of ears, Venus with Cupid, and Bacchus crowned with vine leaves are resting on the dark clouds on the right.

96 The detail of the fresco on the north side of the Emperor's Hall represents Bishop Herold of Würzburg being infeuded with the duchy of Franconia by Emperor Friedrich Barbarossa. The emperor is sitting on a golden throne flanked by the statues of Heracles and Minerva. The archmarshall of the Empire is standing sword in hand on the right of the throne. The bishop is kneeling on the left with the Franconian banner, behind him page boys are carrying pluvial and ducal coronet as signs of spiritual and temporal power.

93 La fresque de la face sud de la Salle impériale représente le mariage de l'empéreur Frédéric Barberousse avec Béatrice de Bourgogne à Würzburg. Le couple royal est agenouillé devant l'évêque Gebhard de Würzburg. Derrière eux, la cour et les dignitaires de l'empire se sont rassemblés.

94/95 Ce détail de la fresque du plafond de la Salle impériale montre le char d'Apollon, dans lequel est assise la personnification de la Bourgogne sous les traits de la princesse Béatrice. Au-dessus d'elle, Apollon, dieu du soleil, montre d'un geste large vers le génie de l'empire. A droite, les trois divinités Cérès avec le faisceau d'épis, Vénus avec Amour, et Bacchus couronné de pampres.

96 Le détail de la fresque de la face nord de la Salle impériale représente l'évêque Hérold de Würzburg recevant en fief le duché de Franconie de la main de l'empéreur Frédéric Barberousse. L'empéreur est assis sur un trône doré flanqué des statues d'Hercule et de Minerve. A droite du trône, on voit l'archimaréchal de l'empire à épée dégainée. A gauche est agenouillé l'évêque muni du drapeau franconien, derrière lui, on distingue des pages qui tiennent le pallium et la couronne ducale, signes des pouvoirs spirituel et temporel.

Fig. 21 Zeichner des Büros Neumann: Aufriß der südl. Flanke der Residenz. Mit Fassadengrundrissen u. Ehrenhofgitter (Berlin, Kunstbibl. Hdz 4692/Entwurf)

weit ist, nämlich ca. 54 Meter. Der Eindruck des Schlosses wird also auf der Stadtseite durch zwei scheinbar vorgerückte, jedenfalls festaufgepflanzte und hochragende Baublöcke bestimmt, während wir auf der Gartenseite der Residenz in der üblichen Schräg-, aber auch in der von der Bastionsspitze aus möglichen Frontalansicht immer die durch Form, Größe und Gliederung herausgehobene Mitte mit den flach sich ausspannenden langen Rücklagen und den Eckpavillons als *eine* zusammenhängende Figur erblicken. Ferner ist das Verhältnis zwischen Mitte und Eckpavillons ein besonderes. Anfang und Ende der Gartenfront verkörpern die fünfachsigen Eckpavillons, mit denen sich das Zwillingsschloß in Erinnerung bringt. Das geschieht vermittels der dreiachsigen Giebelrisalite, die diesen Pavillons mitten aufgeprägt sind, im Süden auf den Frieden, im Norden auf den Krieg Bezug nehmend. Dennoch handelt es sich nicht einfach um eine Wiederholung der dreiachsigen Giebelrisalite der Stadtfront. Denn Form und Dekor der Fenster sind anders und wiederholen die Formen, die stadtseitig nur dem Corps de Logis vorbehalten waren und jetzt an der Gartenfront sich allseitig ausbreiten. Und es sind den dreiachsigen Giebelmitten der Gartenfront jene Kolonnadenbalkons vorgestellt, die wir auf der Stadtseite nur im Ehrenhof finden. Dort sind sie den Flanken der Pavillons zu viert vorgekröpft. Es ist also zu erkennen, daß diese Kolonnadenpavillons, die sogenannten »avant corps« des französischen Schloßbaues, wie sie seit dem Umbau der Gartenfront von Versailles durch Hardouin modern wurden, in besonderer Ausbildung das Corps de Logis auszeichnen, sowohl an der Stadtseite als auch am Kaiserpavillon der Gartenfront. Beide Male sind sie durch Koppelung der Kantensäulen verstärkt vor die dreitorige Erdgeschoßarkatur gesetzt und dienen dem Hauptstockwerk als Balkon. Die Rückverweise an den Eckpavillonbauten der Gartenseite sind also dreistimmig, wenn es erlaubt ist, ein Bild aus der Musik zu gebrauchen. Sie erinnern mit dem Giebelrisalit an die Stadtfront und ans Zwillingsschloß, mit den Avant-corps-Balkonen an den mittleren Saalbau, und sie fördern den Zusammenhang der langen Fassade, indem sie auf den Kaisersaalbau verweisen. Dieser ist mit allen Mitteln beherrschend gemacht worden, durch die oktogonale Grundform, die durchgehend großen Formate der Öffnungen, durch das die gemeinsame Trauflinie der gesamten Residenz überhöhende Attikageschoß, den großen Giebel und die besonders reiche Bauplastik. Die beiderseits sich erstreckenden elfachsigen Rücklagen bergen in sich eine Erinnerung an die entsprechenden Fassadenpartien der Zwillingspaläste, die an der Stadtseite fünfachsig gebildet sind, an den Flanken im Norden und Süden siebenachsig, so daß schon aus dieser Art der Erweiterung das hier gebrauchte Bild seine Berechtigung findet.

Wir haben eine Zusammenfassung aller bisher in der Residenzarchitektur eingesetzten Gliederungsmittel vor uns, nicht nur eine Durchdringung der Baukörper von Zwillingspalästen und Saalbau, sondern ihre metrische Erweiterung, Vergrößerung. Ohne den leisesten expressionistischen Beigeschmack stellt sich die Gartenfront als die Schlußfigur der Residenzarchitektur dar, als das Ergebnis einer Folge von Gliederungsmodulationen, die an der Stadtfront beginnt. Die Analyse der drei Aspekte der Residenzarchitektur ergibt eine Folge von Gliederungszusammenhängen, die schließ-

Fig. 22 Aufriß der Gartenfront (Berlin, Kunstbibl. Hdz 4692)

lich in dem dritten, zum Garten hin gerichteten Aspekt zusammengefaßt und zu Ende gebracht wird. Das ist das Ergebnis unserer Beschreibung, die ja nichts anderes bedeutet als eine würdigende, streng an dem Bauwerk selbst erklärende Interpretation der baukünstlerischen Gestalt. Sie kann deshalb auch den folgenden Beschreibungen als Leitfaden und als Grundlage dienen.

Die Dächer und ihre Gliederung (Fig. 23)

Es gibt noch Fotografien der Residenz nach der Schrekkensnacht des 16. März 1945, in der die Brandbomben der alliierten Flugzeuge auch den Dachstuhl der Residenz in Flammen gesetzt hatten: Die mächtigen Holzbauten sind in sich zusammengestürzt, und die gesamte Nord- und Südflanke des Schloßbaues besitzt keine Dächer mehr. Diese Aufnahmen machen uns bewußt, daß zur Architektur der Würzburger Residenz wesentlich und unabdingbar die Dächer gehören und daß andererseits wiederum zu den Dächern die merkwürdige Zone der Balustraden mit ihren die Fassadengliederung skandierenden Akroteren, Vasen und Figuren gehört. Die Balustraden bilden eine Wechselzone. Wir nennen sie so, weil sie sowohl mit der Gliederung der Wände darunter – und zwar strikt = metrisch – verbunden ist, wie sie auch der Dachung dient. Das letztere wird deutlich, wenn man beachtet, daß die Dächer am Außenbau erst hinter diesen Balustraden ansetzen und die Dachgauben sich nach der Fassadengliederung richten. Ohne die Balustraden wären die Dächer der Residenz dem Bauwerk wie Hüte aufgesetzt, so z. B. wie die Dächer auf dem Rosenbachschen Hof. Die Balustraden als Einwirkung der Fassadengliederung auf die Dachzone fehlen natürlich dort, wo es entsprechende Fassadengliederung nicht gibt, nämlich in den Binnenhöfen. Betrachten wir nun das »Dachwerk«, wie die Handwerker des 18. Jahrhunderts sagten, bzw. den »Dachzerfall«, wie sich der moderne Architekt ausdrückt, unter dem Gesichtspunkt der Entwicklung von Zwillingspalast und Saalbau zu einer synthetischen Baufigur!

Insgesamt finden wir in der Dachung als durchgehende Regel die Unterscheidung von Pavillon und Flügel. Dementsprechend haben die Pavillons die Form von Kuppel-, Walm- oder Zeltdächern und die über den Flügeln die Form von Satteldächern. Daß die schematische Unterscheidung von Pavillon und Flügel nur im größeren Rahmen bei der Residenz Sinn hat, wird dadurch deutlich, daß die sogenannten Flügel keineswegs ihren First immer in der Mitte besitzen. Es gibt nicht nur einzelne Ausnahmen von dieser Regel wie das Dach über der Hofkirche, an dem deutlich wird, daß der Flügel durch Einrücken in den vorderen Südhof verbreitert wurde, sondern es gibt geradezu eine regelmäßige Änderung der symmetrischen Satteldachung und zwar rund um den Ehrenhof. Dort haben die Satteldächer aller drei Seiten eine steilere Form als nach den Binnenhöfen und über der Gartenseite. Ähnlich verhält es sich mit den beiden Fronten von Nord- und Südpalast. Aus dieser »Schlußredaktion« der Residenzarchitektur vermittels der Dachung wird deutlich, daß zugunsten der Herausarbeitung des Corps de Logis auch die Seitenfronten des Ehrenhofes stärker zur Mitte hin gezogen werden, eine Interpretation, die sich schon ge-

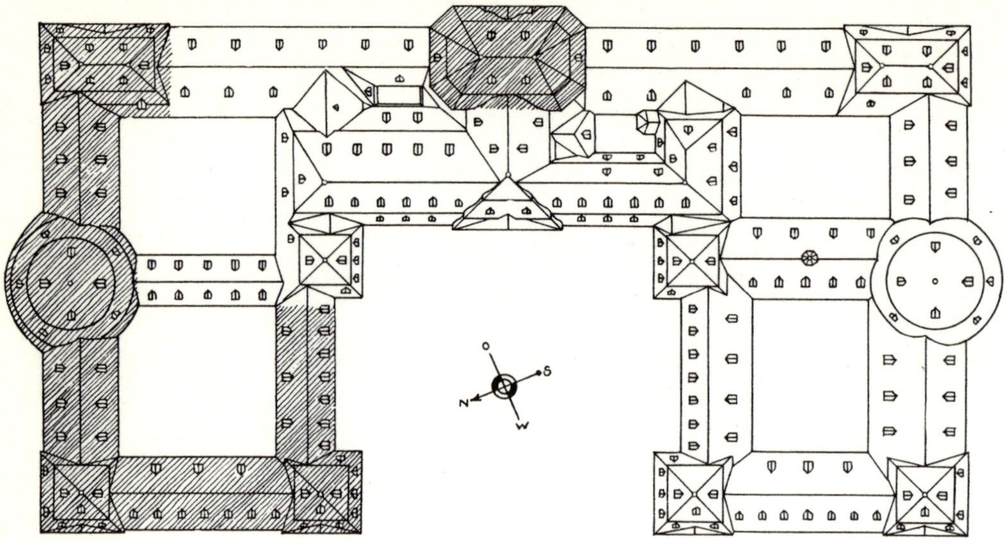

Fig. 23 Draufsicht auf die Residenzdächer (Sedlmaier-Pfister, 1923)

legentlich der Verteilung der Kolonnadenbalkons gezeigt hat.

Die grundsätzliche Ordnung nach den beiden Aufbauelementen des Zwillingsschlosses und des Saalbaus aber wird nicht angetastet und ebensowenig die Entwicklung der Gliederung von der Stadt über die Seitenfronten bis zur Gartenfassade. Die Unterscheidung von Pavillon- und Flügeldächern gilt nämlich nur für die Zwillingspaläste. Dort ist sie wie über dem ganzen Bauwerk so getroffen, daß alle Pavillondächer die Form von Mansardendächern haben, und zwar in der Proportionierung der sogenannten »Combles à deux égouts«, das heißt, der untere Teil des Mansardendaches ist steiler geneigt als der sehr flach geschrägte obere, nicht wie bei den älteren »Combles brisés«, wo beide Dachflächen gleich steil angenommen wurden. In diesem Zusammenhang erinnert man sich daran, daß Neumann aus Mannheim im Januar 1723 seinem Dienstherrn mit Befriedigung mitteilte, daß die Mannheimer ihre Schloßdächer nach dem Muster der Würzburger Residenz korrigieren würden. In der Tat sehen »Combles brisés« ganz anders aus als »Combles à deux égouts«: Man vergleiche die Dächer auf dem Kleinheubacher Schloß mit denen der Würzburger Residenz!

Beim Saalbau des Corps de Logis findet nur dieses Mansardendach Anwendung, und zwar ganz ostentativ. Denn die Dächer des Saalbaus zeigen über den Fassaden überall die gebrochene und unterschiedlich steil geneigte Form, während sie an den den Augen verborgenen Stellen durchaus auch als einfache Satteldächer ausgeführt wurden, auch dort, wo »Verbindungsdächer« nötig waren.

Alle bisherigen Beobachtungen an der Dachung der Residenz beweisen, daß die Unterscheidung von Zwillingspalast und Saalbau geachtet wurde, daß auch die Dachung für die Proportionierung der Gesamterscheinung genutzt und der Dachanfall nicht schematisch aufgrund der baukörperlichen Grundsätze bestimmt wurde, sondern dem Anblick des Bauwerks dient und damit als Bestandteil der Fassadengliederung bewertet wurde. Diese Fassadengliederung der Residenz, das künstlerisch reifste Mittel ihrer Gestaltung, beruht auf zwei sehr verschiedenen Systemen, die wir wegen ihrer Bedeutung einzeln kennenlernen wollen: der »Fensterordnung« und der »Säulenordnung«. Zunächst aber muß die Stockwerkabfolge beschrieben werden, weil sie für alle Teile des Residenzbauwerks in Geltung ist und die bauliche Voraussetzung dafür bietet, daß Fenster- und Säulenordnung eine Gliederungsfolge aufbauen können.

Die Stockwerkabfolge (Fig. 24)

Die Stockwerke der Residenz folgen aufeinander in dieser Weise: Voll- und Halbstockwerk unten und Voll- und Halbstockwerk darüber, aufgesetzt auf einen noch aus der Erde ragenden Keller und oben abgeschlossen durch eine Statuenbalustrade bzw. eine Attika, die als eine Wechselzone zur Dachregion um den ganzen Bau ringsherum geführt ist. Dies Abfolge war bereits im Sommer des Jahres 1720 spätestens festgelegt. Ihre endgültige metrische Fassung erhielt sie im Sommer 1722. Seither gilt sie durchgehend für den Bau des nördlichen der Zwillingspaläste, der 1724 an der Stadtseite vollen-

Fig. 24 Vertikalschnitt durch die Höfe des nördl. Zwillingspalastes (Sedlmaier-Pfister, 1923)

det war, ab 1729/30 auch für den südlichen Palast, in der Folgezeit für das Corps de Logis auf der Stadtseite und nach Errichtung des Treppenhauses 1734 auch für die Schlußredaktion der Fassadengliederung der Gartenfront. Es gab verschiedentlich Versuche, die Abfolge der Stockwerke wegen des Einbaus einer Hofkirche zu verändern. Sie blieben aber auf dem Papier. Heute zeigt sich die Hofkirche im südlichen Zwillingspalast allein an durch das über neun Stufen zugängliche Portal auf der Stadtseite und indirekt durch den Glockenturm, der als ein aus Metall geformter schlanker Tempietto mit einer Zwiebelhaube nach 1945 wieder rekonstruiert wurde. Der Kirchenraum, der die gesamte Bauhöhe des Südschlosses durchmißt, beeinflußt die regelmäßige Stockwerkfolge am Außenbau nicht.

Die Stockwerksgliederung äußert sich in den Fenstern, ihren Formaten und ihrer Anordnung. Durchgehend beachtet ist dabei in allen Teilen der Residenz die strikte Superposition, d. h. alle Fenster stehen genau im Lot übereinander, sowohl Vollgeschoß- als auch Halbgeschoß-(Mezzanin-)Fenster sind gleich breit, die lichte Weite der Fensteröffnungen ist das unangetastete Grundmaß der sogenannten Fensterordnung. Sie ist viel älter als die nach antikischen Formen und aufgrund besonderer zentralitalienischer Entwicklungen in der Toskana durch Philippo Brunellesco geschaffene »Säulenordnung«. Sie war im italienischen Palastbau schon des 14. Jahrhunderts als eine auf strikter Superposition beruhende rhythmische Gliederung von mehrstöckigen Hausfronten eingeführt und gehandhabt worden.

Das bekannteste und auch wegen der Zahl der erhaltenen Beispiele überzeugendste Beispiel bietet Venedig. Die Fensterordnung der venezianischen Palastfassaden bringt nicht nur die traditionelle Dreiteilung der Stockwerke in Seitenteile, wo die heizbaren Gemächer liegen, und Mitte, wo sich die flachgedeckte innere Bahn der Diele, des Portego, befindet, zum Ausdruck, sondern auch die Einheit der ganzen Front, wobei die tatsächlichen Abteilungen der Geschosse für die gliedernde Unterteilung keine Rolle spielen, denn die Gurtgesimse können wunschgemäß verlegt werden, nicht aber die Öffnungen der Fenster und Fenstertüren. Der Palastbau der Renaissance und des Barock hat natürlich diese Fensterordnung übernommen und sie in der Regel zusammen und in Konkurrenz mit den modernen Formen der Säulenordnungen genutzt. Das ist auch an der Residenz der Fall, und zwar an allen Außenfronten. In den Höfen dagegen finden wir mit geringen Ausnahmen nur die elementare, einfache Form einer Gliederung nach Geschossen und durch die Fensterordnung.

Die Binnenhöfe. Die »Fensterordnung« (Fig. 24)

Jede Ansicht der Residenz von oben, ob als Bauplan oder als Luftaufnahme, als Stichvedute oder als Modell, bringt uns die bedeutende Rolle zum Bewußtsein, welche die vier großen Binnenhöfe für das Ganze des Schlosses spielen. Ihre selbständige und für die Architektur maßgebliche Rolle wird besonders deutlich, wenn wir damit jene »Lichthöfe« vergleichen, die aus rein instrumentalen Überlegungen in die Baumasse des Saalbaues eingestückt werden mußten, oder wenn wir uns des Protestes von Neumann gegen die immer stärkere Beschneidung der großen Binnenhöfe durch De Cotte 1723 erinnern. Die vier Binnenhöfe der Residenz stellen also integrale Bestandteile der Gesamtkonzeption dar, die zweifellos auch ein starkes Argument für die Erklärung des sogenannten Nord- und Südblocks als Zwillings-*Paläste* darstellen. Denn für den Etagenbau des Stadtpalastes war und blieb der Hof ein unentbehrliches Requisit, freilich oft nur nebensächlich behandelt und ohne die geradezu liebevolle Fürsorge, die Neumann besonders diesen Binnenhöfen entgegenbrachte, der schon vom Anfang der Planung für einen neuen Residenzbau mit diesem Leitmotiv gearbeitet hat, wie das sogenannte Erste Projekt beweist (SE 286+).

Die große Bedeutung der Binnenhöfe der Residenz ist auch einer der Gründe, die es nicht zulassen, von der Residenz als einer triklinienförmigen Anlage, einem Schloß in Hufeisenform zu sprechen. Das ist gegenüber den Schloßbauten von Mannheim, von Rastatt und auch von Schleißheim in der entsprechenden Planphase Zucallis von 1703/04 sinnvoll. Dort und in den meisten der deutschen Schloßbauten des 18. Jahrhunderts, auch beim Stuttgarter Residenzschloß, für das ja der alternde Neumann 1744–1745 Entwürfe geliefert hat, mag die Beschreibung angebracht sein. Für die Würzburger Residenz ist sie unbrauchbar, weil irreführend. Denn sie unterschlägt das Wichtigste, die Gestalt der sogenannten »Flügel« des Trikliniums als ausgewachsene tiefgestaffelte Paläste mit großen Binnenhöfen. Viel besser paßt auf diesen Sachverhalt wie so oft die Wortprägung von Hans Rose: Er sprach bei der Würzburger Residenz von einer »Brillenform«.

Die vier Binnenhöfe haben Einfahrten. Sie führen von der Stadt in die vorderen Nord- und Südhöfe und durch entsprechende Tore in den Querbauten in die beiden hinteren Höfe. Die Höfe des Nordpalastes werden durch die ovale Rotunde eingeschränkt – auch das ein Hinweis auf ihre Fremdkörperlichkeit im Rahmen der Residenzarchitektur.
Im südlichen Zwillingspalast wurde dies durch die schon erwähnte Verkleinerung der Höfe an der Südfront zugunsten der Kirche verhindert. Der vordere Nordhof ist sicher schon vor 1724 baulich vollendet gewesen, der Querbau ausgenommen. Der vordere Südhof ist 1729–1734 errichtet worden. Die beiden hinteren Höfe haben erst im Verlauf der Erbauung des Corps de Logis ihre heutige Gestalt erhalten, wobei der nördliche der zuletzt ausgebaute ist und der dortige Quertrakt überhaupt zu den letzten baulichen Maßnahmen gehört.

Man kann nicht sagen, daß die Architektur der Residenzhöfe bisher beachtet wurde und schon gar nicht in ihrer Bedeutung als Ausgangspunkt der Gliederungsfolge. Wer aber einmal auf die baukünstlerischen Meriten dieser klaren, bestimmt proportionierten Hofarchitektur gekommen ist, der wird sie oft und mit vielfachem Gewinn betrachten. Hier liegt jedenfalls der Schlüssel für die reichere und sich zielgerecht entwikkelnde Architektur der Außenfassaden: Ohne die einfachen Bedingungen der Gliederung, die ja nur in den Binnenhöfen ungeschminkt zutage treten, dürfte eine ausreichende Würdigung der Residenzarchitektur kaum gelingen.

Wählen wir den Blick auf die westliche Hoffront des ersten Binnenhofes im nördlichen Zwillingspalast. Die

Architektur ist in den Jahren 1720 bis 1723 entstanden. Klar prägt sich die typische Stockwerkabfolge über dem von einem Wulstgesims abgeschlossenen Kellersockel aus, dessen Fenster heute geschlossen sind. Die Stockwerke werden durch schlichte kantige Gurtgesimse abgeteilt. Ein als dreifacher Architrav ausgebildetes Traufgesims unterfängt den Anfall des Satteldaches, das in den Höfen nicht erst hinter den Dachbalustraden beginnt. In der weißgekalkten Mauer stehen die Fenster in strenger Superposition. Sie sind architektonisch als »stehende« Gliederungsformen gekennzeichnet, denn die Sohlbänke, die stark ausladen und allen Fenstern eignen, ruhen auf zart im Putz herausgeholten Risaliten, die ihrerseits auf den Gurtgesimsen aufsitzen, bzw. auf dem Wulstgesims der Kelleroberkante. Diese Fensterrisalite schließen sich aber nicht zu vertikalen Bahnen zusammen, in denen die Fenster hineingesetzt hängen, wie das in Würzburg vor und noch während des Residenzbaues durchaus üblich war. Ein gutes und ursprüngliches Beispiel bietet am Residenzplatz der schon öfters apostrophierte Rosenbach-Stadionsche Hof. Daß der Residenzbau in diesem Punkt erzieherisch gewirkt hat, zeigt der ehemalige Gesandtenbau, der vis-à-vis dem Rosenbachhof diesen ansonsten genau wiederholt, aber erst nach Vollendung der Residenz, durch Johann Philipp Geigel 1765–1767, erbaut wurde. Dort nämlich fehlen die vertikalen Fensterrisalitbahnen und sind durch die Risalitsockel à la Residenz ersetzt worden. Die Formate der Mezzaninfenster sind über dem Erd- und über dem Obergeschoß gleich wie auch die Rahmungen. Auch bei den Vollgeschossen sind die einfachen dreistufigen Rahmungen gleich, nicht aber die Formate. Deutlich höher sind die Fenster des Hauptstockwerks, und in der Tat ist dieses Hauptstockwerk höher als das Erdgeschoß: Fensterhöhe und Stockwerkhöhe sind voneinander abhängig.

Ruhig stehen die Fenster in Superposition im Wechsel mit den weißgekalkten Mauerpausen vor uns. Deutlich breitere Intervalle neben dem Mittelfenster des Hauptstockwerks zeigen die Konsequenzen der Aedikularahmung dorischer Ordnung, die um die hohe, rundbogige Einfahrt angebracht wurde. Auffallend ist es, daß in die Rundbogenarkade eine flachbogige Gewölbebrücke hineingesprengt wurde, um den Übergang im unteren Halbstockwerk stufenlos bewerkstelligen zu können. Wert wurde also einerseits darauf gelegt, daß die zur Fassadengliederung gehörige dorische Aedikula mit der ordnungsgemäß eingesetzten Rundbogenarkade auch an der Hofseite der Einfahrt erhalten blieb. Wert wurde andererseits auch darauf gelegt, daß die Kommunikation im Halbstockwerk ohne Stolperstufen bewerkstelligt wird. Mustert man die Abstände zwischen den Fenstern, ist zu erkennen, daß sie nicht gleich sind. Ja, die Fensterordnung ist so sehr von der inneren Raumgliederung her getroffen worden, daß nicht einmal in den Hofecken gleiche Abstände links und rechts bestehen. Der Hof also ist kein »Rundumgebilde«, sondern besteht aus aneinander vorbeifluchtenden Fronten.

Prüft man die Ergebnisse der Autopsie an genauen Bauplänen der Residenz, zeigt sich noch ein viel erstaunlicherer Sachverhalt. Die Einfahrt befindet sich nicht in der Mitte der Hoffront, obwohl sie außen genau mittig in der siebenachsigen Rücklage sitzt. Das bedeutet, daß der Hof des Nordschlosses bereits mit Rücksicht auf die Abhängigkeit dieses Zwillingspala-

Fig. 25 Zeichner des Büros Neumann: Stadtfront eines der Zwillingspaläste. Als Stichvorlage seitenverkehrt! (Bamberg, Staatsbibliothek, VIII, D 52 m, links)

stes von dem Ehrenhof und der Corps de Logis-Mitte angelegt wurde. Diese feine, die Struktur betreffende, aber den Augeneindruck nicht beschädigende Rückung zur Mitte scheint ein Relikt aus dem allerersten, von Balthasar Neumann im Sommer 1719 gezeichneten Plan einer neuen Residenz in »Brillenform«, aber noch mit nur je einem Binnenhof zu sein. Auf diesem Plan (SE 286+) ist nämlich zu bemerken, daß die äußeren Eckpavillons am Zwillingsbau größer sind als die inneren. Daraus kann füglich geschlossen werden, daß der Gedanke des Zwillingsschlosses zum ersten und ursprünglichen Planmaterial der Würzburger Residenz gehört und noch *vor* der Grundsteinlegung im Mai 1720 und vor der richtigen Einstellung des Neubaus auf die jetzige Achse bestanden haben muß. Noch wichtiger als dies chronologische Ergebnis ist aber die zwangsläufige Folgerung, daß diese unauffällige, den »Baudirigierungsgöttern« (und vielen späteren Betrachtern!) entgangene oder gleichgültige scharfsinnige Lösung von Balthasar Neumann stammen muß. Einen schwachen Reflex findet die besprochene verschiedenartige Gewichtung von »Außen« und »Binnen« am Nordschloß in den Dächern der Pavillonbauten. Auch sie sind nicht egal und schematisch aufgesetzt, sondern mit Rücksicht auf den ganzen Zusammenhang und die Abhängigkeit von dem Saalbau, so wie vom Ehrenhof aufgebaut.

Die Gliederungsfolge der Außenfassaden: „Säulenordnung« und »Fensterordnung« wirken zusammen (Fig. 24–27)

Vergleicht man nun dieses klare Bild der Wandgliederung im vorderen Nordhof mit dem entsprechenden Fassadenabschnitt des nördlichen Zwillingspalastes, vertieft sich dessen Verständnis beträchtlich. Zuerst fällt eine Konsequenz der zur Fensterordnung hinzutretenden Säulenordnungsgliederung auf: Die trennenden Gurtgesimse zwischen Voll- und Halbgeschossen fehlen, und zwar deshalb, weil eine dorische Pilasterordnung unten und eine komposite oben je ein Voll- und Mezzaningeschoß übergreift, so daß nur das dorische Gesims und das abschließende Kranzgesims zwei Fassadenzonen sondern. Die Balustrade über dem Kranzgesims und das kantige, sehr starke Abschlußgesims über dem Keller grenzen oben und unten die Großstockwerke aus, die sich noch durch ein rundumgehendes Merkmal unterscheiden: Die untere Zone ist in horizontalen Fugenschnitten gemustert. Die sieben Achsen der Fensterordnung sind jetzt exakt gleichmäßig auf der Rücklage verteilt, die Mitte mit der extravaganten Rundbogentüre des Hauptstockwerks von extrem steilen Verhältnissen (à Maintenon, wie Neumann in einem Mannheimer Brief 1723 sagte) ist entsprechend dem darunter befindlichen Rundbogentor von einer Aedikula gerahmt, zeigt die erwähnten Hermen und besitzt auf dem dorischen Gebälk des Erdgeschosses einen schmalen Balkon.

Die stärkste Veränderung gegenüber dem Hof stellen die Fensterrahmungen und ihre Verdachung dar sowie die Formate der unteren Halbstockfenster. Sie haben

Fig. 26 Zeichner des Büros Neumann: Stadtfront des Ehrenhofes (Bamberg Staatsbibliothek, VIII D 52 m, Mitte)

einen merkwürdigen bügelförmigen Abschluß, der ebenfalls an allen Außenfassaden rundum zu beobachten ist. Natürlich fehlen die Fensterrisalite des Hofes. Natürlich deshalb, weil die sogenannte »Säulenordnung« einen adäquaten Ersatz zur Verfügung stellt: beim Erdgeschoß die Konsolen, die der Sohlbank beigegeben werden, beim Mezzaninfenster der dorischen Ordnung den Architrav, der die Fensterrahmung, wie man sieht, erfaßt und auch hält, und beim oberen Mezzanin den abschließenden Architrav, an den die Rahmung angehängt erscheint. Nur beim Fenster des Hauptstockwerkes ruht die Sohlbank auf dem Risalit wie alle Fenster des Hofes.

Sehr wichtig für die Gesamterscheinung ist der ziemlich große, aber fein durchgebildete Konsolfries des abschließenden Gesimses, auf dem die Balustrade des Daches steht. Die ganz gleichmäßige Anordnung der Konsolen zuseiten des schwachen Mittelrisalits von Tor- und Aedikulafenster läßt die Anordnung der Fenster im Wechsel mit den Wandpausen und ebenso auch Entsprechungen mit der Gliederung der mittleren Aedikulatravée anschaulich und faßlich werden. Dementsprechend ist auch das Steinband des Balustradengitters komponiert: Es zeigt uns nämlich, wenn wir darauf achten, daß Konsolenintervall und Konsole als gleichförmig zu gelten haben. Sieben offene Steinbandschlingen kommen auf vier Intervalle und drei Konsolen.

Erst an den dreiachsigen Giebelrisaliten der Eckpavillons von Nord- und Südpalast der Stadtfront treten dann die dorische und die komposite Ordnung »in voller Besetzung« auf. Regelmäßig wechselt die im Kolonnadenschema aufgerichtete Pilasterstellung mit dem Fensterintervall, abgehoben unter dem Dreieckgiebel von dem Baukörper des Pavillons, so daß dessen Kanten deutlich bloßliegen, was sich in den Konsolen des kompositen Gebälks ebenso ausdrückt wie in den Postamenten der Balustrade, die Trophäen tragen im Unterschied zu den weniger betonten, mit Vasen besetzten Postamenten der Rücklagen.

An Nord- und Südflanke der Residenz setzt sich diese Gliederung entsprechend fort. Neben den Baukörpern der Kantenpavillons mit den ihnen aufgeprägten dreiachsigen Risaliten stehen die fünfachsigen Rücklagen ohne Pilasterstellung. Anders aber wirkt die mittlere ovale Rotunde, und anders auch ist sie gegliedert. Nur an dieser Stelle tritt der verdoppelte Pilaster, das Pilasterpaar auf, und zwar in der Weise, daß unvermittelt – wir sprachen schon davon! – neben der endenden Rücklage der erste Pilaster der Ovalrotunde aber nur zur Hälfte sichtbar wird. Es ist jene Stelle, die sich als Überschneidung, nicht als Fortsetzung der Frontgliederung kennzeichnen läßt und die anzeigt, daß die Rotunden Fremdkörper darstellen. Sie sind in fünf Intervalle gegliedert, deren Fensterformate völlig den übrigen gleichen, deren Intervalle aber breiter sind als die übrigen, wobei noch zusätzlich das Pilasterpaar zu bedenken ist. Wie ist diese Gliederung zu verstehen? Ist sie ebenso wie der runde Baukörper als fremd, nicht integriert aufzufassen? Oder ist es gerade diese Gliederung, die den Fremdkörper der »Ovale« in die Folge der Außenfassaden mit einbezieht, ihn gleichsam von der Gliederung her paralysiert?

Wir meinen, das letztere ist der Fall. Da der halbe Umfang des ovalen Bauzylinders größer ist als die lange Achse im Innern, stand bei gleicher Anzahl der Fenster die Differenz für größere Abstände zur Verfügung.

Der Baumeister, der diese Gliederung bestimmte, hat also den Doppelpilaster nicht wegen expressionistischer Absichten eingeführt, sondern aus metrischen Überlegungen. Diese gehen darauf aus, durch sachgerechte Vermehrung der Pilaster und entsprechende Vergrößerung der Abstände dem Baukörper des Ovals so gerecht zu werden, wie es einem kubischen Baukörper gegenüber hätte getan werden müssen. Das klingt gewiß sehr kompliziert. Unsere Auslegung wird aber in zweifacher Weise gestützt. Erstens nämlich durch den Umstand, daß der leitende Baumeister Neumann sich bis zur letzten Minute gegen die ovale Zylinderform dieser beiden Mittelpavillons gewehrt hat, und zweitens, daß wir tatsächlich Entwürfe kennen, auf denen anstelle eines fünfachsigen ovalen ein fünfachsiger rechteckiger Mittelpavillon zu sehen ist, wobei die Rücklagen von fünf Fenstern auf sechs solcher verlängert wurden; Hinweise also darauf, daß Neumann immer die Gesamtlänge der Front festhielt und dementsprechend versuchen mußte, den »Fremdkörper« der Ovalrotunden in sein regelmäßiges System zu integrieren. Er tat es, wie man sieht, ohne die Fensterzahl zu vermehren, glich aber mit den Doppelpilastern aus, was er durch Beschränkung der Fensterzahl an zusätzlichem Platz auf den Zylinderwänden angeboten bekam.

Über den Abschluß der Gliederung an der Gartenfront ist bereits gesprochen worden. Deutlich wird, daß der Zuwachs an Reichtum von einem Fensterformat herkommt, das bisher an den Zwillingspalästen überhaupt nicht nachweisbar war, sondern erst am Corps de Logis der Stadtseite in Erscheinung getreten ist. Und deutlich ist ebenso, daß das lapidare, große französische Rundbogenfenster ebensowenig von den Zwillingspalästen herzuleiten ist. Das entsprechende Vorbild ist die dreitorige Mitte des Saalbaus, des Corps de Logis, und die sogenannten »Sieben Bögen« an den Seitenfronten des Ehrenhofes. Das entspricht dem schon anläßlich unserer Bemerkungen zu den Kolonnadenbalkonen erwähnten Bestreben, den Ehrenhof zu einem »Vorplatz« des Saalbaues zu machen und mit diesem enger zu verknüpfen, obwohl dieser Ehrenhof baulich durch die inneren Flanken des Zwillingsschlosses erst gebildet wird. Der Saalbau, das Corps de Logis, hat also Auswirkungen an der Stadtseite, die sich auf diese inneren Flanken von Nord- und Südblock beziehen. In der Gliederung spricht sich solche Beeinflußung vor allem in einer schrittweisen, auf die Corps de Logis-Mitte hinzielenden Eliminierung der Mezzanine aus. Von den vorgestellten Kolonnadenbalkonen werden die dorischen Mezzaninfenster nur verdeckt; in der Zone der »sieben Bögen«, d. h. an den siebenachsigen Rücklagen der Ehrenhofseitenfronten, fehlt das dorische Mezzanin und ebenso an den dreiachsigen Seitenteilen der Eingangsfront des Saalbaus. Schließlich fehlt an dessen giebelbekrönter dreitoriger Mitte auch das Mezzanin der komposíten Ordnung. Dieser »Folge« entspricht das Crescendo der Fensterformate und ihrer Dekoration. In der Eingangspartie des Corps de Logis sehen wir überhaupt nur mehr das französische Rundbogenfenster als Fenstertür oder als Tor (à Maintenon), also diejenige Form, die an den Zwillingspalaststirnen überhaupt nicht auftaucht, denn die einzige Ausnahme über den Einfahrten kann wegen der unvergleichlichen Proportionen vernachlässigt werden, die dann mit den sieben Bögen im dorischen Stockwerk im Ehrenhof auftaucht, und die schließlich in zwei Reihen übereinander

Fig. 27 W. Högler d. Ä. Die Würzburger Residenz im Bau 1731 (Berlin, Kunstbibl. 4686)

die Stelle optimaler Steigerung anzeigt. Der Kaisersaalpavillon im Zentrum der Gartenfront besitzt schließlich überhaupt nur diese Rundbogenfenster in zwei Stockwerken und zusätzlich noch die hohe, von Hermenpilastern besetzte Attika. Zwischen dem rechteckigen Fensterformat, das an den Zwillingspalästen herrscht, und der Rundbogenöffnung als Fenster, Türe oder Tor an der Mitte des Saalbaus vermittelt das Stichbogenfenster. Es tritt an der Stadtfront des Saalbaues auf, dort mit je drei Achsen zur Seite der Einfahrt, und es kehrt wieder an der Gartenseite, dort allerdings im Hauptstockwerk über die ganze Länge der Front verteilt, während im gebänderten Erdgeschoß darunter die Rechteckformate der Fenster gereiht werden.

Figürliche und ornamentale Bauplastik. Über die Grenzen einer »Erklärung« der Residenzarchitektur

Am Ende dieser Beschreibung sind zwei Anmerkungen am Platz. Die erste betrifft die figürliche und ornamentale Dekoration. Sie hält sich, wie man bemerkt, strikt im Rahmen dessen, was durch die Fenster- und Säulenordnung vorgegeben ist. Auch ihre Motive sind, nach der Wahrscheinlichkeit, »mögliche«: Puttenpaare sitzen auf den Fensterverdachungen und spielen mit Girlanden oder sind mit dem Aufhängen solcher und mit Tüchern beschäftigt. Vasen sind auf Gesimsen oder Fensterverdachungen aufgestellt und bilden das Zentrum eines dekorativen Ensembles. Trophäen sind ähnlich gruppiert und aufgebaut. Kartuschen sind (buchstäblich) an eisernen Haken aufgehängt (heute ist ihr steinerner Spiegel leer, bis 1803 trugen sie die Wappen aller Würzburger Domherren, die dann am Beginn der bayerischen Okkupation abgemeißelt wurden). Die figürliche Dekoration am Äußeren der Würzburger Residenz folgt also dem »naturalistischen« Typus. Auch ein so strenger Kritiker phantastischer Baudekoration wie Andrea Palladio könnte dagegen nichts einwenden.

Die Ornamente der Bauplastik sind ausschließlich dem Repertoire der »Ordnungen« entnommen: Voluten, Profile, Konsolen, Postamente, Kapitelle, Gesimse, Tabletts und Rahmungen. Figürliches wie z. B. der Metopenfries der dorischen Ordnung, den am Nordschloß Claude Curé meißelte, fallen ebenso unter diese strenge architekturale Bestimmung. Die Größenverhältnisse werden ausschließlich von der Ordnung bestimmt und sind dort, wo sie frei abgeschätzt werden mußten, wirkungsvoll. Ihre Zeichnung gewährleistet auch bei größerer Entfernung ein artikuliertes Bild und ist großzügig bei näherer Betrachtung, hält also auch in Nahsicht die Aufgabe, Architekturplastik und nicht Papierdekoration zu sein, gegenwärtig. Nicht anders verhält es sich mit dem gewählten Figurenmaßstab in den Dekorationen. Alle dekorativen Formen am Außenbau der Residenz lassen sich ganz deutlich sortieren nach den beiden Aufbauelementen, dem Zwillingsschloß und dem Corps de Logis. An letzterem sind alle Formen des plastischen Mikrokosmos reicher, lebendiger, teilweise sogar lustiger (Fensterdekoration der Rücklagen) als am Zwillingsschloß. An der Gartenfront kommt es zu einer Angleichung und auch gemischten Verteilung dieses Materials, das aus »zwei Wurzeln« stammt, aber zu einer Einheit wurde.

Die zweite Anmerkung hat es mit der so oft gestellten, erstaunten Frage zu tun: Wie ist eine derartig dichte, konsequente Fusion von Gliederung, Bauplastik und Detail in das angenommene und auch am Bau überall nachweisbare Baukonzept möglich gewesen? Gewiß erklärt die ununterbrochene, immer kompetentere Fürsorge des Bauleiters Balthasar Neumann vieles an dieser Erscheinung, auf der letztlich der Ruhm der Residenzarchitektur beruht. Wir würden aber in den alten Fehler zurückfallen und Neumann wieder zum deus ex machina hochstilisieren, wenn wir verschweigen würden, daß solche einzigartige Vollkommenheit auch in der Welt der Kunst doch nur möglich ist unter der Annahme von »glücklichen Umständen«. Erklären wir das in Kürze!

Bekanntlich war von den papierenen Entwürfen für eine neue Residenz ab 1720 der nördliche des Zwillingsbaues allein als akzeptierter Bauteil begonnen worden. Er war in dem östlichen Hofteil und der Stadtfront beim Tode des ersten Bauherrn 1724 sicher in situ. Dagegen war das Nordoval nur im Fundament und für den Keller gültig angelegt, und offen war auch der endgültige Fortgang gegen Westen, zum Garten hin. Fest aber stand, naturgemäß, daß der noch nicht begonnene südliche Zwillingsbau ebenso aussehen würde wie der begonnene im Norden. Das Zwillingshafte also war vom Anfang an mit der Entscheidung, das Corps de Logis noch nicht zu beginnen, fest verankert. Tatsächlich wurde auch mit dem südlichen Bau des Zwillingsschlosses noch vor Beginn des Saalbaues am Bauplatz begonnen. Diesen Bauzustand hat uns Wolfgang Högler d. Ä. auf seiner 1731 datierten lavierten Federzeichnung der Berliner Kunstbibliothek (Hdz 4686) festgehalten. Die Zeichnung entstand als Vorlage für einen Kupferstich und anläßlich des Einzugs von Friedrich Carl von Schönborn am 7. November 1731, als der Fürstbischof, von Wien kommend, erstmals »Besitz« von seiner Residenz ergriff. Vor der Stadtfront sieht man deshalb auf Höglers Blatt eine für dieses Fest aufgerichtete Festdekoration. Wir sehen zwar schon Teile der Ehrenhofseitenwände, aber nur als Bestandteile des Zwillingsschlosses.

Erst 1729, 1730 und 1731 fanden dann die großen und für die Konzeption des Corps de Logis maßgeblichen Entscheidungen der Planung statt. Sie wurden meist in Wien selbst getroffen, wo der Fürstbischof noch bis 1734 als Reichsvizekanzler residierte. Lucas von Hildebrandt tritt jetzt deutlicher als bisher mit seinen Vorschlägen hervor und auch erfolgreicher. Andererseits mußte Neumann als der verantwortliche Architekt am Platze dafür sorgen, daß die äußere Fassadengliederung des neukonzipierten Corps de Logis der alten bestehenden des Zwillingsschlosses angepaßt wurde, wenigstens in einem Hauptpunkt: in den Proportionen. Das ist vielleicht nicht immer in dem Ausmaß geschehen, das sich Neumann gewünscht hat. Zu sehr war auch der Bauherr auf Hildebrandts Seite. Andererseits war aber auch dieser Architekt doch der üblichen Vorstellung von der Angemessenheit in der Baukunst gewahr und ebenso der Auffassung von der Hierarchie einer Schloßarchitektur, nicht anders wie Neumann: Der Saalbau, das Corps de Logis, mußte eine Steigerung bringen, er mußte als das Element sowohl der Dominanz als auch als ein solches der Integration zur Erscheinung gebracht werden.

Es ist deshalb als ein »glücklicher Zufall« anzusehen, daß in dem Moment, da die endgültige Konzeption des Saalbaus anstand, der Einfluß Lucas' von Hildebrandt in solchem Maße zunahm. Wir müssen es aber ebenso als ein großes Glück bezeichnen, daß sich dann in den folgenden Jahren, besonders ab 1734, wegen der Durcharbeitung der Binnengliederung des Saalbaus mit den zahlreichen technischen und baulichen Problemen Neumann wieder stärker durchsetzte. Die Erfolge bei der Errichtung des Treppenhauses und der Gliederung der Hofkirche dürften dabei den Ausschlag gegeben haben. Auch waren die wichtigsten Mitarbeiter in Würzburg aus freiem Entschluß oder notgedrungen auf der Seite Neumanns: Wolfgang von der Auvera, Antonio Bossi, Georg Oegg. Damit war eine optimale Ausgangsbasis auch für die von uns aufgezeigte Schlußredaktion der Gartenfrontgliederung geschaffen, die Neumann erkannt und voll genutzt hat. Selbst der Kaisersaalbau beweist es, der ikonographisch und motivisch so eng wie kaum etwas anderes mit einem Wiener Meisterwerk Hildebrandts, mit dem Mittelbau der Gartenseite des oberen Belvedereschlosses, zusammenhängt. Und doch ist dieses Zentrum der Gartenfront, wie schon Georg Eckert 1917 in wichtigen Punkten aufzeichnete, »etwas ganz Neues« gegenüber dem Belvederepavillon geworden und vor allem: etwas ganz und gar der großen Gliederungsfolge Integriertes und damit auch im Sinne der Würzburger Residenzarchitektur wahrhaft »Vollendetes«.

Was ist die »Idee«, die sich in der Architektur der Würzburger Residenz darstellt? Sicherlich wird eine solche Idee nicht aufzufinden sein in den schriftlichen Äußerungen zum Residenzbau, weder in den Briefen des Bauherrn und noch weniger in denen des leitenden Baumeisters. Und zwar deshalb nicht, weil das Selbstverständliche, das Bestehende und für alle Verbindliche kaum jemals in solchen Schriftquellen der Vergangenheit aufgezeichnet wird. Es wäre schon erstaunlich, wenn man es als Sinngebung von Baukunst überhaupt zu formulieren gewußt hätte. Aber die am Bauwerk selbst festgestellte Existenz der beiden baulichen Themen, des Zwillingspalastes nämlich und des Saalbaus, und deren Entfaltung und Vollendung in der schließlichen Baugestalt der Residenz paßt doch auffällig genug zu der damaligen Vorstellung vom Würzburger Staat als Herzogtum und als geistlichem Fürstentum, so daß wir durchaus berechtigt sind zu sagen: Die Idee dieses Würzburger Staates hat nirgendwo eine passendere Darstellung gefunden als in der Baugestalt der Würzburger Residenz.

Planungsgeschichte der Residenz 1718/20–1744

Die Vorgeschichte (Fig. 1, 2)

Die Vorgeschichte der Würzburger Residenzplanung hat drei Aspekte. Der erste betrifft den Versuch, in Gestalt des Greiffenklau-Schlößchens auf dem Rennweg um 1700 schon eine fürstbischöfliche Hofhaltung zu begründen. Dieser Versuch hat allerdings aus Gründen, die wir nicht alle kennen, zu keinem dauerhaften Erfolg geführt und wird hier auch nicht mehr weiterverfolgt. Der zweite Aspekt hat die Bemühungen zum Inhalt, die von Mitgliedern des Hauses Schönborn unternommen wurden, um im Würzburger Domkapitel Fuß zu fassen und sich durch besondere Aktivitäten, einschließlich besonderer Projekte für die Kathedralkirche, auszuzeichnen oder zu profilieren. Dieser Aspekt ist zweifellos der wichtigste. Daß nämlich der Neubau einer Residenz in Würzburg als ein »Schönborn-Projekt« in die Geschichte eingegangen ist, liegt nicht nur an den beiden Bauherren Johann Philipp Franz und Friedrich Carl von Schönborn und ihren entscheidenden Verdiensten um Beginn und Vollendung der Residenz, sondern auch an der Grabkapelle des Hauses Schönborn am Dom von Würzburg, deren Bau 1721 begonnen wurde. Sie stellt den wichtigsten Beleg der erwähnten Bemühungen dar und dient noch heute dem ursprünglichen Stiftungsauftrag.

Die Absichten zur Einrichtung eines »Familienbegräbnisses« der Schönborn reichen nachweisbar bis ins Frühjahr 1718 zurück, als Johann Philipp Franz Domprobst in Würzburg geworden war und dem Domkapitel seinen Plan vortrug, eine an der Stirnfront des nördlichen Querhauses bestehende Crispinkapelle »in Stand« bringen zu lassen, um dort ein »Begräbnis« für sich selbst und für das Haus Schönborn zu errichten. Schon Walter Boll brachte in seinem Buch über »die Schönbornkapelle am Würzburger Dom« 1925 mit diesen Absichten auch die erhaltenen Projekte für eine barocke Um- und Neugestaltung der Domfassade in Zusammenhang, und zwar auch deshalb, weil z. B. das Projekt, das Maximilian von Welsch dafür geliefert hat und das schon im Februar 1718 vorgelegen haben muß, das Wappen von Johann Philipp Franz von Schönborn trägt. Es ist zu dieser sehr aufwendigen Neugestaltung der Würzburger Domfassade nicht gekommen, auch nicht unter Friedrich Carl, dem im Jahre 1731 Lucas von Hildebrandt einen entsprechenden Plan vorlegte, vielleicht einen schon 1718/19 verfertigten. Immerhin ist die Planserie für die Domfassade ein unzweifelhaftes Indiz dafür, daß die erwähnten Bemühungen von seiten des Hauses Schönborn bestanden und seit der Wahl von Johann Philipp Franz zum Domprobst verstärkt auf die Würzburger Kathedralkirche gerichtet wurden. Walter Jürgen Hofmann betont zu Recht diese Zusammenhänge in seiner Untersuchung über die Schönbornkapelle und die Formierung der Architektur Neumanns 1982.

Der dritte Aspekt wurde hauptsächlich von Max H. v. Freeden in seiner Würzburger Dissertation 1937 beleuchtet und untersucht. Der Titel dieses Buches, das 1978 eine zweite Auflage erfuhr, lautet: »Balthasar Neumann als Stadtbaumeister«. Neumann, der 1715 an der Erarbeitung eines Würzburger Stadtplans mitgewirkt hatte, verfaßte nämlich eine Denkschrift, in welcher er am 19. Juni 1720 Vorschläge machte, »wie ein und das andere zur zierde der hf. residenz statt nach und nach einzurichten« wäre. Das in Abschrift erhaltene Projekt im Stadtarchiv trägt zwar keinen Namen, v. Freeden hat aber mit ausreichender Deutlichkeit zeigen können, daß der Verfasser niemand anderer als der damalige Ingenieurleutnant Neumann sein muß. Der sechste von den acht Punkten nennt die Domfassade, die »nach dem bereits producirten project gebauet« werden könne, und der vierte und fünfte Punkt schlägt eine Begradigung und Erweiterung der Domstraße in der Weise vor, daß vor die gleichmäßigen neuen Hausfronten 24 Laternen gesetzt werden sollten, die von den Hausbesitzern zu warten und mit Öl zu versehen seien, wofür es Steuernachlässe geben sollte. An die Spitze stellt der Verfasser zwei Punkte, die auch den westlichen Abschluß des Residenzplatzes betreffen. Es sollte eine Allee von Kastanien gesetzt werden, die rund um die Altstadt, vom Ochsentor bis zum Stephanstor (d. h. also bei der Stephanskirche) einen »Spaziergang« formieren und in den fürstbischöflichen Residenzgarten abzweigen sollten, »und von dar auf den Wall . . ., wo ebenfalls eine Allee von orphen und welschen Nußbaumen fortzupflanzen wäre, mithin der Spaziergang Von dem ochsenthor biß in den Residentz garten und von dar biß an das bleicher thor unter eine(r) Grüne könnte genomen werden . . .«

Und als zusätzlicher zweiter Punkt wird ergänzend vorgeschlagen, die alten Gräben entlang der inneren Stadtmauer mit Wasser zu füllen und die Stadt zu veranlassen, diese alte Stadtmauer neu zu verputzen und auf der Krone mit »steinernen pollustern (Balustraden) und Statuen besetzten« zu lassen. Auch wenn die letztgenannte Maßnahme dem ganzen »Spaziergang« zunutze gewesen wäre, so steht doch fest, daß eine solche Neuregelung besonders am Rennweg vis-à-vis der neu zu erbauenden Residenz besonders willkommen sein müßte.

Die Bedeutung dieser Denkschrift für unser Verständnis einer Vorgeschichte des Residenzbaues am Rennweg besteht in dem Nachweis einer städtebaulichen Aktivität Neumanns, die offensichtlich die Kenntnis des Domfassadenprojekts voraussetzt, dessen Verwirklichung mit der modernen Ausgestaltung der Domstraße unterstützen will und zu einem Zeitpunkt vorgelegt wird, als mit der am 22. Mai erfolgten Grundsteinlegung der Residenz eine neue Phase der »Schönborn-Planungen« in großem Maßstab begann. Der letzte Punkt ist wichtig. Johann Philipp Franz hatte nämlich »einen Schatz gefunden«, wie sich der Mainzer Onkel witzig ausdrückte. Er konnte als Ergebnis erfolgreicher Prozesse Sühnegelder wegen Unterschlagungen und Veruntreuungen in der Staatsregierung Würzburgs insgesamt in Höhe von 600 000 fl. kassieren. Das muß Anfang 1720 geschehen sein und erlaubte es allen Schönbornschen »Baudirigierungsgöttern«, jetzt auf großem Fuß zu planen und dem Bauherrn selbst mit erheblich besseren Finanzmitteln an seinen Projekten fortzuarbeiten. Als ein sichtbares Ergebnis dieses neuen Maßstabes sehen wir am Rennweg die Residenzplanung nun in den heutigen Ausmaßen von ca. 160 mal 90 Metern begonnen und die Planung der »Totenkapelle« am Dom in ihr konkretes Stadium überführt. Im Jahre 1721 wurde mit ihrem Bau anstelle der nun beseitigten Crispinkapelle begonnen. Das Interesse an dem Fassadenprojekt des Domes scheint dagegen abgenommen zu haben. Obwohl die Domstraße in dem von Neumann vorgesehenen Maße hergestellt und der Brückenturm eingelegt wurde, die städtebaulichen Maßnahmen für eine wirkungsvolle Erscheinung der neuen Fassade tatsächlich durchgeführt wurden, hören wir nichts mehr von dem Fassadenprojekt aus den Jahren 1717–1719. Man wird darin die Bestätigung dafür erkennen dürfen, daß das Domfassadenprojekt noch im Rahmen der üblichen Stiftungen oder Förderungsmaßnahmen von Mitgliedern des Domkapitels zu sehen ist, daß es aber für die Baupolitik des Landesfürsten dagegen keine Rolle mehr spielte. Vielmehr rückte Johann Philipp Franz neben Residenz- und Kapellenbau die Fortifikation als Aufgabe in den Vordergrund und verfolgte sie so energisch, daß sein Mainzer Onkel die Sorge äußerte, es könnte damit die Unzufriedenheit der Bevölkerung geschürt werden.

Alles, was wir von den Schönborn-Projekten im Vorfeld des Neubaues der Residenz erfahren, paßt durchaus in den Rahmen der nach französischem Muster auch bei den deutschen Reichsfürsten üblich gewordenen Politik absolutistischer Observanz. Der Ruhm des absolutistischen Fürsten stützt sich auf zwei Dinge: auf kriegerische Erfolge und auf Zahl, Größe und Pracht seiner baulichen Maßnahmen. Der viel zitierte »Bauwurmb« auch der Schönborn hatte einen staatspolitischen und einen wirtschaftspolitischen Kopf, denn eine Baupolitik solchen Ausmaßes belebte natürlich die Konjunktur und gab zudem Anlaß, Handwerk und Gewerbe blühen zu lassen. Zugunsten dieser Bautätigkeit entstand eine besondere Form der bildlichen Propaganda, auch dies ein Zweig merkantilistischer Wirtschaftslenkung nach französischem Vorbild. Gezeichnet und in Kupferstichen vervielfältigt wurden nicht nur bestehende Bauten, sondern in allererster Linie »Projekte«, »Planungen«. Der Austausch solcher baupolitischen Absichtserklärungen war äußerst rege und auch nicht während der so häufigen Kriege unterbunden. Die internationale Kommunikation in den europäischen Kunststätten des 17. und 18. Jahrhunderts in Italien wie Rom, Turin, Florenz und Venedig, in der Königsstadt Paris und London und im kaiserlichen Wien sorgte dafür, daß die Ideen, »Concepter« und »castelli in aria« so schnell wie möglich bekannt wurden. Freilich hat eine solche Propaganda principum, die von talentierten und zielbewußten Männern als Architekten und Bauberater kräftig unterstützt wurde, keineswegs strengen dokumentarischen Charakter. Auch die uns bekannt gewordenen Schönbornprojekte im Vorfeld des Residenzbaus in Würzburg sollten nicht als eine einzige »Schöpfung« mißverstanden werden, die in einem bestimmten Moment oder gar im Kopfe des jungen Neumann entstanden ist. Vielmehr sind diese Projekte übliche Äußerungen fürstlichen Selbstverständnisses und bestimmter Hausmachtpolitik, die sich akkumulieren und oft genug den Charakter des Spiels annehmen. Vieles kennenzulernen, um daraus das Beste zu machen, was vielleicht eine noch gar nicht existierende Variation darstellt – das war es, was den Lebensnerv solcher Praktiken gebildet hat. Nicht umsonst wird 1720 davon gesprochen, daß der Würzburger Bauherr sein Residenzprojekt nach zehn europäischen Hauptstädten, d. h. Fürstenhöfen, versandt hat mit der Einladung zu Konkurrenzentwürfen, darunter Rom, Turin, Paris. Über Reaktionen ist heute nichts mehr bekannt, solche deshalb überhaupt ausschließen zu wollen, wäre aber nicht gerechtfertigt.

Glücklicherweise existiert ein Bilddokument, das uns von den beiden wichtigsten »Schönborn-Projekten«

eine lebhafte Vorstellung gibt, und zwar aufgrund einer Zeichnung von Balthasar Neumann. Gemeint ist das etwa 120 mal 151 Zentimeter große Thesenblatt, mit dem Franz Wilhelm Freiherr von Reitzenstein zu der Disputation seiner Doktorthesen an der Universität Würzburg am 3. 7. 1723 einlud. Johann Salver stach die Darstellung auf drei Kupferplatten. Die Thesen, die in großen Kartuschen auf dem Stich zu lesen sind, bilden zwar den Anlaß dieses Thesenblattes, aber nur einen geringen Teil der Darstellung. Die Aufschrift am unteren mittleren Bildrand: »Neumann del.« nennt uns den Autor der Stichvorzeichnung, soweit sie bildlich ist. Ein opulentes, von Säulenquadrupeln links und rechts begrenztes und bühnenmäßig ausgestattetes Schaugerüst gibt den Blick zwischen aufgezogenen Vorhängen frei auf die Ansicht der befestigten Residenzstadt Würzburg in bequemer Draufsicht, gesehen etwa vom Süden. Darüber halten Putten im Beisein von Merkur einen ovalen »Clipeus«, d. h. das Medaillonbildnis des regierenden Schönbornfürsten, hoch. An den kannellierten Säulen sind links und rechts je drei runde Bilder angeheftet mit Darstellungen des neuen Lesesaales der Universität, der Residenz, des Stadtgrundrisses, der Schönbornkapelle außen und innen und des Grundrisses der Festung Königshofen auf dem Grabfelde. Auch die querrechteckigen Postamente der Säulen tragen bildliche Darstellungen, und zwar wiederum der Residenz. Links wird eine Ansicht der Stadtfront, rechts die Situation einschließlich der Befestigungen, des Vorplatzes und des Marstalls- und Versorgungsbaues gezeigt.

Natürlich erblickt man auch auf der Stadtansicht die Residenz. Auf ihrem Vorplatz stehen zwei Brunnen vor den Zwillingsbauten. Im Süden ist der erwähnte Marstall- und Versorgungsbau als eine nur einstöckige weitausgreifende Vierkantanlage mit fünf Binnenhöfen zu sehen. Die Plangestalt des Schlosses entspricht der Ansicht auf dem linken mittleren Medaillon. Selbstverständlich wird das Schloß, dessen Bau damals gerade begonnen und über den westlichen Teil des nördlichen Zwillingspalastes nicht hinausgediehen war, bereits als ein »fertiges« gezeigt – fünfmal insgesamt! –, und zwar in dem Planungsstadium von zirka 1722, also vor der Paris-Reise Neumanns. Davon macht die Ansicht der Stadtfront links unten eine Ausnahme. Denn sie enthält, wie Pfister meinte, schon Merkmale der Projektkritik von Robert De Cotte in Paris. Neumann hat demnach seine Zeichnung wenigstens in der einen Darstellung aktualisiert, nicht aber durch Hinzunahme eines der Fassadenprojekte De Cottes, sondern in Gestalt einer eigenen Variation davon. In unserem Zusammenhang geht es aber nicht um eine genauere Analyse der jeweils dargestellten Planungsgestalt der Residenz, sondern um den von Neumann geschaffenen bildlichen Zusammenhang von Stadt und Residenz, von Residenz und Schönbornkapelle als das »zweite Gesicht« von Würzburg, wie W. J. Hofmann zutreffend formulierte.

Die Pläne und Schriftquellen

Unsere Kenntnis der Würzburger Residenzplanung beruht auf einer ungewöhnlich großen Zahl von zeichnerischen Entwürfen oder Plänen für diesen Schloßbau und auf einer noch größeren Anzahl an Briefen und anderen Schriftquellen, in denen die Planung und Entstehung der Residenz im Kreise der Bauherren, Bauberater, des Architekten Neumann und der anderen herangezogenen Baumeister und Kavaliersarchitekten kommentiert wird. Das alles betrifft nicht nur die Zeit vor der Grundsteinlegung am 22. Mai 1720, sondern auch die späteren Jahre bis zum Abschluß des Rohbaus im Dezember 1744 und sogar darüber hinaus. Das Überlieferte bildet keine strikte und vor allem: keine vollständige Einheit, d. h., wir verfügen bei sehr wichtigen planerischen oder sogar baukünstlerischen Entscheidungen entweder nur über zeichnerische Spuren derselben oder aber nur über schriftliche Äußerungen dazu. Diese sind jedoch immer tendenziöse, insofern nämlich, als beim Schreiber und beim Empfänger solcher Briefe neben dem Mitgeteilten auch vieles andere stillschweigend vorausgesetzt wird und schon das Mitgeteilte nach bestimmten, nicht immer erkennbaren Intentionen gefaßt wird.

Mit anderen Worten: Auch bei dem zahlenmäßig so reichen Fundus an Schrift- und Bildquellen zur Entstehungsgeschichte der Würzburger Residenz besteht die typische Schwierigkeit kunstgeschichtlicher Ursachenforschung: Entwürfe und Schriftdokumente ergänzen einander keineswegs lückenlos, ja nicht einmal in einem rationalen Verhältnis und erfordern deshalb unsere Interpretation. Dieses Material spricht nicht »von selbst«, wie oft treuherzig oder auch dreist angenommen wird, sondern muß kunsthistorisch gedeutet werden, bevor es als Instrument eines vertieften Verständnisses der bestehenden Residenzarchitektur die Dienste tun kann, die man allseits von ihm erwartet. Von solchen Deutungen sind diejenigen als wirklich belehrend oder vorbildlich, weiterführend und grundlegend anzusehen, die nicht versuchen, die inhärente Problematik des Bestandes hinter einer flüssigen Erzählung des Planungsverlaufes zu verstecken, wie das leider oft in dem Residenzwerk der Fall ist, sondern diejenigen, die uns (bei und durch ihre Interpretation) die Problematik der Quellen zum Bewußtsein bringen und uns deshalb auch befähigen, selbst urteilend mit dem Stoff umzugehen, die Interpretation exemplarisch zu nehmen für unsere eigene Kritik.

Das war zweifellos bei der ersten Untersuchung dieses Materials durch Georg Eckert 1917 der Fall gewesen. Obwohl er noch nicht alle wichtigen Entwürfe kannte, weil diese erst 1926 aufgefunden wurden, hat er doch mit dem aus seinem Familienbesitz stammenden Entwurfsmaterial verantwortlich gearbeitet. Er hat die damals noch im Original bekannten Schriftquellen, besonders in der Korrespondenz Neumanns mit seinen beiden Bauherrn, sachgerecht verwertet und – was besonderer Hervorhebung bedarf – den Entwurfsvorgang als einen baumeisterlichen aufgefaßt und so auch konkret erörtert. Verglichen mit solchen Vorteilen erscheint die ästhetische Befangenheit oder die noch mangelnde Übersicht über die übrigen Neumannentwürfe, z. B. für die kirchliche Architektur, leicht zu verschmerzen.

Anders liegen die Dinge bei der Planungsgeschichte, die Richard Sedlmaier und Rudolf Pfister in dem genannten Monumentalwerk über die Würzburger Residenz 1923 gegeben haben. Das unbestreitbare Verdienst liegt in der nun übersichtlich, nämlich in Tabellenform (S. 262–266) nachgewiesenen Aufzählung der damals bekannten Entwurfszeichnungen und Bildquellen zur Planungs- und Baugeschichte des Schlosses und ihrer Verwertung für die Erzählung der ermittelten Planungsgeschichte; ferner in der schärferen Herausarbeitung des aus Mainz stammenden, am 20. Februar 1720 von Maximilian von Welsch und dem Freiherrn von Erthal in Würzburg vorgelegten Projektes, seiner Bedingungen und seiner Schicksale. Offensichtlich ist es auch, daß jetzt für die gezogenen Schlußfolgerungen, besonders über die Autorschaft der einzelnen Planstadien oder Planideen, die Briefe und Schriftquellen das meiste Interesse finden. Die Erzählung der Planungsgeschichte hat zwar erheblich an Spannung gegenüber der trockenen Analyse des Festgestellten bei Eckert gewonnen, aber diesem literaturgeschichtlichen Plus steht doch als erhebliches Minus der Mangel an Kriterien entgegen, die aus dem Planbestand selbst gewonnen und im Vergleich auch gesichert sind.

Einen sehr wertvollen Beitrag gerade in diesem Punkte, nämlich in der baumeisterlichen Kritik wichtiger Momente der Entwürfe, verdanken wir Adolf Zeller. Er veröffentlichte in der Zeitschrift für Bauwesen 1928 einige wichtige Beobachtungen und brauchbare Folgerungen anhand von Entwürfen und Plänen, die anläßlich des Deutschen Tages der Denkmalpflege in der Würzburger Residenz im Sommer 1921 zu sehen waren. Nach der Veröffentlichung der 1926 gefundenen Pläne und Zeichnungen Neumanns, seines Büros und zeitgenössischer Projekte der mainfränkischen und deutschen Barockarchitektur durch Wolfgang Herrmann 1928 und nach der Neumann-Ausstellung 1953 in Würzburg begann die Zeit der Zusammenfassung und Dokumentation. – Soviel zum Grundsätzlichen und zur Verarbeitung des Stoffes in der Fachliteratur. Wir geben einen kurzen Überblick über die Bestände und ihre Katalogisierung.

Den Löwenanteil der Entwürfe und Pläne, die sich auf die Entstehung von Schloß, Garten und Trabantenbauten der Würzburger Residenz beziehen, stellte die sogenannte Sammlung Eckert in Würzburg. Die 424 Blatt Zeichnungen dieses Bestandes kaufte die Stadt Würzburg 1911 von dem Baumeister Georg Eckert und deponierte sie im Luitpoldmuseum der Stadt, wo viele Zeichnungen in der Bombennacht vom 16./17. März 1945 verbrannten. Unter den so zerstörten 250 Zeichnungen waren auch fast alle Entwürfe für den Residenzbau. Damals verbrannte auch das sogenannte Skizzenbuch der Sammlung Eckert mit wichtigen Entwürfen zur Ausstattung der Residenz, besonders für die Altäre der Hofkirche und deren Dekoration. Nicht von allen verlorenen Zeichnungen existieren noch Fotografien.

Joachim Hotz dokumentierte den gesamten Bestand dieser Sammlung Eckert mitsamt den Nachweisen über Verluste und über noch bestehende Fotografien in seinem leider nicht illustrierten, aber genau beschreibenden Planverzeichnis 1965. Dort gibt der Verfasser auch in den Anmerkungen 54–57 und 74 Aufschluß über vereinzelte Bildquellen zur Entstehungsgeschichte der Residenz in Bamberg, Darmstadt, Frankfurt, Koblenz, München, Stuttgart und Würzburg. In unserem Buch zitieren wir die Zeichnungen der Sammlung unter dem Sigel SE mit der arabischen und römischen (diese für das Skizzenbuch) Plannummer und dem Zeichen + in den Fällen, wo das Original verbrannt ist.

1926 kaufte die Berliner Kunstbibliothek einen größeren Bestand an Plänen der Neumann-Zeit, darunter auch 52 Blatt zur Entstehungsgeschichte der Residenz. Wolfgang Herrmann publizierte das Material überschlägig 1928. Der Bestand überdauerte heil die Katastrophe des Zweiten Weltkrieges. Hans Reuther schrieb den kritischen Katalog dieser Berliner Zeichnungen 1979, die in diesem Buch mit dem Sigel Hdz und der Berliner Plannummer genannt werden.

Beide, der Würzburger und der Berliner Bestand, stammen aus dem 1804 in Würzburg versteigerten Nachlaß von Neumanns Sohn, Franz Ignaz Michael. Wie das Verzeichnis der Versteigerung beweist, ist aus dem Konvolut der Zeichnungen zur Residenz mehreres verloren oder in andere Hände gegangen. Teilweise auch für die Ausstattung der Residenz von Interesse ist das 1912 erstmals gesichtete »sogenannte Skizzenbuch Balthasar Neumanns« in der Würzburger Universitätsbibliothek, das kürzlich von Joachim Hotz (1980) die längst fällige kritische Edition erfahren hat. Es handelt sich um einen 1953 auseinandergenommenen Klebeband mit 157 Folioseiten, auf die in teilweise barbarischer Fragmentierung ziemlich wahllos Zeichnungsfetzen mit Entwürfen oder Darstellungen zur Ausstattungsgeschichte von Würzburgischen Barockbauten der Zeit Neumanns eingeklebt waren. Wir zitieren dieses Material unter dem Sigel Delin III und der von Hotz gegebenen Nummer. Der bis 1923 unbeachtete Zeichnungsbestand zur Residenzplanung in dem Nachlaß des französischen Architekten Robert De Cotte befindet sich heute in dem Cabinet des Estampes der französischen Nationalbibliothek unter den Nummern 1194, 1195, 1196 und 1197. Es handelt sich vornehmlich um Bleikorrekturen auf den De Cotte vorgelegten Grundrißkopien der Würzburger Residenzplanung aus dem Jahre 1723. Wir erwähnen diese Blätter unter der Bezeichnung De-Cotte-Nachlaß mit Nummer.

Zahlreich sind Bauaufnahmen sehr verschiedener Genauigkeit und Entstehungszeit, die nach Vollendung des Rohbaues 1744 von dem Residenzschloß in Würzburg angefertigt wurden. Sie finden sich in verschiedenen Sammlungen, natürlich der Sammlung Eckert und in der Berliner Kunstbibliothek, in Bamberg wie auch im Hauptstaatsarchiv in München. Diese Blätter, die einmal auch aus nicht ersichtlichen Gründen Gegenstand von aufwendigen Publikationen geworden sind, brauchen hier nicht genauer verzeichnet zu werden, sie sind den bildlichen Darstellungen der Würzburger Residenz gleichzustellen, die als Stiche oder Zeichnungen bis in unsere Zeit entstanden.

Das Erste Projekt (Fig. 28–32)

Das überlieferte Planmaterial »spricht von selbst« nicht. Wir beurteilen es, indem wir bestimmte Fragen daran richten. Die Fragen gewinnen wir aus der bestehenden Baugestalt, als einem konkreten und baukünstlerisch überzeugenden, seinem Rang nach bedeutenden Werk der spätbarocken Architektur. Nur so ist zu erwarten, daß wir durch das Studium der Pläne und Zeichnungen, das vielen Interessierten an der Würzburger Residenz wenig geläufig ist, unsere Anschauung von dem Bauwerk ergänzen und auch vertiefen. Unsere erste Frage lautet: Wann taucht der Grundgedanke des Zwillingsbaus in der Residenzplanung auf? Die Antwort lautet: im ersten Projekt.

Als »Erstes Projekt« nach der Aufgabe der Absicht, das bestehende Rennwegschlößchen durch Um- oder

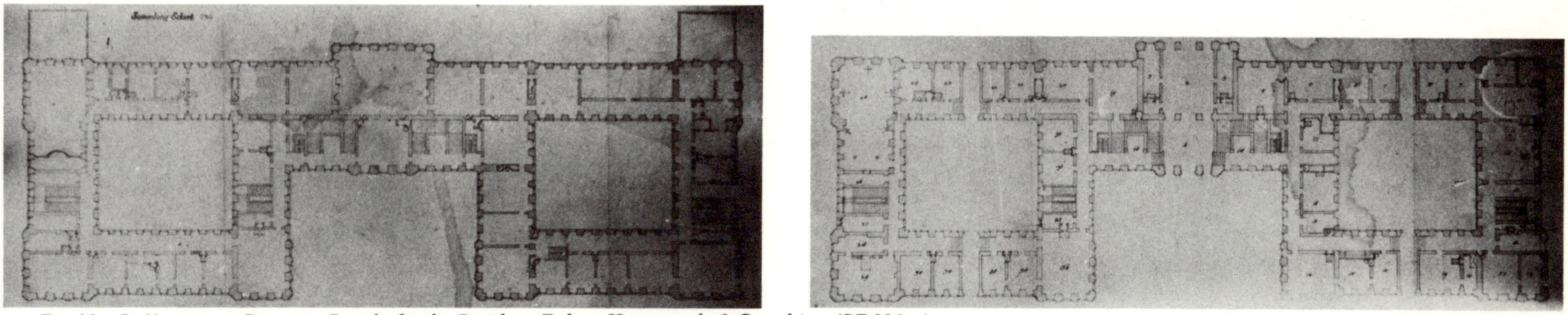

Fig. 28 B. Neumann: Das erste Projekt für die Residenz Erd- u. Hauptgeschoß-Grundrisse (SE 286+)

Anbauten für die neue Hofhaltung in der Stadt zu nutzen, wird ohne Ausnahme seit 1917 der Plan der Sammlung Eckert SE 286+, der leider 1945 verbrannte, bezeichnet. Die grau getuschte Federzeichnung über einer mit Lineal vorgerissenen Zeichnung war nicht bezeichnet, trug die alte Nummer 37 und enthielt übereinandergezeichnet die Grundrisse für das Erdgeschoß und für die Beletage der geplanten Residenz. Die Lage des Neubaues ist ersichtlich aus den parallelen Strichen, die jeweils am südlichen der Zwillingsbauten ansetzen, und zwar in einer Weise, die entweder auf eine direkte Verbindung mit dem bestehenden Kammerbau hindeutet oder zugunsten einer genauen Lagebezeichnung aufzufassen ist. Im letzteren Fall würden die Strichpaare wohl die Richtung angeben, in der sich der Kammerbau erstreckt. Im ersteren, den wir für wahrscheinlicher halten, würden die Linien eine direkte bauliche Verbindung mit dem Kammerbau oder das Anschließen des Kammerbaus zeigen. Der Plan trägt unten links einen Maßstab in Schuh, der zwar meistens gar nicht abgebildet wird, aber auf den besseren Fotos und ebenso auf der Abbildung bei Eckert, Tafel 2, klar erkennbar ist. Er erlaubt es, die beabsichtigte Größe dieses Schlosses genau zu ermitteln, das – wie gezeigt – ungefähr in der selben Weise ausgerichtet war wie der ehemals bestehende Greiffenklauhof.

Die zutreffende Bestimmung und auch die richtige Beurteilung dieses Plans gab Georg Eckert 1917. Richtig bezeichnete er den Entwurf als »Erste Fassung des Residenzplanes«. Denn es handelt sich nicht bloß um den ersten, d. h. den frühesten der uns bekannten Entwürfe für einen Residenzneubau auf dem Rennweg, der dann, durch andere ersetzt, mit der endgültigen Baugestalt des Schlosses, wie sie heute besteht, nichts oder nichts Wesentliches gemein hat, sondern um die erste Fassung der baulichen und auch baukünstlerischen Hauptsachen der Residenzplanung, die in diesem Entwurf erstmals auftauchen, und auch heute noch an der errichteten Architektur der Residenz als maßgebend erkannt werden können.

Drei bauliche Hauptsachen sind zu nennen: die »Brillenform« des Grundrisses, die mit der Ausführung fast schon identischen Ausmaße, vor allem die Breite der Zwillingsbauten an der Stadtfront von je 200 Fuß – während der Ehrenhof zwischen ihnen noch 145, nicht wie später 150 oder 155 Fuß beträgt – und drittens die Konzeption der Außengliederung in der uns von der ausgeführten Schloßarchitektur bekannten Rhythmisierung. Bei Beachtung dieser Außengliederung ergibt sich übrigens als ein weiterer Punkt eine sehr interessante Unterscheidung von äußeren Eckpavillons und inneren bei den Zwillingsbauten, die zwar später fortgefallen ist, aber ein zusätzliches Argument für das Besondere der »Brillenform« darstellt. Wir erläutern das Festgestellte kurz:

Die »Brillenform« ist manifest. Sie entsteht durch die Ausbildung der nördlichen und südlichen Blöcke als Vierkant um Binnenhöfe, deren Tiefe zur Breite sich wie $1:\sqrt{2}$ verhält, nämlich wie 82:100 Fuß. Hier muß man die Auffassung von Eckert anführen, die zwar wörtlich falsch genannt werden kann, die aber doch schon ein Verständnis der besonderen, nämlich zusammengesetzten Grundkonzeption dieses Entwurfes anzunehmen erlaubt. Eckert schreibt: »Aus drei großen Baumassen setzt sich ein einheitliches Ganzes zusammen, das bereits die Grundzüge des heutigen Baues erkennen läßt. Interessant ist, wie dabei zwei Typen des Schloßbaues in eigenartiger Weise verschmolzen sind, nämlich die geschlossene Anlage um einen rechteckigen Hof mit Betonung der vier Ecken, wie sie sich aus den befestigten Schlössern mit umgebenden Wassergräben entwickelt hat und die dreiseitige Bebauung um einen rechteckigen Hof, wie sie in Frankreich in Weiterentwicklung des erstgenannten Typus herausgebildet wurde« (S. 25 f.). Falsch an dieser genetischen Interpretation der eigentümlichen »Brillenform« des Entwurfs ist zwar der Versuch, das zweite Aufbauelement neben dem als Vierkant konzipierten Zwillingsbau als Triklinienanlage anzusehen. Denn die Verdoppelung des Vierkants entzieht der Mitte die Möglichkeit, als Triklinienanlage aufzutreten und reduziert sie auf das, was wir gerade in diesem Ersten Projekt mit aller Deutlichkeit auch vor uns sehen, nämlich auf einen Saalbau, der zwischen die beiden Zwillingsbauten dergestalt eingebaut wird, daß davor der dritte, diesmal aber offene Hof entsteht, der Ehrenhof wie man sagt. Liselotte Andersen hat, ohne Eckert zu nennen, von diesem leider die unglückliche genetische Erklärung übernommen, und man kann bei Andersen sehen, zu welchen Divergenzen mit dem Inhalt Eckerts falsch formulierte Erklärungen führen können. Aber dennoch muß man darauf bestehen, daß Eckert die Hauptsache richtig erkannte und vor allem, daß er ganz zutreffend behauptet habe, mit diesem Ersten Projekt sei schon für die ausgeführte Gestalt der entscheidende Schritt in der Gesamtkonzeption getan worden. Demgegenüber muß die Beurteilung des Ersten Projektes bei Sedlmaier-Pfister als unzureichend bezeichnet werden. Und zwar auch in demjenigen Punkt, den die beiden Autoren anerkennen, nämlich die erheblichen Ausmaße, die mit 545 Schuh Gesamtlänge (bei allerdings nur 180 Schuh Tiefe) dem heutigen Bau ganz nahe kommen.

Diese Ausmaße sind der zweite wichtige Sachverhalt, welcher das Erste Projekt gleichsam unterirdisch mit dem ausgeführten Schloßbau verbindet und zeigt, daß die Verdoppelung des Hofgevierts und die Konzeption der Gesamthöhe Hand in Hand miteinander gegangen sind. Sedlmaier-Pfister haben die Ausmaße des Ersten Projekts in ihrer Anmerkung 22 ungerechtfertigt bagatellisiert, indem sie darauf hinweisen, daß die Länge wegen des Rosenbachhofes und wegen der Ausrichtung auf die Bastionsspitze durch äußere Umstände begrenzt war. Aber diese Bemerkung enthält nur die Binsenweisheit, daß das Schloß nach dem Ersten Projekt nicht *noch länger* hätte sein können, sagt aber gar nichts zu dem erstaunlichen Faktum, *daß* es bereits fast so lang sein sollte wie später auch! Und ferner: Die gemachte Voraussetzung, daß das Erste Projekt schon unter dem Richtungsdiktat der Bastionsspitze gestanden hat, ist sicher dann falsch, wenn man die erwähnten Parallelstriche als gleichzeitige Angaben auf SE 286+ einschätzt und nicht als spätere Striche von bösen Buben. Das erstere aber ist anzunehmen. Denn der Plan SE 286+ an der betreffenden Stelle zeigt keine Fenster, weder im Erdgeschoß noch in der Beletage. Es bleibt also dabei, daß das Erste Projekt höchstwahrscheinlich vor dem Dezember 1719 entstanden ist, daß die gewählten Abmessungen noch nicht die Lage des heutigen Schlosses voraussetzen, sondern noch in der Richtung des Rennwegschlößchens zu denken sind, so daß der bestehende Kammerbau daran anstoßen sollte unter dem durch die parallelen Striche angegebenen Winkel.

Die dritte grundsätzliche Übereinstimmung mit der ausgeführten Architektur der Residenz beruht in der Gliederung vermittels der Fenster- und der Säulenordnung. In den beiden Binnenhöfen ist eine Gliederung durch die Pilasterordnung nicht vorgesehen. Außen finden wir bereits das heutige System vollkommen ausgebildet, soweit die Zwillingsbauten in Betracht kommen: Eckpavillonbauten mit je dreiachsigen Risaliten an den beiden Fronten, und zwar im Wechsel von Pilaster- und Fensterordnung, während dazwischen die Flügel als Rücklagen auftreten und nur durch die Fenster und die Einfahrten ihre Ordnung erhalten. Nord- und Südbau besitzen je neunachsige Rücklagen; hier sind also die Fenster bedeutend enger gereiht als am ausgeführten Bau, denn die Gesamtlänge der Stadtfront jedes Zwillingsbaues ist ja im großen gleich geblieben. An der Nord- und Südflanke des Zwillingsbaues finden sich bereits die siebenachsigen Rücklagen wie später, nur daß selbstverständlich alles fehlt, was mit der Verdoppelung der Binnenhöfe in Nord- und Südtrakt dann eingetreten ist, so z. B. die Kuppelrotunden.

Jetzt ist es nötig, die besondere Ausbildung der Eckpavillons an den Zwillingsbauten näher zu beachten. Sie sind nicht gleich groß. Wegen der stärkeren Risalitbildung sind die äußeren Pavillonbauten nämlich faktisch größer als die inneren, d. h. als jenes Paar, das am Eingang des Ehrenhofes stehen soll. Das ist auch an der Gartenfront bei den Kantenpavillons der Fall. Es fehlen zwar die inneren Pavillons, aber sie sind, wie schon Eckert bemerkt hat, angedeutet durch einen entsprechenden »Risalto«, einen Vor-Sprung also, der dann nicht mehr zurückgenommen wird und bis an den einachsig kräftig hervorragenden Saalbau reicht.

Beides, die verschiedene Ausbildung der Kantenpavillons und der vom Standpunkt einer Gliederung »parlante« intelligente Vorsprung der Gartenfront mit je sechs Achsen zu seiten des Mittelsaals, sind handfeste Beweise dafür, daß die Idee des Zwillingsschlosses im Ersten Projekt nicht eine Assoziation unsererseits ist, sondern ein Baugedanke des Entwerfers, und zwar mit Konsequenzen, die uns auf das Wesen dieser Konzeption hinweisen.

Das Bindeglied zwischen den beiden Zwillingsbauten bildet der Saalbau. Er ist als Saalbrücke über einer breiten Durchfahrt konzipiert und ragt aus der Gartenfront als kräftiger Mittelpavillon mit je einer Fensterachse heraus. An der Stadtfront sind links und rechts der Durchfahrt die rechtwinkelig gebrochenen Podesttreppen dergestalt angeordnet, daß sie von einem Korridor zugänglich sind. An dieser Stelle bemerkt man ebenso wie bei den gleichartig angelegten Gangmündungen zuseiten der Einfahrten in die Seitenhöfe, daß das Schloß nach dieser Konzeption auf ein beträchtlich aus dem Boden herausragendes Kellergeschoß aufgesetzt zu denken ist, denn nur so lassen sich die kurzen Treppen erklären, die links und rechts der Durchfahrt zu den Erdgeschoßgängen hinaufführen. Seitlich des Großen Saales liegen zwei vollständige Appartements, deren Türen nach der Stadtseite so angebracht sind, daß sie mit den seitlichen Korridoren eine Enfilade bilden. Im Erdgeschoß sind die Appartements, mit welchen das Corps de Logis in die Zwillingsbauten auf der Gartenseite eingreift, so bemessen, daß ihre Größe zum Saal hin zunimmt, wie man bei den Zimmern der Nummern 1–7 und 24–19 feststellen kann. Eine Raumschleuse, vielleicht eine Retirade, ist so geschickt da-

Fig. 29 J. B. Fischer von Erlach: Prinz-Eugen-Stadtpalast, Fassade (Würzburg, Univ. Bibl. Delin III)

zwischen angelegt, daß sie den breiten Mauerpfeiler an der Gartenseite nutzen kann, der in Analogie zu den inneren Kantenpavillonbauten der Stadtseite angebracht ist. Auffällig sind die beiden nur im Hauptgeschoß vor die äußeren Kantenpavillons der Gartenfront gesetzten, ziemlich geräumigen Altanen. Sie werden nur mit Hilfe der Korrespondenz verständlich: Gemeint sind Balkonbrücken über eine öffentliche Straße oder einen öffentlichen Weg, der an der Gartenfront vorbeiführte und den Johann Philipp nicht aufzugeben gedachte, trotz der massiven Kritik seines Onkels und der Architekten von Welsch und Erthal im Februar und März 1720. Die Hofkirche liegt an der Nordseite, und zwar als ein etwa quadratischer Kapellensaal von drei mal drei Fensterachsen mit abgerundeten Ecken, dem eine eingezogene, ebenfalls dreiachsige Herrschaftskirche mit der Empore für den Fürsten angeschlossen ist. Die Hofkirche durchmißt die gesamte Höhe von Erd- und Hauptgeschoß, wie man sieht. Die Sakristei und einen Nebenraum vermuten wir im Erdgeschoß unter den Nummern 24 und 25. Küchen befinden sich im Nordwestpavillon für die Wache sowie in der Mitte der Südfront des südlichen Zwillingsbaues. Eine Galerie ist südlich an der Gartenfront der Beletage eingefügt. Interne Stiegen neben dem Haupttreppenpaar gibt es drei an vergleichbaren Stellen in den Zwillingsbauten. Die nur für das Erdgeschoß durchgeführte Bezifferung der Räume läßt darauf schließen, daß dieses Erste Projekt nicht weiterverfolgt wurde. Der Grund dafür ist in dem »Schatz« von 600 000 fl. zu erblicken, den der Bauherr um 1720 »gefunden hat« und der eine Erweiterung veranlaßte.

Es ist aber klar, daß die Erweiterung im Grunde nichts anderes war als eine solche des Ersten Projekts vermittels der Verdoppelung des Binnenhofes in jedem der beiden Zwillingsbauten. Das Erste Projekt darf deshalb füglich als die Keimzelle des heutigen Bauwerks angesehen werden. Mit diesem Plan war die Bauidee eines palastähnlichen Zwillingsschlosses in Verbindung mit einem mittleren Saalbau und dem Ehrenhof davor aufgetaucht. Diese Bauidee hat von jetzt ab die gesamte Entstehungszeit der Residenz überdauert und kommt in dem ausgeführten Bauwerk auf der Stadtseite auch mit lapidarer Deutlichkeit zum Ausdruck.

Sedlmaier-Pfister haben von diesem Ersten Entwurf gering gedacht und gesagt, er sei »ganz im Geiste des 17. Jahrhunderts«. Dies genetische Urteil war hauptsächlich mit Blick auf die räumliche Gliederung dieses Projekts ausgesprochen worden, die tatsächlich viel von der kargen, gleichsam heraldischen Symmetrie enthält, die sich sowohl in der oft spiegelbildlich entsprechenden Anordnung wie auch in dem Zuschnitt der Räume äußert. Es ist das jedoch nur die eine Seite der Medaille. Das Kommunikationssystem zum Beispiel ist wohl durchdacht. So wird im nördlichen Baublock der Gang an der Kapelle entlang fortgeführt, auch wenn er wegen der festgehaltenen Hofumrisse schmäler gemacht werden muß. Im südlichen Block der Beletage wird mittels eines Ganges der Zuschnitt einer Galerie erzielt. Deutlich wird die Unterscheidung zwischen Teilen im Innern des Schlosses, die mehr dem privaten Gebrauch dienen sollen, wie die Beletage im Süden, und anderen, die mehr für die Versorgung, wie die Küchen im Nordblock für die Wachen und im Südblock, gedacht sind und dementsprechend auch anders durch Gänge aufgeschlossen werden wie jene. Solche Unter-

Fig. 30 J. B. Fischer von Erlach: Die um 1691 entworfene Palastfassade Strattmann in Wien. Kupferstich v. Salomon Kleiner (Wiener Ansichten III, 28)

scheidungen sind aber doch der altväterlichen schematischen Symmetrie abgewonnen, sie werden mehr durch deren Variation erreicht als durch funktionale Konzeption der Räumlichkeiten selbst. Insofern besteht das Urteil von 1923 zu Recht. Ja, man muß noch mehr sagen. Das Urteil von Sedlmaier-Pfister rückt – unbeabsichtigt, wie man bemerkt – die Sonderstellung der Würzburger Residenz als Architektur ins Licht. Diese beruht nicht auf besonders avantgardistischen Zügen, sie ist auch tatsächlich mehr, als mancher wahrhaben will, in der altfränkischen Tradition verwurzelt und ist am besten verständlich, wenn man sie genetisch vom spätbarocken Palastbau her sieht. Das betrifft die Konzeption und die Außengliederung der beiden Zwillingsbauten, während die so wirkungssichere Bauidee ihrer Verdoppelung aus den besonderen örtlichen Bedingungen entstanden ist und wahrscheinlich mit Rücksicht auf eine bauliche Verwirklichung, wie sie dann tatsächlich auch stattgefunden hat, vom Bauherrn akzeptiert wurde.

Die Verwandtschaft mit dem modernen, dem spätbarocken Palastbau beruht in der Gesamtkonzeption als Vierkantbau mit großem Innenhof und der entsprechenden Ausrichtung durch eine Fassade, während die Flankenfronten entweder Fassaden zweiter Ordnung darstellen, wie im Norden und Süden des Schlosses, oder zugunsten der Eingangsfront des Saalbaues und einer Hervorhebung des Ehrenhofes zusätzliche Formen erhielten. Die Verwandtschaft drückt sich demgemäß anschaulich vor allem in der Außengliederung, und da besonders an der Stadtfront aus. Da wir den Aufriß des Ersten Projektes im einzelnen heute noch nicht kennen, müssen sich die vergleichenden Hinweise auf Allgemeines beschränken, nämlich auf die Verteilung von Fenster- und Säulenordnungsgliederung, auf die Kantenbetonung und auf die erkennbare Risalitbildung der Außenarchitektur.

Als Vergleich muß der Wiener Palastbau herangezogen werden. Der regelmäßige Wechsel von Fassadenteilen, die durch Fenster und Pilasterordnung gemeinsam gegliedert werden, mit anderen, die nur Fenster im Rahmen der gegebenen Proportionen zeigen, ist für die früheren Paläste Batthyani und Strattmann Johann Bernhard Fischers von Erlach kennzeichnend. Die Fassade des Palastes, den der Banus von Kroatien, Adam Graf von Batthyani, in der Wiener Renngasse ab 1700 erbauen ließ, führt uns diesen Wechsel in Gestalt der Mittenbetonung vor Augen, heute übrigens in einer Überarbeitung durch Lucas von Hildebrandt, der 1740 beim Verkauf des Palastes an Friedrich Carl von Schönborn als Unterhändler gewirkt hat. Durch diesen Besitzerwechsel erklären sich zwar Grundrisse und Fassadendetailzeichnungen im Bestand der Schönbornpläne, nicht aber der in unserem Zusammenhang wichtige Umstand, daß Lothar Franz von Schönborn in seinem Brief an Friedrich Carl in Wien am 8. Januar 1718 einen Fassadenriß des Batthyani-Palastes lobend erwähnt. Diese Stelle (Qu 544) beweist Interesse und auch Kenntnis von Fischers Palastfront im Umkreis der Würzburger Planung. Die Fischer-Fassade des Strattmann Palais' in Wien, die heute nicht mehr existiert, aber durch Stiche bekannt ist, führte zu einem frühen Zeitpunkt in Wien die Kantenbetonung in Gestalt zweiachsiger Risalite mit großer Pilasterordnung vor. Die fünfachsige Rücklage der Eingangsfront dazwischen war im Unterschied dazu geschoßweise mit Dop-

Fig. 31 D. Martinelli: Palastfassade Harrach in Wien auf der Freyung, ca. 1690. Kupferstich v. J. A. Delsenbad

pelpilastern über dem gebänderten Erdgeschoß geordnet. Die Pilaster der Kantenrisalite streckten sich über Voll- und Halbgeschoß, folgten also dem sogenannten »Schönbrunner System«, das Fischer seit dem Ersten Projekt für Schönbrunn, das 1689 entstanden ist, propagierte. Da bei diesem Gliederungssystem die Mezzaninfenster bis an den Architrav der großen Ordnung hinaufgeschoben sind, und zwar regelmäßig bei Fischer, entspricht das Schönbrunner System perfekt der Würzburger Residenzgliederung, die es allerdings zweimal übereinander als »vierteiligen Aufriß« (Rose) vorführt. Auch spätere Palastfronten Fischers zeigen die an Frühwerken aufgewiesenen Merkmale des Wechsels von Pilasterordnung und Fensterordnung, der Fensteranordnung im Sinne des »Schönbrunner Systems« und der Unterscheidung von gebändertem Erdgeschoß und verputzten oder glatt gemauerten Obergeschossen. Der seit 1710 vorbereitete, 1711–1712 begonnene Bau des Vorstadtgartenpalastes Trautson und die 1714 vollendete Fassade der ehemaligen Böhmischen Hofkanzlei in der Wipplingerstraße in Wien können als hervorragende Beispiele genannt werden. Gut mit der Würzburger Residenz vergleichbar sind auch die Fensterrahmungen der Böhmischen Hofkanzlei und der Sitz der Mezzaninfenster an dieser Front. Dieses Merkmal besaß schon die Pilastergliederung des Prinz-Eugen-Palais' in Wien, das als wohl auffälligstes Beispiel für das »Schönbrunner System« im Palastbau früh für die Verbreitung solcher rhythmischen Fensterordnung sorgte. Nachzeichnungen nach dieser Front finden sich auch in dem sogenannten Skizzenbuch Neumanns der Würzburger Universitätsbibliothek (Delin III, 11 r + v).

Es gibt jedoch neben den Palästen des älteren Fischer von Erlach in Wien noch einen Palast, der wenigstens mit Rücksicht auf die Kantenbetonung der Zwillingsbauten des Würzburger Residenzschlosses Erwähnung finden muß, nämlich die Fassade des Palais' Harrach auf der Freyung, die Domenico Martinelli vor 1690 entworfen hat. Die heutige Front wurde zwar überarbeitet, entspricht jedoch in dem einschlägigen Punkt sicher dem Ursprungskonzept, wie Stiche beweisen. Für Würzburg ist diese Fassade deshalb von großem Interesse, weil sie von der Front des Rosenbach-Stadionschen Stadthauses wiederholt wird, das zwischen 1699 und 1705 entstanden ist. Den Planverfasser kennen wir nicht. Gewöhnlich reiht man diesen Bau in die Schar derjenigen Architekturen Würzburgs ein, die Antonio Petrini oder seinem Kreis zugewiesen werden. Das ist als stilistisches Urteil plausibel mit Rücksicht auf die schematische und auch derbe Formensprache der Frontgliederung des Rosenbachschen Hofes. Über den Ursprung aber der so kennzeichnenden Fassadenkomposition mit zweiachsigen Kantenrisaliten plus Giebel sagt es nichts aus. Es gibt sogar noch einen Würzburger Bau der Petrini-Gruppe, nämlich das Hauger Kapitelhaus neben der Stiftskirche (1699–1703), an dem wiederum eine ähnliche Betonung der Kanten zu sehen ist, so daß man zunächst glauben möchte, es geht bei dieser Kompositionsart um etwas genuin Petrinisches. Das ist aber unwahrscheinlich. Denn unter dem von Domenico Martinelli abstammenden Planmaterial der Sammlung Bertarelli im Castello zu Mailand befindet sich ein Palastentwurf, der noch näher mit dem Würzburger Rosenbachhof verwandt zu sein scheint. Wie erst kürzlich durch Hellmut Lorenz festgestellt werden konnte, entstand dieser Entwurf später als das um 1690 schon in

Fig. 32 A. Petrini nach D. Martinelli: Palastfassade Rosenbach-Stadion in Würzburg, erbaut zw. 1699 u. 1705

Bau befindliche Palais Harrach, und zwar für ein Palastprojekt des Grafen von Sinzendorf in der Wiener Renngasse, das etwa um 1692/93 in Diskussion war, dann aber nicht verwirklicht wurde. Lorenz nennt die beiden Palastfassaden Harrach und Sinzendorf als erste Beispiele für das Motiv »der kompakten Flankenrisalite« in der Kaiserstadt und vermutet zu Recht, daß J. Bernhard Fischers Palastfassade Strattmann als eine kritische Antwort auf die Martinellischen Fronten mit dem besagten Kantenrisalitmotiv entstanden ist.

Es gibt also in Wien genug Hinweise darauf, daß gerade diejenige Motivik, die uns wegen des Rosenbachhofes in Würzburg interessiert, von Domenico Martinelli eingebürgert wurde. Nachrichten über Beziehungen Martinellis zu Mainfranken und zu den Schönborn fehlen auch nicht. Es schreibt nämlich am 8. Januar 1698 aus Bamberg der Kurfürst Lothar Franz an den damaligen Reichsvizekanzler Dominik Andreas Graf von Kaunitz in Wien, dieser möge doch Martinelli, den Lothar Franz schon persönlich kennengelernt hat, dazu bewegen, für einen Bau in Würzburg »vor meine famili« als »besondere wohnung« einen Entwurf für die innere Einrichtung wie auch für eine Fassade zu entwerfen. Um Martinelli über die Situation zu unterrichten, übersende der Kurfürst in seinem Brief auch einen entsprechenden Riß, womit wohl der Grundriß gemeint war. Mit Datum vom 25. Januar 1698 antwortete Graf Kaunitz das Folgende: Martinelli habe die Planunterlagen aus Würzburg ausgehändigt erhalten und sei auch willig, die erbetenen Entwürfe zu fertigen. Da aber einiges an dem Auftrag ihm noch nicht so klar geworden wäre, sende er eine Liste von einschlägigen Fragen, die der Kurfürst und die Seinen beantworten mögen. Diese Beilage ist nicht mehr bei den Akten. Das Palastprojekt, das u. U. nur die Fassade und die Adaption schon bestehender Baulichkeiten, vielleicht des Schönbornhofes in Würzburg, beinhaltete, muß Martinelli geliefert haben. Denn der königlich polnische Kämmerer und Herr auf Muskau, Kurt Reinicke Graf von Callenbach, schrieb am 26. Mai 1704 an Lothar Franz einen Dankesbrief für die leihweise Übersendung des »von Herrn Martinelli inventirten und abgezeichneten palazzes« und schickte die Zeichnung nach Mainz zurück. Nach Ausweis der also zitierten Briefe (Qu 27, 30, 96) muß es ein Martinelli-Projekt gegeben haben, das nicht später als 1704, wahrscheinlich schon 1698/99 für Lothar Franz entstanden ist. Wahrscheinlich ist es dasselbe, das der Biograph Martinellis, Francesco Franceschini, meint, wenn er von einem Palastentwurf »für Mainz« spricht. Es ist also nicht ausgeschlossen, sondern eher naheliegend, daß die auffällige Komposition der Würzburger Palastfassade Rosenbach auf Martinelli zurückgeht. Damit verstärken sich für das Erste Projekt der Residenz die Beziehungen zur Wiener Palastarchitektur.

Als Verfasser des Ersten Projekts ist seit Eckerts Analyse stets Balthasar Neumann angesehen worden. Das dürfte auch richtig sein und erweisen, daß Neumann im September und Oktober des Jahres 1719 diesen Entwurf ausgearbeitet hat, übrigens zur gleichen Zeit, als Lucas von Hildebrandt erstmals in Würzburg war, wo er, wie der Fürstbischof am 8. November 1719 nach Wiesentheid mitteilte, mit Johann Philipp Franz »castelli in aria zu bauen beschäftigt« war. Und der Fürst fügte hinzu: »Er hat aber schon in etlichen stücken, wo er mit mir ungleicher meinung war, sich wiederum be-

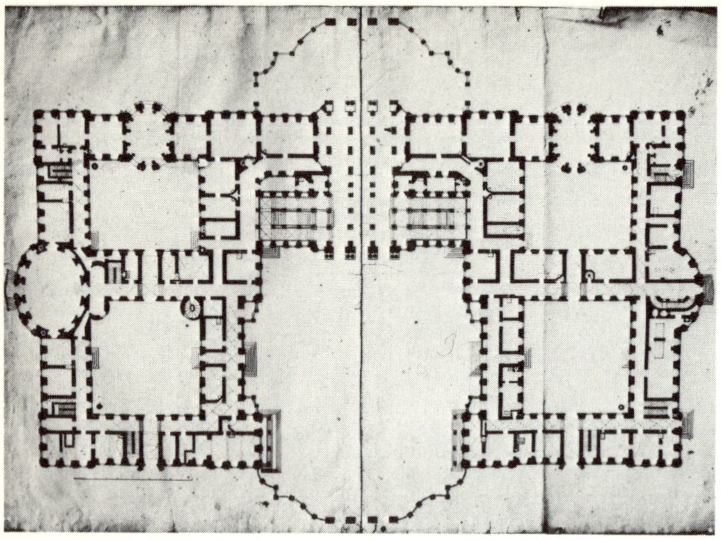

Fig. 33 M. v. Welsch u. a.: Sogenanntes Ovalreiches Projekt für die Würzburger Residenz, Erdgeschoßgrundriß (Stuttgart, Landesbibl. Sammlung Nicolai)

quemet und es wird sich noch zeigen, ob wir des handels völlig eins werden« (Qu 644).

Das sogenannte »ovalreiche« Mainzer Projekt und seine Alternativen (Fig. 33–36, 40, 41)

Die Vergrößerung des »Ersten Projekts« hat den unerwarteten Zuwachs an Finanzmitteln zur Voraussetzung, den Abbruch des bestehenden Rennwegschlößchens und einen baureifen Entwurf für die Residenz, der zur Grundsteinlegung am 22. Mai 1720 vorliegen sollte, wenigstens in den großen Zügen und im einzelnen auch schon für den Bauteil, mit dem zu bauen begonnen wurde, nämlich für den nördlichen Zwillingsbau. Dort wurde »bei der Kapelle« der Grundstein gelegt. Position und Zeremonie der Grundsteinlegung folgen dem Vorbild von Schloß Pommersfelden. Lothar Franz in Mainz ließ sich die Gelegenheit nicht nehmen, den baureifen Entwurf für die vergrößerte Residenzplanung auf die Beine zu bringen. Er kündigte ihn in Würzburg an. Maximilian von Welsch und der Freiherr von Erthal überbrachten die Pläne. Die erste Bausitzung wurde noch in der Nacht des Ankunftstages, des 20. Februar, abgehalten. Viele andere folgten aufgrund der Einsprüche und Korrekturwünsche des Bauherrn. Es ist schon gezeigt worden, wie Lothar Franz über die Änderungen seines Neffen verärgert gewesen ist. Zweifellos also dürfen wir den ganzen Komplex von Entwürfen und Gegenentwürfen in der ersten Hälfte des Jahres 1720 unter den übergreifenden Begriff eines »Mainzer« Projektes stellen. Georg Eckert, Sedlmaier-Pfister, Adolf Zeller, Joachim Hotz und Hans Reuther haben diese Phase des Planungsverlaufes mit ihren Verästelungen und auch Widersprüchen untersucht, beurteilt oder dargestellt. Im Verlauf unseres Rückblicks auf die Planungsgeschichte muß es genügen zu erkennen, daß aus dieser Phase drei wichtige Merkmale des bestehenden Schloßbaues herstammen: nämlich die Vermehrung der großen Binnenhöfe von zwei auf vier, ferner der Baugedanke der ovalen Baukörper mit Kuppeldach, der jetzt auch den Außenbau kennzeichnet, und schließlich die Vergrößerung und eigentümliche Ausgestaltung des Ehrenhofes. Im Sinne dessen, was wir im Ersten Projekt erkannt haben, bedeutet der erste Punkt die Bestätigung des Baugedankens vom Zwillingsschloß, der zweite hat weder damit noch mit dem zweiten Aufbauelement der Grundkonzeption, dem Saalbau, einen erkennbaren Zusammenhang, und der dritte bringt den Saalbau stärker zur Wirkung als zuvor und enthält auch viel mehr von der inzwischen üblich gewordenen, von Frankreich geprägten Vorstellung eines Corps de Logis. In dieser knappen Beurteilung steckt noch ein Hinweis auf eine, wenn auch nur grundsätzlich angelegte »innere« Verwandtschaft zwischen dem neu eingeführten »Fremdkörper« der ovalen Baukörper und der Neugestaltung des Ehrenhofes: Diese Verwandtschaft besteht in der stärkeren Loslösung der Pavillons vom Vierkantbau, die bei den ovalen Mittelpavillonbauten der Nord- und Südflanke ganz evident ist, im Ehrenhof aber ebenfalls wahrgenommen wird, sobald man die »Mainzer« Phase mit dem Ersten Projekt vergleicht. Es ist zweckmäßig, diese Urteile an Entwürfen und am bestehenden Bau zu erläutern.

Die paarweise Hintereinanderschaltung der vier gro-

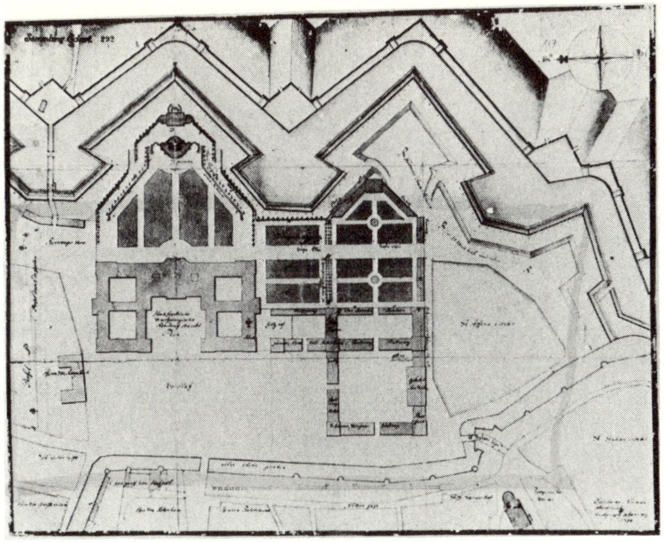

Fig. 34 B. Neumann: Lageplan d. Residenz im Zustand der Mainzer Planung gez. am 11. 1. 1730 (SE 292+)

ßen Binnenhöfe entspricht der glücklichen Entscheidung, die Vergrößerung des Ersten Projektes weder durch unartikuliertes seitliches Auseinanderquellen, noch durch Addition von Pavillons in trichterförmiger Anordnung, wie etwa in Nymphenburg, zu erreichen, sondern mit dem Bau, soweit es geht, auf dem Rennweghang hinaufzurücken und das schon formierte »Gesicht« des Zwillingsschlosses zur Stadt hin zu bewahren. Die Auffassung der Binnenhöfe als selbständige architektonische Elemente des Schloßbaus äußert sich auf Alternativgrundrissen zum Mainzer Projekt. Auf dem Grundriß des Erdgeschosses (SE 288+) und dem des Obergeschosses (SE 289+) besitzen die Höfe quadratische Form oder die im Ersten Projekt schon ermittelte Proportion Tiefe zur Breite wie $1:\sqrt{2}$. Wie fast alle Zeugnisse des Mainzer Projektes beweisen, war das nicht die Auffassung der Mainzer »Baudirigierungsgötter« und wohl auch nicht die des führenden Architekten Maximilian von Welsch.

Auf einem dazugehörigen Erdgeschoßgrundriß (SE 290+) finden wir zwar die lapidaren Hofformen noch beibehalten, sehen jedoch im nordwestlichen Hof die Ovalrotunde der Nordflanke, die von einem Gang intern begleitet werden soll, in eine der Hofecken hineinwirken. Ähnliches sieht man an entsprechender Stelle auch heute. Auch wenn der Konflikt mit den Quaderhöfen à la Erstes Projekt schließlich anders gelöst wurde, so ist er im Mainzer Projekt schon enthalten. Auf dem sorgfältig ausgeführten Erdgeschoßgrundriß (SE 291) im Mainfränkischen Museum beeinflußt zwar das sogenannte Nordoval die Hofrisse nicht, schneidet aber einen Korridor höchst unglücklich bis zu einer spitz zulaufenden Sackgasse ab, so daß man nicht annehmen darf, es wäre diese Lösung buchstäblich akzeptiert worden. Tatsächlich machte sich Neumann als Bauleiter, der ganz offensichtlich die Einführung der ovalen Baukörper in die Residenzplanung bedauerte, erbötig, in irgendeiner Form von Degagement die unterbrochene Zirkulation der Korridore behelfsmäßig zu ermöglichen. Wie das u. U. hätte geschehen sollen, zeigt ein Grundriß dieser Mainzer Phase, die wegen des mehrfachen Auftretens der ovalen Baukörper die »ovalreiche« heißt. Dieser wichtige Erdgeschoßgrundriß war vielleicht als Stichvorzeichnung gedacht. Auf diesem »ovalreichen« Grundriß in der Stuttgarter Landesbibliothek (Sammlung Nicolai II, fol 31) findet sich in der vom Nordoval hart bedrängten Ecke des nordwestlichen Hofes ein zylindrischer Einbau, der an entsprechende Wendeltreppen, z. B. des Schönbornschlosses in Göllersdorf, erinnert und der das nötige Degagement ermöglicht. Der Symmetrie wegen ist er auch in der gegenüberliegenden Hofecke, hier wirklich als ein Treppenturm, wiederholt worden.

Wir sehen also zwei verschiedene Auffassungen über die Binnenhöfe in den Entwürfen dieser Planungsphase am Werk: eine, die die großen Binnenhöfe als Instrument der Baugliederung wertet und eine andere, die in ihnen ein herkömmliches Instrument erblickte, fehlenden Platz durch Einrücken in diese Höfe sich zu verschaffen. Diese Auffassung bewertete die Höfe gering, sie war auch sicherlich die moderne und entsprach der Vorstellung von einer guten Schloßarchitektur, wie sie für Lothar Franz, Maximilian von Welsch und die Mainzer Planungspartei maßgebend war, nicht aber für Balthasar Neumann. Es stellt also der sogenannte »ovalreiche« Grundriß der Mainzer Observanz auch in

Fig. 35

Fig. 37

Fig. 38

puncto große Höfe einen Gegensatz zur Auffassung des Bauleiters Neumann dar. Dieser Gegensatz bestand auch in Hinsicht auf die erwähnten, neu von Mainz aus eingeführten Ovale.

Unsere Behauptung läßt sich an den überlieferten Plänen für die Residenz bis etwa 1732/33 belegen. Bis zu diesem Zeitpunkt gibt es nämlich parallel zur Planung von Nord- und Südoval à la Mainzer Projekt Entwürfe, die von Neumann stammen oder von ihm angeregt wurden, auf denen jedoch die ovalen Baukörper durch quaderförmige ersetzt sind. Selbst in und nach der entscheidenden Bausitzung in Wien unter Friedrich Carl im Jahre 1731 versuchte Neumann noch, diese »Fremdkörper« aus dem Residenzprojekt zu entfernen. Er bot alle seine Beredsamkeit auf, um den Bauherrn davon zu überzeugen, daß das Nordoval, von dem ja schon die Fundamente gelegt waren, durch geringe Veränderungen wieder in einen quaderförmigen Baublock zurückverwandelt werden könnte. Wahrscheinlich ist ein in Berlin verwahrter Aufriß der Nordfassade als Illustration dieser Vorschläge zu verstehen (Hdz 4680). Es steht also fest, daß es seit 1720 und trotz der Annahme des Mainzer Projektes eine alternative Bestrebung Neumanns gab, den zylindrischen Baukörper von den Außenfassaden der Residenz wegzuschaffen. So nämlich ist auch der »Hauptplan« (SE 292 +) zu verstehen, auf welchem Neumann 1731 »seine« Version des Schlosses mit quaderförmigen Mittelpavillons an der Nord- und Südflanke im Vorfeld der Wiener Bausitzung präsentierte.

Das Motiv des ovalen Baukörpers ist als dominantes Gliederungsinstrument von Schloßbauten in Frankreich als »Salle à l'Italienne« bezeichnet worden, womit auf den Ursprung hingewiesen wird. Berninis Projekte für die Neugestaltung der Ostfassade des Louvre in Paris befassen sich in zwei Varianten mit diesem Motiv. Sie haben damit sicherlich den Baugedanken propagiert, jedoch in einer für den herrschenden französischen Geschmack wenig attraktiven Gestaltung. Bernini integriert nämlich den mittleren ovalen zweigeschossigen Saalbau durch seine Fassadengliederung in den flüssigen Zusammenhang quaderförmiger Kantenbauten und der ovalen Mitte. Anders zeigt sich die ovale mittlere zweigeschossige Salle à l'Italienne an der Gartenfront des Fouquet-Schlosses in Vaux-le-Vicomte. An diesem Schloßbau des Louis Levau macht sich der große querovale Hauptsaal außen nur in seitlichen Segmenten seiner Wölbung bemerkbar. Dem zylindrischen Baukörper ist nämlich ein platter, dreiachsiger Giebelrisalit aufgeprägt. Mittels dieser frontalen Stirnplatte wird die plastische Erscheinung des Saalbaus in die gerade Habt-Acht!-Stellung der quaderförmigen Seitenpavillons zurückgebügelt.

Das Motiv des ovalen Baukörpers in den Außenfassaden der Residenz tritt in den beiden geschilderten Typen auf, wenn wir die Pläne mustern. Im Zustand der »ovalreichen« Planung dominiert die bernineske Art, allerdings ohne einen wirklich flüssigen Übergang zur Gliederung der Rücklage zu erreichen. Das blieb ja bis heute so. Die Rheinfront des Schlosses in Biebrich, die Maximilian von Welsch zwischen 1707 und 1721 neugestaltete, kann als verwandtes Beispiel genannt werden: Der Saalzylinder hebt sich völlig von den niedrigen Rücklagen, die ursprünglich nur eingeschossig, nicht zweigeschossig wie heute, waren, ab. Die Außengliederung ist »gleichförmig«: Sie besteht nämlich aus Pila-

Fig. 35 M. v. Welsch: Aufrißprojekt für die Hofkirche im Nordoval (Berlin, Kunstbibl. Hdz 4675)

Fig. 36 R. Tatz (?): Schnitt durch den Saalbau und Ansicht der südl. Ehrenhofseite. Mainzer Projekt (Berlin, Kunstbibl. Hdz 4673)

Fig. 37 L. v. Hildebrand u. R. Tatz: Aufriß, Grundriß u. Schnitt der Fassade des nordwestl. Giebelrisalits d. Stadtfront (SE 314+)

Fig. 38 Schematischer Aufriß des nordwestl. Giebelrisalits der Stadtfront d. Res. (Sedlmaier-Pfister, 1923)

Fig. 36

sterpaaren am Saalzylinder wie an den Rücklagen. Aber diese Gleichheit ist eine bloß akademische. Die Proportionen sind ganz verschieden und betonen die isolierte Erscheinung des mittleren Zylinders, anstatt diesen ins Ganze einzubinden. Es ist also glaubwürdig, daß die besondere Auffassung der ovalen Baukörper der Mainzer Planphase Maximilian von Welsch zuzuschreiben ist.

Ikonographisch jedoch ist wahrscheinlich, daß dieses Baumotiv, das zugunsten einer Hofkirche am Rennweg eingeführt wurde, die volle Billigung des Bauherrn Johann Philipp fand, der sich geradezu als Erfinder dieses Motivs fühlte, wie wir Äußerungen von Neumann später entnehmen können. Im Süden bot die notwendige Verdoppelung Gelegenheit, eine Sala Terrena anzulegen. Sie hätte an dieser Stelle gut zu der Gartenkonzeption gepaßt. Diese mußte ja mit zwei durch das Schloß völlig verschieden ausgerichteten Gärten rechnen: mit einem östlichen der Gartenfront auf den Basteien und deshalb ohne die Möglichkeit einer flachen Ausbreitung, und mit dem vor der südlichen Flanke des Schlosses. Hier war wenigstens in gewissem Ausmaß eine solche Ausdehnung möglich, und deshalb wäre eine Sala Terrena im Südoval gut untergebracht gewesen. Aber diese Idee galt nur kurze Zeit. Die Fassung des Mainzer Projektes in Gestalt des Erdgeschoßgrundrisses SE 291 zeigt uns ein Paar von Gartensälen in Form der kleinen Ovale, die außen nur durch Säulenstellungen mit Balkon angezeigt werden, ohne aus der Flucht der Front vorzutreten. Auf dem Stuttgarter ovalreichen Grundriß wiederum treten die zwei Gartensäle als gewölbte Baukörper auch außen vor. Ihre hypertrophe Instrumentierung mit einer Kolonnade im Innern erinnert an Androuet Ducerceaus variations- und formenreichen Tuilerien-Grundriß von 1579. Es läßt sich denken, welch heterogenes Vorbildmaterial in dem Mainzer Projekt enthalten ist.

Die wichtigste Veränderung gegenüber dem Ersten Projekt betrifft die neue Form und Größe des Ehrenhofes. Seine Breite und Tiefe sind gewachsen, und auch seine Seitenfronten sind neu eingeteilt und scharf nach Pavillon und Flügel unterschieden worden. Da es sich bei diesen Merkmalen der Mainzer Phase auch um solche handelt, die in die Ausführung übergegangen sind, ist es nötig, darauf genauer zu achten.

Gelegentlich findet man eine Beschreibung dieses Ehrenhofes als einen »kreuzförmigen« Raum. Aber die Hauptsache ist hier nicht das Grundrißmuster, das entsteht, sondern die Struktur der Bauteile, die diesen Hof begrenzen. Die Seiten werden jetzt buchstäblich von Pavillons und Flügel formiert, nicht wie beim Ersten Projekt, wo wir diese Bezeichnungen als konventionelles Verständigungsmittel nutzten, während die Anschauung stets den kantenfesten, geschlossenen Vierkant um die Binnenhöfe vor Augen hat und die gebrauchte Unterscheidung sich wesentlich auf die Tatbestände: Risalit und Rücklage bezogen. Das ist jetzt anders, vor allem im Grundriß. Die internen Kantenpavillons sind einen ganzen Schritt vorgetreten und auch das östliche Paar tut das gleiche. Demgegenüber ist das Verhältnis von dreitoriger Einfahrt, vor der paarweise die Freisäulen eines Kolonnadenbalkons aufgepflanzt sind, zu den seitlichen vierachsigen Wandteilen der Stirnfront des Saalbaues deutlich im Sinne von Risalit und Rücklage gebildet. Es herrscht also keine dreiseitige Einigkeit der Struktur. Noch immer mündet die

129 Von besonderer Grazie sind die Stuckfiguren, die Antonio Bossi für die Nischen des prächtigen Kaisersaales geschaffen hat (1751/52): Poseidon und Juno, Flora und Apoll. In der linken Figurennische der Nordseite steht die Gestalt der Flora. Als Göttin der Vegetation und des Getreides trägt sie die Ähren am Hut und den blumenumwundenen Rechen.

130 In der rechten Nische der Südwand steht die Stuckfigur der Göttin Juno. Als Gattin des Göttervaters Jupiter trägt sie Krone und Szepter der Himmelskönigin. Begleitet wird die Göttin vom Pfau, dem Sinnbild des Stolzes und der Eitelkeit.

131 Auch in der Stuckdekoration des Weißen Saales, die Antonio Bossi 1744 schuf, findet sich das Motiv der Göttin Juno wieder. Das Bild zeigt einen Ausschnitt der Dekoration am Gewölbeansatz der Südseite.

129 The plaster figures created by Antonio Bossi for the niches of the magnificent Emperor's Hall are particularly graceful (1751/52): Poseidon and Juno, Flora and Apollo. The figure of Flora is standing in the left niche of the north wall. Being the goddess of vegetation and cereals, she wears a hat decorated with ears and a rake wreathed with flowers.

130 The plaster figure of the goddess Juno is standing in the right niche of the south wall. Being the wife of Jupiter, father of the gods, she carries crown and sceptre of the goddess of the heavens. She is accompanied by the peacock, symbol of pride and vanity.

131 The motif of the goddess Juno reappears in the stucco work of the White Hall created by Antonio Bossi in 1744. The plate shows a detail at the base of the vault on the south side.

129 Les statues en stuc créées par Antonio Bossi pour les niches de la magnifique Salle impériale sont d'une grâce exquise: Poséidon et Junon, Flore et Apollon. Dans la niche gauche du côté nord, on voit le personnage de Flore. En tant que déesse de la végétation et des céréales, elle porte les épis au chapeau et le râteau enlacé de fleurs.

130 Dans la niche droite du mur sud, on voit la statue en stuc de la déesse Junon. En tant qu'épouse de Jupiter, père des dieux, elle porte la couronne et le sceptre de la reine des cieux. La déesse est accompagnée du paon, symbole de l'orgueil et de la vanité.

131 Dans la décoration en stuc de la Salle blanche créée également par Antonio Bossi en 1744, on retrouve le motif de la déesse Junon. La planche montre un détail du côté sud de la décoration à la naissance de la voûte.

(Historisches Foto)

(Historisches Foto)

132/133 Mit der Gestaltung des Weißen Saales, der ehemaligen Salle des Gardes, ist Antonio Bossi ein Meisterwerk gelungen. Zwischen dem Treppenhaus und dem prächtigen Kaisersaal hat er hier auf jede Farbe verzichtet. So gewinnen die Ornamente ein Höchstmaß an Plastizität und Schattenwirkung. Die Darstellung von Rüstung und Waffen ist auf die Bestimmung des Raumes als Salle des Gardes zugeschnitten, die Ornamente sind eine besondere Ausprägung des Würzburger Dekorationsstiles.

134/135/136 Als Höhepunkt der Würzburger Dekorationen galt das 1742/45 ausgestattete Spiegelkabinett im Südflügel der Residenz. Nur unvollkommen können die historischen Aufnahmen die besondere Wirkung des einzigartigen Raumes wiedergeben. Die Lambris und die Holzverkleidung der Fenstergewände und Fensternischen waren weißplaniert mit vergoldeten Figuren und Ornamenten, die Decke eigenhändig von Antonio Bossi stuckiert. Dort und überall an den Wänden befanden sich Spiegel, die vielfach mit Hinterglasbildern nach den Entwürfen von Johann Wolfgang von der Auvera versehen waren. Dabei handelte es sich um Bildinseln mit zum Teil rein dekorativer Anordnung. Selbst in den Türflügeln gab es Spiegel mit ausgesuchter ornamentaler Rahmung und Hinterglasbildern. Nach der Rekonstruktion dieses im Krieg völlig zerstörten Raumes wird die südliche Suite der Paradezimmer wieder mit dem Raum abschließen, den schon Friedrich Carl von Schönborn als Höhepunkt vorgesehen hatte.

132/133 Antonio Bossi has accomplished a masterpiece with the decoration of the White Hall, the former Hall of the Guards. Between the staircase and the magnificent Emperor's Hall, he has renounced here on any colour. Thus the ornamentation gains a maximum of plasticity and shadow effects. The representation of arms and weapons is geared to the function of the room as Hall of the Guards. The ornamentation is a special form of the Würzburg decoration style.

134/135/136 The Hall of Mirrors created in 1742/45 in the south wing of the Residence used to be considered as the climax of Würzburg decorations. The historical photograph can render only incompletely the special effect of this extraordinary room. The wainscots and the panels of the window jambs und niches used to be plated in white and had gilded figures and ornaments, the ceiling stuccowork was applied by Antonio Bossi himself. On the ceiling and everywhere on the walls, there were mirrors partly decorated in *verre églomisé* to the plans of Johann Wolfgang von der Auvera. The picture areas on them are mostly arranged in a purely decorative intention. Even in the door wings there are mirrors in *verre églomisé* fitted into exquisite ornamental frames. After the reconstruction of this room, which was completely destroyed during the war, the south enfilade of state-rooms will end anew by the room which Friedrich Carl von Schönborn had wanted to become its climax.

132/133 Antonio Bossi a réussi un chef-d'œuvre par la décoration de la Salle blanche, l'ancienne Salle des Gardes. Entre la cage d'escalier et la somptueuse Salle impériale, il y a renoncé à toute couleur. C'est ainsi que l'ornementation gagne un maximum de relief dans le jeu de la lumière et des ombres. La représentation d'armures et armes correspond à la destination de la salle qui servait de Salle des Gardes.

134/135/136 La petite Salle des Glaces installée dans l'aile méridionale de la Résidence en 1742/45 était autrefois réputée comme point culminant des décorations de Würzburg. Les photos historiques ne peuvent rendre qu'incomplètement l'effet extraordinaire produit par cette salle extraordinaire. Les lambris et boiseries des jambages et des niches des fenêtres étaient revêtus de blanc, le plancher était décoré en stuc appliqué par Antonio Bossi lui-même. Là comme sur l'ensemble des murs, il y avait des glaces souvent revêtues de peintures sur verre d'après les plans de Johann Wolfgang von der Auvera. Il s'y agit d'îlots d'images de disposition en partie purement décorative. Même dans les battants des portes, il y avait des glaces décorées d'exquis encadrements ornementaux et de peintures sur verre. Quand la reconstruction de cette salle entièrement détruite pendant la guerre sera achevée, la suite sud des salles de parade se terminera de nouveau par la pièce qui avait été prévue comme point culminant par Friedrich C. von Schönborn.

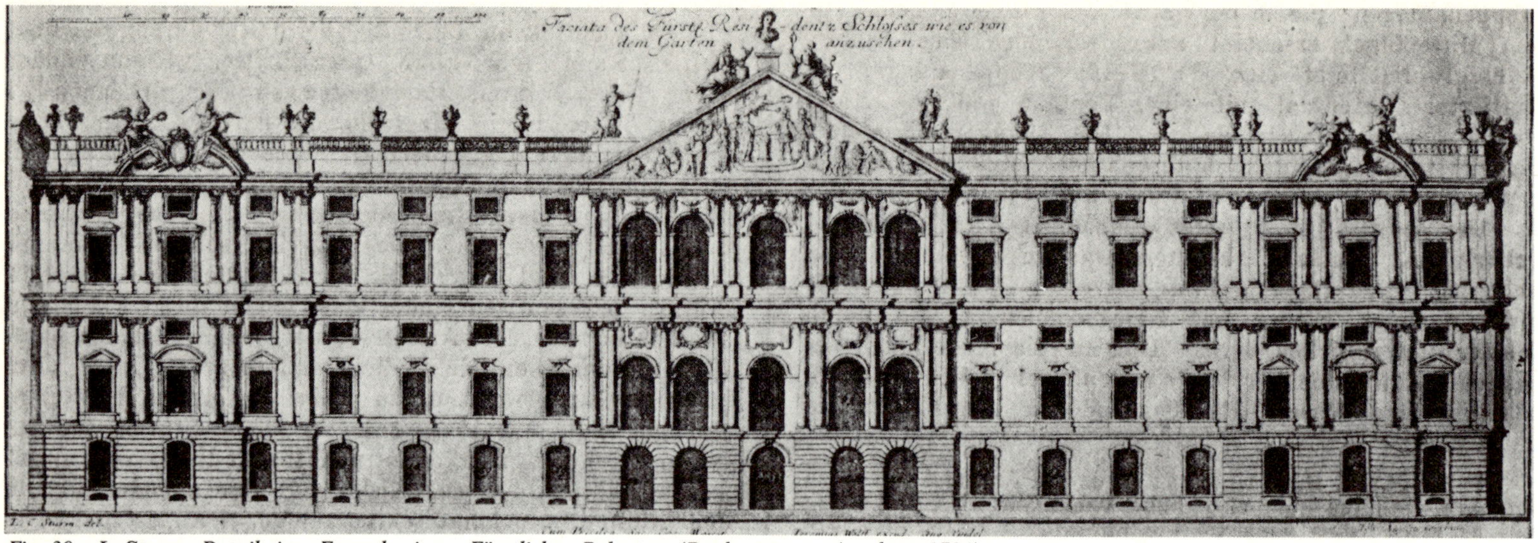

Fig. 39 L. Sturm: Detail einer Fassade eines »Fürstlichen Palastes« (Prodromus . . . Augsburg 1714)

mächtige Durchfahrt inmitten des Ehrenhofes, während die Seitenfronten sich als Fassaden per se darstellen.

Auch die Gliederung der Ehrenhoffronten bestätigt diese Auffassung. Hier zuerst setzte die französische Form der gleichmäßig gereihten »römischen« Pfeilerarkaden als Fenster bzw. als Fenstertüre ein. Gemeint sind die oft in der Korrespondenz zitierten »Sieben Bögen«, die nicht erst durch die Pariser Studienreise 1723 veranlaßt wurden, sondern schon Bestandteile des Mainzer Projekts waren. Es gibt einen besonders schönen von Bruno Grimschitz in die Zeit von Oktober bis Dezember 1722 datierten Schnitt durch das Corps de Logis bei gleichzeitiger Ansicht der Ehrenhofseite in der Berliner Kunstbibliothek (Hdz 4673), der das beweist. Wegen der merkwürdigen Ecklösung bei den »Sieben Bögen«, die mit dem Grundriß des ovalreichen Mainzer Projektes in Stuttgart gut zusammengeht, und ebenso wegen der über den sieben Bögen fortlaufenden unteren Mezzaninfenster haben wir ein Planungsdokument vor der Paris-Reise Neumanns vor uns. Es zeigt uns mit großer Deutlichkeit den Saaltrakt als in die Tiefe gebaute Durchfahrt, auch wenn bereits zugunsten eines 75 Fuß langen Kaisersaales das Erdgeschoß als eine Sala Terrena ausgestattet ist. Immer noch gilt also auch für den Saalbau in dieser späten Fassung von 1722 der Grundgedanke des Ersten Projektes.

Der vierteilige Aufriß. Die Frage nach seinem Ursprung und seiner baukünstlerischen Gestaltung (Fig. 37, 38, 39)

»Selbstverständlich ist gleichzeitig die Proportionierung der Baumasse und die Herstellung der Fassaden erwogen worden«, sagt Georg Dehio im dritten Band seiner »Geschichte der Deutschen Kunst« über den Planverlauf der Würzburger Residenz und setzt hinzu: »Hierüber erfahren wir wenig. Wenn ein erhalten gebliebener Aufriß der Nordfront auf 1721–1722 richtig datiert wird, so wären schon damals die für alle später ausgeführten Teile maßgeblichen Hauptlinien des Aufbaues festgelegt gewesen. Sedlmaier und Pfister schreiben den Entwurf Welsch zu, Eckert nimmt ihn für Neumann in Anspruch. Das ist natürlich eine Kardinalfrage . . .« Heute muß man noch hinzufügen, daß Bruno Grimschitz und Wolfgang Herrmann das fragliche, leider 1945 verbrannte Blatt SE 314+, eine große polychrom lavierte Federzeichnung über gerissener Vorzeichnung mit nachträglichen Buchstaben- und Zahleneintragungen, die Georg Eckert Neumann zugewiesen hat, mit Bestimmtheit Lucas von Hildebrandt zuschrieben und der Meinung waren, daß diese Zeichnung von Joseph Raphael Tatz gezeichnet wurde, der seit 1721 in Würzburg beim Residenzbau tätig war. Hildebrandt oder Neumann? – das würde nun eine hin- und herwogende Streitfrage über den »Anteil« der Architekten an der Würzburger Residenz im Zeitalter des »Kollektivismus«.

Was aber heißt »vierteiliger Aufriß«? Das Wort, das Hans Rose prägte, der erkannt hatte, daß dieser Aufriß die geschmackvolle Abwandlung in der Außengliederung der Residenz erst voll genießbar (1922, 133 f.) mache, verstand darunter offensichtlich beides: die Superposition der Geschosse *und* die Zusammenfassung je eines Voll- und Halbgeschosses durch eine große Ordnung. Diese Auffassung, die allgemein zu sein scheint, trägt nicht dazu bei, das Kardinalproblem der Planungsgeschichte des Würzburger Baus, das tatsächlich vorliegt, einer Lösung näherzubringen. Denn der vierteilige Aufriß im Sinne der Stockwerkfolge könnte aus ganz verschiedenen Ursachen oder Anlässen zustandegekommen sein, vielleicht auch aus nur lokalen, einmaligen, während die Großgliederung in Gestalt der Dorica unten und der Composita oben auch einen anderen Ursprung haben könnte und nicht auf dieselben Vorbilder zurückgehen müßte wie die Stockwerkfolge. Zumindest ist eine Trennung beider »Systeme« sehr ratsam.

Seit wann ein vierteiliger Aufriß als Stockwerksfolge für den Neubau in Würzburg in Geltung war, läßt sich am leichtesten herausfinden, wenn auf die Besprechung von Mezzaninen in der Baukorrespondenz und den Schriftquellen geachtet wird. Geschieht das, dann können wir bereits eine positive Feststellung mit der dazugehörigen Konsequenz für die Autorenfrage stellen: Das Mainzer Projekt, wie es am 20. Februar 1720 in Würzburg besprochen wurde, besaß kein Mezzanin zwischen Erd- und Hauptgeschoß. Es ist deshalb auch ganz unwahrscheinlich, daß der vierteilige Aufriß von Maximilian von Welsch propagiert wurde und schon gar nicht, daß von ihm die auffallende Position der Mezzaninfenster im dorischen Architrav und Fries vorgeschlagen wurde. Von Welsch kann also auch nicht der Autor dieser Aufrißzeichnung (SE 314+) sein.

Die Baukorrespondenz über die besagte Bausitzung und ihre Diskussionen danach bis über die Grundsteinlegung hinaus läßt auch erkennen, daß die Mainzer von dem Mezzanin zwischen den Vollgeschossen keinen Gebrauch machten, obwohl das vorher zur Bedingung gemacht worden war. Anders wäre es ja gar nicht zu erklären, daß die Mainzer »Beiräte«, angefangen von Lothar Franz bis zu Rudolf Erwein von Schönborn, der insgeheim bei dieser Partei hospitierte, sich zu rechtfertigen suchten, weil sie das besagte Mezzanin nicht berücksichtigt hätten. Nun könnte man meinen, es sei das ein Streit um des Kaisers Bart, denn auch der bestehende Bau gibt ja Beweise genug für die Praxis, den Zwischen-Mezzanin im Fassadenbild wegzulassen, wenn man im Inneren höhere Lokale haben will oder die Formate der Fenster größer, das heißt hier: höher, wünschte. Es gibt jedoch in dem einschlägigen Streit pro und contra Mezzanin 1720 ein Argument, das sich auf diese Weise nicht aus dem Felde schlagen läßt, nämlich das Argument mit der größeren oder geringeren Neigung der Treppe. Mit einem Mezzanin, so sagt Lothar Franz rundheraus (QU 738), werde die Treppe trotz der eingeschalteten Podeste zu steil, das Mezzanin müsse gestrichen werden, nur so erhielte man raisonable und bequeme Treppen. Es mag das zwar ein nur vorgeschütztes Argument sein, doch zeigt es unwiderleglich, daß das Mainzer Projekt im Urzustand über dem Erdgeschoß kein Mezzanin besaß, daß seine Verfasser damit aber gegen eine schon festgelegte Bestimmung über einen erweiterten Schloßbau verstoßen haben und daß der Bauherr und seine Berater, darunter wohl auch Neumann, auf diese ursprüngliche Bedingung nicht verzichten wollten. Das führte ja dazu, daß schließlich der vierteilige Aufriß auch in der baureifen Planung fortbestand und wahrscheinlich in der zweiten Hälfte des Jahres 1720 bereits resolviert wurde. Seither herrscht das Stockwerkschema, das zwar streckenweise reduziert werden kann, *und* das Gliederungssystem in der uns bekannten Weise am ganzen Bau der Residenz.

Das Gesagte reicht aus, um mit größter Wahrscheinlichkeit annehmen zu können, daß der vierteilige Aufriß bereits für das Erste Projekt gegolten hat, daß die beiden Grundrisse des Erd- und des Hauptgeschosses nur stellvertretend für den ganzen Satz solcher für vier Geschosse gezeichnet wurden (übrigens besitzen wir nur ausnahmsweise von einer Projektphase einen ganzen Satz an vier Grundrissen, so z. B. die Zeichnungen SE 294+, 296+, 297+ und 300+). Wir können damit den Zeitpunkt der Festlegung eines vierteiligen Aufrisses bereits in den Herbst 1719 verlegen. Da aber die Fassadengrundrisse von SE 286+ und solche aus der Zeit des Mainzer Projekts bezüglich der Größenverhältnisse und der Anordnung der Pilaster übereinstimmen, ist es erlaubt, auch anzunehmen, daß bereits beim Ersten Projekt das Gliederungssystem galt, das wir durch zwei Fassadenrisse, die nicht später als 1724 entstanden sein können, kennen. Es ist das der schon erwähnte Aufriß SE 314+ sowie ein seit 1928 bekannter Aufriß der Stadtfront des Corps de Logis (Hdz 4674), dessen mitgezeichneter Fassadengrundriß der linken Variante sich z. B. mit dem Stuttgarter ovalreichen Residenzgrundriß gut zusammenreimt. Zudem entspricht der Berliner Fassadenriß auch dem Aussehen der Stirnfront des Corps de Logis auf einer Idealvedute der Würzburger Residenz, die schon besprochen wurde: das Thesenblatt des Freiherrn von Reitzenstein, von Johannes Salver nach einer heute in der Berliner Kunstbibliothek verwahrten, von Neumann abgezeichneten und ausführlich beschrifteten Vorzeichnung (Hdz 4676) gestochen.

Die beiden eben genannten Bilddokumente einer Gliederung der Außenfassaden nach der zweimal übereinandergestellten Ordnung sind in zwei Eigentümlichkeiten gleich, die sie von der ausgeführten Fassadengliederung wesentlich unterscheiden, nämlich in den Proportionen der Fensterordnung und in der gewählten Ordnung für das Hauptgeschoß. Dieses zeigt heute und in allen späteren Entwürfen die komposite Ordnung, die Zeichnungen aber eine korinthische. Daß die Veränderungen keine nebensächlichen sind, beweist der Vergleich zwischen SE 314+ (und ebenso Hdz 4674) und der Architektur am Ort. Es ist schade, daß Rudolf Pfister, der neben den abgebildeten Plan (SE 314+) eine Aufrißzeichnung des bestehenden Pavillons setzte, die aber interpoliert ist (es gibt ja bisher noch keine fotogrammetrische Vermessung der Residenz, und bei der Situation der betreffenden Bauteile ist es nicht möglich, exakte Aufnahmen von einem erhöhten Standpunkt aus anzufertigen), die maßgeblichen Proportions- und Gestaltungsunterschiede, die vorliegen, bagatellisierte. Er hat damit für lange die Notwendigkeit aus dem Blick gerückt, diese Unterschiede über Eckerts schon richtige Feststellungen hinaus zu beschreiben und zu deuten.

Eckerts Erörterung (1917, 32 ff) umfaßte ja bereits das Wichtigste. Er stellte fest, daß im dorischen Teil der Fassade die Unterschiede tatsächlich gering sind, daß sie dagegen im kompositen andere Formen, andere Fensterformate (wie beim oberen Mezzanin sofort deutlich) und ganz andere Verhältnisse betreffen. Er schloß daraus, daß die Zeichnung vor der Paris-Reise

Neumanns angefertigt wurde, als das dorische Großstockwerk schon stand, daß nach Rückkehr aus Paris Neumann die Korrekturen vorgenommen hat, als deren Niederschlag wir auf dem großen Plan die Ziffern und Zahlenangaben zu werten haben. Über den Sinn dieser Manipulation sprach sich Eckert nicht aus. 1928 trat dann Herrmann aufgrund der Beratung durch Bruno Grimschitz für Lucas von Hildebrandt als den »Erfinder« dieses Aufrißsystems ein und sah in dieser Zeichnung SE 314+ eine durch Raphael Tatz angefertigte Darstellung des vierteiligen Aufrisses der Residenz vor der Pariser Reise.

SE 314+ und Neumanns Korrekturen (Fig. 37, 38)

Wer hier gezeichnet hat, ist in unserem Gedankengang nicht von Belang, *was* hier gezeichnet ist, dem gilt unser Interesse. Nach allem Bisherigen müssen wir annehmen, daß das von Raphael Tatz ausgeführte Gliederungssystem bereits seit dem Ersten Entwurf Geltung hatte. Es muß ebenso wie das Erste Projekt im September/Oktober des Jahres 1719 fixiert worden sein. Neumann hat dann die hochbedeutenden Änderungen der zweiten großen Ordnung in der Weise vorgenommen, daß er nicht nur die Pilaster entsprechend ordnungsgemäß neu proportionierte, sondern das gesamte Gliederungsbild und vornehmlich die Proportionen der Fensterordnung. Dabei verfuhr er jedoch nicht addierend, sondern subtrahierend und ausgleichend. Das heißt, er trug die entsprechenden Verhältnisse der Kompositordnung in die Größe dieses Fassadenabschnittes ein, paßte sie also einer baulich vorgegebenen Höhe an. Das war für ihn besonders leicht zu bewerkstelligen. 1713 nämlich veröffentlichte er ein von ihm selbst konstruiertes Instrumentum Architecturae, d. h. einen Proportionszirkel, der neben Hilfen für die drei rechnerischen Grundarten auch die Relationen für die fünf Säulenordnungen enthält, so daß durch Abgreifen des entsprechend verschieden geöffneten Zirkels die üblichen Maßverhältnisse einer Ordnung innerhalb vorgegebener Rahmengrößen ermittelt werden können. Ein solches Instrument besitzt das Mainfränkische Museum in Würzburg, von einem zweiten Exemplar wissen wir, daß es Neumann seiner Vaterstadt Eger zum Geschenk gemacht hat. Proportionszirkel dieser Art waren nichts absolut Neues. Neumann hat jedenfalls durch die Neubestimmung der Proportionen für die komposite Säulenordnung der Residenz die Nützlichkeit seiner Creation bewiesen.

Freilich ist es mit diesen Beobachtungen noch nicht getan. Die Fensterordnung wird ja bekanntlich nicht kommensurabel im buchstäblichen Sinne mit der Ordnung verändert, wie das von der Architekturtheorie oft dekretiert und in der Kunstgeschichte gedankenlos nachgesprochen wird. Es ist nämlich nur möglich, durch Erhöhen oder Erniedrigen der Fensterformate mit der Ordnung gleichzuziehen, nicht aber durch ein entsprechendes Verbreitern, denn für die Superposition galt die eiserne Regel, daß in allen Fällen und Geschossen die lichte Weite der Öffnung gleich bleiben muß, also bei einer etwaigen Erhöhung trotz des Idealgebots der Kommensurabilität festzuhalten sei. Das ist auch nicht so verwunderlich, wenn man die teilweise voneinander unabhängig verlaufende Entwicklung der Fen-

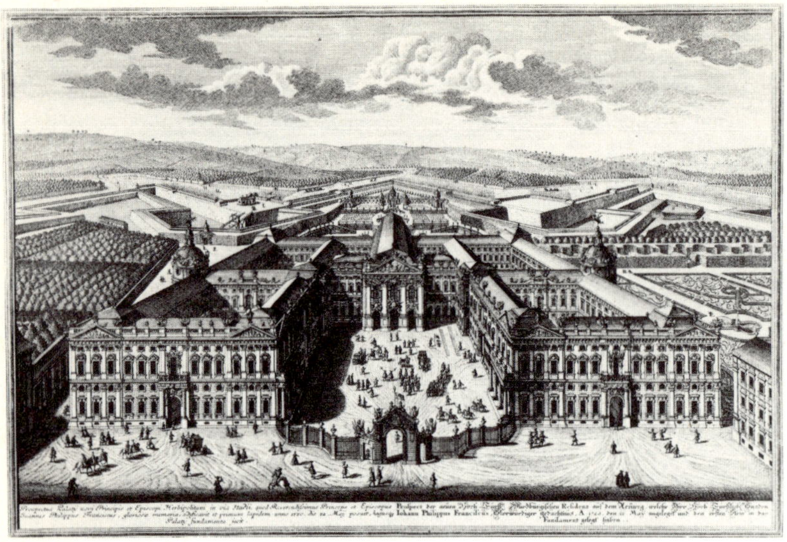

Fig. 40 Die Würzburger Residenz v. d. Stadt aus gesehen. Kupferstich Salomon Kleiner. Ausschnitt (Würzburger Stichwerk)

sterordnung einerseits und der Säulenordnung andererseits bedenkt.

Zusätzlich ergab sich aus dieser akademischen Inkonsequenz die baukünstlerische Möglichkeit, beide Ordnungen miteinander konkurrieren zu lassen. Neumann nahm diesen Vorteil wahr, als er am Bau selbst die Höhe der Hauptgeschoßfenster im Verhältnis zur Weite wie 2,2:1 bestimmte, während sie im dorischen Erdgeschoß am Bau und auf der Zeichnung das schematische Verhältnis 2:1 zeigen. Das Ergebnis ist überraschend klar und mit dem Charakter, der »Idee« der Ordnungen auch einig. Vergleichen wir den Entwurf SE 314+ und die ausgeführte Architektur! Auf der Zeichnung erscheint die korinthische Architektur lediglich *höher* als die dorische, nicht aber grundsätzlich anders. Die Fensterformate der Vollgeschosse sind gleich, sie zeigen die konventionelle Proportion von 2:1. Nur die Rahmen und Verdachungen im korinthischen Hauptstockwerk sind reicher als bei der schlichten Dorica. Die korinthischen Mezzaninfenster sind quadratisch, während die dorischen schon das querrechteckige, von einem Bügel oben abgeschlossene Format besitzen wie die Ausführung. Das Verhältnis von Pilastern und Fenstern ist so bestimmt, daß die Fußlinie der Fenstergiebel die Höhe der Hauptstockwerkpilaster genau teilt. Den Oberleisten der korinthischen Mezzaninfenster wurde noch ein ziseliertes Volutenpaar aufgesetzt, so daß es vom Architrav etwas abgerückt wird. Pilaster und Fenster besitzen dieselbe Fußlinie, die ganz schematisch und wie in Hunderten von anderen Fällen Sokkelzone der Pilaster und Brüstungszone der Fenster gemeinsam ausgrenzt.

Die ausgeführte Architektur zeigt ein ganz anderes Gliederungsbild, obwohl es doch ikonographisch demjenigen der Entwurfszeichnungen gleicht. Für die tiefgreifenden Unterschiede sind aber nicht die Umrisse, die Komposition im Großen ausschlaggebend, sondern die Binnengliederung; und überhaupt sind es nicht »die Formen«, sondern die in den Formen sich verkörpernden Verhältnisse.

Die komposite Ordnung ist jetzt nicht nur höher als die dorische unten, sondern anders; sie unterscheidet sich scharf von der Dorica auch in ihrem anschaulichen Charakter. Die Hauptsache aber ist: Anders als auf der Zeichnung hat die Gliederung ein strafferes Aussehen gewonnen, es herrscht der Eindruck vor, daß die Gliederung steht. Der Schrittmacher dieses Eindrucks ist nicht die Säulenordnung, sondern die Fensterordnung. Sie beginnt jetzt weiter unten als auf der Zeichnung, reicht aber mit dem Format des Vollgeschoßfensters höher hinaus und stößt direkt an den Architrav mit dem Mezzaninfenster, das nicht mehr das spannungslose quadratische, sondern ein querrechteckiges Format besitzt. Die jetzt gegenüber SE 314+ erheblich schlanker wirkenden, weil höheren Fensterformate des Hauptgeschosses sind vermutlich auch der pragmatische Anstoß zur Neufassung der Proportionen des Entwurfs von SE 314+ durch Neumann gewesen. Aber nicht sie allein, sondern die allseitige und ordnungsgemäße Durcharbeitung der Maßverhältnisse der Gliederung hat das prachtvolle Fassadenbild der Residenz hervorgebracht.

Wir haben den Weg nachgezeichnet, der von der Einführung des vierteiligen Aufrisses in die Residenzplanung etwa im Oktober 1719 mit Hilfe der Adaption an das »Schönbrunner System« bis zu seiner schließlichen

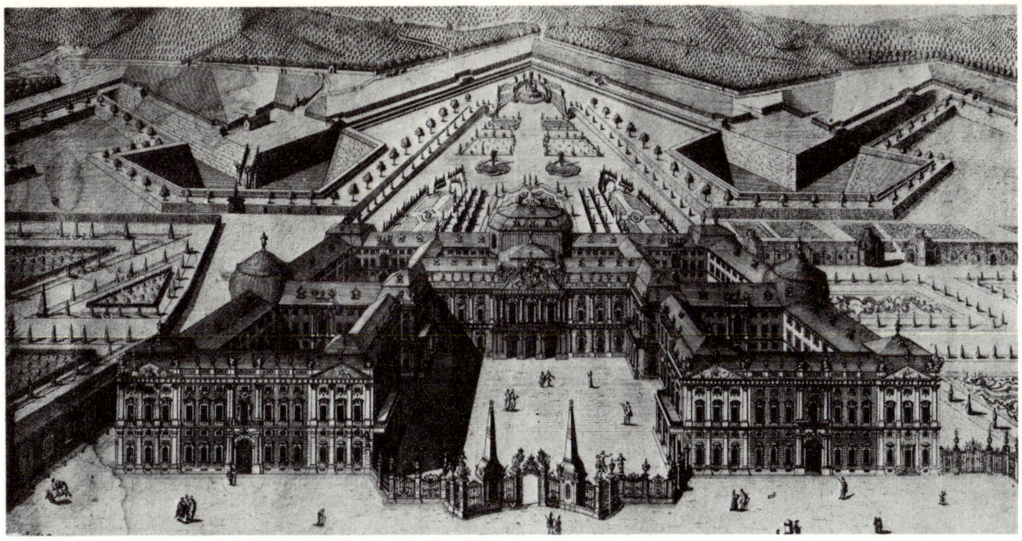

Fig. 41 Müller Gutwein: Ansicht der Würzburger Residenz v. d. Stadt, nach Angaben B. Neumanns um 1776. Ausschnitt

baukünstlerischen Vollendung durch Neumanns Neuberechnung der kompositen Ordnung im Sommer 1723 führte. Schon am Beginn dieses Weges war es nicht nur der vierteilige Aufriß, sondern schon seine metrische und dekorative Fassung, die maßgeblich wurden. Alle bisher genannten »Vorbilder« einer Superposition des vierteiligen Aufrisses, einschließlich des Amsterdamer Rathauses, zeigen eine Anordnung der Fenster zwischen den großen Ordnungen, die gerade das nicht enthalten, was für die Würzburger Redaktion entscheidet, nämlich die zum Architrav hinaufgerückte Position des Mezzanin. Und das gilt auch für das wahrscheinliche Urbild aller Fassadenkompositionen mit dem vierteiligen Aufriß. Es sind die Tafeln in dem zweibändigen Werk der spanischen Jesuiten Jerónimo de Prado und Juan Bautista Vilalpando über den Ezechielkommentar im Alten Testament (In Ezechielem explanatione et apparatur urbis, ac templis Hierosolymitani, 1. Band Rom 1596 und 2. Band 1604). Im zweiten Band, der den Untertitel trägt: »De postrema Ezechielis Prophetae visione«, beweisen uns die Tafeln, etwa die zweite derselben mit der phantastischen Rekonstruktion der Ostfront des Tempels, daß die Große Ordnung, die jeweils ein volles und ein halbes Geschoß umgreift, für die Bewältigung dieser Bauvision zu Hilfe gerufen und dann zweimal übereinandergestellt wurde, wobei unten das mit Fenstern versehene Sockelgeschoß und oben eine eingeschossige Attika hinzukommen. Dieses Buch Vilalpandos, das in Würzburg vorhanden war und zudem wegen des programmatischen Gehalts ohne Zweifel große Achtung genoß, dürfte also die Einführung des vierteiligen Aufrisses veranlaßt oder legitimiert haben. Aber schon im Oktober 1719 muß eine Wiener Beeinflussung angenommen werden, die die schematische Superposition der Großen Ordnungen in die rhythmische Fensterordnung brachte, die dem »Schönbrunner System« entspricht. Aufgrund der bekannten Umstände war es Lucas von Hildebrandt, der solches veranlaßte. So ist es auch verständlich, daß das »Musterblatt« (SE 314+) von einem Hildebrandt-Adepten gezeichnet wurde. Die Neueinrichtung aber der Proportionen in Gestalt der ausgeführten Korrektur von SE 314+ kann nur vom Bauleiter selbst, von Neumann, stammen.

Die Umgestaltung des Saalbaus zum Corps de Logis (Fig. 40–45)

Bis zur Studienreise Neumanns nach Paris 1723 blieb die Planung des Saalbaues (der Residenz) als eine hohe, lange, mittlere Durchfahrt im Erdgeschoß, mit einer Saalbrücke im Hauptgeschoß und den beiden Haupttreppen an der Stadtfront unverändert bestehen, wenn auch erhebliche Verbesserungen des Stiegenpaares im einzelnen eingeführt wurden, wie Eckert und Zeller gezeigt haben. Auf den Grundrissen der Residenz, die Robert De Cotte in Paris vorgelegt wurden, ist diese Konzeption ebenso zu finden wie auf den beiden Idealveduten, welche den Planungszustand 1723–1724 dokumentieren, dem Thesenblatt Reitzensteins vor Juli 1723 und dem Kupferstich von Salomon Kleiner, der zwar erst 1740 publiziert wurde, dessen Vorzeichnung aber schon um 1724 entstanden ist. Die hochragende, mit einer Kolossalordnung ausgezeichnete Giebelfassade Kleiners, deren reicher Schmuck an die Ornamentik von Paul

Fig. 42 Zeichner des Büros Neumann: Nordflanke des Residenzprojekts um 1724 (Nach Foto in Bamberg, Staatsbibliothek)

Decker erinnert, findet allerdings in den übrigen Planungsdokumenten keine Erklärung. Nicht weniger deutlich als auf dem Thesenblatt und der dafür gezeichneten Vorlage in Berlin (Hdz 4676) ist auch auf der Ansicht Kleiners das lange Satteldach über der Mittelbahn des Corps de Logis zu sehen.

Das Äußere dieses Bauteils in der entsprechenden Planung kennen wir aus anderen Darstellungen, so aus dem schon erwähnten Längsschnitt durch den Saalbau im Planungszustand von 1722–1723 aus dem Büro von Lucas von Hildebrandt in Berlin (Hdz 4673), der gleichzeitig die Gliederung der Ehrenhofseitenfront mit den »Sieben Bögen« zeigt. Der Querschnitt beweist, daß für den Kaisersaal eine ungewöhnlich große Höhenentwicklung vorgesehen ist, während der Vorsaal, der heutige Weiße Saal, nur bis zur Kranzgesimshöhe des übrigen Schlosses reicht. Zwischen dem Zugang zu dem Treppenhaus und der Sala Terrena im Erdgeschoß ist jene Schleuse zu bemerken, die auf dem Erdgeschoßgrundriß SE 291 in Gestalt der vier Säulenquadrupel verzeichnet ist. Es gibt ferner ein zur Zeit nicht mehr nachweisbares, nur in einer guten fotografischen Abbildung bekanntes Blatt, das auch das Aussehen dieses Saalbaues von Norden her vermittelt: Über der hohen Attika der mittleren Giebelfront an der Gartenseite sieht man die Statue des Atlas aufragen. Die Spitze des Giebels der Stadtseite krönt ein Obelisk. Trotz der Durcharbeitung der räumlichen Gliederung besitzt der Saalbau der Residenz noch immer die Grundgestalt einer hochüberdachten Mittelbahn, die die lang hinziehende Gartenfront in der Mitte durchstößt. Eine allmähliche Angleichung an den Gartenflügel ist nicht vorhanden.

Durch einen Vergleich des Kleiner-Stiches mit der Residenzansicht von der Stadt aus gesehen, die Müller-Gutwein um 1760 gestochen hat, kann man sich von der Größe und Tragweite der späteren Veränderung eine Vorstellung verschaffen, denn Müller-Gutweins Ansicht hält den Endzustand des Schloßbaues fest, wie er beim Tode von Friedrich Carl 1746 erreicht war. Anstelle der langen Bahn des Saalbaues sieht man an der Stadt- wie an der Gartenseite in sich zentrierte, polygonale Kuppeldächer aufragen, die Dächer des Weißen Saales und des Kaisersaales. Dazwischen und daneben breiten sich große Dächer aus: im Norden über dem großen Treppenhaus und dementsprechend gegenüber, wo sich ein »Wasserhöflein« – ein Ausdruck Neumanns – befindet. Wie die Dächer schon zeigen, bilden die Bauteile in der Schloßmitte mehrere oblonge, quer stehende Pavillonbauten, die nach Richtung und Größe die lange Gartenfront vorbereiten. Auch die dominante Stellung des Kaisersaales im Zentrum der Gartenfront ist jetzt auf andere Weise erreicht als vor 1723–1724, durch einen Ausgleich nämlich von konzentrischer Sammlung einzelner Bauglieder und Streckung von anderen.

Die Lockerung der Gelenke der Architektur, welche schon bei der Neuordnung des Ehrenhofes in der Mainzer Projektzeit feststellbar war, hat jetzt das ganze Corps de Logis erfaßt. Andererseits aber sind die so entstandenen Raum- und Bauglieder nach Größe und an Dichte gewachsen und sind alle vollständig individualisiert, nicht mehr Abteilungen eines grobschlächtigen Ganzen. Um aber auch den erzielten Übergang von der Zwillingsarchitektur zu dem Corps de Logis bis zur Gartenfront nicht aus den Augen zu verlieren, prüfe

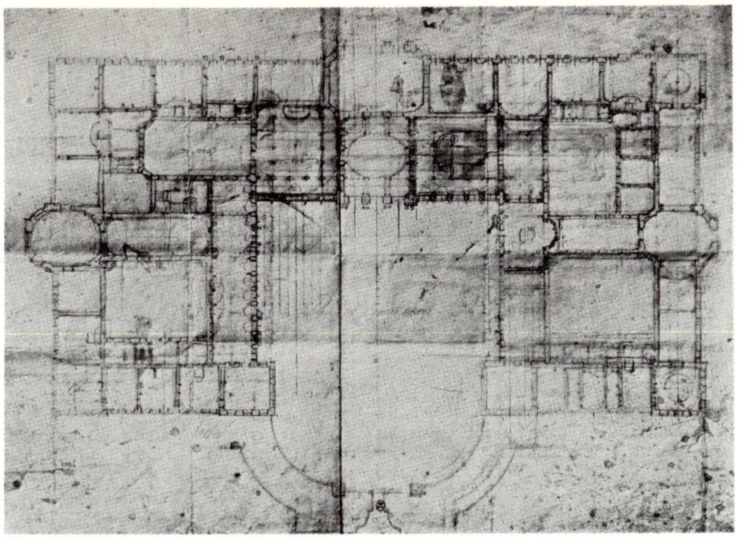

Fig. 43 R. d. Cotte: Korrekturen der Residenzplanung auf dem Grundriß des Hauptgeschosses (Paris Bibl. National, Cab. des Estampes 1194)

man die Gestalt des Ehrenhofes, wie sie sich schließlich unter Friedrich Carl und bei massiver planerischer Mitarbeit von Lucas von Hildebrandt ergab. Die an den Seitenwänden neu eingeführte Lockerung der Verbindung von Pavillon und Flügel ist in der Eingangsfront des Corps de Logis nicht fortgesetzt, ja sie ist abgeschwächt worden. Die Traufhöhe wird nur durch den »Hildebrandt-Giebel« über der Einfahrtshalle überragt. Der Gegensatz von aufragendem drei- oder fünfachsigem Eingangstrakt und Seiten ist verschwunden. Die Rücklagen besitzen jetzt drei, statt früher vier Fensterachsen. Das Crescendo der Formen der beiden Ordnungen zur Mitte hin bringt eine weitere wirksame Bindung von Seiten und Mitte zustande. So kommt es, daß jede Stelle am Außenbau einerseits Teil hat an dem gleich Gültigen, also an dem vierteiligen Aufriß z. B., andererseits aber durch die besondere Abwandlung des Gliederungssystems einen besonderen, individuellen Stellenwert innerhalb der gesamten Residenz besitzt. Und da diese Bewertung, an der die jeweiligen Proportionen namhaften Anteil haben, dem Gefälle und der Richtung, dem besonderen Mischungsverhältnis der Formen entspricht, also dem Gesamtverlauf der gliedernden Entwicklung der Residenzarchitektur, kommt das so oft gerühmte Erlebnis von der »Einheitlichkeit« dieses Schloßbaues zustande. Der ungemein hohe geschichtliche und baukünstlerische Rang der Würzburger Residenz ist nicht eine »Creation«, sondern ein erreichter, wenn man es so sagen will, ein ertrotzter.

Welche Planungsphasen haben nun Wesentliches zur Entstehung dieser einzigartigen Baugestalt beigetragen? Wir beantworten diese Frage nicht systematisch, sondern begnügen uns mit einzelnen Hinweisen.

In Paris beschränkten sich Robert De Cotte, sein Sohn Jules Robert und die jungen Architekten, die »ihm die Arbeit machen helfen«, wie Neumann schrieb, auf die Distribution, die räumliche Ordnung im Inneren. Wir sprachen schon eingangs davon und von der Tendenz, die dabei erkenntlich wird, sowie von Reaktionen Neumanns darauf. De Cotte will die Korridore so weit wie nur möglich aus der Raumgliederung ausschalten. Diese Weisheit stammt vornehmlich aus der inzwischen zu einer hohen Kunst entwickelten Raumordnung des Pariser Stadthauses, des Hôtels, von welcher auch im Régence die Schloßbaukunst profitiert. Freilich war De Cotte nicht gerade ein avantgardistischer Baumeister. Als Ersatz für das so abgestoßene altertümliche Kommunikations-System wird dafür gesorgt, daß womöglich immer zwei Raumfluchten nebeneinander liegen. Dieses Prinzip des appartement double führte bei den Korrekturen De Cottes dazu, daß die Höfe immer kleiner wurden. Ferner ist De Cotte akademisch, also radikal, und paralysiert die ovalen Baukörper des Mainzer Projektes, so gut es geht. Entweder legt er ihnen die frontale Stirnplatte an, wie Levau es beim Saalbau von Vaux-le-Vicomte tat, oder er regularisiert sie zu einer mehr dem Oktogon, der noblen Pavillonform par excellence, angenäherten Form. Freilich: Es geht damit auch die Sonderstellung des Mittelpavillons an der Gartenfront verloren. Neumann mag dies alles mit unverhohlener Freude beobachtet haben. Es ist wahrscheinlich, daß ihn die Einstellung der Franzosen zu dem Oval-Problem in seinem noch bis 1732 verfolgten Ausrottungsfeldzug gegen die Welschschen Ovale bestärkt hat. Freilich war erst mit dem Tode von Johann Philipp Franz 1724 der Zeitpunkt gekommen, wo Neumann sei-

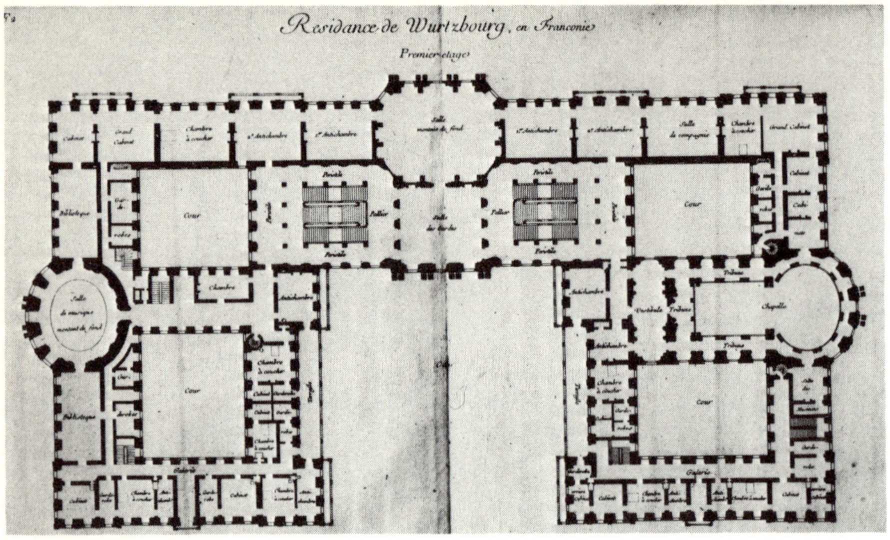

Fig. 44 G. Boffrand: Projekt der Würzburger Residenz, 1743 (im Stichwerk Boffrands)

nen Gedanken dieser Art die Zügel schießen lassen durfte. Denn Johann Philipp Franz hatte sich das Ovalthema als seine Erfindung zu Herzen genommen. Ähnlich übrigens wie die Idee der Zwillingstreppen.

Das Verdienst De Cottes und mehr noch das von Germain Boffrand war es, den Weg freigesprengt zu haben, der schließlich zu der Architektur des fünfschiffigen Haupttreppenbaus Neumanns führte. Eckert hat ein für allemal die Anschauung widerlegt, derzufolge es die Franzosen gewesen sein sollten, die Neumanns »genialen Treppenhausgedanken« zu Fall gebracht haben. Er begründete nämlich anhand der Neumannbriefe und in Übereinstimmung mit den damals bekannten Entwürfen die auch später durch weitere Pläne nicht entkräftete Erkenntnis, daß es De Cotte und Germain Boffrand gewesen sind, die die »Anregung zur Weiträumigkeit und Freiheit des ausgeführten Treppenhauses« gegeben hätten, wie Richard Sedlmaier in seiner Besprechung von Eckerts Buch meinte. Wie ist das zu verstehen?

Zunächst bringen die Franzosen die Lieblingsvorstellung des Bauherrn zu Fall, nämlich die Anlage von Treppenzwillingen. Das besorgt hauptsächlich De Cotte. Er streicht eine der beiden Stiegen und modelliert die andere neu. Das Abweisen von feierlichen Zwillingsformen ist kennzeichnend für die Wertvorstellung der neuen Zeit: Massenhaftigkeit, feierliche Parallelität, das bannende Gegenüber großer symmetrisch angeordneter Formen, das tritt zurück. Man wünscht Eigenartiges, wenn nicht Einzigartiges. Den zweiten grundwichtigen Fortschritt in der Planung nur eines Treppenhauses berichtet Neumann in seinem Schreiben an den Dienstherrn vom 3. April 1721 aus Paris, in dem er von seinen Kontakten mit Germain Boffrand spricht. Er sagt, dieser habe ebenfalls zu nur einer Stiege, und zwar linker Hand, also an der heutigen Stelle, geraten, und zwar mit »einen grossen gang umb und umb, wie bereits in des mons. de Cotte einer seiner risse angedeutet ...«

Damit war zu dem ersten Schritt, nämlich zur Individualisierung des Treppenhauses anstelle der heraldischen Verdoppelung, der zweite, wesentliche Schritt gekommen: Die Treppe sollte auf dem Niveau des Hauptstockwerkes von einem angenehm breiten Gang an allen Seiten umgeben sein. Man erinnert sich unwillkürlich bei dieser Empfehlung an die heute verschwundene Gesandtentreppe im Residenzschloß der Könige von Frankreich in Versailles, die ja damals noch existierte. Le Brun hatte in die Intervalle der gemalten Bildarchitektur eine Hofgesellschaft gemalt, nach dem Urbild Veroneses, die auf die Stiege herabschaut, sich unterhält und uns gleichsam vorspielt, was wir selbst hier tun sollen: einem Schauspiel beiwohnen, ein solches selbst geben. In diesen Malereien Le Bruns steckt mehr Verständnis solcher Treppenanlagen als in vielen, und leider gerade kunstgeschichtlichen Interpretationen. Denn es geht ja nicht nur um die so oft beschriebenen fürstlichen Zeremonien des Aufstiegs auf der Treppe, des Empfanges auf derselben mit allen penibler Regeln des Verhaltens, die dieser absolutistische Kotau verlangte. Sondern es geht auch um das Publikum, das diese vielleicht nicht immer guten Schauspieler erforderten, und damit allgemein um den Genuß von Schauspiel. Man muß sich den Unterschied gegenüber älteren Planstadien für die Würzburger Residenz klarmachen, etwa mit einem Blick auf den Erdgeschoßgrundriß SE 291. Dort findet man auch Gänge um die Zwillingstrep-

Fig. 45 L. v. Hildebrandt: Schnitt durch das Corps de Logis mit Fassadengrundriß (Berlin, Kunstbibl., Hdz 4698)

pen herumgeführt, aber sie bleiben eben von den Treppen selbst gesondert.

Mit der neuartigen Inszenierung nur einer individuell gestalteten Haupttreppe hängt auch das Bemühen der französischen Architekten zusammen, diesem Stiegenhaus so viel wie nur möglich an guter und nicht einseitiger Beleuchtung zuzuführen. Auf den uns bekannten Plänen, die De Cotte erarbeitet hat, ist das nicht direkt zu erkennen. Denn nur bei der Hauskapelle, die anstelle des zweiten Treppenhauses angelegt wird, und zwar entsprechend der Konzeption De Cottes nördlich der Einfahrt, also dort, wo sich bei Boffrand und bei Neumann dann das große Treppenhaus befindet, dort hat De Cotte den östlichen Binnenhof gleichsam herangezogen, um die Kapelle auch an der Nordseite zu beleuchten. Dasselbe tat dann Neumann, wie etwa der Hauptgeschoßgrundriß SE 305+ bezeugt und wir in der Residenz selbst noch bemerken können. Zwar ist der erwähnte Hauptgeschoßgrundriß noch mit der Verdoppelung der Haupttreppe rückschrittlicher als die Vorschläge De Cottes. Er spiegelt aber den entscheidenden Vorschlag Boffrands wider und ist so konsequent in der Einreihung des neuen mächtigen Raumgliedes in die alte Struktur des Zwillingsschlosses mit Corps de Logis, daß man darin den ersten Beleg für die in der Grundrißserie vom 25. September 1731 wieder aufgegriffene Konzeption sehen darf.

Wahrscheinlich war es Boffrand, der gleichsam salomonisch entschieden hat: salomonisch insofern, als ja der beharrliche Wunsch des Würzburger Fürstbischofs Johann Philipp Franz, *zwei* Treppenanlagen in der Residenz zu beiden Seiten der Einfahrt zu besitzen, dem französischen Architekten bekannt war, er aber andererseits genau wußte, daß wahrscheinlich doch nur eine von beiden verwirklicht werden würde und er vor allem die seitliche Beleuchtung und die bessere Kommunikation mit seinen Vorschlägen zeigen wollte. Von jetzt ab blieb der Grundsatz für Anlage, Raumordnung und Größe der Residenz-Hauptstiege auf der Tagesordnung. Auch Lucas von Hildebrandt hat auf seinen im Büro sauber herausgezeichneten Grundrissen für die Residenz SE 302+ und 303+, die im April 1731 von ihm in Wien abgezeichnet wurden, nur das eine monumentale Treppenhaus übernommen. Es befindet sich an der dann auch ausgebauten nördlichen Seite des Vestibüls.

Was also hat dann eigentlich Neumann über das bereits Erreichte hinaus beim Bau des großen Treppenhauses in der Residenz geleistet? Erinnern wir uns zunächst an die Baugeschichte. Friedrich Carl gab die »entliche gn. Resolution« vor dem 29. Mai 1735. Im Frühjahr 1737 beginnt die Ausführung, nachdem in der Zwischenzeit auch die Schlußredaktion der Stadtfront des Corps de Logis erfolgt ist, derzufolge die Rücklagen dort nur drei, nicht mehr vier Fenster besitzen. Aus einem Schreiben von Neumanns Sohn Franz Ignaz Michael an das Mainzer Domkapitel (Keller S. 66) erfahren wir Hildebrandts Kritik an dem von Neumann geplanten und bereits begonnenen Gewölbe über dem großen Treppenhaus. Hildebrandt, so schreibt Neumann junior, hätte gesagt, er wolle sich auf eigene Kosten unter dem Stiegenhausgewölbe hängen lassen, wenn dieses Gewölbe von einer Spannweite von 19 mal 32,60 Metern bei einer Stichhöhe von 5,50 Metern halten sollte. Neumann soll darauf mit einem Gegenvorschlag geantwortet haben: Er mache selbst sich erbötig,

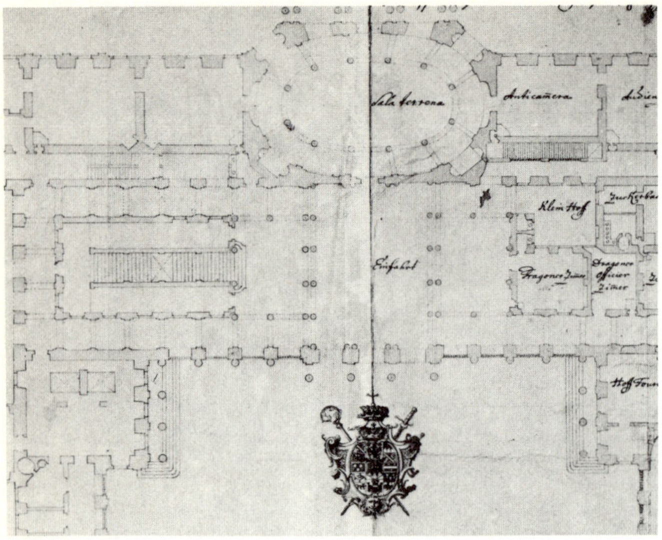

Fig. 46 L. v. Hildebrandt: Grundriß des Erdgeschosses. Ausschnitt (SE 302+)

unter dem geschlossenen Gewölbe Kanonen abfeuern zu lassen, um die Beständigkeit dieses Gewölbes unter Beweis zu stellen. Inzwischen ist dies geschehen. Neumanns Muldengewölbe hielt auch den schweren Erschütterungen stand, die in der unseligen Bombennacht vom 16./17. März 1945 in und um die Residenz entstanden und hat damit wohl die bisher schwerste Belastungsprobe, einschließlich des Zusammensturzes des Daches darüber bestanden. In der Tat ist das Gewölbe schlechthin ein technisches und baumeisterliches Meisterstück. Es ist ausnahmsweise nicht nur aus Backsteinen gemauert, sondern in der Mitte zur Verringerung des Gewichtes aus Tuffbrocken mit Eiseneinlagen, während vom Rand aus mit Backsteinen hochgemauert wurde. Die Gewölbe des Treppenhauses wurden im Mai 1744 geschlossen.

Rudolf Pfister verdanken wir die Erkenntnis, daß die ursprünglichen toskanischen Säulenarkaden, die die im Hauptgeschoß umlaufende Galerie trugen und damit den heute von geschlossenen Mauern umgebenen Treppenschacht auch transparent gemacht haben, in der späteren Vermauerung noch enthalten sein müssen. Diese erschlossene Form entspricht auch Neumanns Planung, wie sie zum Beispiel der Berliner Schnitt Hdz 4698 zeigt. Für die Dekoration des Treppenhauses und insbesondere für das Hauptgeschoß, wo die Rhythmisierung des Vollgeschosses mit dem Mezzanin darüber besonders gut zur Wirkung kommt und damit die Meriten des sogenannten »Schönbrunner Systems« auch im Inneren bewiesen werden, wurden von gänzlich verschiedenen Seiten Entwürfe gemacht, über die im Zusammenhang mit Tiepolos Deckenfresko noch zu sprechen sein wird. Worauf beruht aber der überragende baukünstlerische Rang dieser einzigartigen Treppenarchitektur? Nur auf der technischen Kühnheit des Gewölbeschlusses? Nur auf der Proportionierung, die es überhaupt erst erlaubte, eine fünfschiffige Anlage von verschieden lichter Weite der zwei äußeren und der drei inneren Schiffe in diesen schon von allen Seiten fast fertigen Monumentalbau einzubetten? Oder nur in dem so oft und fast ohne Hinschauen gerühmten Effekt des allmählichen Aufsteigens ins Licht des Oberraumes, über dem das unvergeßlich reiche »Welt-Bild« Tiepolos sich allmählich dem Blick entfaltet?

Es ist besser, von dem architektonischen Aspekt dieses Treppenhauses zu reden, und zwar mit den Worten, die schon vor 14 Jahren geschrieben wurden: »Der andere Aspekt (der baukünstlerische nämlich) ist schlechthin einzigartig, rein architektonisch und niemals wiederholt worden, denn Neumanns Projekte für die Wiener Hofburg blieben auf dem Papier. Er stellt sich nicht ein, wenn man die Stiege benutzt, sondern wenn man sie vom Vestibül her betrachtet. Da erkennt man, daß Neumann mittels der Säulen, Bögen und Gewölbe den Anstieg der Treppe objektiv, als architektonische Figuration, dargestellt hat: Der Säulenbau trägt die Stiege hinauf, und das geschieht in vollkommen singerechter Entwicklung aus der Architektur des Vestibüls.

Die mittlere Rampe ruht nur mit ihrem Fußpunkt auf dem Boden. Schon kurz dahinter wird sie von einem tonnengewölbten, quer stehenden Pfeilerbogen von der Erde gelüftet. Damit ist das Thema gegeben. Allseits sehen wir die Staffeln der Treppe von Gewölben unterfangen, die von Säulen hochgetragen werden. Die so entstandenen drei Schiffe dieser Treppenbaukathedra-

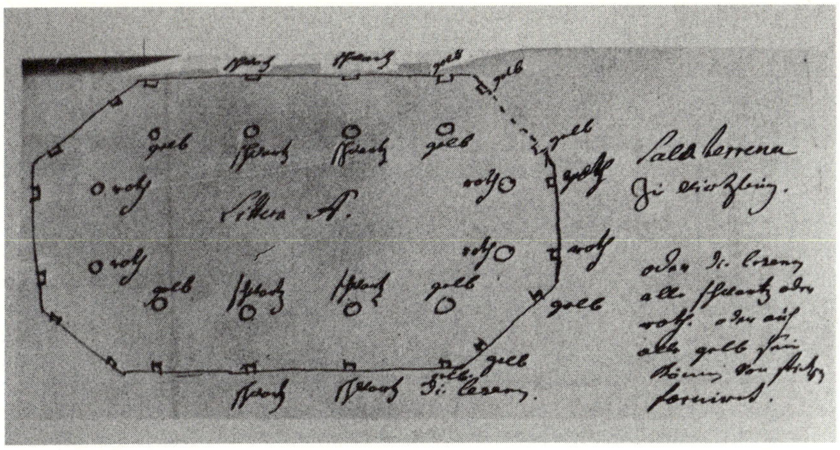

Fig. 47 B. Neumann: Positionsskizze f. d. polychromen Säulenschäfte der Sala terrena im Brief v. 21. 10. 1740 (Würzburg, Staatsarchiv)

le werden von den äußeren, durchgehende Verkehrswege sichernden, kuppelgewölbten Pfeilerreihen zur Fünfschiffigkeit ergänzt. Die Säulen- und Gewölbearchitektur des Treppenbaues hat Neumann mit dem Vestibül verknüpft, und zwar hauptsächlich mittels des Bogenmotivs. Es ist deutlich das Leitmotiv der ganzen Komposition.

Zwischen den Säulenpaaren vorn, am Übergang von Vestibül zum Treppenbau, stelzen sich die Stichkappen, dieses Richtungs- und Verbindungsglied par excellence, hoch hinaus. Der Blick wird frei auf die drei Kuppeltravéen vor dem Treppenbeginn und auf die immer wechselnde, aber immer streng orthogonal geführte Bogenfolge des Treppenbauwerkes. Hat man einmal diesen Zusammenhang gesehen, wird man sich durch die zopfige Oberflächendekoration nicht vom Begreifen des Wesentlichen abhalten lassen. Dagegen ist die Vermauerung von Neumanns Bögen in der Treppenschachtwand sinnwidrig. Vielleicht ist diese Veränderung ein Grund dafür, daß Neumanns Architektur als Darstellung dessen, was »Treppe« architektonisch und räumlich sein kann, bisher so wenig beachtet und verstanden wurde« (E. Hubala 1968, 202).

Die Entstehungsgeschichte der Hofkirche (Fig. 46–57)

Neben dem großen Treppenhaus ist es die Hofkirche der Würzburger Residenz, die in ihrer prachtvollen, wiederhergestellten figürlichen und ornamentalen Dekoration als Glanzleistung wirkt und die Meisterschaft Balthasar Neumanns beweist, die wir heute als das ausschlaggebende baukünstlerische Ergebnis der »kollektivistischen« Planung dieses Schloßbaus erkennen und bewerten sollten.

In ihrer heutigen Gestalt gehört die Hofkirche der Bauzeit unter Friedrich Carl von Schönborn an. Der Fürstbischof, der seit seiner Wahl 1729 noch bis 1734 in Wien und Göllersdorf als Vizereichskanzler residierte, konzentrierte sich zuerst auf die Ausgestaltung der Bischofswohnung im südlichen der Zwillingsbauten, von dem 1731 nur die Ehrenhoffront aufgerichtet war, wie die schon besprochene Berliner Zeichnung des älteren Wolfgang Högler (Hdz 4686) zeigt. In diese erste Planungsphase muß auch der Vorschlag Neumanns aus Würzburg datiert werden, die Hofkirche nicht mehr wie bisher in der ovalen Rotunde an der Rennwegfront, sondern im Südschloß unterzubringen, und zwar schon dort, wo sie später tatsächlich eingerichtet wurde.

Eckert, dem wir auch in dieser Frage die beste und stichhaltigste Prüfung der Briefe und Zeichnungen verdanken, die es bisher gibt, hat schlüssig bewiesen, daß dieser Vorschlag von Neumann selbst kam, der damit zunächst gegen die Absichten des Fürstbischofs hat argumentieren müssen. Friedrich Carl wollte nämlich, wie seine Äußerungen Neumann gegenüber in einem Brief vom 5. April 1730 beweisen, die Hofkapelle unter seiner Wohnung im Südschloß so situiert wissen, daß sie mit ihrer langen Seite zum Ehrenhof hin liegt. Das hätte zur Folge gehabt, daß der Kirchenraum selbst bei der vom Fürstbischof angeregten teilweisen Nutzung der Kellerhöhe zu niedrig geworden wäre und zudem keine ausreichende Beleuchtung und keinen angemessenen Zugang erhalten hätte. Neumann antwortete deshalb auf die Wünsche seines Fürsten am 16. April 1730 entsprechend, empfahl zusätzlich den Rat sowohl Hildebrandts als auch Josef Emanuel Fischers von Erlach einzuholen, war aber vorsichtig und versprach auch einen eigenen Alternativentwurf für die von Friedrich Carl erwünschte Lage der Kapelle auszuarbeiten. Um aber wenigstens einen besseren Zugang von außen zu erreichen, schlug Neumann in seinem Brief vor, die Hofkapelle zwar unter der Bischofswohnung des Südschlosses zu belassen, sie aber in den inneren, also den nordwestlichen Kantenpavillon zu verlegen und bis zur Einfahrt reichen zu lassen. So wäre es möglich geworden, von der Einfahrt durch ein Portal an der Schmalseite den Kirchenraum zu betreten, während der Fürst wiederum einen entsprechenden Zugang im Flügel am Ehrenhof erhalten hätte. Was die Grundgestalt der Kapelle betrifft, so zeigt sie sich als nichts anderes denn eine Wiederholung der Hofkapelle des Ersten Projektes, nur an eine andere Stelle verlegt.

Eine befriedigende Raumhöhe der Kapelle konnte bei dem damaligen Stand der Planung einer Bischofswohnung im Südschloß jedoch nur durch Verlegung an die heutige Stelle erreicht werden. Allerdings gab es noch ein Hindernis, das aus der bisher entwickelten Verteilung der Räumlichkeiten resultierte. Bisher war nämlich das Erdgeschoß der Südrotunde für die Zusammenfassung aller Küchen mit den nötigen Trabantenräumlichkeiten vorgesehen, und Friedrich Carl konnte zu Recht auf die Mißlichkeit hinweisen, die sich ergeben hätte, wenn die Kirche in unmittelbarer Nähe zu diesem Küchenkomplex lokalisiert sein würde. Neumann wußte dieses Argument durch entsprechende Verlegung des Küchenkomplexes zu entkräften, als er am 30. April dem Fürsten vorschlug, so zu beschließen und nur die »Mundkuchel«, also die private Küche des Fürsten, auf dem alten Platz zu belassen.

Alle Beteiligten drängten bei der sich häufenden Zahl von ungelösten oder noch kontroversen Fragen auf eine mündliche Verhandlung hin, die vom Fürsten am 25. September 1730 nach Wien einberufen wurde. In dieser Wiener Bausitzung und in Anwesenheit Hildebrandts fand die Besprechung statt, deren Ergebnis wir auf einem Satz von »aufeinander« konzipierten Grundrissen der ehemaligen Sammlung Eckert, die Neumann für diese Konferenz vorbereitet hatte, eingetragen finden (SE 294+ Erdgeschoß, vom Südschloß fehlt ein abgerissener Teil; SE 296+ Grundriß des ersten Mezzanins; SE 297 Grundriß des Hauptgeschosses; SE 297+ Hauptgeschoßgrundriß, dazu gehörig die Bleistiftskizzen SE 298+ für die Einteilung der Bischofswohnung nach Verlegung der Hofkirche an die jetzige Stelle, sowie der Mezzaningrundriß SE 300+).

Eckert hat diesen Grundrißsatz mit den einschlägigen Problemen der Planungsgeschichte analysiert, ausgenommen die Entstehungsgeschichte des heutigen Kirchenraumes. Darauf ist hier einzugehen, und zwar auch deshalb, weil sich bei der Hofkirche seit 1923 wiederum die Frage der Autorschaft »des« Entwurfes stellt, die keineswegs durch eine bloße Nebeneinanderreihung von Plänen und viele Male schon rezitierter Briefdaten und Zitate zu beantworten ist und noch weniger, natürlich, durch bloße Anwendung von Stilparadigmata. Vielmehr erfordert es der Zweck unserer Untersuchung, die Raumgestalt der Hofkirche genetisch zu begreifen, daß wir weiter ausgreifen und auch die Hofkirchenplanung im Nordoval berücksichtigen, wie sie gegen Neumanns Vorstellungen, zur Zeit der Mainzer Planungsdominanz fixiert, fortentwickelt, in Paris zwar kritisiert wurde, aber bis 1730 noch gültig blieb.

Man könnte diesen Abschnitt der Vorgeschichte unserer Hofkapelle in der Residenz mit dem Motto: Kapellensaal contra Rotunde überschreiben. Denn bekannt ist ja, mit welcher Zähigkeit sich Neumann gegen die Einfügung der ovalen Kuppelrotunde in die Fassaden der Nord- und Südflanke des Schlosses gewehrt hat. Es muß ihm wenig Freude gemacht haben, als er auf dem großen Hauptgeschoß-Grundriß seiner Serie SE 297+ aufgrund der Wiener Bausitzung »seine« quaderförmige Gestalt des Mittelpavillons an der Südflanke ausradieren und die dubiose des Ovals dafür wieder eintragen mußte. Und es dürfte nicht nur Nachlässigkeit gewesen sein, wenn er diese für ihn bittere Korrektur auf den Mezzaningrundrissen unterließ. Der Fürst und wohl auch Hildebrandt waren demnach nicht bereit, die ovalen Rotunden zu opfern, obwohl der wichtigste Grund für ihre Existenz, die Hofkirche nämlich, entfallen war.

Wie dieser Entschluß zustande kam, ist nicht bekannt, wahrscheinlich haben auch finanzielle Gründe für die Beibehaltung der beiden Kuppelrotunden, von denen die nördliche im Fundament schon bestand, gesprochen. Fest steht jedenfalls, daß Neumann diese Baukörper aus der Planung eliminiert wissen wollte. Er hat sich auch gegen die ovale Ausgestaltung der Sala Terrena gewandt, die offensichtlich von Hildebrandt eingeführt wurde, wie dessen eigenhändig beschrifteter Erdgeschoßgrundriß SE 302+ beweist. Die ausgeführte Gestalt wiederholt in dem Kranz der zwölf Freisäulen die achteckige Form des Saales. Und das war wohl auch maßgebend bei der sehr intelligenten Gliederung in Form eines Umganges und eines Kernraumes, über dem sich heute Johann Zicks Gewölbefresko erhebt. Eine eigenhändige Skizze Neumanns, die einem Brief vom 21. Oktober 1740 aus Ehrenbreitstein an Friedrich Carl beigelegt wurde, gibt Aufschluß über die Idee solcher Gliederung.

Und dennoch ist die so griffige Formel: Quader gegen Zylinder, Kapellensaal gegen Rotunde schief. Man braucht nur an die Kirchenbauten Neumanns in Vierzehnheiligen und Neresheim zu denken, um sofort wahrzunehmen, daß der Baumeister nicht ein unverbesserlicher Feind von gerundeter Architektur war und ebensowenig ein solcher von Rotunden. Das sind freilich Kirchen, die später begonnen wurden als die Hofkirche der Würzburger Residenz. Aber auch der monumentale Kirchenbau der Benediktiner von Münsterschwarzach, der leider zerstört ist, die Wallfahrtskirche von Gößweinstein, ebenso die Schönbornkapelle, deren Bau ja 1721 begann, und die Rotunde der Benediktiner von Holzkirchen, die 1728 entstand, beweisen uns, daß Neumann zwar kein Freund von gewölbten, ausgebuchteten oder pausbäckigen Außenarchitekturen gewesen ist – keiner seiner Kirchenbauten zeigt sofort außen, was wir innen finden – aber durchaus ein Gestalter von Rotunden, die er mit anderen rotundenähnlichen Raumgliedern zu verbinden wußte. Zwar sollte der Außenbau einer Kirche in klaren und auch ebenen Wandflächen in Erscheinung treten, aber die innenräumliche Komposition Neumanns neigt gerade zu nicht rechtwinkeligen, unstarren, nicht aus Geraden gebildeten Figurationen. Das schlagwortartige Motto ist also zu verändern: Monolithische Stereometrie contra angemessene Erscheinung von Außenbau und Raumgestalt.

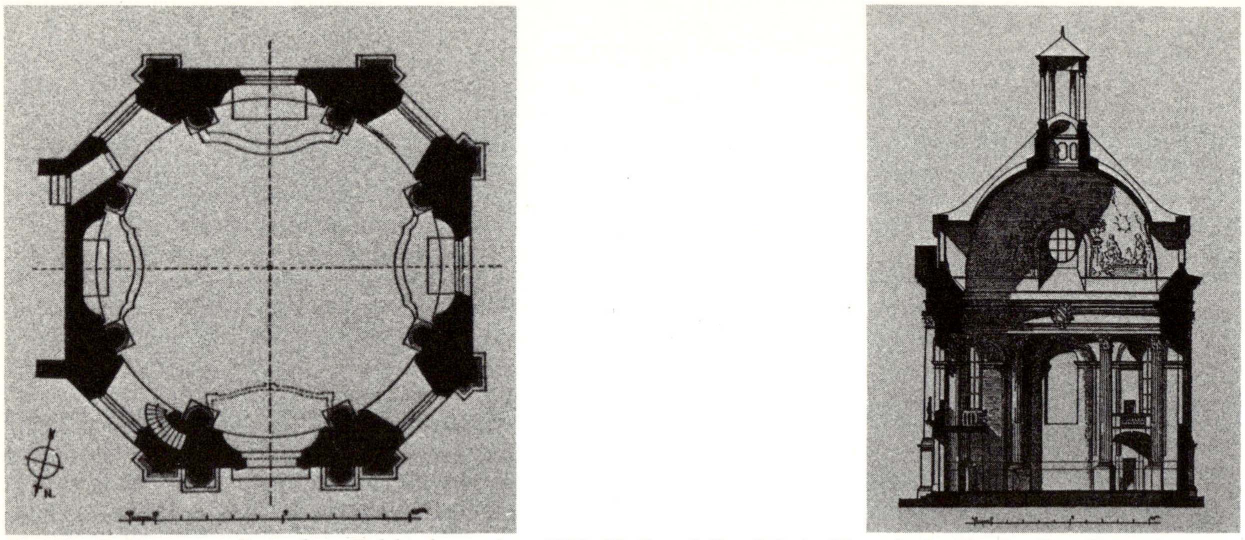

Fig. 48 B. Neumann: Rotunde in Holzkirchen, erbaut 1728–30, Grundriß u. Schnitt (Kunstdenkmäler des Kgr. Bayern)

Belegen wir diese schlagzeilenartige Behauptung durch das Beispiel eines Kirchenbaues, der bereits 1728 nach Entwurf von Neumann begonnen wurde, wobei wir absichtlich die Schönbornkapelle in Würzburg, die am besten als solcher Beleg fungieren könnte, deshalb außer Betracht lassen, weil seit kurzem der hin und her wogende Streit über Hildebrandt oder Neumann als Autor der Raumgestalt wieder aufgeflammt ist und im Rahmen dieser Entstehungsgeschichte der Hofkirche nicht erörtert werden kann. Das Exemplum ist vielmehr die sogenannte Rotunde in Holzkirchen am Rand des Spessarts. Die dem hl. Michael geweihte Kirche war eine Stiftung von Propst Bonifaz Freiherrn von Hutten, dem Bruder des damals regierenden Fürstbischofs in Würzburg, Christoph Franz. Neumann dürfte seine Entwürfe 1726 angefertigt haben, 1728–1730 wurde der Kirchenbau errichtet. Die Holzkirchener Rotunde ist ein Zentralbau, der außen aus acht paarweise verschieden breiten Wänden gebildet wird und auf dem das achtkantige Zeltdach mit Laterne ruht. Die Kanten des Achtecks sind von Pilastern besetzt. Ein hohes Sockelgeschoß, in dem die Türe sitzt, ist von einer höheren Fensterzone ausgeschieden. In der hohen Attika sitzen die hochovalen Fenster, die das Gewölbe beleuchten, über dem das Dach zusammengezogen ist. In allen acht Wänden befinden sich die hohen Rundbogenfenster mit Ausnahme der an die Propstei angebauten Ostseite. Alle Fenster sind gleich groß, die Mauerabschnitte des Achtorts sind aber so bemessen, daß die vier schmalen Seiten halb so lang sind wie die vier breiten, was sich übrigens auch in den Kantenpilastern ausdrückt: Sie zeigen nämlich ihre ganze Breite an den breiten Wänden, die Hälfte nur an den schmalen. Die Portaltravée ist durch eine zusätzliche Säulenädikula hervorgehoben.

Das Raumbild der hohen, hellen Rotunde ist von ganz anderer Art, nicht nur reicher, sondern auch durch das Zusammenspiel von ganz verschiedenen Faktoren eigentümlich geprägt. Einer dieser Faktoren ist die völlig regelmäßig ausgebildete korinthische Kolonnade von acht kannellierten Freisäulen mit Gebälk, über dem sich das Gewölbe spannt. Der Durchmesser beträgt 14 Meter. In den Intervallen der ringförmigen Säulenstellung sehen wir abwechselnd viermal typische Fensterabseiten, wie sie in Süddeutschland der sogenannte Wandpfeilerbau seit dem Beginn des 17. Jahrhunderts kennt. Die Mauer ist zu konisch geschrägten, geraden Gewänden für die hohen Rundbogenfenster zugerichtet, die Fenster füllen diese Abseiten aus. Im Wechsel damit aber gibt es vier flache, in die Mauer breit eingetiefte, gerundete Konchen, wie sie als Bestandteil der Schalenbauweise auch in Süddeutschland und in Franken, besonders durch italienische Architekten oder Werkleute im 17. Jahrhundert, bekannt wurden. Es sind das Abkömmlinge der italienischen Reliefarchitektur, die ihre Herkunft aus dem Massenbau, wie man sagt, nicht ganz verleugnen können. Das ist an den Konchen von Holzkirchen deshalb zu bemerken, weil die Fenster darin anders sitzen als in den übrigen Abseiten. Sie sind aus der Mauer herausgebrochene Öffnungen, während sie sonst als transparenter Abschluß von konischen Mauerbrücken erscheinen.

Neumanns Wandform im Inneren der Rotunde von Holzkirchen bringt demnach zwei völlig verschiedene, bisher auch meistens, mit Ausnahme von Böhmen und dem südöstlichen Deutschland, gesondert tradierte

Fig. 49 M. v. Welsch: Großes Ovalkirchenprojekt 1726, Aufriß (SE LXX+)

Bauweisen zusammen und läßt sie an einer Raumkonzeption Dienst tun, die noch zusätzlich eine als Kern des Inneren dargestellte Kolonnade auf kreisförmigem Grundriß enthält. Nun muß man noch die integrierenden Elemente dieser erstaunlich synkretistischen Komposition nennen, also die gleichmäßige Folge von Bögen, die alle acht Abseiten zusammenbinden und korbbogenförmigen Zuschnitt besitzen, ferner die Postamente der Säulen, die streng konzentrisch ausgerichtet sind und die Hervorhebung von vier der acht Seiten durch die Altäre und das Portal. Vor allem aber gehören zu dieser erfolgreichen Vereinheitlichung wie üblich bei dem jungen und dem alten Neumann die Proportionen. Die gleichen Intervalle der Säulenstellung, die aus der paarweise ungleichen Kantenlänge des Äußeren entwickelt wurde, werden verschieden bewertet und weiter: Die unterschiedlichen Abseiten werden wieder auf die ganz gleichen Fensterformate zurückgebunden. Schließlich und endlich: Durch die kunstvolle, aber völlig geklärte und in der Wirkung glückliche, geradezu serene Komposition wird die Ablösbarkeit des Säulentempietto von der Abseitenfolge auf dem Wege einer intellektuellen Erklärung, nicht nur mittels einer möglichen subjektiven Illusion dargetan. Niemand, der die Partitur dieser Architektur kennt, wird die Rotunde als Produkt eines französischen Akademismus mißverstehen können.

Die Holzkirchner Rotunde ist Neumanns Meisterstück als Architekt. Mit diesem Bauwerk hat er sich freigesprochen von jeder Form der bloßen Nachahmung und auch von den blutleeren Pflichtübungen des französischen Akademismus. Das Stoffliche des Baus ist einfach, karg, aber sorgfältig auswählend bestimmt worden. Die Proportionen im Inneren haben noch etwas vom Pathos erster und überwältigender Bildungserlebnisse. Ungemein schön ist die Lichtsituation in der Kirche, die wie ein Kristall in der unterfränkischen Landschaft ruht und innen sich so reich entfaltet wie eine Blüte und doch nichts Süßes, nichts Duftiges hat.

In dieser Architektur ist nicht nur Vergangenes zusammengefaßt und zur Reife gebracht, sondern auch Aussicht auf noch Zukünftiges ermöglicht: Neumann wird nicht variieren um der angenehmen Abwechslung willen, sondern wird das heterogene Material auf bestimmte Themen hin prüfen, demnach auswählen und neugestalten. Zu diesen Themen wird sicherlich immer an erster Stelle die Ausbildung in sich geklärter Raumglieder gehören, die sich gegenüber den Mantelformen selbständig, von diesen Mantelformen abgelöst, formieren. Die Säule als freigestellte Stütze wird dabei immer mehr Bedeutung erlangen. Zu den Themen erster Ordnung aber wird auch die Verbindung, Verschmelzung der beiden Typen des Baues gehören: der schalenförmigen, modellierenden und der pfeilerhaft ordnenden – reliefhaft die erstere und deshalb besonders geeignet zu runden, zu wölben und zu umhüllen; kantig, ja starr, die andere, die gut auszurichten, zu drehen, zu wenden und aufzurichten versteht. Der Bogen als der einfachste bauliche Ausdruck einer Verbindung beider Bauweisen wird deshalb neben der Freisäule das Leitmotiv der Baukunst Neumanns bleiben und immer größere Ausdruckskraft erlangen.

Von Holzkirchen ist ein Rückblick auf die Hofkirche im Oval nach der Planung des »Mainzer Projekts« lehrreich und unerläßlich. Lehrreich ist die Gegenüberstellung mit dem Hofkirchenprojekt, das Maximilian von

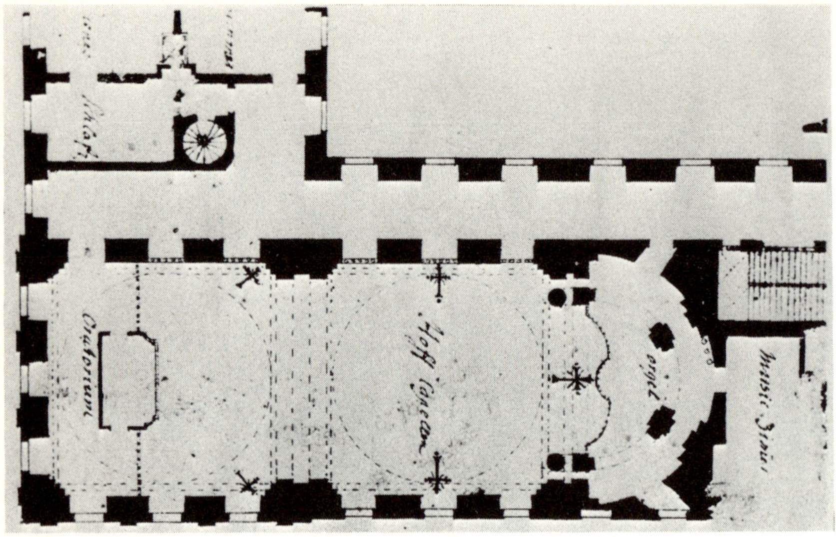

Fig. 51 L. v. Hildebrandt: Ausschnitt »Hofkirche« aus dem Residenzgrundriß (SE 297+)

Welsch noch bis 1726 in immer prächtigere Formen kleidete und es sogar in Mainz als einen für sich stehenden Kirchenbau verwirklichen wollte, nachdem die Chance, das Projekt in der Würzburger Residenz auszuführen, 1724 mit dem Tod von Johann Philipp Franz endgültig geschwunden war. Eine nur typisierende Beschreibung ist ausreichend. Wir halten uns dabei hauptsächlich an die letzte, 1726 datierte Form des Welsch-Projektes im Skizzenbuch der Sammlung Eckert (SE LXX+). Die sorgfältig ausgeführte, polychrom lavierte, in französischer Sprache beschriftete Zeichnung enthielt unten ein Stück vom Mauergrundriß der Rotunde und darüber in Superposition den Aufriß des zweistökkigen Kuppelbaus, bzw. rechts den Querschnitt. Demnach war diese letzte Fassung der Hofkirche im Oval nach dem Vorbild der Schloßkirche von Versailles geformt: Auf dem mit Nischen durchsetzten Erdgeschoß, dessen Gliederung aus zwölf gleichmäßigen Pfeilerarkaden bestand, erhebt sich die Empore. Sie bildet einen ringförmigen Umgang in Form einer hohen Kolonnade mit paarweiser Stellung der kompositen Säulen, und zwar in genauer Übereinstimmung mit der Position der hohen Rundbogenfenster in den Mantelmauern. Über dem Gebälk der inneren Kolonnade erhebt sich eine Kuppel mit Laterne. Wie die schon besprochenen Residenzpläne beweisen, gab es auch Fassungen mit einem inneren, konzentrischen Stützenkranz schon im Erdgeschoß. Ein anderes Blatt des Skizzenbuches der Sammlung Eckert (LXXI+) zeigt Aufrisse zu dieser und zu anderen Lösungen der Hofkirche im Oval.

Verglichen mit Neumanns Rotunde, die im gleichen Jahr entworfen wurde wie das letzte Prachtprojekt von Maximilian von Welsch, wird deutlich, was beide gemeinsam haben und was beide unübersehbar unterscheidet. Gemeinsam ist diesen Zentralbauten das Thema eines inneren Kolonnadenrings, der das einfache Kuppelgewölbe trägt und dessen Intervalle mit der Fensterordnung der Mantelmauern übereingestimmt ist. Völlig unvergleichlich ist jedoch das Verhältnis dieser Kernkolonnade zu den Mantelmauern, denn in allen Phasen, die die Würzburger Hofkirche im Oval durchlief, bleibt der Mantel des Kirchenraumes als gleichmäßiger, gleichförmiger, zylindrischer Baukörper bestehen, während Neumann den Raummantel in Holzkirchen aus zwei verschiedenen Elementen zusammensetzt und so den sehr einfachen Baukörper innen einer Umbildung, einer Verwandlung unterwirft.

Unerläßlich ist der Vergleich der beiden Rotunden deshalb, weil Neumann als Bauleiter und als Sachwalter der Residenzpläne in Paris tatsächlich Korrekturen am Projekt der Hofkirche im Oval vorgenommen hat. Er veränderte die Proportionen des Ovals in Paris, also unabhängig von Maximilian von Welsch. Denn am 7. März schreibt er aus Paris, er habe das Oval »neu eingerichtet«, und zwar »nicht mehr so spitz« wie zuvor. Wir kennen auch die Maße dieser Veränderung. Neumann korrigierte das Verhältnis von Länge zur Breite von 73 mal 54 Fuß auf 72 mal 57 Fuß. Auch an dieser Episode sieht man, worauf es bei einem Baumeister, der nicht nur dekoriert, letzten Endes immer ankommt. Und um Proportionen ging es ja schließlich wiederum, als Neumann die im Schema schon festliegende Gliederung am Außenbau der beiden Ovale in die endgültige Form bringen mußte, wir sprachen schon davon. Zweifellos aber hat er sich auch mit dem Thema der Kuppelrotunde mit einem inneren Kernzylinder in Form eines

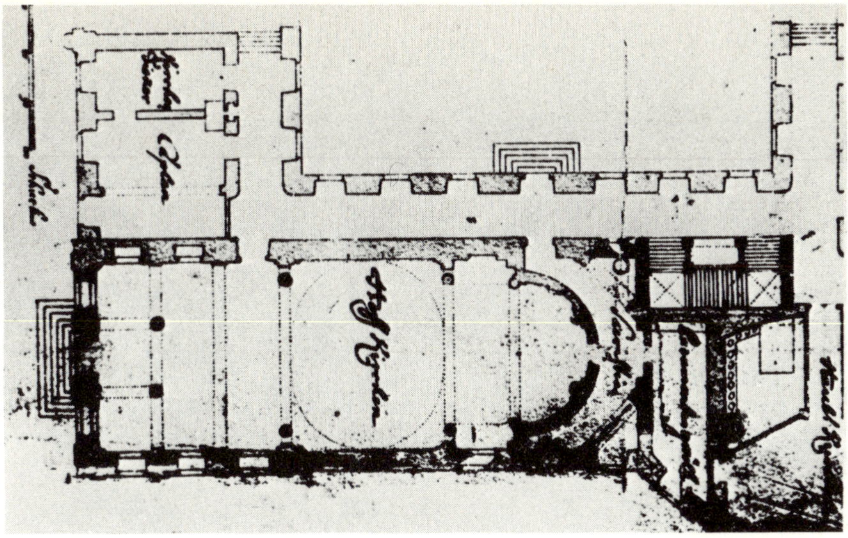

Fig. 52 L. v. Hildebrandt: Ausschnitt »Hofkirche« aus dem Residenzgrundriß (SW 302+)

Kolonnadenringes befaßt. Holzkirchen beweist es und zeigt, wie weit er sich von der Anregung fortbewegen mußte, um das zu erreichen, was die Rotunde von Holzkirchen darstellt.

Belehrung anderer Art schöpfte Neumann aus dem Hofkirchenprojekt von Germain Boffrand am Ende des Pariser Aufenthaltes. Boffrand schlug nämlich vor, die Hofkirche im Oval mit einem Langhaus zu versehen, das in dem Bautrakt zwischen den Höfen des Nordschlosses liegen und südlich eine Vorhalle erhalten sollte, die von den beiden Höfen zugänglich gewesen wäre. Der gesamte Emporenbereich in Höhe der Beletage sollte dann für den Hof und den Fürsten reserviert werden. Wir kennen das Projekt in der Fassung, die Boffrand selbst 1745 in seinem Buch publizierte und aus den Zeichnungen, die Neumann in Paris davon ausfertigte oder in Würzburg zeichnen ließ, nämlich den Grundriß SE 305+ und zwei eng miteinander verwandte Querschnitte durch die Residenz mit dem Aufriß des Inneren der Boffrand-Kirche (Berlin Hdz 4677 und Mainfränkisches Museum Würzburg Inv. S. 45 779). Neumann wurde durch dieses Projekt aus erster Hand mit einer Aufgabe vertraut, die er später sehr oft in seinen Kirchenbauten in Angriff nahm, nämlich der Verbindung von Zentral- und Langbauten, und zwar speziell als Verbindung von Rotundengewölben mit tunnelförmigen Tonnengewölben.

Kehren wir zurück zur Hofkirchenplanung in der letzten und entscheidenden Bauperiode unter Friedrich Carl seit 1729/1730!

Nachdem die Entscheidung gefallen war, die Hofkirche nicht mehr im Nordoval unterzubringen und auch nicht in der Form des Boffrand-Projektes, verschwindet das Thema der Kuppelrotunde zunächst vollständig aus den Entwürfen, und man kehrt zu einem mehrjochigen Kapellensaal zurück, dem ein eingezogenes Presbyterium angeschlossen ist. Der Kapellensaal der Hofkirche liegt jetzt immer schon an der Stelle wie heute auch, nur wird seine Länge verschieden bemessen. Sechs, sieben oder acht Fensterachsen der Südfront werden genutzt. Auf dem Hauptgeschoßgrundriß SE 297+, den Neumann nach vorheriger Unterrichtung aus Wien für die Bausitzung am 23. September 1730 in der Kaiserstadt vorbereitet hatte, besitzt das Langhaus zwei quadratische Kuppeljoche von je drei Fensterachsen Weite, so daß der trennende breite Gurtbogen zwischen den Jochen gerade dorthin gelegt werden konnte, wo eine breitere Mauerpause zwischen den Fenstern wegen des Risalits am Außenbau besteht. Diese Lösung ist gut erdacht. Auf den von Hildebrandt eigenhändig beschrifteten Grundrissen von Erdgeschoß und Hauptgeschoß SE 302+ und 303+ aus dem Jahre 1731, in welchem wir die von Hildebrandt autorisierte Schlußredaktion des Residenzprojektes erblicken dürfen, besitzt das Langhaus der Hofkirche nur eine schmälere Kuppeltravée, weshalb das Gewölbe als ein Queroval ausgebildet ist. Im übrigen müssen für die gesamte Hofkirche, die wie heute drei der vier Stockwerke des Schlosses durchmißt, Tonnengewölbe angenommen werden.

Neu ist an dieser Form der Hildebrandt-Hofkirche die große Zahl an Säulen, die das Innere besitzt, es lassen sich zehn gleich große aus den Grundrissen erschließen und mindestens vier kleinere im Obergeschoß. Zwar kehrt also im Hildebrandt-Projekt von 1731 (SE 302+, 303+) das Oval wieder, aber nicht die ovale Gewölberotunde. Denn alle Kirchenkuppeln, die

Eig. 53 B. Neumann: Plankopie seines Hofkirchenentwurfes »gegen« Hildebrandt (SE 313+)

wir auf den Plänen für die Residenz eingetragen finden, die mit der neuen Bauberatung durch Lucas von Hildebrandt zusammenhängen, sind Pendentifkuppeln. Es sind Kuppeln, die einem rechtwinkelig angenommenen Vierungsgestell aufgesetzt werden, weshalb eine Vermittlung durch vier sphärische Dreiecke, Pendentifs genannt, in den Lücken zwischen der Kuppelkalotte, deren Fußlinie in die Vierung eingeschrieben ist, und der Vierung selbst unerläßlich ist. Dagegen ragt eine Rotunde vom Boden auf wie ein Zylinder, und die Kuppel deckt diesen Zylinder nahtlos ab, eine Vermittlung durch Pendentifs ist nicht nötig. Alle Phasen der Hofkirche im Oval haben diese Grundform, sie ändert sich auch nicht dadurch, daß von dem Zylinder nur Partien bestehenbleiben, etwa vier pfeilerförmige Mauerstücke und dazwischen Bogenarkaden, wie etwa bei der ovalen Kuppelrotunde des Boffrandprojektes, gut sichtbar auf den erwähnten Schnitten in Berlin (Hdz 4677) und im Mainfränkischen Museum Würzburg.

Es finden sich jedoch auf den in Wien gebrauchten und dort auch besprochenen Residenzplänen über die Hofkirche Bleistifteintragungen, deren Sinn nur sein kann, anstelle der geplanten beiden Kuppeljoche eine ovale Rotunde in der Längsachse des Kirchenraumes einzurichten. Die Schlußredaktion der Hildebrandtkirche auf SE 302+ und SE 303+ mit nur einem Kuppeljoch, allerdings einem querovalen, könnte ein Reflex dieser Eintragung sein. Anlaß und Ursache der Eintragung war jedoch ein Kirchenprojekt Neumanns, das Ende März/Anfang April 1731 entstand, und das offensichtlich als ein Gegenvorschlag zu Hildebrandt gedacht war. Es ist uns in einer Plankopie SE 313+ erhalten. Auf dieser 1945 verbrannten Federzeichnung, von der es aber noch einen klaren Abzug gibt, war oben der Grundriß dieser Kirche und darunter in Entsprechung der Aufriß und einige Schnitte mit Lineal und Zirkel gerissen und dann in schwarzer Tinte ausgeführt. Eine Reihe von Unstimmigkeiten in der Darstellung des Kirchenraumes veranlaßte es, in dem Blatt eine Kopie des Neumannentwurfes zu sehen, dessen Autorschaft niemals bestritten wurde.

Dieses Neumannprojekt besitzt eine ovale Kuppelrotunde anstelle der beiden quadratischen Joche der Hildebrandtkirche von SE 297+ mit ihren Pendentifkuppeln. Der Unterschied ist deshalb besonders einleuchtend, weil die Verankerung der Gewölbe an derselben Stelle erfolgt, nämlich hinter der breiteren Mauerpause des äußeren Risalits, nach dem dritten Fenster der Südseite, von Westen her gezählt. Bei Hildebrandt liegt dort der Gurtbogen, der die Joche trennt, bei Neumann die kurze Achse des Ovals, also ihre größte Ausweitung. Die ovale Rotunde des Neumannprojektes ist aber nur das eine Mittel der räumlichen Ausgestaltung. Das andere besteht in vier Abseiten, die zwischen Mantelmauern und Kernoval eingeschaltet sind und Transformatoren der Beleuchtung des Kernovals bilden. Ihr Grundriß ähnelt demjenigen in der Erdgeschoßmauer der Hofkirche im Oval von Welsch 1726 (vgl. SE LXX). Das hochragende Kernoval erhält also durch zwei steile Fensterbahnen im Süden direktes Licht und indirektes durch die beiden südlichen der vier Abseiten. Mezzanin und Hauptgeschoß sollen in Form von Emporenbrükken Zugang zu dem Kernoval haben. Im Westen sind die Empore für den Fürsten in Form eines eingezogenen Anraums und im Osten ein entsprechender Altarraum geplant.

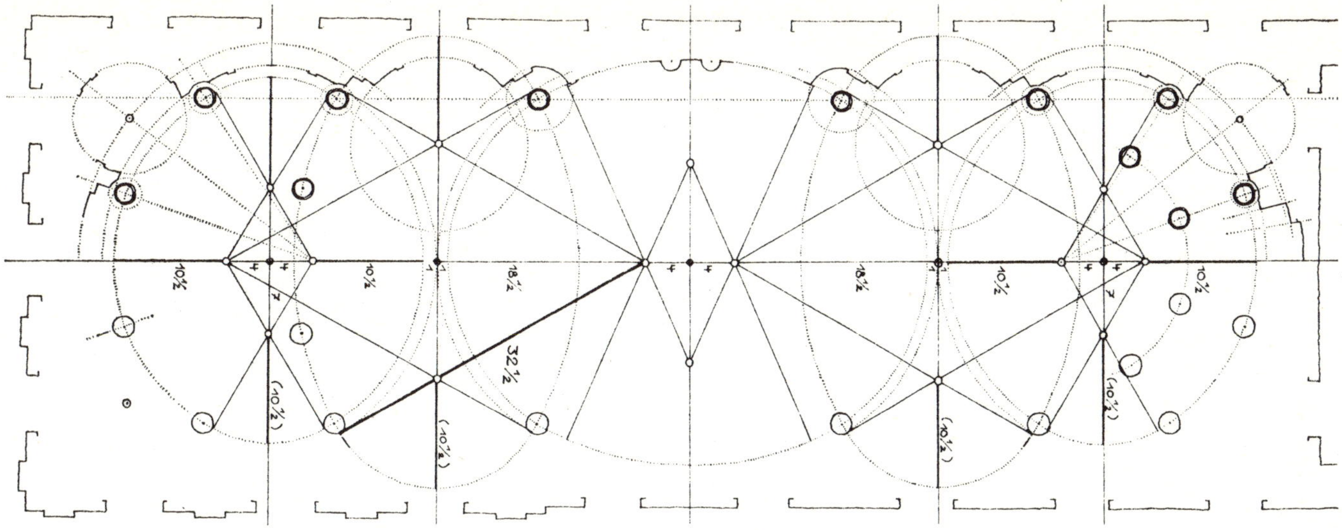

Fig. 55 *H. Thies: Grundrißrekonstruktion zu 54 (Harmen Thies, Grundrißfiguren B. Neumann, Florenz 1979)*

Fig. 54 *B. Neumann: Hofkirchenprojekt vom Januar 1732. Längsschnitt, eigenhändig bezeichnet (Berlin, Kunstbibl. Hdz 4687)*

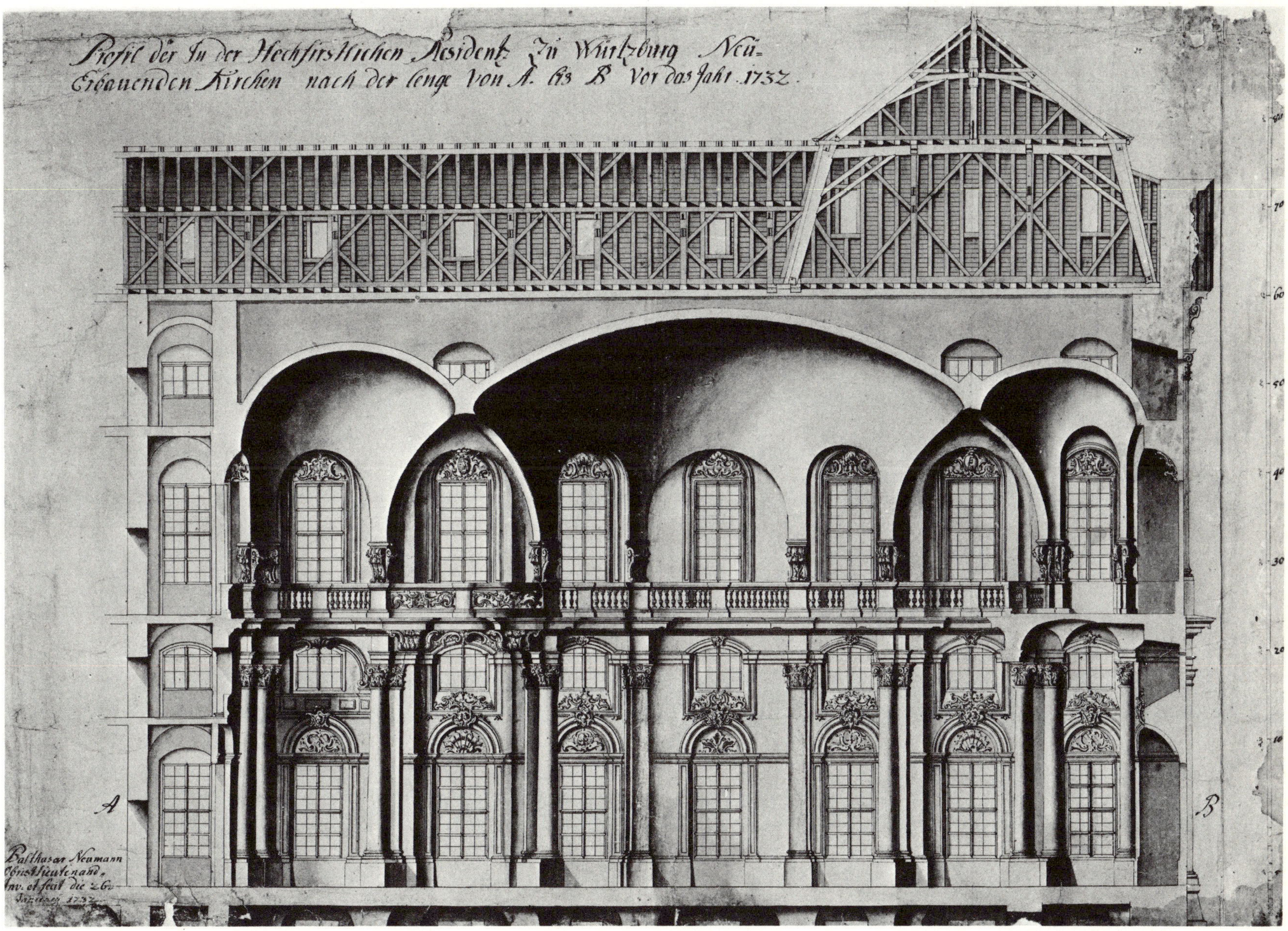

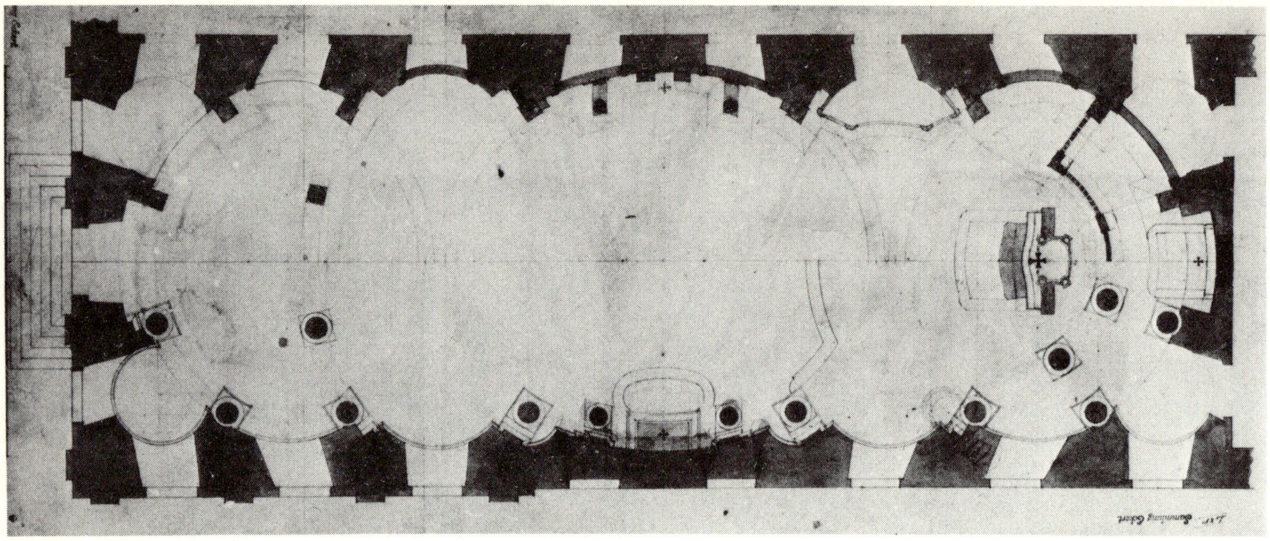

Fig. 56 B. Neumann: Hofkirchenprojekt 1732 (Berlin, Kunstbibl. Hdz 4689)

Im Vergleich mit den Hildebrandtprojekten wirkt diese Kopie des Neumannprojektes wie ein Aschenbrödel. Die Unwilligkeit Neumanns, seinem Projekt etwas von der Geschmeidigkeit dekorativer Ausschmückung bei einfachster Raumform zu geben, die Hildebrandts Kirche kennzeichnet, das Unverhüllte der Konzeption und das Unansehnliche des Aufrisses mit der hoch gesockelten, großen, kompositen, also »römischen« Pilasterordnung, das Fehlen der Säulen, die angestrengte Konstruktion – all das dürfte nicht dazu beigetragen haben, dies Projekt dem Fürsten zu empfehlen. Neumanns Projekt fiel durch. Außer dem Ersatz der beiden Pendentifkuppeln durch eine querovale Pendentifkuppel hat es auch auf dem Hildebrandtkirchenentwurf kein Echo gefunden.

Die Wirkung dieses Neumannprojektes SE 313+ für eine Hofkirche reicht aber doch viel weiter. Denn in ihm steckt der entscheidende Grundgedanke, der zu dem letzten Schritt in der Hofkirchenplanung der Würzburger Residenz im Winter 1731/32 geführt hat. Wiedereinführung der ovalen Kuppelrotunde, jetzt aber als räumliche Kernform, die sich von den rektilinearen Mantelmauern abhebt, das Zentrum des Kirchenraumes bildet und nach allen Seiten durch hohe Arkaden geöffnet bleibt. Drei Pläne in der Berliner Kunstbibliothek für die Hofkirche, von denen der Längsschnitt (Hdz 4687) und der Querschnitt (Hdz 4688) von Neumann eigenhändig gezeichnet wurden (Balthasar Neumann, Obristleutnant inv. et fecit. Die 26. Jan. 1732) und ein nicht dazugehöriger Grundriß, der jedoch dieselbe Konzeption wie die Schnitte zeigt (Hdz 4689), sowie der sehr ausführliche und im Büro Hildebrandts gezeichnete Grundriß SE LXV+, der nach entsprechenden Erörterungen dieses Projektes entstanden sein muß, präsentieren uns den letzten, aber wichtigsten Schritt Neumanns: den Entwurf des heutigen Kirchenraumes. Da lange Zeit zu dem Längsschnitt und Querschnitt kein genauer Grundriß rekonstruiert wurde, waren manche Beurteilungen dieses Neumannprojektes von 1732 schwankend. Nachdem Harmen Thies 1978 (publiziert 1979) dies nachholte und zusätzlich die Konstruktion Neumanns einwandfrei rekonstruierte, können wir heute diese Berliner Zeichnungen an Hand der Konstruktionsschemata von Thies richtig lesen.

Halten wir die Hauptsachen fest, und zwar immer im Vergleich der Berliner Zeichnungen mit der Raumgestalt, wie sie heute besteht, wobei uns die Konstruktionsschemata von H. Thies behilflich sind.

Eine Hauptsache sind sicherlich die ovalen Raumglieder in der Kirche, die am einfachsten an und mit den bestehenden Gewölben zu bestimmen sind. Nun gibt es, für den Laien verwirrend, zwei Arten von Beschreibungen derselben. Die einen, die von drei Ovalen sprechen, wie Eckert 1917 und Mader 1915, und andere, die von fünf solchen sprechen, wie alle Führer der Residenz. Die ersten nennen, was wir sehen: das mittlere große Oval in der Längsachse der Kirche und zwei füllige, aber deutlich querliegende über dem Hochaltar einerseits und der Orgelempore andererseits. Die Verfechter der Fünfkuppel-Beschreibung nennen das mittlere und jederseits ein Paar von miteinander verschränkten Querovalen. Wie kann man diese Kontroverse entscheiden? Sehr einfach, indem erkannt wird, daß die Partei der fünf Ovale neben den drei wirklich vorhandenen, die einander berühren, noch zwei hinzuzählt, die sie weiß. Es sind jene beiden, die Neumann

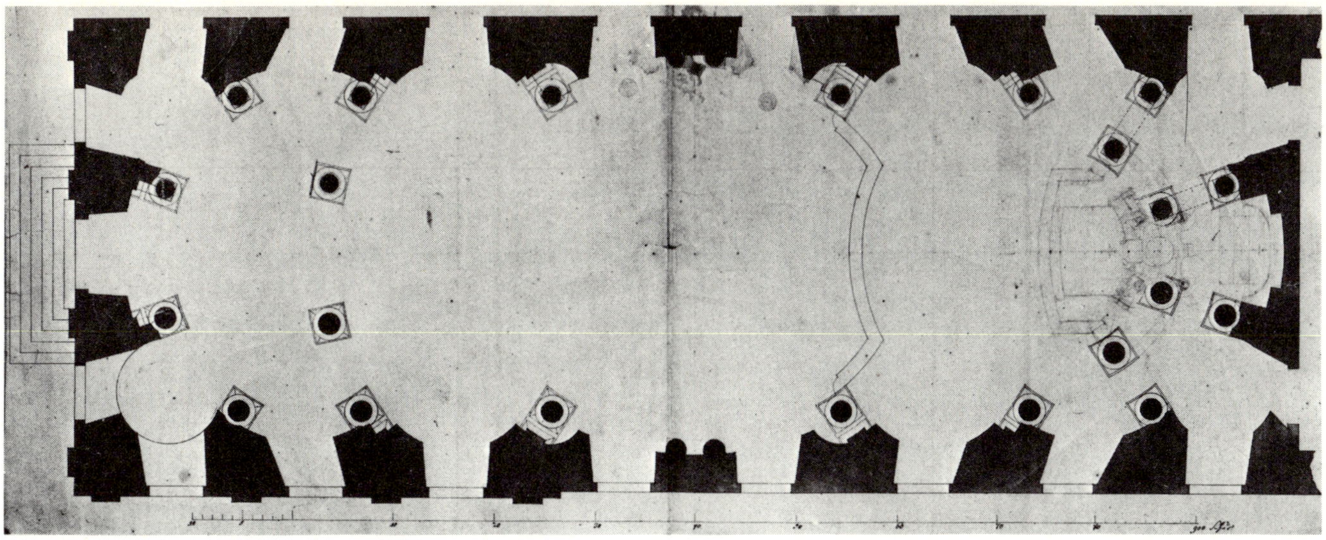

Fig. 57 Büro B. Neumann: Hofkirchenprojekt, Ausführungsstadium, Grundriß (SE LXV+)

benötigte, um die Proportion der drei großen ovalen Kuppelrotunden zueinander zu bestimmen und um zu klären, wie die Lücken zwischen ihnen, die bei einer solchen Einbettung der Rotunden in einen rechtwinkeligen Raumkasten entstehen, zu füllen sind. Es sind also – um das klarzustellen – tatsächlich nur drei große Gewölberotunden da und nicht fünf. Aber für das besondere Dasein dieser Ovale, für ihr Verhältnis zueinander und für die proportionale Füllung dieser Lücken zwischen den Rotunden, für die Zwischenjoche also, taten die zwei zusätzlichen unsichtbaren Ovale Neumanns ihren Dienst. Harmen Thies nennt sie deshalb ganz folgerichtig »sekundäre Ovale«, man kann sie nicht in einem Atem mit den drei anderen nennen.

Die oft beschworene »Durchdringung« von Ovalrotunden im Gewölbe der Würzburger Hofkirche findet also nicht statt, solange wir wie immer in den bildenden Künsten auf ihrer Verkörperung bestehen. Nichts wäre für Neumann leichter gewesen, als uns eine solche Durchdringung vermittels der Gurte wirklich vor Augen zu führen, wenn er und der Bauherr das gewollt hätten. Sie taten es nicht. Wir sehen mit absoluter Eindeutigkeit die drei Kuppeln, die einander berühren und nicht durchdringen und sich als Rotunden so weit wie nur möglich zueinander öffnen, und eben dadurch entstehen die vier Zwischenjoche. Aber gerade das, was für unseren Anblick so überwältigend deutlich ist, nämlich die Integrität und Vollständigkeit der Kuppelgewölbe, gerade das hat Neumann durch eine Konstruktion vermittels der einander durchdringenden Ovale herzustellen verstanden, hervorgebracht. Die Durchdringungsovale sind für die Gewölbe der Hofkirche Konstruktionslinien, die in der Ausführung verschwunden sind, so wie man Hilfslinien auf einer Zeichnung wegwischt oder ausradiert, nachdem sie ihren Dienst getan haben. Aber natürlich sind die sekundären Ovale Neumanns in unserem Wissen von der Konstruktion dieser Architektur vorhanden. Man sollte jedoch aufhören, die Besucher und Betrachter der Würzburger Hofkirche dadurch zu verwirren, daß man von fünf Ovalen spricht, ohne den baukünstlerischen Sachverhalt aufzuklären oder aufklären zu können.

Wir nannten die drei Kuppelgewölbe Rotundengewölbe. Es gibt also keine Wechselzone. Die zylindrischen Wände der drei großen Raumglieder müssen, wenn auch aufs äußerste fragmentiert, bis auf den Boden herab als Gliederung feststellbar sein. Das ist auch der Fall. Da die runden Raumglieder in einen streng rektilinearen Mantelraum einzupassen waren, nutzte Neumann die Praxis der Wandpfeilerbauweise. Er formte sich entsprechende Mauerpfeiler, an deren Fronten sich die Rotundenwandfragmente abzeichnen. Felix Mader beschrieb das 1915 ganz trocken, aber doch zutreffend: »Diese Gewölbeanlage erforderte den Einbau von Stützen, die den rechtwinkeligen Grundriß durch Kurvenlinien verwischen.« Beobachten wir in der Kirche selbst stehend und anhand der Entwürfe Neumanns diese von den Rotunden her diktierte Zurichtung der Wandpfeiler, dann stoßen wir auch auf die materiellen Spuren jener »Geisterovale«, der sekundären Ovale, die in der Gewölbezone nicht festzustellen waren. Diese Spuren werden von den konkaven Wandstücken zwischen den drei großen Rotunden verkörpert und können von oben bis unten festgestellt werden. Wir bezeichnen diese Schalenfragmente der sekundären Ovale als Zwischenjoche. An jeder lan-

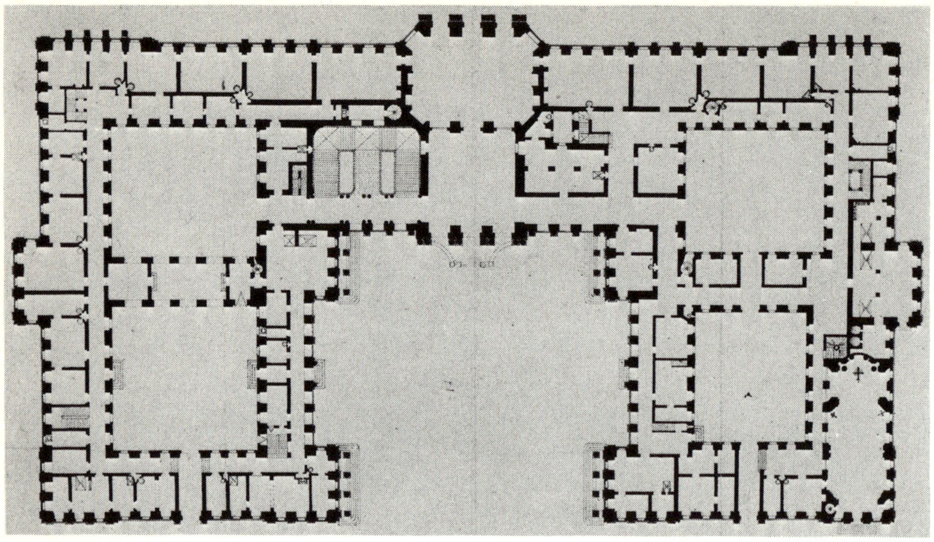

Fig. 50 Büro B. Neumann: Erdgeschoßgrundriß mit kubischen statt ovalen Mittelbauten an den Flanken (Berlin, Kunstbibl. Hdz 4685)

gen Seite der Hofkirche gibt es zwei solcher. Der Einbau von Oratorien an diesen Stellen ist eine glückliche Idee, die sich auch mit der Struktur gut verträgt.

Manches der prachtvollen Dekoration der Hofkirche dient nicht gerade der Verdeutlichung der baulichen Anlage. Die Deckengemälde von Rudolf Byss und seinen Mitarbeitern verwischen die Struktur der Gewölbe, indem ihre ausgedehnten hypaethralen Bildfelder so gerahmt sind, als ob sich die Wölbungen in Kuppeln und Pendentifs zerlegen ließen, was nicht der Fall ist und von den Schnitten Neumanns in Berlin widerlegt wird. Die Gewölbe ruhen vielmehr auf den Pfeilerstirnen der Rotundenwandfragmente, die im Emporengeschoß auf Vorschlag Hildebrandts als »sitzende« Pilaster dekorativ ausgestaltet wurden. Zwischen ihnen schwingen an den Gewölbeflächen Stichkappenöffnungen hoch, um die Kuppeln für unseren Anblick zu lüften und zu erleichtern und um Licht aus den Süd- und Westfenstern voll einzubringen. (An den gegenüberliegenden Seiten verwendete man Spiegel für die Verblendung der Scheinfenster.) In den vier Ecken des rechteckigen Mantelraumes drängen sich diese Stichkappen zusammen, denn dort konnte die konzeptionelle Lücke zwischen Rotunden und Mantelmauern nicht durch Pfeiler, sondern nur – vernünftigerweise – durch die lichtgefüllten Abseiten überbrückt werden.

Nun besitzt die Hofkirche der Residenz nicht nur diese klare und doch auch reiche Raumgliederung, die wir gezeigt haben, sondern zusätzlich im Erdgeschoß einen Kranz mächtiger farbiger Steinsäulen mit vergoldeten Kapitellen auf ziemlich hohen Postamenten. An den Schmalseiten ist die Kolonnade verdoppelt, und insgesamt prägt sie eindrucksvoll und nachhaltig das Raumbild der Hofkirche mit. In dem »Aschenbrödelentwurf« SE 313+ von 1730/1731 von Neumann fehlten Säulen ganz. In der Hildebrandtkirche von 1730 und von 1731 waren sie zahlreich vorhanden, nicht aber in der jetzigen Aufstellung und Funktion. Den großen Säulenaufwand hatte Hildebrandt gefordert. Es gibt sogar eine Stelle in einem Brief Neumanns vom 8. April 1731, wo sich dieser über solchen Aufwand beschwert, weil nicht bedacht wurde, welche Anstrengungen es koste, die Monolithe nach Würzburg zu schaffen. Immerhin konnte man große Säulen auch auf andere Weise herstellen. Kurzum, Hildebrandt war der Initiator der Säuleninvasion in der Hofkirchenplanung. Die heutigen Bedingungen ihrer Existenz verdanken die Säulen dieses Kirchenraumes aber erst der Konstruktion Neumanns, wie sie auf der Berliner Zeichnung Hdz 4689 sichtbar ist und von H. Thies erläutert wird.

Diese vierundzwanzig kompositen Säulen ragen auf, tragen auch die Empore und ebenso die Stützen des oberen Geschosses, die »sitzenden« Pilaster-Pfeiler, gut sichtbar zu seiten der Seitenaltäre. Aber sie sind verschieden ausgerichtet. Wie sieht man das an Säulen? An ihren Postamenten und Sockeln und an den ausladenden Gebälkstücken! Das sind die Instrumente auch, durch die die Kolonnade der Hofkirche anschaulich mit der Gliederung der drei Rotunden verbunden wird. Betrachten wir zuerst die Säulensockel, die Postamente! Ihre Position und die runde Ausformung der jeweiligen Stirnseite erweist sie eindeutig als übereingestimmt mit derjenigen Rotunde, der sie zugehören, indem sie nämlich die zylindrische Wandung der Rotunde nachzeichnen. (Übrigens ist die Frage, was Stirn und was Flanke an einem Bauglied ist, nicht so schwer zu beantworten, wie bisweilen angedeutet wurde. Man darf nur nicht von dem zufälligen Standpunkt ausgehen, sondern vom Bau selbst, also in unserem Falle vom Zentrum der Rotunde her.) Warum aber können wir nicht die vier Säulenpaare der Zwischenjoche auf die Ovale beziehen? Die genau gearbeitete Architektur gibt darauf eine genaue Antwort: weil die betreffenden Postamente an der Seite, wo sie gekurvt sein müßten, eben, gerade sind! Nicht anders verhält es sich mit den teilweise weitschweifigen Gebälkstücken, die wir allerdings mehr als ein belebendes dekoratives Moment auffassen, nicht als Wegweiser zur Architekturkonzeption. Den sekundären Ovalen, den Zwischenjochen also, ist demgegenüber der Pilaster zugewiesen. Das bestätigt eine Prüfung der vier Stellen eindeutig. Im Gewölbe sind die Lücken der Zwischenjoche durch dreieckige Verbindungsgewölbe geschlossen, deren Außenkurve durch die sekundäre Ovalkonstruktion bestimmt wurde.

Treten wir zurück und empfangen als Lohn für die analytische Bemühung ein klareres Bild von der baukünstlerischen Konzeption der Würzburger Hofkirche aus »Ovalrotunden« im »Rechtecksaal«. Man sieht ein: Die Alternative zwischen Oval und Saal hat hier keine Bedeutung mehr. Im Gegenteil! Es geht um ihre Aufhebung. Und noch um mehr. Auch die Kolonnade als die vornehmste Form der defilierenden Wandgestaltung ist mit den konzentrisch ordnenden, umhüllenden und aufgerichteten Ovalrotunden in eine Beziehung gesetzt worden, die zwar das Charakteristische sowohl der kolumnaren Architektur als auch der Reliefarchitektur unserer Anschauung erhält, aber doch etwas Neues durch solche Art von Verbindung schafft. Recht deutlich wird noch etwas anderes: die fundamentale Bedeutung der Konstruktion als Mittel der Sicherung proportionaler Ordnung in dieser Architektur. Unser Musterbeispiel dafür waren die beiden sekundären Ovale, die im Gewölbe gar nicht zu sehen waren – und in der Wandgliederung nur als Zwischenjoche – und die doch als Konstruktionshilfe nötig wurden, um die Position der Säulen mit der Größe der Ovalrotunden übereinzustimmen. In den Zeichnungen in Berlin haben wir den Beweis dafür, daß Neumann so vorgegangen war. Man könnte mit Goethe in seinem Aufsatz über »Symbol« von 1810 sagen: »Man sieht sie nicht – und doch: man sieht sie!«

So also entstand dieser Kirchenraum in einem Prozeß der Aufnahme, Auseinandersetzung und Abwägung seit 1720/21 und im Rahmen einer »kollektivistischen Planung«. Das Wertvolle ist in diesem Prozeß doch nicht verlorengegangen, sondern blieb erhalten, indem es seinen Meister fand. Am 15. September 1743 wurde die Würzburger Hofkirche eingeweiht. Die Vergolderarbeiten dauerten noch an. Im Februar und März 1752 malte Giovanni Battista Tiepolo die beiden Altarbilder.

Wahrscheinlich sind das große Treppenhaus und die Hofkirche die beiden vollkommensten Architekturen der Würzburger Residenz, die jene Meisterschaft Neumanns bezeugen, die aus der sogenannten kollektivistischen Planung dieses Schlosses hervorgegangen ist und sie schließlich überwältigt hat: »Was allein kann uns wiederherstellen? – Der Anblick des Vollkommenen« (Friedrich Nietzsche).

Der »Ornat« der Residenzarchitektur: Dekoration und Ausstattung im Innern

Grundzüge spätbarocker Dekoration: Curiose Erfindung, virtuose Ausführung

Die Ausstattung im Innern der Würzburger Residenz überrascht uns auch heute noch mit einer überwältigenden Fülle von Eindrücken, obwohl doch vieles der ursprünglichen Dekoration unterging, zugunsten neuer Ausgestaltungen verschwinden mußte und Unersetzliches in der Nacht vom 16. auf den 17. März 1945 verbrannte. Diejenigen Innendekorationen, die noch bis Ende der spätbarocken Epoche entstanden sind, das heißt also bis etwa 1770, benennt man gewöhnlich nach einzelnen Stilphasen und versucht so, die Fülle faßbar zu machen, zu durchdringen. Man spricht von »noch barocker« Ensemblewirkung, von einer solchen des Régence und derjenigen des Rokoko, eine Orientierungshilfe, die allgemein üblich ist, so daß niemand versuchen wird, sie zu ignorieren. Allerdings ist es notwendig, zuerst die generellen Grundzüge solcher Dekorationen aufzuzeigen.

Für die Innenausstattung des Spätbarock bedeutet Einheit nicht dasselbe wie für die Architektur. Die Residenz ist dafür ein sehr lehrreiches Beispiel. Die Einheit der Residenzarchitektur beruht in der Klärung der Gliederung und in der zur Vollendung gebrachten Entwicklung, die von zwei Baugedanken oder von dem System des vierteiligen Aufrisses, ihren Ausgang nimmt. Erst wer das Ganze geprüft, gesehen und bedacht hat, gewinnt schließlich eine präzise Vorstellung auch vom Einzelnen. Ohne solche Mühe, im bloßen Gegenübertreten, durch einen »Blick« auf eine Stelle des Baues, kann der Genuß des Ganzen nicht gewonnen werden. Die Dekoration dagegen kommt uns im Innern sofort und höchst eindringlich entgegen, das Einzelne in einer Dekoration befriedigt, entzückt, belehrt. Zwar gewinnen wir sicherlich auch viel, wenn wir alle erhaltenen oder rekonstruierten Ausstattungen gemustert und gesehen haben und dann wieder zum Einzelnen zurückkehren, aber eine so in sich geschlossene Entwicklung, eine solche Erklärung seiner selbst, wie bei der Residenzarchitektur, läßt sich für die Innendekoration einfach nicht erkennen. Und das hängt nicht nur an der Entstehungsgeschichte, an den Veränderungen und Zerstörungen, sondern liegt schon im Wesen der Dekoration dieses Stils beschlossen.

Der Spätbarock und besonders seine Entwicklungsphasen des Régence und des Rokoko, erst sie verdienen den Namen eines dekorativen Stils par excellence. »Die Dekoration ist eine Kunstgattung, die auf Synthese beruht, d. h., sie begnügt sich nicht damit, den einzelnen Kunstgegenstand formal-einheitlich zu gestalten, sondern sie neigt zur Verschmelzung der Gegenstände selbst, die dann automatisch zu einer Verschmelzung der Künste sich erweitert.« Mit solchen Worten von Hans Rose läßt sich Dekoration als Kunstgattung beschreiben, die es in allen Epochen der abendländischen Kunstgeschichte gegeben hat. Daß wir das nicht ohne weiteres erkennen, hängt daran, daß sich seit zirka 1660, und zuerst wohl in Frankreich, die Aufgabe Dekoration in ein Stilmoment gewandelt hat, das alle Bereiche künstlerischer Produktion immer stärker durchdringt, das Auffassung und Gestaltung aller Aufgaben einer dekorativen Sicht und Wertung unterwirft, sie alle dekorativ auffaßt. Zur Unterscheidung der Aufgabe: Dekoration sprechen wir hier vom dekorativen Stil, vom Dekorativen, als einer besonderen Stilhaltung, welche auch die Vorstellung vom Schönen und noch mehr die vom Angemessenen färbt. Es ist klar, daß dieses Stilmoment in solch ausgeprägter Kraft nur in der Innenausstattung der Residenz beherrschend wird, nicht am Bau an der Residenzarchitektur. Man kann sich dieser Sachlage bewußt werden, wenn man, wie wir es vorhaben, nach einer stilistischen und historischen Betrachtung der Innendekorationen in der Mitte des Corps des Logis die gewölbten Monumentalräume von Vestibül, Gartensaal, Großer Treppe, Weißem Saal und Kaisersaal ins Auge faßt. Da zeigt sich durch Raumart, Größenverhältnisse, Beleuchtung, Architekturgliederung und besondere Formen des Zusammenschlusses wieder die Wirkungsmacht der Baukunst in einem Ausmaß, das wir in den aus der spätbarocken Epoche erhaltenen Raumdekorationen in der Beletage der Gartenseite, südlich und nördlich des Kaisersaals, vergeblich suchen, ja auch gar nicht missen werden. Aus diesen wenigen Hinweisen geht hervor, daß die Effekte des dekorativen Stils sich in zwei scheinbar gegensätzlichen Erscheinungen bei der Innenausstattung bemerkbar machen: Vielfalt, Abwechslung, nicht nur Reichtum in der Anhäufung oder Aneinanderreihung von Räumen – aber Einheit oder Bestreben zu einheitlicher Wirkung innerhalb eines solchen Raumes.

Wir können dieses Bestreben an vielen Punkten auch in der Entstehungsgeschichte der Würzburger Residenz nachweisen. Die grundlegenden Sammlungen von einschlägigen Dokumenten in der Würzburger Dissertation von Heinrich Kreisel 1922, die Forschungen von Walter Boll und die von Richard Sedlmaier und Rudolf Pfister in dem Residenzwerk von 1923 zusammengefaßten und in der Form von übersichtlichen chronologischen und künstlergeschichtlichen Tabellen präsentierten Kenntnisse erlauben das heute ohne weiteres. Ein immer wiederkehrendes Moment ist z. B. die Forderung des Fürsten nach Abwechslung, nach Unterscheidungen der einzelnen Räumlichkeiten einerseits, andererseits aber auch die schrittweisen Korrekturen in der Raumausstattung aufgrund von Besprechungen mit den Handwerksmeistern und Künstlern selbst. Friedrich Carl von Schönborn hat in dieser Weise die erste und zugleich auch wichtigste Periode der Innenausstattung aufs glücklichste beherrscht. Man könnte zugespitzt sagen: Eben weil nach dem dekorativen Ensemble als Verkörperung von dekorativer Einheit gestrebt wurde, konzentrierte man sich auf die überschaubare Einheit der Zimmerdekoration und versuchte möglichst viele, aber auch möglichst verschiedene Zimmerdekorationen innerhalb eines Schlosses zu gewinnen. Die von Rose genannten Typen des »architektonischen Zimmers«, des »vertäfelten Zimmers« und des mit Tapisserien oder Wandbespannung ausgestalteten »textilen Zimmers« – die gab es schon lange in Europa. Jetzt im 18. Jahrhundert werden sie das Substrat dekorativer Durchbildung.

In der Regel fordert der fürstliche Bauherr mit und in seinem Residenzschloß eine »Summe« all dessen, was an Bekanntem, an »Neuartigem« oder an »Möglichem« mittels dekorativer Bestrebungen zu erreichen ist. »Summe« bedeutet in unserem Zusammenhang nicht etwas Philosophisches, sondern möglichst vieles und Verschiedenförmiges; Addition dieser Glieder, wobei die Kraft der Architektur und ihrer Meister stillschweigend als Ordnungsfaktor für die überquellende Fülle vorausgesetzt wird. Im Falle der Würzburger Residenz gewiß auch mit Erfolg. Neuerungssucht und Veränderungsbestreben kennzeichneten schon die Ausstattung des Residenzschlosses von Versailles unter Ludwig XIV. seit 1660. Aus ständischen Rücksichten und wegen der politischen Stellung folgten die deutschen Fürsten diesem Vorbild nach, sie suchten es in verschiedener Weise zu übertreffen. Nicht der Stil der Architektur, sondern der Wettbewerb im dekorativen Luxus ist der allgemeinste europäische Grundzug fürstlicher Repräsentation des Spätbarock.

Das aber ist nur die eine Seite der Medaille, die vielleicht heute zu sehr in den Vordergrund gerückt wird. Die andere betrifft die Beantwortung solcher dekorativer Wünsche oder Erwartungen durch die Hersteller, die »ausführenden« Künstler, die Handwerksmeister. Nicht der Auftraggeber, in unserem Falle der Landesfürst eines geistlichen Territoriums, nicht nur der entwerfende Künstler, der sehr oft sich auf fremde Vorlagen stützt oder auf solche vom Auftraggeber hingewiesen wird, nicht nur der Organisator des Kunstbetriebes, der »Bauhütte« der Residenz in unserem Falle, sondern derjenige, der das Werk herstellt, der Handwerksmeister also garantiert den dekorativen Effekt. Und deshalb tritt auch gegenüber dem »Concetto«, d. h. einer emblematischen oder einer ikonographischen Idee – die oft genug eine solche ad libitum war, wie in den Schriftquellen zur Ausstattungsgeschichte der Residenz in Würzburg die Wendung ». . . oder . . .« in den fürstlichen Anweisungen beweist –, es tritt gegenüber dem Entwurf, also den zeichnerischen Angaben über Anordnung, Größe und Form der Dekoration, der Kunstgegenstand selbst in den Vordergrund. Das Artefakt wird ästhetischer Gegenstand erst jetzt in vollem Umfang für die Gesellschaft, die selbstverständlich noch auf eine Elite begrenzt bleibt. Es dürfte kein Beispiel dafür geben, daß wir auch heute noch einen zeichnerischen Entwurf, etwa aus der großen Zahl der erhaltenen im sogenannten Skizzenbuch Neumanns in der Würzburger Universitätsbibliothek (Delin III), der Dekoration, wenn sie erhalten ist und mit dem Entwurf verglichen werden kann, vorziehen würden. So duftig sich auch Dekorationsentwürfe des Stuckators Antonio Bossi ausnehmen, mit der »Ausführung« konfrontiert verblassen sie. Und das ist bei solchen Ausstattungsgegenständen des Régence und Rokoko vor allem deshalb so, weil sich der Kunstgegenstand auch als ein luxuriöser Schmuck, als »Ding« hervortut. Dieses Kunst-Ding wird Gegenstand besonderer Wertschätzung, und zwar in dem Ausmaß, in dem es ungewöhnlich kunstvoll dargeboten wird. Der Hofmaler Byss nennt z. B. den italienischen Stukkator Bossi, der bei ihm auf Befehl des Fürsten auch die Freskomalerei erlernen soll, »virtuos«. Das ist eine hohe, wahrscheinlich ist es die höchste Auszeichnung, die dem jungen Meister zuteil werden konnte. Sie bezieht sich auf die Fähigkeit, die jetzt besonders geschätzt wird und die gar nicht zu übertreffen ist im Rahmen eines dekorativen Stils, auf das alle andern übertreffende handwerkliche, technische Vermögen. Diesem neuen Typus des »virtuosen« Handwerkmeisters steht der Erfinder, der Entwerfer, der Produzent (derjenige, der Projekte produziert), gegenüber. Ein Wort von Balthasar Neumann, das er für eine seiner eigenen Erfindungen gebraucht, ist da sehr erhellend, das Wort »curios«. Von dem Gewölbe im Gartensaal der Residenz sagte der Baumeister, es sei ein »curiose Gewöhlm«.

»Curios« und »Virtuos« – beide Worte können als kennzeichnende Wertbezeichnung angesehen werden für die zwei aufeinander angewiesenen Parteien im Geschäft dekorativer Kunstproduktion. In beiden Fällen liegt das Schöne hauptsächlich in der schönen Machart, die eine kunstvolle sein muß, einerseits als Invention, andererseits als Ausführung. Dabei spielt das Moment des Spiels eine ungeheure Rolle. Das, was Neugierde erzeugt, das ist wertvoll, es ist »curios«. Das, was von einem speziellen Können herstammt, das, was z. B. von besonders kunstvollem Spiel auf einem Musikinstrument ausgesagt werden kann, das eben ist auch in der dekorativen Kunst »virtuos«.

Es ist deshalb kein Wunder, wenn im Zusammenhang mit solcher Wertung und im Rahmen des Ausstattungsluxus die Materialien, die Stoffe, aus denen der Kunstgegenstand gemacht wurde, eine so große Rolle spielen. Es ist mitnichten nur die Farbe, welche die Innendekorationen und ihre Teile, auch in der Würzburger Residenz, zu dem macht, was sie sind und ihnen heute noch ein so großes Interesse sichert. Man vergleiche doch ein spätbarockes Interieur in dem Bilde, das etwa Adolf von Menzel davon malte, mit der »Wirklichkeit«! Schnell wird deutlich, daß Barock nicht so ist, wie Impressionisten in einem genialen reduktiven Sehen interpretieren: Die Farben allein sind es noch nicht, sondern auch und sogar vornehmlich die Materialien. Daß von solcher Wertschätzung, die alle überlieferten Schriftquellen zum Ausdruck bringen, so wenig heutzutage die Rede ist, hängt in erster Linie daran, daß bei uns zulande eine ästhetische Einschätzung von Kunst gegenüber einer geistigen Beurteilung als Kunstwerk zurücktreten muß. Dagegen ist gar nichts einzuwenden. Nur ist im Zusammenhang mit dem spätbarokken Ausstattungsluxus unerläßlich, zu erkennen, daß das Kunsturteil des 18. Jahrhunderts ein anderes gewesen ist. Es hat die naturale Schönheit von Werkstoffen und die Technik geachtet und ins Kalkül gezogen, es war geradezu davon besessen. Man mustere doch darauf hin die Dekorationen der Kaiser- und Staatsgemächer der Residenz im Gartenflügel!

Es sind nicht nur die Farben, sondern das verschiedenfarbige Material, das mit erkennbarem Genuß hervorgekehrt und gezeigt wird, das Silber und Blau etwa, aber das polierte Silber oder das mattierte Silber mit Blau. Hell und Dunkel, gewiß, aber das planierte weiße Holz neben dem geschmiedeten Eisen oder dem gegossenen Blei der Applik. Ein Rot sicherlich – aber hier ein gesättigtes Rot, Gelb und Braun der Ledertapete, dort das Rot, Gelb und Braun eines wolligen Bildteppichs, drüben wieder das stumpfe, aber den Buntwert herauskehrende Rot in einer geschnitzten Kehle! Eisen, Kupfer, Blei, Bronze – alle Gattungen und auch Arten von Holz: Wurzelholz ebenso wie Kernholz, indische Holzarten etwa für den Fußboden des grünlackierten Kabinetts, Zypressen, Nußbaum, Eiche etc. – Gips, Stein, Elfenbein, Glas, Gold, Silber – Techniken wie die Lüstergrundierung, das Polieren, Mattieren, Gravieren, Einlegen (Marketieren), die Intarsie etc. – Es kann kein größeres Orchester von Werkstoffen und handwerklichen Praktiken gedacht werden als das bei der Ausstattung der Residenz eingesetzte. Dieses Orchester wird schon wegen der ganz verschiedenen Klangfarben und Augenreize gebraucht, nicht nur wegen des Aufwandes. Denn die verschiedenen Materialien werden, wie zu sehen ist, im Anschauen be-griffen, man tastet mit den

Augen und sieht mit prüfenden Fingern. Kein Wunder, daß Chardin in dieser Epoche gemalt hat!

Nun gibt es trotz dieser schier ausufernden »Virtuosität« handwerklicher Fertigung einen alles überragenden Arbiter elegantiae, einen Kunstrichter, der verglichen mit den herkömmlichen Grundsätzen und Maßstäben neu zu nennen ist, nämlich den Geschmack, den »goût«. Der »goût«, das ist schlechthin das Zauberwort, mit dem das jetzt hier Gültige und Anerkannte bezeichnet wird, ein Wort auch, mit dem der Schönheitswert des Angemessenen taxiert wird. Man kann nicht durch noch so eifriges Lesen der Kunstliteratur die Kenntnis des aktuellen Geschmacks ersetzen, man muß solche in den Kunstzentren in Erfahrung bringen. Es bilden sich schon in Umrissen die modernen Meinungen und Kunsturteile. Zwei Beispiele aus der Entstehungsgeschichte der Würzburger Residenz genügen, um die Bedingungen sehen zu lassen, auf denen dieses neue Kunsturteil beruht, nämlich Veränderung und als Legimitation dafür das Gefühl. Dieses soll jetzt entscheiden und naturgemäß in Form einer Meinung der Gesellschaft. Und eben weil es so ist oder sein soll, beginnend in Paris zur Zeit der Regentschaft, des Régence, ist die Geschmacksänderung schon mitenthalten und von dem Wesen der Sache her bereits vorausgesetzt.

Als Balthasar Neumann 1723 in Paris angekommen ist, schreibt er sogleich seinem Fürsten nach Würzburg von seiner wichtigsten Entdeckung: von dem aktuellen und alle bewegenden neuen Geschmack einer Zimmerausstattung mit lauter geschnitzten Vertäfelungen und einem Schmuck entweder in Mosaik oder mit Hilfe aufgesetzter »Lauber«, nur Gold und Weiß – das ist »dieser große Goût« der »Boserien«, d. h. der Boiserien. Der Ingenieurhauptmann aus Franken kannte das noch nicht, obwohl er doch in Mailand, wohl auch in Turin, sicher in Venedig und mehrmals in Wien gewesen ist – jetzt wird er mit dem Neuen konfrontiert und meldet das geflissentlich seinem Dienstherren, wie ein Diplomat etwa die neueste politische Verwicklung seinem Fürsten gemeldet hätte.

Fürstbischof Johann Adam Friedrich von Seinsheim hat in seinem langen Episkopat in Würzburg (1755 bis 1779) und in Bamberg (1757–1779) oft in seiner Korrespondenz mit seinem Bruder Joseph Franz, der am kurbayerischen Hof Minister war, Gelegenheit genommen, von dem neuen »griechischen Geschmack« zu sprechen, dem »goût grec«, dem jetzt die Ausstattungen in der Würzburger Residenz, die der Landesfürst befohlen hatte, folgen sollten. Er und sein Nachfolger haben keinen Anstoß daran genommen, in diesem »goût« auch die Monumentalräume in der Mitte des Corps de Logis zu dekorieren. Lodovico Bossi und Materno Bossi haben in diesem Sinne das Louis Seize, den fränkischen Zopf in die Ausstattung der Residenz eingeführt, im Einklang mit dem Fürsten und sogar auch anstelle schon bestehender Ausstattungen im nördlichen der beiden Zwillingsbauten, in den sogenannten Ingelheimer Zimmern und einheitlich dann in der Fürstengalerie. In den übrigen Zimmern des sogenannten Ingelheimer Appartements (Nr. 34–38) beließ Materno Bossi unter den Plafonds, die neu dekoriert wurden, in mehreren Fällen den stuckierten Fries aus der Zeit des Fürstbischofs Christoph Franz von Hutten. Burkard von Roda hat uns diese schon bekannte Tatsache an Hand der Briefe der beiden Fürsten von Seinsheim ge-

Fig. 58 W. Auvera: Entwurf für die Dachbalustrade des Corps der Logis, Stadtseite (Würzburg, Univ. Bibl. Delin III, 124^V)

deutet. Man darf hinzufügen, was seit Hans Roses Stilphysiognomik des Spätbarock immer wieder zu bestätigen ist, nämlich die Einsicht von der letzten Rückbildungsphase dieses Stils seit ca. 1770. Es gibt auch in der Residenz eine gewisse Verständigungsmöglichkeit zwischen dem Stuck des Pietro und Karl Anton Castelli, 1725–1726, und den Dekorationen in Gips des Materno Bossi aus den Jahren 1776–1777 im »griechischen« Geschmack. Dazwischen liegt die Blütezeit der spätbarokken Innenraumdekorationen, hauptsächlich unter Friedrich Carl von Schönborn und Carl Philipp von Greiffenklau (1729/30–1755).

Das Ornament des »Würzburger Goût«. Seine Entfaltung und Entwicklung (Fig. 58–61)

Allen Dekorationen des 18. Jahrhunderts gemeinsam ist die Vorliebe für das Ornament und die immer wachsende anschauliche Bedeutung, die das Ornament für eine dekorative Gestaltung gewann. Die Rolle des Ornaments für die Kunst des Rokoko ist geradezu sprichwörtlich, und es gibt viele und nicht ganz leicht zu widerlegende Stimmen, die die Periode des Rokoko nicht als Zeit der Herrschaft eines neuen Stils ansehen wollen, sondern lediglich als die letzte Wandlung spätbarocken Stils. Zu deutlich nämlich unterscheiden sich Außen und Innen der Sakral- und der Profanarchitektur, zu klar ist gegen Ende dieser Periode, um 1775, das Hervortreten der klassischen Komponente des barokken Stils, so daß die Vermutung naheliegt, im Rokoko präsentieren sich die beiden Grundelemente der Barockkunst nur in einer extremen Reinheit, nämlich das tektonische und das dekorative Prinzip.

Wie man auch diese heutzutage nicht mehr so vordergründige Stilfrage beantworten will, Tatsache ist es, daß auch die Innendekorationen der Würzburger Residenz in wachsendem Ausmaß von dem Ornament geprägt werden und – was noch wichtiger für eine Kunstgeschichte Frankens ist – daß es im Rahmen der Residenzausstattung von ca. 1733 bis ca. 1760 eine bemerkenswerte Entwicklung des Ornaments gegeben hat, die geradezu als der »Würzburger Goût« bezeichnet werden darf. Die Grundlage für diese Entwicklung bildete das Wiener Bandwerk in seiner reifsten Ausprägung und das für die deutschen Spielarten des spätbarocken Ornaments wichtige Laubwerk. Auch am Außenbau des Schlosses tritt diese durch Hildebrandts Entwürfe ausgelöste erste Phase in Erscheinung, so an der Stadtfront des Corps de Logis, wo Wolfgang von der Auvera, der im Frühjahr 1737 aus Wien, wo er sechs Jahre Studien betrieben hatte, nach Würzburg zurückgekehrt war, sogleich die figürliche und ornamentale Bauplastik der Residenz auszuführen begann. Die Dachbalustrade, die Rahmungen der Mezzaninfenster im kompositen Stockwerk und auch die Fensterrahmungen der Beletage in den Rücklagen geben einen Begriff von diesem Stil in der Form monumentaler Dekoration aus Stein. Der Stil entfernt sich bereits erheblich von den Hildebrandtschen Mustern. Die wichtigsten Vorbilder des Steinbandwerks finden sich in Wiener Treppenanlagen Hildebrandts, im von Friedrich Carl sorgfältig ausgestatteten Gartenpalast Schönborn in der Laudongasse der Alserstadt (bis 1713), im Stadtpalais Daun-Kinsky auf der Freyung (etwa um 1716), in

169 Die südlichen Paradezimmer an der Gartenfront (1737/45) repräsentieren die Ausstattung der Zeit des Fürstbischofs Friedrich Carl von Schönborn. Ausgehend vom Kaisersaal bis hin zum Spiegelkabinett folgen aufeinander in ständiger Steigerung das Erste Alexanderzimmer, der Thronsaal und das Venezianische Zimmer. Das Alexanderzimmer (Bild) hat seinen Namen von den großen Bildteppichen, die Szenen aus dem Leben des Königs zeigen.

170 Die Wirkteppiche des Venezianischen Zimmers (unten), die in einer Würzburger Manufaktur entstanden sind (1740/45), zeigen Grotesken im Geschmack der venezianischen Commedia dell'Arte. Größtes Gewicht wurde in diesem Zimmer auf die Holzvertäfelung und ihren Schmuck gelegt. Eingepaßt sind gemalte Füllungen, auf denen nach Wunsch Friedrich Carls »teils Simbola in Figuren, teils Früchte und Blumen, teils Tierstücke zu sehen seindt«. Die Folge der Paradezimmer im Norden eröffnet das Zweite Alexanderzimmer (oben).

171 Die nördlichen Paradezimmer haben mehrfach Umwandlungen erfahren und repräsentieren so nur zum Teil die Ausstattung der Schönbornzeit. Auf das Zweite und Dritte Alexanderzimmer und das Rote Kabinett folgt das Gesellschaftszimmer (oben). Man trank nach der Tafel hier Kaffee und frönte der Leidenschaft des 18. Jahrhunderts, dem Spiel. Im folgenden Napoleonzimmer (unten) wurden für den Kaiser und seine Gattin die beiden Empirebetten und -nachttische aufgestellt, die heute den Raum beherrschen.

172 Den vorletzten Raum der nördlichen Zimmerflucht bildet das Teezimmer (1767). Schon mit klassizistischen Stilelementen durchsetzt, ist dieses Zimmer der letzte Rokokoraum.

169 The south state-rooms of the garden front (1737/45) represent the decoration of the times of Prince Bishop Friedrich Carl von Schönborn. Between the Emperor's Hall and the Hall of Mirrors, the First Alexander Chamber, the Throne Hall and the Venetian Chamber follow each other rivalling for the splendour of their decorations. The Alexander Chamber (plate) owes its name to the large tapestries showing scenes from the life of the king.

170 The tapestries of the Venetian Chamber (below) created by a Würzburg manufactory (1740/45) show grotesques in the taste of the Venetian Commedia dell'Arte. Great importance has been attached to the panelling and its ornamentation in this room. Painted panes have been fitted in, representing "partly symbolic figures, partly fruit and flowers, partly animals" according to Friedrich Carl's wishes. The north suite of state-rooms is opened by the Second Alexander Chamber (above).

171 The north state-rooms have undergone various alterations and thus represent only partly the decoration of Schönborn time. The Drawing Room (above) follows upon the Second and Third Alexander Chamber and the Red Cabinet. After dinner, coffee used to be served there and people indulged in gambling, the passion of the 18th century. In the following Napoleon's Chamber (below) these two Empire style beds and bedside tables, which dominate the room today, were installed for the emperor and his wife.

172 The Tea Salon (1767) is the last but one room of the north enfilade. Being the last rococo room, it is already interspersed with stylistic elements of classicism.

169 Les salles de parade méridionales qui donnent sur le jardin (1737/45) présentent la décoration de l'époque Schönborn. En partant de la Salle impériale pour aller à la Salle des Glaces, on parcourt successivement la Salle Alexandre, la Salle du Trône et la Chambre vénitienne qui rivalisent de la perfection de leur décor. La Salle Alexandre (v. planche) doit son nom aux grandes tapisseries qui montrent des scènes de la vie du roi.

170 Les tapisseries de la Salle vénitienne (planche en bas) créées dans une manufacture de Würzburg (1740/45) montrent des grotesques au goût de la Commedia dell'Arte vénitienne. Le plus grand soin fut apporté à la boiserie et ses ornements. On y encastra des panneaux peints selon les désirs de Friedrich Carl qui voulait y voir «partie symboles en figures, partie fruits ou fleurs, partie animaux». La Deuxième Salle Alexandre ouvre la suite des salles de parade septentrionales (v. planche en haut).

171 Les salles de parade septentrionales ont subi plusieurs transformations et ne représentent donc qu'en partie la décoration de l'époque Schönborn. Le nom de salon de Réunion rappelle la fonction que les salles de parade remplissaient aux périodes où il n'y avait pas d'hôtes princiers: après s'être levé de la table, on y prenait le café et se livrait à la passion du XVIIIe siècle, le jeu. Dans la Salle Napoléon qui suit, on installa pour l'empéreur et son épouse les deux lits style Empire qui dominent la salle aujourd'hui.

172 Le Salon de Thé est l'avant-dernière pièce de l'enfilade nord (1767). Dernière pièce rococo de la Résidence, le Salon de Thé est déjà mêlé d'éléments néo-classiques.

ALEXANDER SVPERATO
FVNDIT

173 Als Gegenstück der Seinsheimzeit zum Spiegelkabinett der Schönbornzeit schließt das Grünlackierte Zimmer (1769/74) die Paradezimmer im Norden ab. Die gesamten Wände, Lambris, Türen und Fensternischen sind auf metallisch glänzender Grundierung von einem grünen, transparenten Lack überzogen, von dem sich die Vergoldung der Stuckierung effektvoll abhebt.

174 Im letzten Jahrzehnt der Regierungszeit des Fürstbischofs Adam Friedrich von Seinsheim erfolgte die klassizistische Ausgestaltung der Ingelheimräume im Nordblock des Schlosses. Zuvor hatten sie Anselm Franz von Ingelheim, dem Nachfolger des Fürstbischofs Friedrich Carl von Schönborn, als Wohnräume gedient. Im Roten Salon (oben), der nach der Thematik der Reliefs auch als Jagdzimmer bezeichnet wird, bestimmen Rosa- und Rottöne den gesamten farblichen Eindruck. Das Programm der Stuckdekoration des Kleinen Weißen oder Ingelheimer Saals (unten) feiert den Auftraggeber Adam Friedrich von Seinsheim.

175 Silber, Hellblau und Weiß geben dem Blauen Salon das charakteristische Aussehen. Dieser Raum ist rein klassizistisch gehalten, selbst die älteren Deckenstukkaturen, die im Kleinen Weißen Saal übernommen wurden, fehlen hier.

176 Vom Gelben Salon (oben) geht der Blick ins Grüne Eckkabinett, das die Stadtfront des Nordflügels zum Ehrenhof hin abschließt. Ein Detail der Dekoration des Grünen Schreibzimmers zeigt die untere Aufnahme. Als bestimmendes Motiv hat hier Materno Bossi den Bukranion, den Stierschädel, gewählt (1776/78). Darüber, über Lorbeerzopf und Rosettenfries werden Musikinstrumente dargestellt.

173 The Green-lacquered Chamber (1769/74), which ends the suite of state-rooms in the north, is the Seinsheim era counterpart of the Hall of Mirrors dating from the Schönborn era. The whole of the walls, the wainscots, doors and window niches are recovered on a metallescent priming by a green transparent lacque contrasting effectfully with the gilded stucco.

174 During the last decade of prince bishop Adam Friedrich von Seinsheim's reign, the Ingelheim rooms in the north structure of the Palace were decorated in classicistic style. Before, the rooms had served as apartments to Anselm Franz von Ingelheim, the successor of prince bishop Friedrich Carl von Schönborn. In the Red Salon (above), also called Hunting Chamber after the themes of its reliefs, rose and red tones determine the whole colour effect. The programme of the stucco decoration of the Minor White or Ingelheim Hall (below) praises the orderer Adam Friedrich von Seinsheim.

175 Silver, light-blue and white give the Blue Salon its characteristic atmosphere. This room is decorated in purely classicistic style. Even the older ceiling stucco, which still appears in the Minor White or Ingelheim Hall (below), has not been adopted here.

176 The plate shows a partial view of the Green Corner Cabinet seen from the Yellow Salon (above). The Green Corner Cabinet closes the town front of the north wing towards the main courtyard. The plate below shows a detail of the decoration of the Green Study. Here Materno Bossi has chosen the bukranion, the bull's head, as dominating motif (1776/78).

173 Le Salon Laqué Vert qui date de l'époque Seinsheim et qui fait pendant de la Salle des Glaces de l'époque Schönborn, achève l'enfilade des salles de parade septentrionales. L'ensemble des murs, lambris, portes et niches de fenêtres est recouvert d'une laque verte sur fond métallisé dont se détache la dorure du stuc.

174 Pendant la dernière décade du règne du prince-évêque Adam Friedrich von Seinsheim, on réalisa la décoration néo-classique des Salles Ingelheim dans le corps nord de la Résidence, qui avaient auparavant servi de logement à Anselm Franz von Ingelheim, le successeur du prince-évêque Friedrich Carl von Schönborn. Au Salon Rouge (en haut), appelé aussi Salon de Chasse, d'après les sujets de ses reliefs, les teintes rouges et roses dominent dans le coloris. Le programme de la décoration en stuc de la Petite Salle Ingelheim (en bas) célèbre le donneur d'ordre Adam Friedrich von Seinsheim.

175 L'argent, le bleu clair et le blanc se marient pour donner au Salon Bleu son atmosphère caractéristique. Le néo-classicisme y domine entièrement, il y manque même le stucage antérieur du plafond qui fut pourtant repris dans la Petite Salle Blanche.

176 A partir du Salon Jaune (en haut) la vue s'étend vers le Cabinet vert d'angle qui, du côté de la ville, achève l'aile nord vers la cour d'honneur. La planche en bas montre un détail de la décoration du Cabinet d'étude vert. Materno Bossi y a choisi le Bucrane, la tête de bœuf, comme motif dominant. En haut, audessus de la tresse de laurier et de la frise à rosettes, il a représenté des instruments de musique.

Fig. 59 L. v. Hildebrandt: Altarentwurf für die Hofkirche (SE LXX VIII+)

dem leider 1912 beseitigten Treppenhaus des Harrachschen Gartenhauses und als bekanntestes Beispiel im Mirabellschloß in Salzburg (vor 1726).

Das Steinbandwerk der Dachbalustrade der Residenz in Würzburg unterscheidet sich von den Wiener Beispielen durch Muschelwerk in der Komposition, durch die viel stärkere und abwechslungsreichere plastische Ausgestaltung und durch eine übersichtlichere, Haupt- und Nebensachen genauer abwägende Komposition. Auch ist es dadurch unterschieden, daß die architektonischen Motive, hauptsächlich die Gesimsteile, die bei Hildebrandt eine große Rolle spielen, zurücktreten. Diese Dachbalustraden sind bis 1742 entstanden, also gleichzeitig mit der Dekoration der Würzburger Hofkirche. Da wir Hildebrandts Entwürfe für die Kirchenausstattung zum Teil kennen, läßt sich die Ausführung mit ihnen gut vergleichen. War bei den Dachbalustraden das Neue der Würzburger Arbeiten vornehmlich in der plastischen Verarbeitung von Muschelwerk zu erkennen – und stand damit auch der persönliche Stil des Bildhauers, Wolfgang von der Auvera, im Vordergrund – so zeigt sich die Würzburger Entwicklung in dem Hofkirchendekor gegenüber Hildebrandt vor allem in der Veränderung des Bandwerks. Auf Hildebrandtentwürfen wie z. B. einem Projekt für den Kreuzaltar und den Chor (SE LXXVIII+) hat das Bandwerk etwa auf den Stirnen der »sitzenden Pilaster«, dünne, wenig variierende, symmetrische, mit wenig Kurven ausgestattete Erscheinung, während entsprechende Stukkaturen des Antonio Bossi das Bandwerk nur als wichtigen Bestandteil der Ornamentik und dann auch nicht in der dünnen, unbeweglichen Form zeigen wie das Paradigma. Besonders auffällig sind auf dem Hildebrandtentwurf die Fenstergewände, die mit herkömmlichen architektonischen Felderungen gegliedert sind, während in der Ausführung gerade an diesen Stellen die zarten, als hängender Schmuck konzipierten Ornamente Bossis zu sehen sind, das erste, was er überhaupt hier gemacht zu haben scheint.

In der zwischen 1734 und 1743 ausgestatteten Hofkirche ist Bossi, der Stukkator, der Träger des ornamentgeschichtlichen Fortschritts gewesen. Und er blieb es dann auch, als er ab 1740/41 den Plafondstuck in den Paradezimmern links und rechts des Kaisersaales an der Gartenseite auszuführen hatte. Das unübertroffene Meisterwerk dieses Stucks war die Decke des Spiegelkabinetts, eigenhändig von Bossi 1740–1741 gearbeitet und vergoldet. Das Wiener Vorbild der Entwurfsart Hildebrandts ist völlig aus dem Blick geraten. Vom Bandwerk ist nichts mehr zu sehen, es sei denn, daß wir die Dehnung anderer Motive als Fortsetzung des Bandwerks »mit andern Mitteln« ansehen. Figürliche Motive dominieren. Das geschieht im Sinne der Berainschen Ornamentgroteske: Bildinseln von Figuren, wie etwa die Kamelreiterin mit Indianer, Neger und weißer Frau – ganz klar eine Kurzdarstellung der vier Erdteile –, der genüßlich die lange Pfeife rauchende Chinese, dem als Fernbild Landschaften- und Stadtsilhouetten beigesellt werden. Alles aber in einer Größe und Verteilung, die allein von der dekorativen Komposition der Motive innerhalb der ganzen Decke diktiert werden. Das also sind einzelne der überraschenden Züge der neuen Ornamentik Bossis, die, wie man öfters sagt, an François Cuvilliés' gleichzeitige Münchener Dekorationen in der kurfürstlichen Residenz insofern erinnern, als auch die Würzburger zu den reifsten, schön-

Fig. 60 A. Bossi: Entwurf für eine Stuckdecke. Um 1740 (Würzburg, Univ. Bibl. Delin III, 27^{V})

sten Rokokodekorationen außerhalb von Paris gezählt werden müssen. Vom Muschelwerk sind jetzt nur mehr die gespannten, gedehnten oder zusammengekrümmten hahnenkammartigen Formen und große C-Schwünge übriggeblieben. Das Standardmotiv der Rokoko-Dekoration, nämlich die mit Rosetten besetzten Gitterfelder, die wie ein Textil ausgespannt oder einseitig verzogen werden können, fällt auf. Es gibt aber auch typisch »römische« Barockmotive, so z. B. die großen Mädchenengel, welche die Rahmen des Mittelfeldes zu tragen scheinen, oder die Puttenpaare, die gegenständig auf Gesimsteilen sitzend, uns mit erhobenen Armen zurufen. Auch Motive der deutschen Deckenmalerei tauchen auf, etwa die über den Deckenrand geworfenen Schabracken und die stereotype Kartusche in den Deckenecken.

1740 hat die Würzburger Residenzausstattung trotz der weiter bestehenden Anbindung an die Wiener Kunst ihre Selbständigkeit im Ornament gewonnen und zugleich eine Vollendung der Ornamentgroteske erreicht, die einzigartig ist. Bossis Stukkaturen im Weißen Saal, der ursprünglichen Salle des Gardes, die in Erwartung der Besuche anläßlich der Kaiserkrönung 1745 vom Fürsten als Speisesaal ausgestattet und rechtzeitig noch fertiggestellt werden sollte, sind gegenüber dieser feinen Groteske im Spiegelkabinett unruhiger, ratloser in der Komposition und auch unsicherer in den Proportionen. Es gibt vereinzelt große C-Schwünge, die sich wie zusätzliche Appliken ausnehmen. Dort allerdings, wo Bossi sich wieder auf eine Bildinsel konzentrieren konnte, erreicht er bezwingend schöne Gebilde. Man sieht, daß er eben auch als Ornamentist der Figurenbildner bleibt.

Der Fortgang der Ornamententwicklung in der Würzburger Residenz muß als Verflachung oder, wie in der Sala Terrena, kammermusikalisches Intermezzo oder, wie in den Staatsgemächern des nördlichen Gartenflügels, als Ablösung Bossis durch die Werkstatt angesehen werden. Die Qualität der Stukkaturen im Kaisersaal ist nicht mehr groß. Der vergoldete Stuck profitiert nur von dem Ganzen dieser rauschenden dekorativen Ensemblewirkung und der überwältigenden Wirkung der Fresken Tiepolos.

Diejenigen Parade- oder Staatszimmer an der Nordfront der Gartenseite, die unter Johann Adam Friedrich von Seinsheim von 1763–1773 ausgestattet wurden, sind das heutige Napoleonzimmer (ehemals Schlafzimmer der Gäste, 1763–1764), das Souper-, das Teezimmer (1765–1767) und das grünlackierte Zimmer (1769–1773). Burkard von Roda hat gezeigt, daß diesen Räumen nicht mehr eine so frei variierende, die Themen im einzelnen Raum vermischende Ikonographie zugrunde liegt wie bei den Prachtzimmern der südlichen Gartenseite, sondern daß sich die wenigen figürlichen Hinweise auf das Thema der Musik, des Gartens bzw. der Natur beschränken.

Das Schlafzimmer, eingerichtet anläßlich des Besuchs des bayerischen Kurfürstenpaares 1763 und vom Fürsten als »apartes Zimmer mit rotem Damast« apostrophiert, zeigt erstmals in der Residenz einen polychromen Stuck, Blumen nach Porzellanart gefärbt. Die Dekoration wurde nach dem Fürstenbesuch aus München 1764 so beendet, daß man den Deckenstuck der Bossiwerkstatt von 1744 beließ, aber mit einem Puttenreigen um die Sonne in der Plafondmitte ergänzte und – wie schon erwähnt – in den Zimmerecken die Blumen à

Fig. 61 W. Auvera: Entwurf für eine Lünette der offenen Arkaden im Erdgeschoß des großen Treppenhauses, 1744–1749 (Würzburg, Univ. Bibl. Delin III, 123)

porcellaine hinzustuckierte. Im Souperzimmer beschränkt sich die Ausstattung der Seinsheimzeit auf die Hinzufügung von vier Stuckreliefs mit Herkulesstatuen, wohl veranlaßt durch die schon vorhandenen Supraporten und durch einzelnes in den Fenstergewänden. Im Teezimmer verbindet der Decken- und der Supraportenstuck Themen der Meermythologie mit solchen der Musik und gibt noch moralisierende Kommentare in den Medaillons (Komödiant, Spieler einerseits, Anachoret und hl. Joseph andererseits). Im Grünlackierten Zimmer erblickt v. Roda das Pendant der Seinsheimzeit zu dem Spiegelkabinett der Schönbornperiode. Der Gedanke leuchtet ein, angesichts der Ausstattung und dem offensichtlichen Bestreben, hier einen Schauraum zu gestalten. Die Analogie besteht in der Technik des Laque Martin, also einer lüsterartigen Hinter-Farb-Malerei, wenn diese Wortprägung zur Verdeutlichung der Analogie zum Spiegelkabinett erlaubt ist. In einer Geschichte der Ornamentik spielt jedoch die Hauptrolle im Übergang zum Louis XV. der nördliche Zwillingsbau, nicht der »Ersatzstil« der Prachtzimmer an der Gartennordfront.

1763 äußerte der Fürst erstmals die Absicht, eine Fürstengalerie einzurichten, damals noch im Oval der Nordflankenfront. Dafür lieferte Cuvilliés aus München einen leider bisher nicht festgestellten Entwurf. Wie v. Roda nachwies, begann man sogar mit der Ausführung (Roda QU 131), gab aber 1766 diese Idee zugunsten des Einbaues eines Schloßtheaters in die nordovale Rotunde auf. Das Theater bestand bis zu seiner Auflassung durch Franz Ludwig von Erthal 1790. Die von jetzt ab »Fürstengalerie« genannte Neuausstattung erfolgte an der heutigen Stelle, im Verbindungstrakt zwischen den beiden Nordblockhöfen und natürlich in der Beletage. 1771–1772 wurde diese Dekoration ausgeführt, die nach der Zerstörung 1945 wiederhergestellt und seit 1978 auch zu besichtigen ist.

Den Anstoß zu dieser Ausstattung gaben die Porträts von Georg Desmarées, die 1761 von des Fürsten Bruder für Schloß Sünching gewünscht wurden und dann ab 1763 vom Maler in München auch gemalt wurden. Seinsheim wollte sowohl in Würzburg wie auch in Bamberg eine solche Galerie einrichten und darin eben das eigene Bildnis von Desmarées unterbringen, das für die Fürstengalerie in einer ganzfigurigen Staatsfassung und in einer Wiederholung des Originals in Büstenform ausgefertigt wurde.

Der Auftrag für die Ausstattung der Fürstengalerie 1771–1772 umfaßte acht gleich große ganzfigurige Bischofsbildnisse an den Fensterpfeilern und zwei Kamine an den Schmalseiten. Johann Philipp Geigel als Hofarchitekt und der Stukkator Materno Bossi besorgten die Ausführung.

v. Roda hat dargelegt, welche Motive der Würzburger Fürstengalerie zugrunde liegen, daß hier nicht ein Fürst oder ein fürstliches Haus verherrlicht wird, sondern die Folge geistlicher Fürsten, die ihre Legitimation nicht der Erbfolge, sondern der vom Kaiser bestätigten Wahl verdanken. »Ein Fürstensaal anstelle eines Kaisersaales«, das bezeichnet v. Roda als die politische Aussage dieser Raumdekoration zu einem Zeitpunkt, als die Existenzberechtigung geistlicher Fürstentümer bereits in Frage gestellt wurde. Gleichzeitig wurde auch in der Bamberger Residenz eine »Fürstengalerie« eingerichtet.

Die Neudekorierung der sogenannten Ingelheimzim-

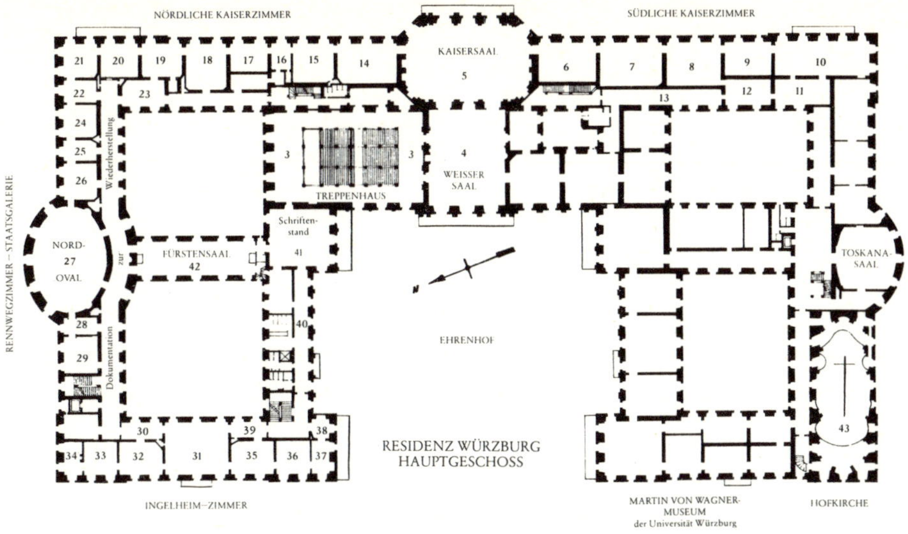

6 Erstes Alexanderzimmer
7 Thronsaal
8 Venezianisches Zimmer
9 Spiegelkabinett
14 Zweites Alexanderzimmer
15 Drittes Alexanderzimmer
16 Rotes Kabinett
17 Gesellschaftszimmer
20 Teezimmer
21 Grünlackiertes Zimmer
31 Kleiner Weißer Saal
32 Roter Salon
35 Blauer Salon
36 Gelber Salon
37 Grünes Eckkabinett

Fig. 62 Grundriß des Hauptgeschosses mit den Nummern der derzeitigen Führungsfolge (Amtl. Führer der Residenz, 1983)

mer im nördlichen der Zwillingsbauten der Residenz 1776–1779 einschließlich des Saales bildet die wichtigste Ausstattung der Seinsheimzeit. Alle Zimmer außer dem Saal erhielten versilberte Stukkaturen auf farbigem Grund sowie neue Öfen aus Wien. Die Leitung der Ausstattungskampagne hatten Materno Bossi und der Bildhauer Peter von Wagner.

Vorbilder für die Wand- und Deckendekoration dieser Räume lieferten Stiche von Jean Francois de Neufforge. Aus diesen oder ähnlichen Kupferstichen erklärt sich die stereotype Anwendung des festen Laubgewindes, das diesem Stil auch den Namen »Zopf« eingetragen hat, ebenso das streng symmetrisch geordnete, von rechtwinkeligen Rahmungen beherrschte Gliederungsbild der Wände, in dem Relieftafeln mit szenischen Darstellungen und vereinzelte Clipeus-Motive auftauchen. Entsprechend dem genetischen Zusammenhang mit der Rokokoornamentik existieren auch wiederum die mit Rosetten besetzten Gitterfelder. Sie nehmen jetzt große Flächen im Wechsel mit glatten Bändern oder wulstigen Rahmen ein, haben sich also zu Grund oder Muster zurückentwickelt.

So also zeigt sich am Ende der Seinsheimzeit 1779 die ornamentgeschichtliche Entwicklung der Würzburger Residenz als eine vitale und eigenständige Entfaltung der plastischen und der dekorativen Kräfte des Künstlerteams unter Friedrich Carl, ausgehend von Wien, aber schon bald unabhängig davon und um 1740–1750 einen eigenen Würzburger Stil repräsentierend, der jedoch seit ca. 1763 durch eine importierte Louis-Seize-Dekoration ersetzt oder (in den Gästezimmern der Nordseite) ergänzt wird, indem neben frühklassizistischen Ansätzen der Thematik die Ornamentik des Würzburger Zopfstils sich ausbreitet. Ihre besten Zeugnisse freilich finden sich in den monumentalen Räumlichkeiten der Schloßmitte. Dort, so scheint es, haben Art und Ausmaß der Architektur diesem spätesten der barocken Dekorations-Systeme noch zu einer erstaunlich stattlichen Erscheinungsform verholfen.

Die Chronik der spätbarocken Ausstattung (Fig. 62)

Eine Chronik der Innenausstattung des Residenzschlosses in Würzburg hätte 1725–1726 zu beginnen, also nach dem unerwartet frühen Tod des ersten Bauherrn und unter der Regierung von Christoph Franz von Hutten (1724–1729). Denn in diesen Jahren begannen die Stukkatoren Johann Peter und Karl Anton Castelli mit ihrer Arbeit an Decken in einem Appartement des Nordschlosses, das später unter dem Namen »Ingelheimzimmer« bekannt wurde und seine letzte Ausstattung erst in der Zeit von Johann Adam Friedrich von Seinsheim erhielt. Dabei wurden zwar Teile des Castelli-Stucks in den Deckenkehlen übernommen, sonst aber alles neu dekoriert. Lediglich ein Raum mit einer von Peter Castelli stuckierten Decke (Nr. 38) besteht heute noch, unzugänglich für das Publikum. Aus dem Team an Künstlern und Handwerksmeistern, die der erste Bauherr für die Ausstattung der Residenz außen und innen in seine Dienste nahm, sind nur die beiden Steinbildhauer weiter am Bau tätig geblieben, der aus Mecheln stammende Jakob von der Auvera, der Vater Wolfgangs, und der in Paris angeheuerte Claudio Curé. Auch die beiden Castelli sind von Würzburg fortgezogen.

Erst mit dem Regierungsantritt des zweiten großen Bauherrn aus dem Hause Schönborn, 1729, beginnt eine zusammenhängende und einheitlich konzipierte Ausstattungskampagne und entfaltet sich rasch zu der Hoch- und Blütezeit spätbarocker Dekoration in der Residenz. Spiritus rector der grundlegenden Projekte und Planungen war Lucas von Hildebrandt, der in Wien mit dem dort noch bis 1734 weilenden Fürsten sowohl die Baupläne als auch die nun eingeleiteten Ausstattungsprojekte besprach. Friedrich Carl hatte in seiner Wiener Zeit seit 1705 als Nachfolger des Grafen von Kaunitz das Reichsvizekanzleramt in Händen. Er bediente sich Hildebrandts in beiden Projekten, denen seine Vorliebe galt und die er begann und zu Ende führte, bei Bau und Ausstattung des damals als Gartenpalast errichteten Gebäudes in der Alservorstadt (heute Laudongasse) und beim Bau, der Erweiterung und Ausstattung der »Fasanerie« und des Residenzschlosses Schönborn bei Göllersdorf in Niederösterreich. Leider ist die Innenausstattung des Schönborn-Gartenpalastes bis auf das Treppenhaus verschwunden. Es gibt aber Darstellungen der Interieurs von Salomon Kleiner als Vorzeichnungen einer sehr umfangreichen Stichfolge, in der so gut wie alles an Schönbornhäusern und Gärten publiziert wird. Ein 68 Bilder umfassender Sammelband in der Wiener Stadtbibliothek (Inv. 5737-C) enthält diese Einzelstiche.

Zweifellos hat Friedrich Carl bei der Inangriffnahme und Vorbereitung der Würzburger Ausstattung sich immer wieder mit Hildebrandt aufgrund der Wiener und Göllersdorfer Dekorationen besprochen. Diese also mußten von Bedeutung für Würzburg werden. Das betrifft aber hauptsächlich die ikonographische Seite des Projektes und natürlich auch alle Fragen der Raumabfolge, des Raumkomforts, der Angemessenheit einer Ausstattung und selbstverständlich auch alle Arten des Luxus, die da wie dort zu zeigen waren.

Allerdings muß bei der Konzeption der Innenausstattung des Würzburger Residenzschlosses unter Friedrich Carl seit 1729/30–1746 stets auch der Stand der Bauarbeiten bedacht werden. 1731 begann man erst, wie die Berliner Zeichnung Höglers beweist, mit dem Aufbau des südlichen der Zwillingsschlösser, der allerdings sehr energisch gefördert wurde. Erst nach Vollendung des Rohbaus der Hofkirche in diesem stadtseitig gelegenen Bauteil 1734 wurde auch mit dem Bau des Corps de Logis begonnen, dessen Einfahrtsfront an der Stadtseite bereits 1738–1742 mit der Dachbalustrade und den Statuen einschließlich des großen Giebels ausgeführt und zu Ende gebracht war. Damit war auch der Aufbau der Gartenfront verbunden. Bis 1739/40 war sie im Norden wie im Süden so weit fertig, daß dort die Appartements, die sowohl als Gesellschaftsräume wie als Gastzimmer gedacht waren, auch ausgestattet werden konnten.

Mit ihrer Dekoration ist sehr eng dasjenige Ereignis verbunden, welches kurz vor dem im Dezember 1746 erfolgten Tod von Friedrich Carl wesentlichen Einfluß auf die Ausstattungskampagne gehabt hat, der Besuch des Kaiserpaares auf dem Wege zur Krönung von Franz von Lothringen in Frankfurt zum deutschen König im Jahre 1745. Karl VI. starb am 20. Oktober 1740 in Wien. Der Tod erfolgte für die Reichsfürsten gewiß unerwartet, der Kaiser war nur 56 Jahre alt. Die Nachfolge, gesichert durch die Pragmatische Sanktion, gestaltete sich jedoch sehr krisenreich infolge des Anspruchs, den Karl Albrecht von Wittelsbach auf die deutsche Königskrone erhob, wegen seines Zugs nach Prag und der dortigen Krönung des Wittelsbachers zum böhmischen König. Zweifellos mußte Friedrich Carl, dessen Ergebenheit dem Hause Habsburg gegenüber nie geschwankt hat, in den Jahren bis 1744 mit allen Mitteln an der Wiederherstellung der habsburgischen Kaiser- und Königsnachfolge arbeiten und durfte in dem endlichen Erfolg dieser Bemühungen eine der wenigen großen politischen Genugtuungen erblicken, die ihm in seinem späteren Leben vergönnt gewesen sind.

Vor diesem Hintergrund müssen wir die ungeduldige Beschleunigung der Bau- und Ausstattungskampagne in Würzburg verstehen. Der Fürst drängt sowohl zur schnellen Herrichtung der Gäste- oder Staatszimmer an der Gartenseite, wie auch auf die Vollendung des mittleren Saalbaus und darin wieder an erster Stelle des heutigen Weißen Saales. Denn dieser Saal, der ursprünglich und ansonsten als Gardesaal bezeichnet und verwendet wurde, sollte aus Anlaß des Kaiserbesuches Speisesaal werden. Und da man den kaiserlichen Gästen nicht zumuten konnte, daß sie auf Leitern in die Beletage gelangten, mußte auch Vestibül und großes Treppenhaus bis 1745 fertiggestellt werden, jedenfalls so weit, daß die »Stiege« benutzt werden konnte und zumindest die Einfahrt ins Vestibül sich angemessen vollziehen konnte.

In diesen Überlegungen also gründet eine Reihe von ansonsten ganz unverständlichen Tatsachen oder Umständen in der Bau- und Ausstattungsgeschichte der Residenz in Würzburg. Die Ausstattung der Sala Terrena mit Fresko und Stuck durfte zurückstehen, sie begann erst 1749–1750. Der Kaisersaal war zwar seit 1742 baulich fertig (»alle Mauerwerk und Gewölbe fertig«, sagte die Baurechnung dieses Jahres), aber man beließ ihn so, denn diese Ausstattung, die ja auch eine Entscheidung über die Gewölbefresken umfaßte, hätte sich bei den anderen drängenden Aufgaben bis 1745 nicht mehr bewerkstelligen lassen. Dagegen konzentrierte man sich auf Vestibül, Treppe und Speisesaal. Das Vestibül war im Rohbau 1739 vollendet, die Treppe, das Gehäuse des Stiegenhauses samt Gewölbe wurde 1740–1743 zustande gebracht, der Weiße Saal, dessen Gewölbe 1742 geschlossen wurden, stuckierte Bossi in Eile 1744–1745 und war gerade nocht rechtzeitig zum Besuch fertig.

Die größte Bedeutung hatte dieser Besuch für die Ausstattung der Appartements der Gartenseite, denn die waren für den Aufenthalt der Gäste absolut unabdingbar. Die Prachtzimmer der südlichen Enfilade (alt Nr. 39–36, neu Nr. 6–9) entstanden noch in einer anscheinend ruhigen Zeit, beginnend mit dem heutigen venezianischen Zimmer, dem Schlafzimmer dieser Suite 1737 (vollendet 1741), dem Audienzzimmer (später: Thronsaal) ab 1738 (vollendet 1742) und der heute verschwundenen Großen Galerie als dem zuerst angefangenen Teil der Folge 1736–1744. Seit 1740 war das Spiegelkabinett als der reichste und merkwürdigste der Schauräume in Arbeit; es wurde 1745 vollendet. Hektischer gestaltete sich die Ausstattungskampagne der nördlichen Suite, die seit 1744 unter gewaltigem Zeitdruck ausgestattet werden mußte. Aus dieser Zeit stammen in diesen Räumen freilich nur mehr einzelne Stuckdecken und Wanddekorationen, denn umfangreiche Umgestaltungen haben sich dort vollzogen, beginnend mit der Seinsheimzeit ab 1763.

Die Meister der Ausstattungskampagne Friedrich Carls (Fig. 63–65)

Es war zweckmäßig, diesen Überblick über die unter Friedrich Carl ausgestatteten Innenräume des Schlosses im Zusammenhang mit dem Besuch der Kaiserin 1745 zu geben. Denn in der Geschichte der spätbarokken Schloßdekorationen sind es sehr oft solche »Besuchstermine« gewesen, die der Ausstattung entweder zum Vorwand dienten oder ihre Vollendung gewaltsam, möchte man sagen, herbeiführten. Und für die Zeit Friedrich Carls von Schönborn in Würzburg war eben der Besuch auf dem Wege zur Königskrönung in Frankfurt ein überragender und politisch wie auch persönlich grundwichtiger, bewegender Anlaß. Später wird ähnliches, in sehr abgemildeter Form geschehen: 1763 anläßlich des Besuches des Kurfürstenpaares von Bayern, mit dem der regierende Fürst Johann Adam von Seinsheim wiederum eng verbunden war: Sein Bruder Joseph Franz war Minister am Münchener Hof.

Diese Ausstattungskampagne Friedrich Carls wurde die wichtigste, kunstgeschichtlich auch bedeutende neben dem kurzen Aufenthalt von Giovanni Battista Tiepolo in der Entstehungsgeschichte der Würzburger Residenz. Das liegt an der Gruppe von Künstlern, Handwerksmeistern und Spezialisten, die sich in den Jahren 1730–1736 in Würzburg zusammenfanden, und die seit 1737/38 gemeinsam und bald auch weit über die Lenkung durch Hildebrandt in Wien hinaus einen eigenen, an der Aufgabe der Residenz ausgebildeten und entwikkelten Dekorationsstil entfaltet haben. Drei Männer sind in erster Linie aus dieser Gruppe als tonangebend, als leitend oder als künstlerisch ausschlaggebend zu nennen: Johann Georg Oegg, der Kunstschmied aus Tirol, Antonio Bossi, Stuckplastiker und Stukkator aus Lugano und Wolfgang von der Auvera, der 1730–1736 in Wien geschulte Bildhauer, Sohn von Jakob, der bereits seit 1723/24 an der Residenz für deren Bauplastik tätig war. Eine Sonderstellung nimmt Johann Rudolf Byss aus Solothurn ein, der 1660 dort geborene Hofmann und Hofmaler, den Friedrich Carl aus den Diensten seines Onkels, Lothar Franz, 1729 übernommen hatte und der neben Neumann und an dessen Stelle die Entwürfe für die Dekorationen der südlichen Prunkgemächer der Gartenseite leitete oder, um es genauer zu sagen, eingefädelt hat. Byss starb ja schon 1739 und war in den zehn Jahren Hofdienst bei Friedrich Carl vornehmlich als Freskant und als Lehrer für jüngere Maler wie Thalhofer, Högler, Roth u. a. m. tätig. Als Freskant hatte er sich schon unter Lothar Franz die Sporen verdient, als er es durchzusetzen wußte, anstelle von Johann Michael Rottmayr das große Gewölbefresko über dem Treppenhaus des Schlosses in Pommersfelden mit der Darstellung der Weltteile 1717/18 auszuführen. Und diese seine Durchsetzung dürfte andererseits wieder in den verschiedenen anderen, für Fürsten dieser Epoche sehr willkommenen Eignungen und Diensten von Byss eine Stütze gefunden haben. Byss war ein talentierter Klein-, Fein- und Kabinettmaler, etwa in der Nachahmung von Jan Brueghel dem Älteren. Er verstand es, Gemälde zu taxieren, einzukaufen, zu lebenden Malern Beziehungen anzuknüpfen. Er verfaßte den ersten Katalog der Schönbornschen Gemäldesammlung in Schloß Pommersfelden 1719 und erwies sich durch seine Kenntnisse der Prager wie auch der Wiener Galeriebestände noch in vielen anderen

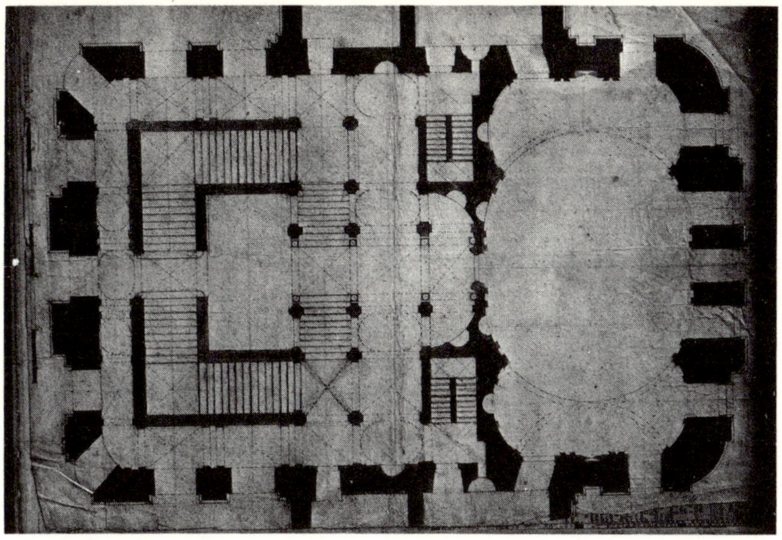

Fig. 63 Pommersfelden: Schloß Weißenstein. »Prospect der Hauptstiege . . .« (Kupferstich S. Kleiner)

Fällen höchst nützlich. So kam es, daß der »gute« Byss unter Friedrich Carl die Gewölbefresken der Schönbornkapelle und diejenigen der Hofkirche in der Residenz malen durfte, allerdings bei den letztgenannten schon massiv von den »jungen« Malern Thalhofer und Högler unterstützt, und daß er dazu auserwählt wurde, die Ausstattungskampagne der Gästezimmer an der Gartenseite zu leiten. Nach seinem Tode, und besonders für das Spiegelkabinett, wurden schließlich und endlich Bossi und Auvera entscheidend.

Johann Georg Oegg ist 1703 in Tirol geboren, wurde in Linz ausgebildet und stand bereits unter dem Einfluß der Wiener Kunst, wo er für den Prinzen Eugen und dessen Landsitz Schloßhof im Marchfeld gearbeitet hatte, als er 1733 nach Würzburg kam. Er hat zunächst für die Schönbornkapelle gearbeitet, bald auch für die Residenz. 1736 werden schon 23 Gesellen in seiner Werkstatt genannt, 1739 waren es 26. 1742 erbaute sich der Meister das heute noch bestehende Haus in der Kapuzinergasse. Er ging sehr unbefangen mit den Hofbeamten und mit der Zunft der Kunstschmiede in Würzburg um, war bei Hof hochangesehen (ihm wird erlaubt, Degen zu tragen) und blieb, der »gar fleißige Mann, der nicht feiern kann«, wie Neumann sagt, bis 1767 das Haupt einer großen, blühenden Werkstatt. Dann übergab er die Leitung seinem Sohn Johann Anton, zog sich zurück und lebte bis 1782. Sein Ruhm gründet sich auf die Prachtgitter und Gittertore, die als monumentale Dekoration die Entfaltung der Würzburger Ornamentik vor alle Augen stellen. Oegg, der im Zeichnen erfahren war und sein Licht nicht unter den Scheffel stellte, war aber noch in vielen anderen Metiers und Techniken bewandert. Er fertigte an »Chatullen, Reitergeschirre, Flidregarnituren, Uhrenblätter, Schlösser, Wandleuchter, Thresures«, er verstand »zu vergolden, emaillieren, das Eisen und den Stahl zu schmieden, Gold- und Silbereinlagen« zu verfertigen. Oegg hat beim Ehrenhofgitter nach Entwürfen von Hildebrandt gearbeitet. Nach dem Tode Neumanns lieferte vielleicht auch der Bildhauer Johann Wolfgang von der Auvera für ihn Entwürfe, wie die schönen Kammerherrenschlüssel der Friedrich-Carl-Zeit im Mainfränkischen Museum und Zeichnungen des Bildhauers im Martin-von-Wagner-Museum annehmen lassen. Zweifellos handelt es sich bei solchen Entwürfen nur um Vorschläge im Ganzen, nicht um die auch handwerklich ja subtilen Einzelheiten, die schließlich der Meister selbst bestimmen mußte. Eine Zeichnung im sogenannten Skizzenbuch Neumanns (Delin III, 145r/146b) mit einem prachtvollen Oberlichtgitter für die Lünetten der Einfahrtstore im Corps de Logis der Residenz, die Wolfgang von der Auvera zugeschrieben wird, zeigt aber auch, inwieweit der Kunstschmied durch seine »Kunstfertigkeit« den Zeichner angefeuert hat.

Intensiver als Oegg arbeitete der Stuckator Antonio Bossi im Team unter Friedrich Carl. Er ist der eigentliche Wegbahner des Würzburger Ornaments von 1735–1750. Bossi stammt aus Porto Ceresio bei Lugano. Er kommt also aus einem Gebiet, das seit altersher hervorragende Kunsthandwerker in die Fremde schickte. Bevor er 1733 in Würzburg nachweisbar ist, hat er, wie Tilman Breuer zeigte, in der Benediktinerabtei von Ottobeuren als Stuckplastiker, der Figuren herstellt, gearbeitet. Statuen im Vorsaal des dortigen Kaisersaals, auf der Treppe zur Benediktkapelle und vor der Abtskapelle werden ihm zugeschrieben. In Würzburg stuckierte er

Fig. 64 Wien: Laudongasse, ehemals Schönbornscher Gartenpalast. Spiegelkabinett. Kupferstich S. Kleiner (Wien, Stadtbibliothek)

zuerst in der Schönbornkapelle, und zwar die dortigen Seitenaltäre, und war dann in der Residenz fortwährend bis 1758 tätig. Noch einmal, im Jahre 1761, wird er zu Arbeiten im Schloß herangezogen. Er modellierte die beiden Figurengruppen in den Nischen der Sala Terrena. 1764 starb Bossi, geistesgestört und verarmt, in Würzburg. Seine ersten Stuckdecken in der Bischofswohnung des Südschlosses sind untergegangen, die Stuckarbeiten der Hofkirche sind erhalten, sehr zarte Ornamente in den Fensterlaibungen, sowie der Hochaltar auf der Empore nach eigenem Entwurf (SE XXXVI+) und die Stuckaufsätze der Seitenaltäre (SE XXXIII+). Es sind Arbeiten, die die Entfaltung seines Dekorationsstils im Übergang zur reifen Zeit erkennen lassen. Diese wird aufs beste von der Stuckdecke des Audienzzimmers in der Folge der Kaisergemächer an der Gartenseite vertreten. Ein eigenhändiger Entwurf dafür befindet sich im sogenannten Skizzenbuch Neumanns (Delin III, 27 v/a). Es folgen seit 1744 die Stukkaturen im Weißen Saal, 1749 in der Sala Terrena und 1749–1751 im Kaisersaal. Bossi stuckierte auch außerhalb der Residenz im Chor der Würzburger Dominikanerkirche (1754–1755), er fertigte die Altäre in der Gaibacher Patronatskirche (1747–1748) an und stukkierte die Schloßkapelle in Werneck. Über seine Arbeitsweise sagt zusammenfassend Joachim Hotz 1980: »Er zeichnete zuerst auf Papier, dann mit Kohle auf die Wand oder die Decke, dann formten seine Mitarbeiter und er den Stuck.« Kohlezeichnungen dieser Art haben sich im Kaisersaal hinter einem der Bildnisse feststellen lassen.

Richard Sedlmaier und Rudolf Pfister sprechen begeistert von Bossis Stukkaturen. Sie bilden gewiß einen Glanzpunkt innerhalb der Ausstattung der zweiten Schönbornperiode der Residenz. Ihre Stärke liegt in den sicher gesetzten Akzenten der Plafondkompositionen und in der Qualität der Figuren. Bossi ist zunächst ja hauptsächlich Modelleur von Stuckfiguren gewesen, wie man gut an Aufnahmen von den Statuen in der Hofkirche vor der Zerstörung nachprüfen kann. Es verrät sich dabei die Herkunft von Diego Carlone und seinem Kreis. Was nun die Ornamentik von Bossi betrifft, ist besonders seine Entwicklung zum Rokoko hin gerühmt und die Frage nach Einflüssen von auswärts, etwa von München, aufgeworfen worden. Schon Sedlmaier hat diese Vermutung verworfen. Bossi hat ja nie aufgehört, Reminiszenzen des Bandwerks in seinen Kompositionen fortzuführen. Auch als er zum »Laubwerk« und zum »Muschelwerk« übergegangen war, blieben die Grundlagen seines Stils erkennbar. Das spricht dafür, daß wir seine Ornamentik als eine entfaltete, ohne besondere äußere Einwirkung aufzufassen haben. Es gibt mehrere Stukkaturentwürfe von seiner Hand in dem sogenannten Skizzenbuch Neumanns. Sie zeigen einen sehr sensiblen Zeichner, der gleichsam im Pianissimo entwirft. Der hochtalentierte Ferdinand Hundt, dessen Meisterstück 1737 auch Fürstbischof Friedrich Carl ausdrücklich lobte, einer der besten Zieratenbildschnitzer des Teams in der Residenz, hat seine Zeichnungsweise stark derjenigen Bossis angepaßt und sie sogar noch differenziert und verfeinert.

Der begabteste Bildhauer dieser Periode war zweifellos Johann Wolfgang von der Auvera und zugleich derjenige in dem Künstlerkreis der Residenz zur Zeit von Friedrich Carl, der am besten mit der Wiener Kunst vertraut war. Als Sohn des aus Mecheln eingewanderten

Fig. 65 Wien, Laudongasse, ehemals Schönbornscher Gartenpalast, Porzellan- und Spiegelkabinett, Kupferstich S. Kleiner (Wien, Stadtbibliothek)

Steinbildhauers Jakob, der selbst für den Außenbau der Residenz gearbeitet hatte, wurde Wolfgang 1708 geboren. Sechs Jahre lang studierte er in Wien, kehrte dann im Dezember 1736 in seine Vaterstadt zurück und hat im Kreis der Ausstattungskünstler der Residenz als talentierter Zeichner zahlreiche Entwürfe für ganz verschiedene Aufgaben und als ein leistungsfähiger Steinbildhauer den Löwenanteil der figürlichen und ornamentalen Bauplastik des Schlosses geliefert. Balthasar Neumann protegierte Wolfgang von der Auvera offensichtlich, er war dem jungen Bildhauer freundschaftlich verbunden. Als z. B. die Hofkammer mit der Bezahlung der Steinplastik knausern wollte, griff Neumann ein und machte klar, daß man durch solches Unterbieten nur teilnahmslose Routinearbeit erzielen würde. Nötig sei vielmehr, dem jungen Talent auch durch die Bezahlung einen entsprechenden Anreiz zu geben. 1740 nahm Neumann Wolfgang auf eine Reise ins Rheinland und nach Holland mit, die für den Bildhauer »sehr nützlich« gewesen ist. 1759 ist Wolfgang von der Auvera bereits gestorben. Seine Witwe wirtschaftete zuerst mit den Brüdern ihres Mannes, darunter auch Lucas, allein, vermählte sich dann aber wieder mit einem Bildhauer. Es war Peter Wagner, der eben von seiner Wanderschaft und Ausbildung nach Würzburg heimgekehrt war und der durch die Heirat den umfangreichen künstlerischen Nachlaß der Auverawerkstatt erbte, der heute zum Bestand der Graphischen Sammlung des Martin-von-Wagner-Museums in Würzburg gehört.

Neben diesen großen Hauptmeistern und Promotoren eines »Würzburger goût« wirkten vor allem talentierte »Zierathen«-Schnitzer an der Ausstattung der Residenz mit, darunter an erster Stelle Ferdinand Hundt. Als Bildhauer und als Schnitzer sind die Mitglieder einer Familie Guthmann zu erwähnen und als Kunstschreiner der Nürnberger Carl Maximilian Mattern (1705–1774). Er lieferte zusammen mit dem Bildhauer Adam Guthmann z. B. 1739–1742 einen prächtigen Schreibschrank in die Residenz, der noch gezeigt werden kann, dem Fürsten aber wegen Aufwand und altertümlicher Form nicht gefiel. Ein anderes solches Schmuckmöbel besitzt das Mainfränkische Museum. Die Schnitzereien daran verfertige Wolfgang von der Auvera um 1745.

Die südlichen Paradezimmer der Gartenseite und das Spiegelkabinett (Fig. 62, 64, 65)

Es wird oft für alle barocke Kunst die ordnende, die zusammenhaltende Funktion und Rolle der Baukunst gerühmt und als Führer im Konzert der Künste und als Garant auch dessen bezeichnet, was oft als das »Gesamtkunstwerk« dieses Stils genannt zu werden pflegt. Vorstellungen solcher Art kennzeichnen den Geist der Epoche des Neubarock, die bekanntlich unmittelbar in die Zeit des Jugendstils überging und auch das Myzel darstellt, aus dem die Kunstgeschichte als eine eigentümliche selbständige Disziplin herauswuchs und sich seit ca. 1890 besonders in Deutschland formierte. Zweifellos wird mit dem Ausdruck, den Richard Wagner erst mit der spezifischen Bedeutung erfüllte, die Friedrich Nietzsche dann ins Bewußtsein hob, zwar die synthetische Seite dieser Kunst getroffen, also das, was bereits Filippo Baldinucci in seiner Bernini-Vita umschrieb, als er von denjenigen Werken Gianlorenzos sprach, die nicht in die übliche Terminologie der Künste paßten, sondern als »opere miste« von dem großen toskanischen Historiographen und Kunstkenner eingestuft wurden. Es wird aber zu wenig mit dem Wagnerschen Wort vom »Gesamtkunstwerk« die relativ geringe anschauliche Bedeutung gerade desjenigen Elements betont, welches den Zusammenhang von allem und jedem innerhalb einer barocken und besonders einer spätbarocken Ensemblewirkung garantiert: Das ist das gedankliche, ausdeutende, allegorische oder symbolische Element.

Die Raumausstattungen der Paradezimmer der Residenz lassen jedermann die Erfahrung dessen machen, was wir meinen: Das Allgemeingültige dieser Raumfolge und auch das Ikonographische ist für den Genuß dieser Werke nicht oder wenig nützlich. Sie sind von solch einem individuellen, selbstvergessenen Eigenleben, daß es die »übergreifenden« Gedanken und Formen sprengt, nicht beachtet oder durch seine Existenz auslöscht, bedeutungslos macht.

Belegen wir dieses Urteil an Beispielen! Die südlichen Paradezimmer an der Gartenfront repräsentieren auch heute noch, wenn schon in Rekonstruktionen, die Ausstattung der Zeit Friedrich Carls von 1737–1745, nämlich das heutige Vorzimmer (früher Antecamera, Nr. 6), das Audienzzimmer oder der Thronsaal (Nr. 7), das Venezianische Zimmer (Nr. 8) und das Spiegelkabinett (Nr. 9). Die in der Schönbornzeit dann anschließende Galerie (Nr. 10) wurde in drei kleinere Zimmer zerteilt. Hier beginnen die radikalen Veränderungen der Toskanazeit.

Die Benennung als »Kaiserzimmer«, die tatsächlich einmal in den Hofkammeraufzeichnungen vorkommt, ist durch den Besuch der Kaiserin 1745 veranlaßt worden. Ansonsten waren und dienten diese Räume und das entsprechende Appartement auf der Nordgartenseite als Wohnung für fürstliche Gäste und während der übrigen Zeit als Gesellschaftsräume des Hofes, der nach der Tafel hier Kaffee trank und der Leidenschaft dieses Jahrhunderts frönte, dem Spiel. Burkard von Roda, der diese Nutzung aufgrund der Seinsheimkorrespondenz sicher nachweisen kann, erwähnt die 17 regelmäßig in diese Zimmer gestellten Spieltische, die oft, wenn nötig, bis auf 24 Stück ergänzt wurden. Hier also kristallisierte sich die Hofgesellschaft in jene Zirkel und Cliquen aus, in der sie für gewöhnlich auch wirkte.

Natürlich beachten die einzelnen Zimmer des Appartements auch die allgemeingültigen Regeln, die sie in der Reihenfolge einer Suite zu erfüllen hatten. Das erste Zimmer war Vorzimmer, also Antecamera des zweiten Raumes, der als Audienzzimmer sich selbst erklärt, und dieser wiederum war dem eigentlichen Wohnraum vorgeschaltet, nämlich dem Schlafzimmer, das »venezianisches Zimmer« heißt. Daß bei der Ausstattung darauf geachtet wurde, diese hierarchische Abstufung zu beachten, beweisen die Befehle Friedrich Carls, der 1738 für das Vorzimmer nur eichene Lambris und keine Vergoldung der Deckenstukkaturen befahl, für den folgenden Audienzsaal Vergoldung des Stuckplafonds anordnete und den Gebrauch von farbigen Hölzern für die Vertäfelung, und auch den Auftrag gab, die »Fensterspalleter«, also die Vertäfelungen der Fensternischen, durchaus zu vergolden. Ferdinand Hundt hat diese Zierate »virtuos« geschnitzt. Das ist ein klarer Beweis für die Achtung des hierarchischen Zeremoniells. Jedoch:

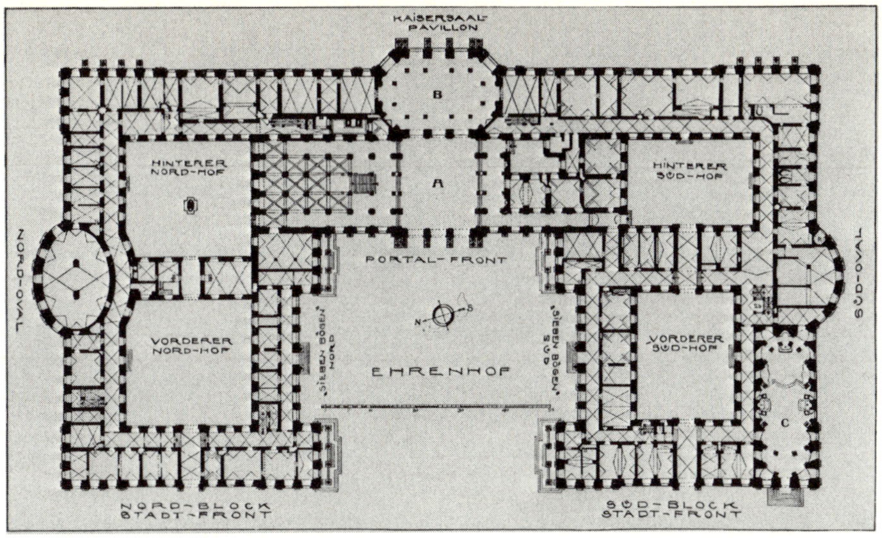

Fig. 66 Würzburg, Residenz, Grundriß des Erdgeschosses (Sedlmaier-Pfister, 1923)

1742 mußte der Fürst aus Sparsamkeitsgründen das Ausmaß der Vergoldung beschränken. Und was das Deckenbild angeht, so sind insgesamt drei verschiedene Fassungen aus den fürstlichen Anordnungen bekannt: Die erste sollte noch Clemens Lünenschloß ausführen, die dritte war von Scheubel, ein Thema nannte Friedrich Carl nicht. Dargestellt war, wie die älteren Beschreibungen es ausdrücken: »Aufbruch zur Eroberung einer Burg« – ein nicht sehr spezifischer Titel. Im Sinne der Zeit aber reichte er wahrscheinlich in Verbindung mit der Funktion des Zimmers aus. Denn die Supraporten zeigen römische, moralisch ausgewählte Historien: Hannibal schwört den Römern ewige Feindschaft und Polyxena wird zum Opfer geführt. (Heute dient ein Deckenbild aus Bensberg von Antonio Belucci als Planfondbild, anstelle des zerstörten Ofens besitzt der Raum einen kleineren Wiener Ofen um 1740, also zeitgleich mit der ursprünglichen Ausstattung; der Stuck Bossis ist in der Ofenecke noch erhalten, alles andere rekonstruiert.)

Diese Zimmer hießen auch: Alexanderzimmer, denn hier sind Bildteppiche der Alexandergeschichte angebracht, übrigens in einer nicht so selbstverständlichen Adaption über eine Zimmerecke hinweg. Diese Teppiche standen 1738–1740 zur Verfügung. Friedrich Carls Bruder hatte ihren Erwerb schon betrieben, sie befanden sich an irgendeiner Stelle in dem nördlichen der beiden Zwillingsbauten und wurden von dort zur Dekoration des südlichen Gästeappartements erst herübergeholt – schwerlich also etwas anderes als eine Verlegenheitslösung. Es ging offensichtlich mehr darum, für alle drei Zimmer als Wandverkleidung Tapisserien zu bekommen, als um einen gedanklich schwerwiegenden Zusammenhang. Es befanden sich vor der roten Neubespannung des Audienzsaales, der später Thronsaal wurde, in diesem Raum zwar auch Teppiche der Alexanderserie des Jan Frans van der Hoecke (nach 1700), aber keine solchen im Schlafzimmer dieses Appartements, dort wo der Höhepunkt der Ausstattung liegen sollte – und in einem anderen Sinne auch liegt –, denn dort waren von allem Anfang an die Bildteppiche mit den venezianischen Komödianten vorgesehen. Es wird kaum ein Ikonologe wagen, Alexanders heroische Taten in der Commedia dell'Arte gipfeln zu lassen.

Die wenigen Marginalien zum Thema Funktionalität und ikonologischer Stringenz, die beliebig vermehrt werden könnten, müssen genügen, um die ikonologische Konzentrik dieses spätbarocken »Gesamtkunstwerkes« entspannter zu beurteilen und diesen reichen, oft ausgedehnten und über Fürstengenerationen hinaus ihr Leben verdankenden Komplexen nicht zu viel zentralistischer Opernregie anzudichten. Die Hinweise dürften auch genügen, um in Erinnerung zu rufen, was jeder erfahren hat, der solche Schloß- und Kirchenbauten kennt: Das Schauspiel ist es, was sich in den Vordergrund drängt, und wenn es uns in solcher Weise entzückt und erfreut wie in der Würzburger Residenz, dann liegt es in erster Linie an der Gestaltung selbst und nicht am Gedanken, auch nicht an einem besonders hohen. Von diesem Standpunkt stellt sich übrigens auch die in anderer Hinsicht schwer faßbare oder verlorengegangene Steigerung in den vier Paradezimmern des südlichen Gästeappartements der Würzburger Residenz wieder ein. Diese Steigerung besteht jedoch nicht in ikonologischen Finessen und nicht einmal in der strikten Durchführung eines Themas, etwa des Helden dieser Zeit par excellence, Alexanders des Großen nämlich. Sondern sie wird zustande gebracht durch die Vermehrung der Mittel, der Bildformen und der Farbe, durch Verfeinerung der ornamentalen Ausdrucksmittel und durch die innere Verdichtung der dekorativen Komposition. Gewiß trifft das Gesagte schon zu für das Schlafzimmer, das als venezianisches Zimmer ausgestaltet wurde mit den Wirkteppichen des Andreas Pirot, die in den fünf Jahren bis 1745 in einer Würzburger Manufaktur entstanden sind mit Grotesken im Geschmack der venezianischen Commedia dell'Arte. Was aber verlangte der Bauherr, der doch im Geschäft von Schloßausstattungen wahrhaftig kein Anfänger war, ikonographisch von seinen Künstlern und Handwerkern? »Teils Simbola, in Figuren, teils Früchte und Blumen, teils Tierstudien«, so steht seine Anordnung für die Bildchen in den Vertäfelungen in den Bauakten der Residenz für das Jahr 1740. Was wir daraus entnehmen dürfen, ist die fürstliche Bestätigung der vom Hofmaler Johann Rudolf Byss vor seinem Tode 1739 betriebenen Vorbereitungen für das Bildprogramm dieses schönen Innenraums, mehr nicht. Damit aber ist der Höhepunkt noch nicht erreicht. Erst jetzt nämlich und im Kabinettformat folgt das Nonplusultra der Würzburger Dekorationen, nämlich das 1742–1745 ausgestattete Spiegelkabinett (Nr. 9).

Spiegelkabinette, diese Sonderform des deutschen Spätbarock, kannte der Bauherr aus Wien. Er hat sich in seinem Wiener Gartenpalais in der Alservorstadt, heute in der Laudongasse ein solches Spiegelkabinett wie auch ein Porzellankabinett mit Spiegeln einrichten lassen, und zwar lange vor dem Würzburger. Das Wiener Kabinett ist nicht mehr am Ort, wir haben aber mit Hilfe eines Stiches nach Zeichnung Salomon Kleiners eine gewisse Vorstellung von diesem Raum: ein viereckiger Innenraum mit stuckiertem Plafond über einer Deckenkehle und Gemälde, in der Mitte besonders reichstuckierter Trumeaux. Über dem Marmorkamin ein großer Spiegel. Die Wandgliederung besorgten Hildebrandtsche Hermenpilaster, in den Intervallen dürfen wir einfache große Spiegel annehmen. Das Kabinett hatte wohl keine Fenster. Der Boden war kunstvoll gemustert, die Lambris entsprechend der Gliederung unterteilt und in zwei Zonen aufgebaut. Das Porzellan- und Spiegelkabinett des Schönbornschen Gartens in der Wiener Alservorstadt war reicher und anspruchsvoller ausgestattet. Auch von diesem Raum existiert ein Kupferstich von Salomon Kleiner (Nr. 9 in dem Wiener Klebeband). Das Kabinett besaß eine achteckige Laterne inmitten des Plafonds, ein altes Kunstmittel solcher Schauräume seit der Reichen Kapelle Maximilians I. in der Münchener Residenz. Die Wände erhielten Schaugerüste für Porzellan, das vor den Spiegelflächen uns gezeigt wurde.

Verglichen mit diesen Vorstufen der engsten Verwandtschaft ist das Würzburger Spiegelkabinett in der Residenz zu ganz anderer Wirkung befähigt. Wir wissen, daß 1736 schon der alte Byss ein Konzept für diesen reinen Schauraum des südlichen Appartements geliefert hat. Der Ausführungsentwurf entstand aber erst nach dem Tode des Hofmalers. 1740 erstellten Wolfgang von der Auvera und Antonio Bossi gemeinsam den Riß und lieferten auf Verlangen von Friedrich Carl auch ein Teilmodell für die Wandgliederung. Die Lambris und die Holzverkleidung der Fenstergewände und Fensternischen waren weißplaniert mit vergoldetem

Zierwerk darauf, der Kamin von schwarzem Marmor, die Decke – ein Plafond mit der dazugehörigen Kehle – eigenhändig stuckiert von Bossi, ebenfalls weißplaniert mit vergoldeten Figuren und Ornament, inmitten ein großer Spiegel. Die Spiegel an den Wänden waren mit Hinterglasbildern nach Entwürfen Wolfgangs von der Auvera geschmückt. Es waren Bildinseln, zum Teil in rein dekorativer Anordnung, wie z. B. die Frauenbüsten, die im viereckigen Spiegelfeld konzentrisch auf die Mitte wiesen. Konsoltische, geschnitzt von Wolfgang von der Auvera, von denen zwei den letzten Krieg überlebt haben, unbegreiflich reiche und doch im ganzen vornehm disziplinierte Meisterwerke der Zieratenschnitzerei mit Marmorplatten, waren an die Wände gerückt. Selbst in den Türflügeln befanden sich ebenso Spiegel von ausgesuchter ornamentaler Rahmung mit Hinterglasbildern. Von Bossis überaus köstlicher Decke mit ihren plastischen Figurengruppen sprachen wir schon. Die Verwendung des teueren, aber auch nobel wirkenden Lapislazuli der Bildhintergründe vor dem Glas befahl Friedrich Carl selbst. Er hat jedoch nicht unabhängig von den Handwerksmeistern gefordert, sondern sich, wie in den Bauakten zu lesen steht, mit diesen des öfteren im Gespräch über dieses Kleinod und seine angemessene Ausgestaltung unterhalten. Bis auf geringe Teile ist das Kabinett 1945 verbrannt, untergegangen. Da seit 1979 seine Rekonstruktion in Gange ist, darf erwartet werden, daß die südliche Paradezimmer-Suite bald wieder an ihr Ziel kommen wird, das ihr Friedrich Carl zugedacht hat.

Giovanni Battista Tiepolos Gewölbefresken im Kaisersaal und im Treppenhaus der Residenz. Tiepolo und Neumann

Die monumentale Raumfolge in der Mitte der Residenz (Fig. 66–68)

In der Mitte der Residenz kommt auch im Innern die ordnende, maßgebende und die darstellende Rolle der Architektur voll zur Geltung, die wir bei der Betrachtung der Paradezimmer an der Gartenseite erheblich haben einschränken müssen. Obwohl das meiste der ortsfesten Ausstattung, einschließlich der weltberühmten Gewölbefresken Tiepolos, gar nicht in der Bauzeit unter Friedrich Carl von Schönborn entstanden ist, präsentieren sich Vestibül mit Gartensaal (1, 2), Großes Treppenhaus und Weißer Saal (Nr. 3, 4) sowie der Kaisersaal (Nr. 5) als eine Einheit, und zwar von der anschaulichen Bedeutung einer »Folge«. Es ist nämlich ein Zusammenhang zwischen diesen Räumlichkeiten entstanden, der Anfang und Ende hat, nicht umkehrbar ist und eine Steigerung mit einschließt, die den Kaisersaal als Ziel und Höhepunkt besitzt und anstrebt. Jeder einzelne Raum scheint bereits mit Rücksicht auf das Ganze der Folge konzipiert zu sein, und zwar schon in seiner baulichen Gestalt, nicht erst nachträglich durch bestimmte Dekorationen, Figuren oder Bilder. Aus diesem Grunde sprechen wir von einer »Folge« im Sinne des Begriffs, den Kurt Badt zunächst nur für die Bildkünste und zu dem Zwecke der Erklärung bildhafter Kompositionen neuerer Malerei eingeführt hat. Wir übernehmen damit auch die Einsicht, daß Größe, Art und Anordnung von Figuren, Formen oder – wie in unserem Falle – von Räumen als ein sinngebender, thematisch wirksamer Zusammenhang gestaltet werden kann. Das ist in der Mitte der Würzburger Residenz der Fall. Ebenso wie am Außenbau der Residenz eine Gliederungs-Folge, läßt sich in der Schloßmitte eine Raum-Folge erkennen.

In dreierlei Weise kann die ordnende, maßgebende und charakterisierende Rolle der Architektur bei der Besichtigung dieser Raumfolge erfaßt werden: durch Beachtung der Größenverhältnisse, also der Verhältnisse von Höhe zur Weite (= Tiefe plus Breite) eines Raumes, durch Achten auf Licht und auf Farbe im Innern und schließlich durch Aufmerksamkeit gegenüber der architektonischen Gliederung in diesen monumentalen gewölbten Räumen. Auf solche Weise kann die flüchtige Raumstimmung bis zu einem konkreten Verständnis der Raumfolge geklärt werden.

Die Einfahrtshalle, das Vestibül, war baulich 1739 vollendet. Die Ausstattung erfolgte jedoch erst unter Adam Friedrich von Seinsheim. Lodovico Bossi, den der Fürst sich aus Stuttgart verschrieben hatte, stuckierte die Halle in den Jahren 1765 und 1766, Franz Anton Ermeltraut führte damals das Gewölbefresko, eine Scheinkuppel mit Darstellung der Herkulestaten im Kuppeltambour, aus. Die beiden Marmorstatuen in den Nischen der Südwand, die bereits Karch »Athena« nannte, lieferte Peter Wagner 1779. Auf die Erbauungszeit gehen nur die Atlanten zurück, die paarweise an den inneren Pfeilerböcken der Halle und einzeln an den vier äußeren Pilastern von Wolfgang von der Auvera 1743 und 1744 als Hermen aus den Bozzen herausgemeißelt wurden. Verschwunden sind leider die schönen Oberlichtgitter der drei Einfahrtstore, deren Flügeltüren heute geschlossen sind, so daß die Lichtsituation anders ist als im 18. Jahrhundert, da die Tore öfters offen und die Halle heller war. Neumann hatte alle Freistützen aus der Mitte des Vestibüls an den Rand geschoben, damit man mit den Karossen einfahren, im Innern wenden und am Fuß der großen Treppe im Norden halten konnte, wie es das Zeremoniell verlangte und es der festlichen Vorstellung von »Ankunft« oder »Abfahrt« entsprach.

Das Verhältnis von lichter Höhe zur Weite ist im Vestibül ein besonderes. Zwar ist die Höhe keineswegs gering, wie uns das manche Beschreibungen einreden wollen, aber das sehr flache Gewölbe ist ungewöhnlich weit ausgespannt und auch ungewöhnlich befestigt: Nur mittels schmaler Gewölbefüße wurzelt es auf den Freistützen im Norden und Süden und ebenso auch auf den schmalen Pfeilern der Trennwand zum Gartensaal. Ansonsten sind die Gewölberänder weitgehend von den Archivolten und ihren Stichkappen aufgezehrt, dergestalt, daß der Eindruck eines von den Mantelmauern losgelösten, weit ausgespannten Gewölbe mit nur geringer Stichhöhe entsteht. Dazu passen vorzüglich die Atlanten Auveras, rauhe, athletische Burschen, in deren ungefügen Leibern sich die Kraftanstrengung des Spannens recht gut verkörpert. Dagegen bedeutet es keine Hilfe für den Betrachter, wenn Beschreibungen von den »beängstigend und flach über den Raum gesprengten Gurten« reden, so als ob in den stuckierten Gebilden etwas von der physiognomischen Prägnanz der Gewölbebildung anschaulich würde. Das ist nicht der Fall. Wer nämlich diese Gurte aus Gips prüfend betrachtet, erkennt, daß sie völlig kraftlos dem Gewölbegrund aufliegen, deshalb sogar eine Viertelschraubendrehung mit vollziehen und am Zenit flach verlaufen. Es ist also an einem solchen Detail zu beweisen, was so oft ausgesprochen wird, aber kaum je überprüft zu werden pflegt, daß nämlich die »zopfige« Dekoration von Lodovico Bossi nicht zu der Architektur paßt. Das ist richtig. Der Grund aber liegt nicht in den Motiven dieser Ornamentik selbst, sondern darin, daß sie Wesentliches der Gewölbearchitektur nicht zu interpretieren weiß. Nicht die Dekoration bestimmt also Charakter und Gliederung der Halle, sondern es bestimmen das Gewölbe und die Stützen der toskanischen Ordnung.

Zum Vestibül gehört auch der Gartensaal. Die Sala Terrena bildet eine helle, feucht-kühle und große gewölbte Raumbucht im Osten der Einfahrtshalle und bringt etwas vom Garten mit durchaus architektonischen Mitteln ins Schloßinnere hinein. Erst unter Friedrich Carl taucht die Sala Terrena als eigenes Lokal an dieser Stelle in der Residenzplanung auf, vorher bildete das entsprechende Gewölbe nur einen östlichen Abschnitt der Durchfahrtshalle, die das Erste Projekt (SE 286+) und die verschiedenen Formen des sogenannten »Mainzer« Projektes kennzeichneten.

Lucas von Hildebrandt vindizierte der Sala Terrena auf den Grundrissen des Jahres 1731 (SE 302+ und SE 303+) die ovale Binnenform, die er durch einen ebenfalls ovalen Ring von Säulen in einen Umgang und einen gewölbten Raumkern zerteilte. Vier abgetrennte Abseiten in den Diagonalen waren in die außen oktogonalen Mantelmauern hineingesetzt, gewiß Erinnerungen an Grottenhaftes, das ja in der Allegorese der spätbarocken Baukunst mit der Sala Terrena ebenso verbunden war wie die Vorstellung der Kühle und des Elementes Wasser.

Neumann korrigierte Hildebrandts flüssige, aber spannungslose und mit den Hauptrichtungen überhaupt nicht übereingestimmte Raumform, nachdem er seit 1740 sich mit der Auswahl verschiedenfarbiger

Marmorschäfte für die Sala-Terrena-Säulen befassen mußte. Einem Brief an den Fürsten vom 21. Oktober 1740 legte er eine Grundrißskizze bei, auf der die Verteilung der schwarzen, rötlichen und gelben Schäfte, die er zu verwenden vorschlug, zu ersehen ist. Für uns ist die Skizze deshalb von Interesse, weil sie die Korrektur Neumanns erkennen läßt: Rückkehr zum oktogonalen Umriß auch für die inneren Mantelmauern, streng orthogonale, das heißt rechtwinkelige Position der toskanischen Säulen (deshalb auch die rechtwinkelige Stellung der Postamente an Ort und Stelle) sowie Anordnung der Rücklagen in der Weise, daß in den Raumecken jeweils zwei solcher einer Säule entsprechen. Auf diese Weise erreichte Neumann im Umgang zwölf viereckige, regelmäßige Gewölbefelder, die Johann Zick 1750 mit bunten Bildinseln versah, die zwischen dem seit 1749 angetragenen, heute grün gefärbten Stuck von Antonio Bossi zu sehen sind. Das Bildprogramm entspricht der heiteren, elementaren Stimmung der Sala Terrena: Tag und Nacht (1, 2), Morgen, Abend (3, 4), die vier Elemente Feuer, Luft, Wasser und Erde (5, 6, 7, 8) sowie die Jahreszeiten (9, 10, 11, 12). Beachtet man die Spannweite der Bögen zwischen den Säulen, von denen die vier mittleren gelbe, die übrigen rötliche Marmorschäfte besitzen, dann ergibt sich, daß Neumann vier verschiedene Spannweiten verwendet hat, die größte in der Hauptachse der Einfahrt, die zweitgrößte in der Querachse, die beiden anderen vermittelnden dazwischen. Solch wahrhaft »curiose« Anordnung hat den Zweck, die Freisäulenstellung der ovalen Mitte anzunähern. Diese ist erreicht in dem mittleren Gewölbe, dessen Rand von graziösen Stichkappen weitgehend aufgezehrt wird, so daß die Wölbung, wie mit leichten Spangen nur befestigt, sich wie ein Baldachin über der Mitte aufwölbt. Johann Zicks Deckenfresko läßt uns die Götter beim Mahle und Diana bei der Rast auf der Jagd erblicken.

Im Gartensaal ist auch Gelegenheit, die »curiose« Konzeption Neumanns in einem wichtigen Punkt besser zu verstehen. Wir meinen die merkwürdige Gliederung der toskanischen Ordnung. Auch in der Sala Terrena – wie schon im Vestibül – tragen die Säulen nicht direkt die Bögen, sondern diese setzen erst auf den merkwürdigen Blöcken über den Säulen an. Diese Blöcke, das zeigt ein kontrollierender Blick auf die Gliederung der Mantelmauern, sind nichts anderes als die mitgegebenen Stücke des toskanischen Gebälks, das, wie die Säulenbücher lehren, nur aus einem einfachen festen Balken zu bestehen braucht, nicht also die Zusammensetzung von Architrav, Fries und Gesims der anderen Ordnungen wiederholen muß. Weshalb hat Neumann zwischen den für das ganze gewölbte Erdgeschoß dringend nötigen Bogenbau und die Säulen bzw. Pfeiler das Gebälk dazwischengeschoben? Er tat es erstens zugunsten der schon von Leone Battista Alberti ausgesprochenen Empfehlung, Säulen stets mit geradem Gebälk zu verbinden, also im Sinne der Kolonnade, nicht mit dem Bogen, wie bei der Arkade. Er tat es zweitens gerade deshalb, damit er dann, auf dem Gebälk neu anfangend, seine Bögen aufrichten und diese dann auch in eine Richtung drehen könne, welche der Kolonnade darunter fremd ist. Den Beweis für die Richtigkeit dieser Deutung liefern im Gartensaal die diagonal sich schwingenden Bögen. Denn sie verbinden Säulen, die streng rechtwinkelig angeordnet sind, und dies geschieht dennoch nicht ordnungswidrig, weil

Säulenstellung und Bogenführung durch das Gebälk getrennt bleiben.

Wer dieses feine, »curiose« Spiel der Gliederung einmal erkannt hat, wird es überall im Erdgeschoß weiter verfolgen können und dabei auch die eben erläuterte Eigenart des Säulen-Architrav-Bogenbaus bestätigt finden. Die Stiege wird dort ins Obergeschoß hinaufgetragen. Dort oben, an den Mantelmauern, über denen sich das große, fünf Meter Stichhöhe einschließende Muldengewölbe Neumanns erhebt, findet man nur mehr die klassische Form der Verbindung von Stützen durch das gerade Gebälk. Wandpfeiler oder Pilaster der kompositen Ordnung wechseln mit den hellen Fensterintervallen regelmäßig ab.

Die Treppenhausarchitektur, über die ja schon eingehend gesprochen wurde (S. 146 ff.), stellt also von unten nach oben wiederum eine echte Gliederungs-Folge dar, die von der toskanischen Ordnung zur kompositen führt und gleichzeitig die finale Herausbildung des Kolonnadensystems zum Inhalt hat.

Der Rohbau der großen Treppenhalle der Residenz war mit dem Gewölbe über dem Obergeschoß im Frühjahr 1741 und dem Aufbau der fünfschiffigen Halle des Erdgeschosses 1743 vollendet, nachdem auch die Stiegen aufgemauert waren. Der Fürst forderte von diesem Raum nur zweierlei: »solide und ohne viel Zierat«. Trotz dieses ausdrücklichen Verzichtes auf eine reichere Ausstattung entstand in den folgenden Jahren der aus zehn Einzelblättern bestehende, im Martin-von-Wagner-Museum aufbewahrte Dekorationsentwurf von Wolfgang von der Auvera für eine wohl in Stuck gedachte Auszierung der Mauern über den damals noch offenen Arkaden des heutigen Treppenschachtes, einschließlich eines sehr reich und plastisch empfundenen Projektes für ein Geländer der Stiegenabsätze. Auvera wollte dabei die Musen als Patrone der verschiedenen Künste in seiner Dekoration darstellen. Zu einer Ausführung kam es aber nicht. 1745 heißt es in Erwartung des Kaiserbesuches ausdrücklich, die Treppenhalle sei für die Benutzung herzurichten, ansonsten aber nur die »einstweilige Ordnung« zu beachten, also eine Interimslösung.

Mit dem Entschluß Carl Philipps von Greiffenklau, Giovanni Battista Tiepolo nach Vollendung der Gewölbebilder im Kaisersaal 1752 auch das große Fresko über dem Treppenhaus ausführen zu lassen, begann die zweite, die entscheidende Phase der monumentalen Dekoration der Würzburger Residenztreppe. Antonio Bossi stuckierte die großen Figurenpaare in den Gewölbeecken. Das geschah offensichtlich nach Tiepolos Gesamtentwurf. Denn der Maler zeigte diese Figuren schon auf dem großen Modello des Treppenhausfreskos (Metropolitan Museum in New York). Wahrscheinlich fiel damals auch die Entscheidung über die monochrome, weiße Tünchung der ganzen Treppenhaushalle. Denn der venezianische Maler war eine solche Kontrastierung von Wandfarbe zum polychromen Deckenbild aus seiner Heimat gewohnt.

Die dritte abschließende und leider auch entstellende Ausstattungskampanie begann 1763 unter Adam Friedrich von Seinsheim. Dem Fürsten wurden Projekte für ein Treppengeländer aus Bronze vorgelegt, 1764 entsprechende aus Gußeisen mit angeschmiedeten Ornamenten von Georg Oegg und schließlich ein noch erhaltener Entwurf von Ferdinand Tietz in ornamentaler Ausgestaltung. Die letztgenannte polychrom lavierte

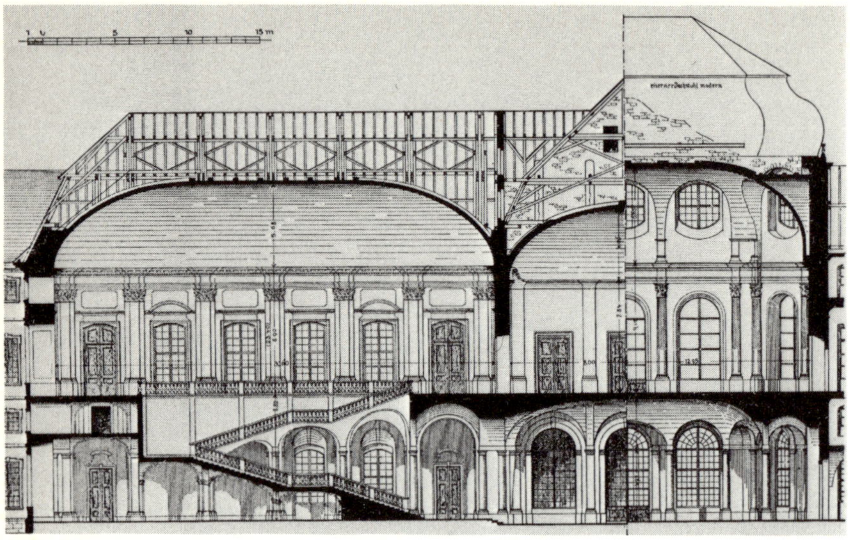

Fig. 67 Schnitt durch Treppenhaus, Vestibül, Weißer Saal u. Kaisersaal (F. Mader: Kunstdenkmäler d. Königr. Bayern, Unterfranken, Stadt Würzburg, München 1915)

Zeichnung in Berlin (Hdz 5615) läßt erkennen, worin der Vorteil einer rein ornamentalen Behandlung des Stiegengeländers der Würzburger Haupttreppe gegenüber der ausgeführten Balustrade läge. Eine fortlaufende Ornamentbrüstung hätte nämlich die Diskrepanz zwischen den Jochen der Treppenhalle und den Absätzen der Stiegen verschleiert, während die heutigen Balustraden diesen Unterschied der Rhythmisierung unnötig stark hervorheben. Seinsheim beschloß jedoch 1764, weder ein Gitter aus Metall noch ein solches aus steinernen Ornamenten zu Seiten der Stiegenläufe anzubringen, wobei auch die großen Kosten der Schmiede- und Gußarbeiten Oeggs eine Rolle gespielt haben. Nachdem diese letzte Ausstattungsphase unter Leitung des Stukkators Materno Bossi und des Bildhauers Peter Wagner 1767 begonnen hatte, entstanden die heutigen Balustraden der Treppe. 1772 wurden wahrscheinlich die bis dato noch offenen Bögen der Erdgeschoßhalle vermauert und damit der heutige Zustand hergestellt. 1776 waren die Arbeiten einschließlich der Statuen Peter Wagners ausgeführt. Man kann es gar nicht genug betonen, daß die monumentale Dekoration des Treppenhauses in drei verschiedenen Zeiten entstanden ist, damit jedem ausreichend klar wird, daß hier Architektur und Deckenmalerei die ausschlaggebende Rolle für die einzigartige Wirkung dieses Ensembles spielen.

Die Erlebnisse beim Ersteigen der Würzburger Residenztreppe sind oft genug und in allen erdenklichen Farben geschildert worden, einer variierenden Wiederholung bedarf es hier nicht mehr. Fest steht jedoch, daß die zielstrebige Entfaltung des hellen Oberraums ursprünglich doch viel reicher angelegt war, als es nach der Vermauerung der Erdgeschoßarkaden den Anschein hat, und auch viel besser in der Gesamtgliederung verankert war, als der Benutzer der Treppe heute annimmt. Neumann wollte ja gerade das verhindern, was heute teilweise geradezu als Lob hervorgehoben wird, nämlich das Aufsteigen in einem engen, seitlich durch taube Mauern verschlossenen Schacht. Ihm ging es sicherlich auch um die Entfaltung von Weite, Helligkeit. Aber diese Entfaltung sollte sich im Anblick des vielsäuligen, von Bogen durchstellten Erdgeschosses vollziehen und damit auch im Bewußtsein einer, das Ganze des Treppenhauses umfassenden Darstellung, die wir schon beschrieben haben: Die Architektur selbst trägt die Stiege hoch. Von diesem zentralen Thema fällt helles Licht auch auf den baukünstlerischen Zusammenhang einerseits mit dem Vestibül und andererseits mit dem Weißen Saal.

Aus der Eingangshalle zieht sich die toskanische Säulen- und Bogenarchitektur in das Treppenhaus hinein. Seine fünf Schiffe sind so proportioniert, daß die beiden äußeren Schiffe die Einfahrtshalle kreuzen und die beiden mittleren als relativ schmale Korridore hauptsächlich dazu dienen, um die dazwischen sich vom Boden abhebende Stiege von allen Seiten freizustellen und der Betrachtung zugänglich zu machen. Das Eindringen der Einfahrtshalle in das Erdgeschoß des Treppenhauses wird noch durch ein anderes Merkmal verdeutlicht. Die Schiffe, die den eigentlichen Treppenbau umhüllen, besitzen Kuppeljoche, und solche Kuppeljoche dringen auch folgerichtig neben dem ersten Treppenarm seitlich ein. Dann werden sie von den kreuzgewölbten Jochen abgelöst, die als unterstützende Gewölbe der beiden aufsteigenden Stiegenläufe von Neumann eingesetzt wurden. Die Stützenreihe gegen das Vestibül ist andererseits klar durch die Verdoppelung der toskanischen Stützen als Grenze beider Räume gekennzeichnet. Der Übergang, die Verschmelzung vollzieht sich nicht unartikuliert. (Übrigens stammen die beiden heute zu einem Pfeiler verstärkten Stützen links und rechts beim Stiegenaufgang erst aus der Zeit der Wiederherstellung, 1964–1965. Das geschah aus statischen Rücksichten und schädigt natürlich die ursprüngliche Konzeption.) Insgesamt hat diese fünfschiffige Treppenhalle sechs Joche, von denen die äußeren Schiffe und das erste und sechste Joch den oberen Umgang stützen. Die Bemessung der drei mittleren Schiffe brachte es mit sich, daß Neumann die Nordfront, die ausschließlich der zusätzlichen Beleuchtung des Treppenhauses dient, in der Fensterordnung enger proportionieren mußte als gewöhnlich. Im zweiten Nordhof läßt sich der Effekt gut an der entsprechenden Wand beobachten.

Der Übergang zum Weißen Saal wird auf andere Weise bewerkstelligt. Er beruht zunächst auf der farbigen Verwandtschaft – dem Weiß – und darauf, daß das Obergeschoß der Treppenhalle und der Weiße Saal eine Wandgliederung beisitzen, in der die Arkade völlig fehlt und nur Pilasterstellungen im Kolonnadenschema vorkommen. Der Weiße Saal war eine Diele und ist es auch in der heutigen Gestalt geblieben. Schon die Entwürfe unter dem ersten Bauherrn Johann Philipp Franz von Schönborn zeigen das deutlich; dort spielt die Zahl der Türen eine große Rolle. Der schon öfters zitierte Längsschnitt durch das Corps de Logis im Planungszustand des »Mainzer« Projektes zeigt uns ungegliederte Wände des Saales mit drei gleich großen Türen an Süd- und Nordseite (Hdz 4673). Auch dann, als die beiden Treppen und der Grundgedanke der Durchfahrt im Erdgeschoß aufgegeben wurde und die Diele im Hauptgeschoß wegen der Verhältnisse sich der Saalform näherte, wie das auf den Grundrissen vor und nach der Wiener Bausitzung im September 1730 der Fall ist, blieb es bei dem Kommunikationssystem gleich großer Türen selbst dann, als der Saal baulich vollendet war (1742) und Antonio Bossi 1744 mit dem Stuck der Gewölbe und Wände begann. In aller Eile wurde diese Dekoration im Juni 1745 abgeschlossen.

Der Weiße Saal wurde stets als Gardesaal, als Salle des Gardes angesprochen, bis zu dem Zeitpunkt, da wegen des Kaiserbesuchs von 1745 Vorkehrungen getroffen wurden, den Raum als Speisesaal herzurichten und später unter Seinsheim sogar als Ballsaal zu nutzen. Spuren von dieser zusätzlichen Zweckbestimmung gibt es mehrere. Der Saal hat heute zum Beispiel Parkettfußboden, was für eine Diele nicht verständlich, für einen Ballsaal aber unabdingbar ist. Anstelle von zwei Kaminen, die Friedrich Carl einzurichten befahl, befindet sich heute an der Südseite ein Ofen aus der Seinsheimzeit. Auch dies gewiß eine späte Veränderung zugunsten der erwähnten Benutzung. Andererseits verweist der Decken- und Wandstuck eindeutig auf die durchgehende Bestimmung als Salle des Gardes. Der Weiße Saal bildet also den zentralen Transformator der internen Kommunikation und ist als Vorraum des Kaisersaals aufzufassen. Er ist zugleich das letzte Raumglied der monumentalen Folge in der Mitte der Residenz, der als Durchgang benutzt werden kann und soll, wie das seine Dekoration und Gliederung zum Ausdruck bringt.

Die Gewölbe des Kaisersaals wurden gleichzeitig mit

denjenigen des Weißen Saals und der oberen großen Treppenhaushalle gemauert und waren 1742 vollendet. Bereits ein Jahr zuvor wurde der im Rohbau fertiggestellte Saal verputzt. Unter Friedrich Carl von Schönborn gab es im Vorfeld des Kaiserbesuchs noch verschiedene Projekte für die Ausmalung, die sich im wesentlichen an das ikonographische Programm halten, welches von den beiden Hofikonologen, den Jesuitenpatres Seyfried und Gilbert, im Jahre 1735 ausgearbeitet wurde. 1742 hören wir davon, daß zwei der jungen Maler, die »das Dessein« für den Kaisersaal gemacht haben, zusammen mit Antonio Bossi zum Fürsten beordert wurden, um das Projekt zu besprechen. Es wurde jedoch während der Regierung von Friedrich Carl aus diesem Ansatz nichts mehr. Erst unter Carl Philipp von Greiffenklau entstand die heutige monumentale Dekoration des Kaisersaals. Nachdem der mailändische Maler Visconti für eine Ausmalung verpflichtet war, begann 1749 Antonio Bossi mit seinen Stuckaturen, d. h., daß der Stuck schon vor dem Eintreffen Tiepolos entworfen wurde. Erst nach der Demaskierung Viscontis als Schwindler und nach den Verhandlungen mit Tiepolo in Venedig, als Neumann in Nürnberg bereits das Metall für die großen Säulenbasen im Saal bestellt hatte, traf Tiepolo mit seinen beiden Söhnen Domenico und Lorenzo und einem Diener am 12. Dezember 1750 ein. Erst im Januar des folgenden Jahres wurde die Abmachung zwischen dem Fürsten und dem venezianischen Maler auch auf Würzburger Boden bestätigt. Der Maler Roth begann daraufhin mit der Vergoldung des Gemäldestucks im März 1751, bevor Tiepolo dem Fürsten die »angefangene« Zeichnung für das Deckenfresko vorgewiesen hatte. Es ist nötig diese Daten hervorzuheben, damit nicht vorschnell die gesamte Dekoration des Kaisersaales als ein Ergebnis des Einflusses von Tiepolo aufgefaßt wird. Das war sicherlich nicht der Fall. Die architektonische Gliederung bis zum großen Gebälk und wohl auch der gesamte Stuck, der 1751 vollendet war, sind ohne wesentliches Zutun Tiepolos entstanden.

Es ist erstaunlich zu sehen, wie stabil die Grundform und die Proportionen des Saales im Verlauf der langen Planung der Residenz gewesen sind. Abgesehen von dem Ersten Projekt (SE 286+), in welchem der Saal noch eine einfache kubische Gestalt besitzt, sich aber bereits mit je einer Fensterachse vor die Gartenfront schiebt, ist die Grundform eines Quaders mit abgeschrägten Ecken für den Kaisersaalbau festgehalten worden. Die Pläne des »Mainzer« Projektes zeigen schon diese Form und auch die wichtige Verteilung der fünf großen Fensterachsen im Saal; denn die Abschrägung wurde so bestimmt, daß hier eine der fünf großen Öffnungen zum Garten hin bequem einen Platz finden kann. Besser sprechen wir deshalb nicht von einer quaderförmigen, sondern von einer oktogonalen Grundform. Auch die Maße sind im großen und ganzen sehr stabil geblieben, während die Entwürfe einander ablösten. Auf 75 Fuß Länge wurde der Saal des Ersten Projektes erweitert, dann finden wir auf dem Stuttgarter Grundriß der ovalreichen Planung den Kaisersaal etwa 85 Fuß lang und 55 Fuß tief. Die Tiefe ist bereits die der ausgeführten Gestalt, die Länge änderte sich noch um ein Geringes; heute beträgt sie 95 Fuß.

Der Aufriß des Saales hat verschiedene Planungsphasen durchlaufen, entscheidend für den heutigen Zustand waren die Vorschläge Lucas von Hildebrandts,

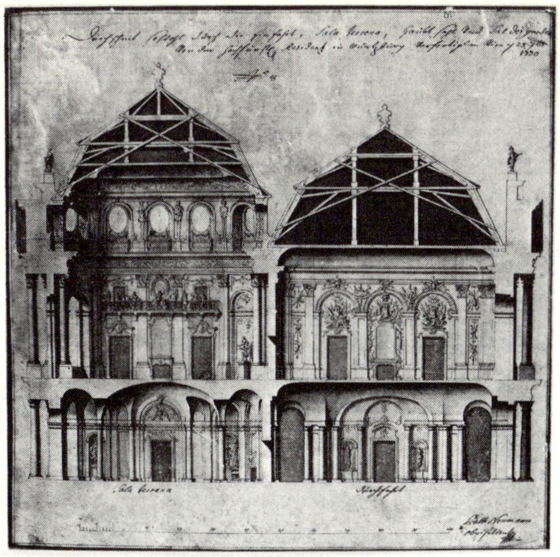

Fig. 68 Schnitt durch Mitte des Corps de Logis. Planungszustand 1730 (Berlin, Kunstbibl. Hdz 4690)

die er auf den beiden signierten Grundrissen SE 302+ und SE 303+ einzeichnen ließ und die auch auf dem Berliner Längsschnitt Hdz 4690 zu sehen sind. Für die große Säulengliederung ist eine Verteilung charakteristisch, wie sie an der Gartenseite zu sehen ist. Eine Folge davon ist die höchst ungewöhnliche Stellung der Säulen vor den Raumecken, dergestalt, daß ihre Sockel und Kapitelle gewinkelt werden müssen. Eine zweite Schwierigkeit, die offensichtlich auf die Hildebrandt-Entwürfe von 1731 zurückgeht, betrifft die Travéenbildung an der Schmalseite. Dort ergeben sich wegen der Türe zur Enfilade zwei äußere gleiche und ein innerer Intervall. Diese Rhythmisierung findet sich auch auf Entwürfen Neumanns. Unglücklich wirkt sie nur wegen der Durchführung der großen Säulenstellung auch an diesen Schmalseiten. Diese Beschreibung deutet schon an, daß die Großgliederung des Kaisersaales kein Meisterwerk darstellt. Sie beruht auf Prämissen, die schon 1731 in die Planung eingeführt waren und durch die von Hildebrandt geforderte Setzung der großen Säulen unheilbar kompliziert wurden.

Vielleicht übersieht man heute wegen des ungemein prachtvollen Gesamteindrucks diese offensichtlichen Schwächen der Großgliederung, sie sind aber vorhanden. Eine gewisse Milderung erfuhr die Gliederung der Seitenwände durch die Nischen mit den auffallend wohlgeratenen Stuckfiguren der Elemente. Die Autorschaft dieser Skulpturen ist archivalisch nicht zu ermitteln, sie werden Antonio Bossi zugeschrieben. Die Gestalt der Flora (Frühling) scheint vieles der Plastik von Ferdinand Tietz vorwegzunehmen. Die Anordnung der Nischen entspricht der üblichen Auffassung des Kaisersaals als eines Breitraums.

Die räumliche Wohlgeratenheit verdankt der Kaisersaal der Fensterordnung und dem Gewölbe, nicht der kostbaren Wandgliederung mit einer großen Säulenordnung. Die fünf Arkadenöffnungen zum Garten hin sichern dem Raumbild eine Lichtfülle, die uns über Art und Schwächen der Wandgliederung hinwegsehen läßt. Durch die erhebliche Aufsteilung des Gewölbes erreichte Neumann zunächst einen hohen Lichtgaden, denn auch die Fenster in den Diagonalen nach Südwesten und Nordwesten sind offen, da sie über den Dächern des angrenzenden Weißen Saales liegen. Das hohe Gewölbe des Kaisersaales gestaltete Neumann als Rotunde, ähnlich also wie in der Hofkirche der Residenz. Im Falle des Kaisersaales war eine konsequente Ablösung der Rotunde von den Mantelmauern unterhalb des großen Gebälks freilich nicht möglich. Sie war auch, gemessen an den baukünstlerischen Zielen, nicht erforderlich. Aber innerhalb der Gewölberegion hat sie Neumann konsequent durchgeführt und zu Ende gebracht. Zehn weite, große Stichkappen schneiden das Rotundengewölbe mit Ausnahme der beiden seitlichen Felder, auf denen Tiepolo zwei seiner Fresken malen sollte, weitgehend bis auf relativ dünne Gewölbefüße weg. Damit öffnen die Stichkappen eigene Abseiten mit breit gesattelten Tonnenwölbungen zu den hochliegenden Fenstern des Lichtgadens. Sie sind es, die für das Auge die Loslösung der Rotunde von den Mantelmauern deutlich machen. Zugleich steigern diese Abseiten optisch den Aufstieg und die Zentralität des Gewölbes und geben dem Scheitelfresko Tiepolos den bildkünstlerischen Stellenwert eines Kuppelbildes, das dem luftigen, raumhaltigen Wölbungszelt angeheftet ist. Man sagt nicht zu viel, wenn man das Gewölbe des Kaisersaals der Residenz als die künstlerische Rettung des Ganzen bezeichnet.

Bischofsamt und Herzogswürde unter der Kaiserkrone. Tiepolos Fresken im Kaisersaal

Das Raumbild, das der Kaisersaal jedem bietet, der von der Salle des Gardes herkommend ihn betritt, ist überwältigend: Eine märchenhafte Verwandlung ins Farbige scheint stattgefunden zu haben. Der Blick wird nach oben geführt, zum Gewölbe hinauf, wo sich die Trias der Fresken Tiepolos und die zehn hoch hinaufgespannten Gewölbeschalen der hellen Fensterbuchten zusammenneigen. Glanz und Glorie – mit solchen oder ähnlichen Wortprägungen unserer Sprache kann die Raumstimmung des Kaisersaales umschrieben werden.

Zum ersten Mal in der Folge der monumentalen Dekorationen in der Mitte der Residenz ist die Rede von der Farbe als dem Einheit stiftenden Element der Dekoration am Platze. Der dominante Farbton außerhalb der Gewölbefresken ist ein Rosa, die »Achatfarbe«, wie es in den Dokumenten der Entstehungszeit heißt. Dieses Rosa spielt sowohl nach Violett und Grau als auch andererseits nach Bernsteingelb oder Beige; es bildet deshalb nicht bloß einen bestimmten, wenn auch fast zärtlichen Buntwert, sondern stellt so etwas wie den Mittelwert einer fortwährenden Farbbewegung dar. Starke Buntfarben, die auch als Farbflächen begrenzbar sind, gibt es dagegen nur wenige oder in geringer Dosierung, so z. B. die fleischroten Adern im Stuckmarmor oder die gelben, gold gerahmten Felder in den Bogenzwickeln und Säulenintervallen. Auch der Steinfußboden beteiligt sich an der allgemeinen Farbstimmung mit seinen weißlich-grauen und rötlichen Platten und dem aus gelbem Stein gefertigten Bandornament, das sie ziert. Scharfe Hell-Dunkel-Kontraste, wie z. B. im großen Saal des Wiener Belvedereschlosses oder im Marmorsaal von Pommersfelden, kommen nirgends zustande. Schwarz fehlt ganz. Die beiden Bischofsbildnisse von Lippold über den Kaminen sind wohl die einzigen Stellen, wo sich dunkle Farbflächen in nennenswerter Ausdehnung finden lassen. Sie sind aber dem Blick des Eintretenden zunächst noch verborgen. Über dem Gebälk ist der Mauergrund weiß »planiert«, d. h. also geschliffen. Hier gibt es bunte Gestalten, Soldaten, Diener, Musikanten, Höflinge, Neugierige. Sie lagern, stehen oder sitzen einzeln und in Gruppen auf dem Kranzgebälk und wenden sich zu den beiden seitlichen Fresken oder drängen sich dort am Bildrand, sind also gleichsam diesen Bildern entflatterte bunte Vögel der Malerei. Beide Fresken werden uns wie Bühnenbilder gezeigt, denn ein Bildrahmen fehlt. An Stelle dessen sehen wir golddurchwirkte, dunkle Vorhänge aufgezogen, von Putten gehalten und an vergoldeten Gesimsen drapiert, die uns den Blick auf die Bildwelt freigeben. Anders erscheint das querovale Scheitelfresko. Es besitzt einen mehrfach geschweiften und gewinkelten breiten Goldrahmen, an den sich unmittelbar vier Kartuschen anschließen, die ebenso wie das große Bild den Blick in den Himmel freigeben. Ein Kranz von zehn großen, als grünliche Grisaillen ausgeführten Personifikationen geistlicher und fürstlicher Tugenden umringen das Scheitelfresko. Diese Figuren sind auf den Grund vergoldeter Gitterfelder gesetzt und bilden deshalb Akzente in dem Reigen aus Gold und Weiß der Gewölbedekoration. Dort, wo sich das Gewölbe von den Mantelmauern nach innen schwingt, finden sich große vergoldete Volutenkonsolen. Es sind wörtliche Zitate aus Neumanns, im Januar 1732 datiertem Hofkirchenprojekt (Hdz 4687), die in der Hofkirche dann durch Hildebrandts sitzende Pilaster ersetzt werden mußten.

Überaus wichtig für das Gesamtkolorit des Kaisersaales ist der Glanz. Das Glänzen beschränkt sich nicht auf die metallenen Basen der großen Säulenordnung, auf die glanzvergoldeten Stellen der Stukkatur und auf die Kapitelle. Vielmehr wirkt es in verschiedener Abstufung auch auf dem Fußboden, auf den geschliffenen Gipsgründen der Gewölbeflächen und auf der polierten Oberfläche des Stuckmarmors. Seine Bedeutung gewinnt der Glanz vollends im Verein mit der großen Lichtfülle, die den Kaisersaal der Würzburger Residenz neben dem Ahnensaal des Althanschen Bergschlosses Frain in Südmähren zu den großartigsten apollinischen Kunstleistungen des österreichischen und deutschen Barock stempelt. Diese so wirkungsvolle Vereinigung von Glanz, Farbe und Licht trägt Erhebliches bei zu dem Eindruck einer beweglichen, lebendigen Farbigkeit. Es sind ja auch an verschiedenen Stellen der Dekoration, wie so oft im Spätbarock, kleine Spiegelglasscherben eingefügt, die »Blinker«, wie man damals sagte, die ihre vitalisierende Rolle ganz unauffällig und doch wirkungssicher erfüllen. Der farbige Lichtglanz im Kaisersaal ist vor allem wichtig für die Erscheinungsweise der Malerei Tiepolos. Ihr eignet der trockene, glanzlose Oberflächencharakter, den alle italienische Monumentalmalerei als Freskomalerei besitzt und der ihr prinzipiell eine Bindung an die Architektur sichert. Das Fresko bleibt selbst an dieser Stelle und trotz der zum Teil recht derben, komödiantenhaften Scherze des Übergangs von Malerei in Stuckplastik flächenhafte Wanddekoration. So ist die Malerei Tiepolos als in sich ruhende Bilderscheinung von spezifischem Farbcharakter in dem bewegten Lichtglanz der Dekoration sozusagen eingebettet.

Zwei Assoziationen sind im Kaisersaal durchaus legitim, die oft aus irgendwelchen ästhetischen Rücksichten nicht ausgesprochen werden: die Erinnerung an das Theater nämlich und an kirchliche Innenräume des Spätbarock. Beide Assoziationen werden von dem Raumbild und der Raumstimmung geradezu herausgefordert und bedürfen keiner gelehrten Begründung. Zwar sehen wir in dieser Dekoration nichts Theatralisches, aber sie bietet uns wahrhaftig ein großartiges Schauspiel, ein Schauspiel, von dem Calderon zu Recht gesagt hat, daß es eine der ältesten und wichtigsten Erfindungen des menschlichen Geistes darstelle. Für die Erinnerung an Kirchenräume des Spätbarock kann man viele Einzelheiten verantwortlich machen, die übrigens im Zentrum der Residenz eines geistlichen Fürsten nicht so abwegig sind. Besondere Analogien zur Sakralarchitektur bestehen ja schon baulich, nämlich in der Form des Gewölbes und seiner für das Raumbild grundlegenden anschaulichen Bedeutung. Auch wird man in diesem Zusammenhang darauf hinweisen dürfen, daß sich im Kaisersaal alle Kunstmittel nach oben hin steigern, schon die Zunahme der Vergoldung in dieser Richtung ist dafür ein Beweis, der nüchtern festgestellt werden kann. Die Schwächen der dekorativen Gesamtkonzeption werden zunächst den Blicken der Eintretenden weitgehend verhehlt. Sie zeigen sich nämlich an den notgedrungen in Form von Spiegelblenden ausgeführten Lichtgadenfenstern der Eingangsseite. Dort sieht man dann auch unschön profilierte Mauerquerschnitte in den Laibungen der Blindfenster.

Tiepolos Fresken im Kaisersaal sind 1751 und 1752 entstanden. Schon in Venedig war dem Maler bei seinen Verhandlungen über das Würzburger Angebot ein schriftliches Programm, das auch erhalten ist, sowie entsprechende Zeichnungen vom Saal vorgelegt worden. Nach seiner Ankunft in Würzburg legte Tiepolo zuerst einen Entwurf für das Scheitelfresko vor, der sich heute in den Staatlichen Kunstsammlungen in Stuttgart befindet. Am Kilianstag, dem 8. Juli 1751, wurde dieses Deckbild enthüllt. Es zeigt die Brautfahrt der Prinzessin Beatrix von Burgund. Apollo bringt die Braut in dem von vier feurigen Schimmeln gezogenen Sonnenwagen dem Genius des Reiches zu, der in der linken Bildhälfte thronend, umgeben von Fama, Vesta und dem Hofstaat zu sehen ist, während rechts auf einer rotglühenden Wolke die Götter Ceres, Venus und Bacchus herangekommen sind und am linken Bildrand der Flußgott Moenus genüßlich mit einer Nymphe gelagert ist, die dem Alten wohlgesinnt zu sein scheint. Im Sommer des Jahres 1751 und im frühen Herbst dieses Jahres entstand die südliche der beiden Historien, in welcher die Hochzeit des Kaisers Barbarossa mit Beatrix von Burgund im Jahre 1156 in Würzburg als ein geschichtliches Ereignis dargestellt wird, während sie im Zenitbild ihre politische Ausdeutung erfährt. Bischof Gebhart, dem Tiepolo die Gesichtszüge des regierenden Fürstbischofs lieh, segnet das vor ihm in feierlicher Inszenierung kniende kaiserliche Brautpaar. Wie die große Signatur beweist, malte Tiepolo das dritte Kaisersaalfresko im Sommer 1752. Dargestellt ist die Belehnung des Bischofs Herold mit der Herzogswürde Frankens im Jahr 1168 durch Kaiser Barbarossa. Der Kaiser thront zwischen Herkules und Minerva über dem geistlichen Fürsten, der vor ihm kniend den Lehenseid leistet und dem das Schwert der Frankenherzöge mit der gevierten Fahne zugeeignet wird. Im Juni des Jahres 1752 hatte der Maler zur allerhöchsten Zufriedenheit des Fürstbischofs seine Arbeit im Kaisersaal vollendet.

Die drei Gewölbefresken Tiepolos sind von den drei Türen des Kaisersaals zu erblicken und auch von dort richtig zu »lesen«, das heißt, die Anordnung der Figuren entspricht jeweils dem Blickfeld aus diesen drei Richtungen. Vom Weißen Saal kommend, steht das Scheitelfresko im Zentrum des Blickfeldes, es betrifft die allegorische Ausdeutung der beiden historischen Ereignisse, die in den Seitenfresken dargestellt sind. Die Belehnungsszene zeigt sich, wenn man aus den südlichen Paradegemächern, aus der ehemaligen Bischofswohnung kommt; die Vermählungsszene wird gesehen, wenn man aus dem Gästeappartement der nördlichen Gartenseite heraustritt. Es gibt ferner noch drei Supraporten, die Domenico, der älteste Sohn Tiepolos, im Winter 1752/53 gemalt hat. Sie stellen drei Kaiser des ersten Jahrtausends dar, die in bedeutsamer Weise für die Festigung und Einigkeit von Kirche und Reich tätig waren, nämlich Konstantin den Großen, den Stifter dieser Einigkeit, den oströmischen Kaiser Justinian, der sein Gesetzeswerk bekanntgibt, und Theodosius, dem der Eintritt in die Kirche von Bischof Ambrosius von Mailand verwehrt wird, weil der Herrscher gesündigt hat. Die Supraporten sind so angeordnet, daß jede von ihnen beim Verlassen des Saales vor Augen steht: über der südlichen Türe zu den Paradezimmern Konstantin, über dem Ausgang zum Gästeappartement Theodosius und über dem Ausgang zum Weißen Saal der Gesetzgeber Justinian. Die Zuordnung der Bilder zu bestimmten Blickfeldern beweist, daß der Ort und das Thema der Bilder koordiniert wurden und ebenso, daß alle Bilder inhaltlichen Kontakt miteinander besitzen müssen. In dieses Konzept fügen sich auch die Bildnisse Carl Philipps von Greiffenklau im Norden, nahe bei der Belehnungsszene, und Friedrich Carls von Schönborn im Süden und ebenso die zehn Allegorien rund um das Scheitelfresko. Sie bilden einen Tugendkranz um die zentrale politische Allegorie.

Die Thematik der Fresken und der Supraporten des Kaisersaals erfordert einige Überlegungen zur historischen und zur allegorisch-politischen Sinngebung. Zunächst muß die Frage beantwortet werden, weshalb ein staufischer Kaiser eine mehrfache, glorifizierende Erinnerung erfuhr. Die Antwort hat daran zu erinnern, daß Würzburg den staufischen Kaisern besonders lieb gewesen war und daß die Würzburger Bischöfe zur Zeit dieses Herrscherhauses den Königsdienst besonders eifrig pflegten. Barbarossa weilte achtzehnmal in dieser Stadt, in der auch ein staufischer Königshof bestanden hat, der später den Deutschherren übergeben wurde. Friedrich I. scheint den Eifer der Würzburger Bischöfe im Königsdienst mit der Belehnung des Jahres 1168 belohnt zu haben. Damit schlichtete er einen längeren Streit zwischen den Bistümern Würzburg und Bamberg über den Vorrang und die Herzogswürde zugunsten Würzburgs. Der Chronist Lorenz Fries nannte dieses wichtige Ereignis die »güldene Freyheit«, und jedermann wird verstehen, daß die Belehnung in den Augen der Würzburger bleibende Bedeutung besaß, war doch das Chronistenwort damit wahr geworden: »Herbipolis sola judicat ense et stola.« Die anschauliche Bedeutung des Herzogsschwertes im Scheitelfresko, wo es ein Putto zu Füßen des Thrones vorzeigt, beweist die allegorische Verbindung des Ereignisses der Belehnung mit der mythologisch eingekleideten Allegorie des Mittelbildes. Die Hochzeit Barbarossas mit Beatrix von Burgund mußte in der Sicht der Würzburger Reichsfürsten in einer Zeit besonders wertvoll erscheinen, in der Kaiser und Reich seit längerem durch die Könige Frankreichs bedrängt wurden und der endgültige Verlust auch der Freigrafschaft Burgund 1678 nicht nur Spanien, sondern das Haus Habsburg traf. Der Grundgedanke, der Belehnung und Hochzeit verbindet, nämlich die symbolische Idee einer Stärkung des Reiches, war für alle geistlichen Fürsten am Vorabend der Säkularisation, als sich schon überall Zweifel an der Berechtigung geistlicher Landesherrlichkeit zeigten, das Symbol eines legitimen Widerstandes gegen solche Bestrebungen. Denn für die gewählten geistlichen Fürsten waren Kaiser und Reich die fundamentalen Garanten ihrer Herrschaft, die nicht auf Erbfolge beruhte.

Von diesem zentralen politischen Grundgedanken her erklären sich auch die Bildnisse der Kaiser Konstantin, Justinian und Theodosius. Es wird mit ihnen das Einverständnis von Kirche und Reich unter der Gestalt des Kaisertums bekräftigt, allerdings nicht in der Sicht der römischen Kurie, sondern aus dem Blickwinkel eines deutschen Reichsfürsten. Und es wird auch im Falle von Kaiser Theodosius durch das Auftreten des heiligen Ambrosius vor einer Lockerung dieser Verbindung oder gar einer Verletzung ihrer Prinzipien gewarnt.

Im Lichte solcher Gedankengänge wird verständlich, was die umständlichen Worte des Programms von dem mittleren der drei Fresken im Kaisersaal fordern, wenn sie sagen, dieses Bild sollte ein »fügliches Band oder Verknüpfung« der Belehnungsszene mit dem Hochzeitsbilde darstellen, und wenn sie die thronende Gestalt links im Fresko nicht als Kaiser Barbarossa benennen, sondern als das »Ingenium Imperii«, das heißt als Genius des Reiches. Es ist nicht so abwegig, in der auf dem Sonnenwagen des Apollo herbeigebrachten Braut einen Fingerzeig auf das uralte Symbol der Ekklesia als Braut Christi zu sehen und das ganze Bild im übertragenen Sinne als eine Vereinigung von Kirche und Reich aufzufassen, in deren Schutz die Herzogswürde und das Bischofsamt des Würzburger Fürsten steht und gedeiht, ohne die es jedoch die konkrete und ideelle Legitimation verlieren würde und übrigens auch de facto verloren hat. Kaum ein halbes Jahrhundert später gehörte diese Vision endgültig der Vergangenheit an. Solche späte Interpretationen aber eines ererbten, schon lebensschwachen politischen Anspruchs sind in der Geschichte der europäischen Kunst sehr zahlreich.

Im übrigen findet die hier vorgetragene Interpretation des politischen Sinnes der Kaisersaalfresken Tiepolos eine unerwartete Bestätigung in dem Bau der Würzburger Residenz selbst. Das Zwillingsschloß mit dem zusammenfassenden Kaisersaalbau in der Mitte des Corps de Logis ist nicht anders zu deuten als die Trias der Gewölbefresken im Kaisersaal.

Gloria dei Principi. Das Treppenhausfresko Tiepolos. Fürstenlob und Lob der Meister (Fig. 69)

Carl Philipp von Greiffenklau war von Tiepolos Malereien im Kaisersaal so begeistert, daß er dem Maler anstelle der beiden in der Hofkirche bereits angebrachten Seitenaltarbilder neue in Auftrag gab, die im März 1752 auch vollendet wurden und heute in der Kirche zu sehen sind: der heilige Michael und die Assunta. Im Anschluß an die Fertigstellung des Belehnungsbildes bot der Fürst dem Maler auch die Ausführung des Gewölbefreskos über dem Treppenhaus an. Wir kennen im einzelnen die entsprechenden Verabredungen über dieses zweite Hauptwerk des Venezianers in Würzburg nicht. Fest steht aber, daß schon am 21. April 1752 ein Entwurf Tiepolos vorlag, wahrscheinlich der heute im Metropolitan Museum in New York verwahrte große Modello aus Hendon-Hall-Hotel in London. Der Vertrag, der für dieses Fresko ein Honorar von 12000 rheinischen Gulden vorsah, wurde allem Anschein nach im Juli desselben Jahres geschlossen. Die Ausführung erfolgte nach längerer Vorbereitung im Frühjahr des Jahres 1753. Im November traten Tiepolo und seine Söhne die Heimreise an.

Im Unterschied zu den Kaisersaalfresken ist kein schriftliches Programm für das Gewölbebild des Treppenhauses überliefert. Unzweifelhaft aber ist die Darstellung der vier Weltteile; sie spielt schon eine große Rolle auf dem Modello in New York. Anders aber als auf dem Entwurf besetzt heute Europa die Südwand des Treppenhauses, während Amerika, das auf dem Modello an dieser Seite vorgesehen war, heute vis-à-vis zu sehen und Asien über den Fenstern der langen Westseite, Afrika gegenüber, angeordnet ist. Daß jeder der Erdteile durch einen Fürsten und ein besonderes Tier gekennzeichnet wird, gehört zu den feststehenden Zügen der Erdteilikonographie seit der »Iconologia« des Cesare Ripa. Berninis Vierströmebrunnen auf der Piazza Navona in Rom, 1649–1650 als monumentum pacis und als Glorifizierung des Hauses der Pamphili entworfen und aufgerichtet, kann als bekanntes Beispiel dafür zitiert werden, daß den einzelnen Erdteilen bestimmte Tiere zugewiesen werden. Europa zugehörig ist das Pferd, Asien der Elefant, Amerika der Alligator, das Tatu und der Wapitihirsch, Afrika das Kamel.

Bedeutsam war die Abstufung der Weltteile mit Rücksicht auf die Heilsgeschichte, so daß Asien als der Erdteil erscheint, dem die ältesten Kulturen und die Geburtsstätte des Heilandes zugewiesen sind. Neben Europa nimmt er eine bevorzugte Stellung in der Darstellung der Erdteile ein, wobei Erinnerungen an das Alte Testament und an Golgatha ebensowenig fehlen durften wie Hinweise auf Sklaverei und Weisheit bzw. Zauberei. Die Position von Afrika war in einer solchen Aufzählung von Merkmalen und von historisch-geographischen Erinnerungen weniger problematisch als die Kennzeichnung der »Neuen Welt«, Amerikas. Sicherlich hat sich auch Tiepolo in allen Fragen der Weltteilikonographie gehörig belehren lassen. Auch war ja ein Paradigma dieser Art schon in der Nähe von Würzburg zu sehen, nämlich das Treppenhausfresko im Schönbornschloß von Pommersfelden, das Rudolph Byss und Francesco Marchini im Jahre 1717–1718 ausgeführt haben. Auch in Pommersfelden sind die Erdteile an den vier Seiten des Gewölbes über dem Stiegenhaus dargestellt.

Trotz des ungemeinen Reichtums an Motiven und Episoden der Weltdarstellung Tiepolos war es eine andere Sinngebung, die das Fresko in der Sicht des Auftraggebers legitimierte. Verschiedene Deutungsversuche dieses Sinnes wurden gegeben, von denen die zuletzt publizierte Interpretation von Frank Büttner das meiste für sich hat. Büttner hat, in genauer Kontrolle an der politischen und mythologischen Fürstenikonographie, ausreichend deutlich gemacht, daß die Verherrlichung Carl Philipps von Greiffenklau, dessen Bild über dem Weltteil Europa gezeigt wird, hier unter die Idee der Sonnensymbolik gestellt wurde. Diese Assoziation fürstlicher Sorge um das öffentliche Wohl des Landes, die Allusion an sein Regiment als »die Sonne Frankens«, erklärt erst die mythologische Belebung des weiten buntfarbigen Himmelsraumes, der sich zwischen den Erdteilen ausspannt und an dem Apollo die Rosse des Helios heraufführt und Merkur dem Fürstenbildnis entgegenfliegt. Andere Autoren haben bereits die merkwürdige Zusammenstellung von Pyramide und allegorischer Frauenfigur auf Seite Asiens als »Gloria dei Principi«, d. h. als Fürstenlob gedeutet. Dieselbe Figur kommt übrigens auch als eine der Tugenden am Gewölbe des Kaisersaales vor. Zweifellos ist also, daß unter dem Bild der Sonne, die die Welt erwärmt, zugleich auch der Ruhm des Fürsten, die Gloria dei Principi, zu verstehen ist.

Der Sinn des großen Treppenhausfreskos ist auf andere Gegenstände gerichtet, als die Trias der Gewölbebilder im Kaisersaal. Dort ist es Amt und Würde des Fürsten im Schutze von Kaiser und Reich, hier ist es der Fürst selbst, der gefeiert und unter dem Bild der Sonne auch bedankt wird. Es schwingt noch etwas vom Stolz des Hauses Greiffenklau mit, wenn das Sonnensymbol aufgegriffen wird, denn es ist bereits unter der Regierung von Johann Philipp von Greiffenklau in einem Bildgedicht 1712 als Metapher des Fürstenlobes verwendet worden. Ganz zur Seite gesetzt wurden damit die historischen Themen der Programme aus dem Jahre 1735. Die Einkleidung in die Mythologie, die breit ausgemalte Exemplifizierung von Welt in Gestalt der Tiere, Völker, Eigentümlichkeiten und Denkmäler der Erdteile, die deutlich hervorgekehrte Glorifizierung des Fürsten, das sind die wichtigen Grundzüge dieses Gewölbebildes, das als Arbeitsleistung und als Komposition allen Staunens wert ist.

Tiepolo hat seine Aufgabe höchst wirkungsvoll angepackt. Er verankerte die vielfigurige Darstellung der Erdteile an den Gewölberändern und wählte für die Komposition der einzelnen Seiten eine epische Darstellungsweise, der jedoch wenige, prachtvolle Akzente so eingefügt wurden, daß die Betrachtung von allen nur möglichen Standpunkten stets zu befriedigenden Ergebnissen führt. Nur ein paar Beispiele: Beim Erdteil Afrika ist das lange, in großen Bahnen streifig gemalte, an einem First aufgehängte Zelt eine köstlich-wirkungsvolle Ausrede des Malers, die zugleich viele kleinere Figurenszenen zusammenfaßt, ohne doch den epischen Ton der Bilderzählung zu verletzen. Andererseits bietet die folgende Gruppe der Kaufleute neben den verschnürten Warenballen genügend Halt für den weiterschweifenden Blick und auch eine symmetrische Entsprechung zu der Gloria dei Principi auf der gegenüberliegenden Seite in Asien. Es ist auch zu beachten, daß Tiepolo, der so stetig und verständig seinen großen Conpatrioten Paolo Veronese gekannt und verehrt hat, bei den wenigen höher aufragenden Akzenten der Frieskomposition, z. B. der Fürstin von Amerika oder dem Elefantenreiter von Asien, die Darstellung in imaginäre, unsichtbare aber vorauszusetzende Bildräume hineinrichtete und so ein großes Potential an Phantasie im Betrachter aufreizt.

Eine Besonderheit solcher Panoramakompositionen ist der Zusammenhang des Ganzen »über den Raum hinweg«. Tiepolo hat dieses Problem beachtet. Er hat aber niemals, wie etwa seine großen deutschen Malerkollegen, z. B. Cosmas Damian Asam, zugunsten einer Illusion die Raumdarstellung so angestrengt, daß der epische Erzählton der Erdteildarstellung Schaden leidet. Es muß für jeden Betrachter erstaunlich bleiben, wie unbekümmert der venezianische Maler im mythologischen Zentralhimmel die Bildhälften sondert, wie sehr er die virtuose Malerei des Himmels als bloße Farbkomposition, nicht aber mit dem Anspruch einer räumlichen Illusion betreibt, wie wenig ihn außerhalb der Figurenscharen eine illusionistische Verschmelzung zugunsten eines echten Licht- und Lufthimmels interessiert. Darin haben wir nicht zuletzt die Stärke dieses Riesenbildes zu erblicken; es bleibt immer noch eine Dichtung des Malers und nicht ein bloß mit Figurenschatten durchgeisterter »Raum«.

Kehren wir nach den wenigen Bemerkungen zur Komposition zur Darstellung des Erdteils Europa zurück! Laut tönt das Lob des Fürsten, gewiß! Jupiter selbst ist herangekommen, Merkur schwebt herbei, der Purpur und der Hermelin fürstlicher Herrlichkeit wird ausgebreitet, wir sehen die Putten darin verschwinden. Ein Genius hält den Herzogshut über des Fürstbischofs Bild, das von Genien hochgetragen, vom Wappentier

Fig. 69 M. F. Kleinert: Balthasar Neumann (Mainfränkisches Museum, Würzburg)

des Hauses Greiffenklau begleitet wird. Darunter thront vor den Mauern der unermüdlich geförderten Festungsbauwerke Europa, nahe ihr die Insignien der bischöflichen Würde und das mythologische Wappentier dieses Erdteils, der Stier. Aber was erblicken wir neben dem unbekannten, in den Farben des Hochstifts gekleideten Offizier, der das Roß, das Attribut der Europadarstellungen gebändigt heranführt? Musiker und bildende Künstler haben sich versammelt. Vor dem Hintergrund einer tiepolesken Architektur erscheinen die Bildnisse der Meister, die am Zustandekommen dieses Werkes und dieses Schlosses Anteil gehabt haben. Die Porträts des Bildhauers Wolfgang von der Auvera, des Malers Roth, Tiepolos selbst lassen sich erkennen. Ganz vorne, bequem auf dem Kranzgesims gelagert, stellte Tiepolo den Architekten der Residenz, Balthasar Neumann, in der Uniform eines Obristen der fränkischen Kreisartillerie, auf eine Kanone gestützt, dar. Als Tiepolo dieses Bildnis Neumanns gemalt hat, war dessen Leben entweder bereits zu Ende gegangen oder nahe seinem Ende. Im August 1753 schossen die Kanonen der Würzburger Artillerie den Lebe-wohl-Salut über Neumanns Grab.

Gewiß gehört es zu den schwer zu enträtselnden Glücksfällen der deutschen Kunstgeschichte, beide so beisammen zu sehen, den großen venezianischen Freskomaler Tiepolo und den Baumeister der Würzburger Residenz. Wir wissen nichts über das persönliche Verhältnis des Malers, der damals auf dem Gipfel seines Ruhmes stand, zu dem getreuen Eckart des Würzburger Residenzbaues. Es ist nicht wahrscheinlich, daß dieses Verhältnis, wie immer es geartet sein mochte, ein herzliches war oder unter dem Zeichen einer Zuneigung stand. Wahrscheinlicher ist es, daß es durch Achtung auf seiten des Malers gekennzeichnet war. Tiepolos Neumannporträt gilt dem Lob des Mannes, der im Schatten von Fürstenruhm und Fürstenlob einem Baudenkmal zu seiner Vollendung verhalf, dem Schloßbau der Würzburger Residenz, dessen Meister Balthasar Neumann im Laufe seines Lebens geworden ist.

209 Welche Phantasie und welches Können unbekannte Kunsthandwerker um 1764 besaßen, zeigt diese Uhr. Sie wurde für eines der Paradezimmer der Würzburger Residenz gefertigt, die 1812 von Napoleon und seiner Frau Marie Louise bewohnt wurden. Der aus Holz geschnitzte, vergoldete Gott Chronos mit der Sense trägt das Zifferblatt, dessen Blumenaufsatz emailartig bemalt ist.

210 Eine Detailaufnahme der Tür des von Carl Maximilian Mattern gearbeiteten Schreibschranks (1744) in der Würzburger Residenz zeigt die Elfenbein-Marketerie um das Schloß: ein Geflecht aus Ranken, Rocaillen und Blütenzweigen, in das blumenspeiende Satyrmasken einbezogen sind.

211 Im Südflügel der Residenz ist das Martin-von-Wagner-Museum der Universität Würzburg untergebracht. Weltbekannt ist die dortige Sammlung von antiken Vasen (oben). Daneben beherbergen die Räume des Museums auch eine umfangreiche Sammlung von Gemälden, Grafiken und Plastiken. Das Bild unten zeigt eine Phantasieansicht mit antiken Ruinen, die der venezianische Maler Marco Ricci (1670–1729) auf Ziegenleder gemalt hat.

212 Zu den besonders wertvollen Ausstattungsstücken der Würzburger Residenz gehört der Sekretär des Kunstschreiners David Roentgen (um 1775). In der leichten Art des Rokoko ist dieses Möbelstück reich mit verschiedenfarbigen Intarsien geschmückt. Unter englischem Einfluß wurde besonderer Wert auf die Freiheit der Proportionen gelegt.

209 This clock is an example of the extraordinary imagination and skill of an unknown artist craftsman who created it around 1764. It was made for one of the state-rooms of Würzburg Palace, which were occupied by Napoleon and his wife Marie-Louise in 1812. The gilded wooden carving of the god Cronus holding the scythe carried the dial, the top of which is decorated with flowers in enamel-like colours.

210 A detail view of the door of the secretary created by Carl Maximilian Mattern (1744) shows the ivory marquetry surrounding the lock: a network of tangled foliage, rocailles and sprays incorporating satyr masks spitting flowers.

211 The south wing of the palace houses the Martin-von-Wagner-Museum of Würzburg University. Its collection of antique vases (above) is famous all over the world. The rooms of the museum also house an extensive collection of paintings, prints and sculptures. The painting below shows a fantasy view with antique ruins painted on kid leather by the Venetian artist Marco Ricci (1670–1729).

212 One of the most precious pieces of equipment is the secretary made by David Roentgen (about 1775). This piece of furniture is richly decorated by multi-coloured marquetry in the light rococo style. Under English influence great importance was attached to a certain licence in proportions.

209 Cette pendule montre combien d'imagination et de talent un artisan d'art inconnu possédait vers 1764. Elle fut réalisée pour l'une des salles de parade habitées en 1812 par Napoléon Ier et son épouse Marie-Louise. Le dieu Cronos sculpté sur bois, doré et muni de la faux soutient le cadran dont l'élément supérieur décoré de fleurs est peint d'un effet d'émail.

210 Le gros-plan de la porte du secrétaire créé en 1744 par Carl Maximilian Mattern montre la marqueterie d'ivoire qui entoure la serrure: des entrelacs de vrilles, de rocailles et de rameaux en fleurs qui renferment des masques de satyres crachant des fleurs.

211 Dans l'aile sud de la Résidence, on a installé le musée Martin-von-Wagner de l'université de Würzburg. Sa collection de vases antiques (v. planche en haut) est célèbre dans le monde entier. En outre, les salles du musée abritent une vaste collection de tableaux, de gravures et de sculptures. Le tableau en bas montre une vue de fantaisie avec des ruines antiques peinte sur du chevreau par le peintre vénitien Marco Ricci (1670–1729).

212 Le secrétaire exécuté par l'ébéniste David Roentgen compte parmi les objets d'équipement les plus précieux de la Résidence de Würzburg. A la manière légère du rococo, ce meuble est richement décoré avec des marqueteries de couleurs variées. Sous l'influence anglaise, l'artiste a accordé beaucoup d'importance à la liberté des proportions.

213 Der prachtvolle Lüster aus farblosem Glas und vergoldeten Metallteilen wird von den Spiegeln des Kleinen Weißen Saals im Ingelheimer Trakt der Residenz mehrfach wiedergegeben.

214 Die Bildfolge zeigt die beiden bedeutendsten Bauherren der Würzburger Residenz und die herausragenden Künstler: die Fürstbischöfe Friedrich Carl von Schönborn (oben links) und Carl Philipp von Greiffenklau (oben rechts), den Baumeister Balthasar Neumann (unten links) und den Maler Giovanni Battista Tiepolo (unten rechts).

215 Die klassizistische Dekoration der Räume des Ingelheimer Trakts machen die abgebildeten Stucksupraporten von Materno Bossi deutlich (1776/78): Das Bild oben zeigt spielende Putten im Gelben Salon, das Bild unten eine Darstellung der Jagdgöttin Diana im Blauen Salon.

216 Ein Detail des Ofens im Grünlackierten Zimmer zeigt reiche Vergoldung auf weißem Grund. Neben den reinen Ornamenten werden Masken und Musikinstrumente dargestellt, ein Hinweis auf das reiche Musikleben in diesen Räumen.

213 The magnificent lustre made of colourless glass and gilded metal parts is reflected several times by the mirrors of the Minor White Hall in the Ingelheim wing of the palace.

214 The sequence of plates represents the two most important owners of Würzburg Residence and the pre-eminent artists: the prince bishops Friedrich Carl von Schönborn (above left) and Karl Philipp von Greiffenklau (above right), the architect Balthasar Neumann (below left) and the painter Giovanni Battista Tiepolo (below right).

215 The stucco door-tops by Materno Bossi (1776/78) are examples of the classicistic decoration of the rooms of the Ingelheim wing. The plate above shows playing putti in the Yellow Salon, the plate below the goddess of hunting Diana in the Blue Salon.

216 A detail of the stove in the Green-lacquered Chamber shows rich gilding on a white background. Besides the pure ornaments, masks and musical instruments are represented here reminding one of the rich musical life which used to take place in these rooms.

213 Le somptueux lustre de verre incolore et de pièces en métal doré est reflété plusieurs fois par les miroirs de la petite Salle Blanche dans l'aile Ingelheim de la Résidence.

214 Cette série de planches montre les deux propriétaires les plus importants de la Résidence et les artistes éminents: les princes-évêques Friedrich Carl von Schönborn (en haut à gauche) et Carl Philipp von Greiffenklau (en haut à droite), l'architecte Balthasar Neumann (en bas à gauche) et le peintre Giovanni Battista Tiepolo (en bas à droite).

215 La décoration néo-classique des salles de l'aile Ingelheim se montre dans les dessus de porte en stuc exécutés par Materno Bossi (1776/78): La planche en haut représente des putti au Salon Jaune, la planche en bas montre Diane, déesse de la chasse, au Salon Bleu.

216 Détail du poêle dans le Salon Laqué Vert avec une riche dorure sur fond blanc. Outre les purs ornements y sont représentés des masques et des instruments de musique ce qui rappelle la riche vie musicale qui se déroulait dans ces salles.

Nachweise

Die Kurztitel beziehen sich auf das Literaturverzeichnis.

I. Kapitel: Die Würzburger Residenz, Geschichte ihres Ruhmes.

Allgemeines: Heidi Weidhaas-Kiem, Lobschriften und Beschreibungen ehemaliger Reichs- und Residenzstädte in Bayern bis 1800. Mittenwald 1982, 493ff. – Würzburg. Interpretationen europäischer Kulturstätten, Heidelberg 1966, 6ff. (v. Kleist), 16f. –
Über die Ausstattungsprojekte in der großherzoglichen Zeit informiert die Freiburger ungedruckte Dissertation von: J. Helmreich, Die Toskanazimmer der Würzburger Residenz. Ein Beitrag zur Raumkunst des Empire in Deutschland, MS 1983. –
»Schönbornzeit«: Die Ausstellungskataloge Kurfürst Lothar Franz von Schönborn, Bamberg 1955 und: 250 Jahre Schloß Pommersfelden, 1968; Freeden u. a., Schönbornquellen; – A. Wendehorst (Hrsg.), Würzburg. Geschichte in Bilddokumenten, München 1981, Kapitel XVI, S. 84ff. und Abb. 212–242. –

Zu den erwähnten Architekten: Maximilian von Welsch: K. Lohmeyer, Schönbornschlösser, Heidelberg 1927, 10ff.; – Wolfgang Einsingbach, J. Max. v. Welsch ... in: Nassauische Annalen 73/74, 1962–63, 79–170; – Joachim Meintzschel, Studien zu M. v. Welsch, Würzburg 1963; – Anselm Franz Frh. Ritter zu Groenesteyn: G. Jahn, Der kurmainzische Hofkavaliersarchitekt A. F. Ritter ... 1692–1765, Frankfurt am Main 1977; – Lucas von Hildebrandt: Grimschitz, Wien – München 1959[2]; – Walter Georg Rizzi, L. v. Hildebrandt, Ergänzende Forschungen zu seinem Werk. Wiener Diss (MS) TU 1975; – Derselbe über die Kuppelkirchenbauten in: Wiener Jb. f. Kg. 29, 1976, 121–156 u. Abb. 53ff. – Johann Bernhard Fischer von Erlach: Hans Sedlmayr, J. B. Fischer v. Erlach, Wien – München 1976[2]. – Josef Emanuel Fischer von Erlach: Thomas Zacharias, Wien – München 1960. – Johann Dientzenhofer: Daten zu Leben und Werk in: Hans Reuther, J. Dientzenhofers Kirchenbau zu Burghaun in: Niederdeutsche Beiträge zur Kg. 13, München – Berlin 1974, 323ff. – Balthasar Neumann: Hans Reuther, Balthasar Neumann, der mainfränkische Barockbaumeister. München 1983 mit Lit.-Hinweisen zum Leben und Werk Neumanns S. 254ff. –
Zum Ehrenhofgitter und seinen Abbruch 1820: Friedrich H. Hofmann in: Zs. f. Denkmalpflege 2, 1927–28, 171–187 und Geschichte des Residenzplatzes zu Würzburg in: Fränkische Blätter 64 Jg. 1934, 69–72 und 73–76 (Hinweis von M. H. v. Freeden). Siehe auch das Kapitel II und III!

Zum Pariser Aufenthalt 1723 Neumanns und der Kritik De Cottes und Boffrands insbes.: Lohmeyer, Neumannbriefe aus Paris 1911. – Wolff Graf von Metternich, Unité et variations dans l'art du 18e siècle dans le sud de l'Allemagne et en Rhenanie. In: Actes du 19e Congrès Intern. d'historie de l'art, Paris 1958; – G. Brunel, Würzburg. Les Contacts entre B. Neumann et Robert de Cotte. In: Actes du 22e congrès Intern. d'historie de l'art, Budapest 1969 (1972, 115–119). – Zu Germain Boffrand neben dem Stichwerk von 1743 auch Pierre de Colombier, L'architecture frabcaise en Alemagne au 18e siècle, Band 1, Paris 1956. –
Der im Text S. 32 erwähnte Aufsatz von Burkard von Roda, erschienen im Jahrbuch für fränkische Landesforschung 43, 1983, 195–214 ist die erweiterte Fassung eines Vortrags auf dem Residenzplatzkolloquium der Univ. Würzburg 1983.
Die ab S. 37 zitierte Literatur der Residenzforschung ist im Lit.-Verzeichnis nachgewiesen: Mader 1915; – Josef Keller 1897; – Georg Eckert 1917; – Wolfgang Herrmann 1928; – Hans Reuther 1979; – Walther Boll 1921; – Bruno Grimschitz 1925; – Fritz Hirsch 1912; – R. Sedlmaier und R. Pfister 1923; – Hans Rose 1922. – Der Vortrag von Georg Eckert 1911 ist von ihm nur 1917 erwähnt, nicht publiziert worden; seine Bemerkungen zu dem Vorbericht Sedlmaiers-Pfisters findet man in Rep. f. KW. 43, 1922, 99–110. – Die Rezension des Residenzbuches von 1923 durch Fritz Hirsch steht in der Zs. f. Geschichte d. Arch. 8, 1927, 77–79.

II. Kapitel: Die Würzburger Residenz. Baugestalt und Idee.

Die hist. Ansichten der Stadt Würzburg verzeichnet Felix Mader, 1915. – Die im Ausschnitt hier wiedergegebene Ansicht in Seb. Münsters Cosmographia 1548 ist abgebildet und erläutert in A. Wendehorst (Hrsg.), Würzburg, Geschichte in Bilddokumenten, München 1981, Abb. 163. – Der derbe Plan von Winterschmidt, der jedoch wegen der Darstellung des Residenzplatzes von Interesse ist (Fig. 13) ist als Abb. 1 bei Burkard von Roda, 1980 abgebildet. Wegen der übrigen Ansichten der Residenz siehe Sedlmaier-Pfister 1923 S. 265f. –

Zur Urbanistik grundlegend M. H. v. Freeden, 1937 und Jürgen Walter Hofmann, 1982, sowie A. Wendehorst (Hrsg.), Würzburg, Geschichte in Bilddokumenten 1981.

Zum Residenzplatz außer Sedlmaier-Pfister 1923, woraus zitiert wurde, v. Freeden 1937 (dort die Meinung über die Westfront des Platzes, die hier nicht geteilt wird), s. A. 1934 sowie E. Hubala in: Würzburg – heute 36, 1983, 10–15 (Vortragsresümee 1983). Einen »Riß« Neumanns »über das bey der hochfürstl. residenz zu legen seyende Pflaster« erwähnt die Sitzung der hochfürstl. Hofkammer am 16. Juli 1748. Diese von Michael Renner im Mainfr. Jb. 1961, 138 aus dem Bayer. Staatsarchiv Würzburg mitgeteilte Nachricht kann aber nicht naiv ausgelegt werden. Es heißt nämlich ausdrücklich in dieser Notiz, »daß Dero wappen (i. e. Hofkammerpräsident Adam Friedrich von Seinsheim), wie es anderwerts, sonders zu Maynz, auch gebräuchlich, eingesetzet und exprimiret werde ..« wovon tatsächlich keine Spur zu sehen ist. Zudem ist nicht klar, ob es sich um Arbeiten im Ehrenhof, oder im Zusammenhang mit dem Ehrenhofgitter, was ich annehmen möchte, handelt. Ganz sicher war nicht die ganze Platzfläche gemeint. Siehe auch den unter Fig. 6 abgebildeten Entwurf für eine Platzgestaltung von Andreas Gärtner ca. 1804, der allerdings unverbindlich war.

Zur Urbanistik des 17. Jh.s vgl. E. Hubala, Die Kunst des 17. Jh.s Neue Prop. KG 9, Berlin 1970, S. 311–324, Petersplatz in Rom besonders S. 315f. – Das Schloßprojekt von Jean Marot bespricht Jörg Gamer in: Heidelberger Jahrbücher 6, 1962, 73–94. Das Zitat S. 74 stammt aus: Pevsner – Honour – Fleming, Lexikon der Weltarchitektur (1969), München 1971, 447.
Einzelnes: Die Äußerung Lothar Franzens über die Schieferdeckung der Neuen Residenz in Bamberg, die auch auf die alten Bauten auszudehnen sei und nach dem Vorbild der Jesuiten und Benediktiner »wegen der mehreren Zierd« erfolgen sollte (anstatt mit Ziegeln) ist abgedruckt in QU 39 vom 2. 8. 1698. Die zitierten Arbeiten über die barocken Dachwerke, nämlich H. Reuther 1955 und Sachse 1975 sind im Lit.-Verzeichnis aufgeführt. Ein sehr kundiger Berater in Sachen der Zimmermannsarbeit war auch Jakob Schübler, der mit Neumann befreundet oder wenigstens bekannt war. Siehe Hans Reuther, 1983. Die S. 84 erwähnte wichtige, weil kolorierte Residenzansicht von Seb. Vierheilig ist nicht mehr in München aufzufinden. – Das S. 85 erwähnte

Goethe-Zitat von 1830 gibt Thomas Lersch 1974 in Spalte 276. Die auf der gleichen Seite erwähnte Äußerung von Henry Moore lautet: »Truth to material should not be a criterion of the value of a work of art. Otherwise a snowman made by a child would to be praised at the expense of a Rodin or a Bernini« (1951). Zu »Fensterordnung« und »Säulenordnung«: Erich Hubala, Von der doppelten Wurzel des Renaissancestils. Kollegium Generale der Universität Bern, 1983 im Druck. Wegen des Begriffs der Fensterordnung und ihren ma. Wurzeln siehe auch: Erich Hubala, Venedig ... Reclams Kunstführer Italien II,1/1973², S. 13–18 und S. 152–158. – Zusammenwirken von Säulenordnung und Fensterordnung: Derselbe, Anschauliche Proportionen als Gestaltungsmittel der Architektur. Vortrag am 30. 6. 1983 in der Carl-Friedrich-von-Siemens-Stiftung München. Über den Begriff und die kunstgeschichtliche Praxis der ordnungsgemäßen Gliederung: Derselbe: Das Langhaus von Sant Andrea in Mantua. In: Festschrift für Kurt Badt, hrsg. von Martin Gosebruch Berlin 1961, 83–120; Derselbe: Guarineskes an der Münchner Dreifaltigkeitskirchenfassade. In: Das Münster 25, 1972, 165–172. –

III. Kapitel. Planungsgeschichte der Residenz 1718/19–1744

Dieses Kapitel beruht auf der seit 1972 mehrfach in meinen Vorlesungen, Seminaren oder Vorträgen dargelegten und erörterten Entstehungsgeschichte der Residenzarchitektur. Es werden zwar Pläne und Entwürfe methodisch gleich bewertet wie das Bauwerk selbst (siehe: Günther Neumann, Neresheim 1947, S. 6); meine Absicht ist es aber nicht, alle zufällig erhaltenen Entwürfe und das darin erkenntliche baumeisterliche oder baukünstlerische Gestalten zur Anschauung zu bringen. Die getroffene Auswahl ergibt sich aus dem Erkenntniswert, welche sie für die ausgeführte, von B. Neumann bestimmte Architektur hat. Im übrigen ist der Einleitungssatz des Abschnittes: »Das erste Projekt« S. 116 als Motto aufzufassen. Die gebrauchten Abkürzungen werden auf S. 220 erklärt.

Zu den ab Seite 116 erwähnten Wiener Palastfassaden: Hans Sedlmayr, J. B. Fischer von Erlach , Wien – München 1976²; zu Domenico Martinelli vorläufig: Hellmut Lorenz in: artibus et historiae 2,4 1981, 99–123; Martinelli ist auch der Gegenstand der noch unpublizierten Habilitationsschrift von H. Lorenz. Den Schloßbau in Biebrich (Orangerie) untersucht weitläufig Wolfgang Einsingbach in: Nassauische Annalen 73–74, 1962–63, 105–121. – Den im 2. Band des Stichwerks von Ducerceau publizierten großen Tuilerienentwurf erörtert Denis André Chevalley in seiner Kieler Dissertation 1973. Eine endlich ausführlich orientierende Arbeit über die Proportionszirkel und über Neumanns entsprechendes instrumentum architecturae von 1713 ist am Kunsthist. Institut der Universität Würzburg begonnen worden. – Zum »Schönbrunner System« siehe: Hans Sedlmayr, Fischer 1976², S. 96 und 112. – Mein Zitat über G. Eckerts Vedienste wegen der Treppenplanung sind der Rezension von R. Sedlmaier in Frankenland 6/7, 1919/20, 227–30 entnommen. Das Zitat über die baukünstlerische Gestaltung der Würzburger Residenztreppe steht bei E. Hubala, Renaissance und Barock (Epochen der Architektur III) Frankfurt a. M. 1968, 200–205. Über die ab S. 151 aufgezählten Kirchenbauten Neumanns unterrichtet Hans Reuther, Neumann 1983, Werkkatalog. Erich Schneiders Würzburger Dissertation über den Barockbau der Klosterkirche von Münsterschwarzach (1982) ist im Druck. – Die Unterscheidung einer Wandpfeiler- und einer Schalenbauweise erklärt E. Hubala 1968 13–14 und 162–167. – Zur Interpretation von Neumanns Hofkirchenprojekt 1732 s. Thies (1979), und Günther Neumann, Neresheim, München 1947, 18 ff.

IV. Kapitel: Dekoration und Ausstattung im Innern.

Zum Begriff und der Bedeutung der Dekoration für die gesamte neuere Baukunst: schon Jakob Burckhardt in Kuglers Geschichte der neueren Baukunst 1867: Das zweite Buch ist der Dekoration gewidmet, 1. Kap. § 130: »Die Renaissance wird von den dekorativen Arbeiten des römischen Altertums nicht viel weniger angezogen als von dessen Bauten«; ebenda § 131 über »das architektonische Element« usw. Siehe auch meine Bemerkungen über das Verhältnis von Architektur und Dekoration in: Renaissance in Böhmen, hrsg. von F. Seibt, München 1984 (im Druck) und in: Die Kunst des 17. Jahrhunderts, Berlin 1970, 311 ff. – Sehr nützlich auch Hans Rose, Spätbarock 1922.

Das Material über Innenausstattung und Meister der Ausstattung außer in der ungedruckten Arbeit von Heinrich Kreisel 1922 am besten bei Sedlmaier-Pfister, 1923, in Tabellenform S. 245–256; die Chronik der Ausstattung zusammengestellt, sowie in den oft zu Kurzbiographien ausgearbeiteten Anmerkungen. Zusätzlich: Joachim Hotz, Skizzenbuch 1981 und für die Zeit ab 1755: Burkard von Roda, ... Seinsheim, Auftraggeber zwischen Rokoko und Klassizismus, 1980.

Ornament und bes. Stukkatorenornament: Ludwig Baron Döry-Jobahàza, Das Bandlwerk im Rhein-Main-Gebiet unter besonderer Berücksichtigung der Stuckateure. Diss. Frankfurt a. M. 1953 (MS); Ch. F. Rupp, Der Dekor des Bandlwerkstils und des früheren Rokoko in Franken, Diss. Erlangen 1934; – H. Schwarz, Das Bandlwerk, Diss. Univ. Wien 1950 (MS); – Rudolf Berliner, Ornamentale Vorlageblätter des 15.–18. Jh.s Berlin 1926; – Tilman Breuer, Die italienischen Stukkatoren in den Stiftungsgebäuden von Ottobeuren, in: Zs. d. Deutschen Vereins für KW. 17, 1963, 231–259; – Sowie Burkard von Roda (zum späten Rokoko und zum Zopf) a. a. O.

Zu einzelnen Künstlern über das bisher Genannte hinausgehend: L. Broder, Der Solothurner Maler J. Rudolf Byss 1660–1738. In: Zs. f. Schweizer Arch. und Kunstg. 1, 1939, 1–14. Dorette Richter, Der Würzburger Hofmaler Anton Clemens Lünenschloß 1678–1763, Diss. Würzburg 1938 (MS); – N. Rauf, G. Urlaub, Diss. Würzburg 1978, Mainfr.-Studien 19; – Eva Marquart – Erich Schneider – Christian Lenz, Johann und Januarius Zick, Ausstellungskatalog Koblenz 1983; – Mechthild Kranzbühler, J. Wolfgang von der Auvera, in: Städel Jb. 7/8, 1932, 182–219; – Ute Nadler, Der Würzburger Hofbildhauer Claude Curé, Mainfr.-Studien 8, Würzburg 1974; – H.-P. Trenschel, Der Würzburger Hofbildhauer J. Peter Wagner 1730–1809, Ausstellungskat. Würzburg 1980.

V. Kapitel: Giovanni Battista Tiepolos Gewölbefresken im Kaisersaal und im Treppenhaus der Residenz. Tiepolo und Neumann.

Zur »Raumfolge« in der Mitte des Corps de Logis: Unsere Bestimmung achtet nicht nur auf das Erlebnis des »Aufsteigens« und des Gelangens vom Dunklen zum Hellen, sondern auf die Architektur selbst, auf die Proportionen und die Gliederung. Insofern ist die gegebene Bestimmung nicht als eine impressionistische Schilderung mißzuverstehen. Zum methodischen Vergleich verweise ich auf den schon zitierten Aufsatz über L. B. Albertis Langhaus von Sant Andrea in Mantua in der Festschrift für Kurt Badt, hrsg. von Martin Gisebruch, Berlin 1961, 83–120. –

Zu Giovanni Battista und Domenico Tiepolo beschränken wir die Hinweise auf die Biographie von Pompeo Molmenti, Mailand 1909 und Eduard Sack, 2 Bände Hamburg 1910; sowie auf Antonio Morassis Katalog der Werke London 1962 und die beiden Ausstellungskataloge der Mostra del Tiepolo, Venedig 1951 von Giulio Lorenzetti und der Ausstellung Tiepolo im Dogenpalast Venedig 1979. – Eine Monographie von Domenico Tiepolo schrieb Adriano Mariuz, Venedig 1971.

Zu Tiepolo in Würzburg verweisen wir auf Frank Büttner, Die Sonne Frankens. Ikonographie des Freskos im Treppenhaus der Würzburger Residenz. In: Münchener Jb. d. bild. Kunst Dritte Folge 30, 1979, 159–186; auf Adolf Feulners Beiträge zu Tiepolos Tätigkeit in Würzburg, In: Monatshefte für KW 8, 1915, 128–135; auf Theodor Hetzers prägnante Beobachtungen über Bildfarbe und Bildwirkung in seinem Buche: Die Fresken Tiepolos in der Würzburger Residenz, Frankfurt am Main 1943, sowie auf Frank Büttner, Giovanni Battista Tiepolo. Die Fresken in der Residenz zu Würzburg, Würzburg-Edition Popp 1980 m. Literatur und kritischer Darstellung der Entstehungsgeschichte der Fresken und ihrer Ikonographie.

Zu den Zeichnungen der Tiepolo in Verbindung mit den Würzburger Fresken geben George Knox und Christel Thiem in dem Stuttgarter Ausstellungskatalog des Galerievereins und der Staatsgalerie 1970 »Tiepolo. Zeichnungen von Giambattista, Domenico und Lorenzo...« viele Anregungen. Die wichtigsten Fragen aber der Zuweisung und der Trennung von Nachzeichnungen und Entwürfen scheinen jedoch auch heute weitgehend offen zu sein. Es ist nicht wahrscheinlich, daß sich die extensive Zuschreibungspraxis an Giovanni Battista weiterhin behaupten wird. Siehe auch Ekkehart von Borries in Zs. für Kunstgeschichte 34, 1971, 135–146.

Abkürzungen der erwähnten bzw. erörterten schriftlichen und bildlichen Quellen zur Entstehungsgeschichte der Residenz in Würzburg

SE = Sammlung Eckert, Mainfr. Museum Würzburg, mit Nummer.
SE + = bedeutet, daß das entsprechende Blatt 1945 verbrannt ist.
QU = mit Nummer verweist auf die Publikation der sog. Schönbornquellen (Freeden u. a., 1931–1955).
Hdz = mit Nummer verweist auf Pläne in der Berliner Kunstbibliothek aus dem Nachlaß von B. Neumann (Reutter, 1979).
Delin III = Signatur des sogenannten Skizzenbuchs Neumanns, einer Sammlung von Zeichnungsfragmenten zur Dekoration von Bauten, erstmals 1915 publiziert dann wieder 1981 (Hirsch).

Die Briefe Neumanns und der Bauherren, besonders aus dem Geschlecht der Grafen von Schönborn sind publiziert: Bis 1729 in den erwähnten Schönbornquellen; 1729–1746 von K. Lohmeyer, soweit sie von Neumann stammen und an Carl Friedrich von Schönborn gerichtet wurden. Grundlegende Zusammenstellungen über die Mitarbeiter Neumanns beim Residenzbau befinden sich in den entsprechenden Anmerkungen des Residenzwerkes von Richard Sedlmaier und Rudolf Pfister 1923 und bereits bei Georg Eckert, a. a. O. 1917. Siehe auch H. Kreisel, 1922 (ungedruckt). Bibliographien zur Kunst- und Architekturgeschichte der Würzburger Residenz findet man bei Sedlmaier-Pfister 1923, 258–261, ferner von Hans Reuther, Katalog 1979, 14 und bei Hans Reuther, Neumann 1983, S. 254f.

Literaturverzeichnis

ANDERSEN, LISELOTTE: Studien zu Profanbauformen Balthasar Neumanns. Die großen Residenzprojekte für Wien, Stuttgart und Karlsruhe. Inauguraldiss. München (1963) 1966

BADT, KURT: Modell und Maler von Jan Vermeer. Probleme der Interpretation. Eine Streitschrift gegen Hans Sedlmayr. Köln 1961

BIBRA, R. VON: Erinnerung an den Besuch Sr. kgl. Hoheit des Prinzregenten Luitpold anläßlich der Enthüllung des Monumentalbrunnens auf dem Residenzplatz am 5. Juni 1894 (Extrabeilage zum Kiliansblatt, Würzburg 1894)

BOFFRAND, GERMAIN: Œuvres d'architecture .. contenant les principaux Bâtimens Civils. Paris 1743

BOLL, WALTER: Balthasar Neumann und die Vorgeschichte des Würzburger Residenzbaues. In: Frankenland. 8, 1921, 23–29

BOLL, WALTER: Die Schönbornkapelle am Würzburger Dom. Ein Beitrag zur Kunstgeschichte des 18. Jahrhunderts. München 1925

BREUER, TILMAN: Die italienischen Stukkatoren in den Stiftsgebäuden von Ottobeuren. In: Zeitschrift des Deutschen Vereins für Kunstwissenschaften. 17. 1963. 231–259

BÜTTNER, FRANK: Die Sonne Frankens. Ikonographie des Freskos im Treppenhaus der Würzburger Residenz. In: Münchener Jahrbuch der bildenden Kunst. III. Folge. 30. 1979. 159–186

BÜTTNER, FRANK U. WOLF CHRISTIAN VON DER MÜLBE: Giovanni Battista Tiepolo. Die Fresken in der Residenz zu Würzburg. Würzburg 1980

CREUZER (KREUZER), GEORG FRIEDRICH: Symbolik und Mythologie der alten Völker, besonders der Griechen. 4 Bde. 1810–1812, 1836–1845[2]

DEHIO, GEORG: Geschichte der Deutschen Kunst. Des Textes dritter Band, Berlin–Leipzig 1926, 1931[2]

ECKERT, GEORG: Balthasar Neumann und die Würzburger Residenzpläne (Studien zur Deutschen Kunstgeschichte Band 203). Straßburg 1917

FREEDEN, MAX HERMANN VON: Balthasar Neumann. Leben und Werk. Katalog der Gedächtnisausstellung in der Residenz. Würzburg 1953

FREEDEN, MAX HERMANN VON: Balthasar Neumann als Stadtbaumeister (Kunstwiss. Studien 20). München 1937. Nachdruck 1978

FREEDEN, MAX HERMANN VON, UND ANDERE AUTOREN: Schönbornquellen = Quellen zur Geschichte des Barocks in Franken unter dem Einfluß des Hauses Schönborn. I. Teil 1693–1729, bearbeitet von P. Hugo Hantsch, Andreas Scherf und Max Hermann v. Freeden. Würzburg 1931–1955

GOETHE, WOLFGANG VON: Über die Farbigkeit griechischer Tempel. In: Jahrbücher der Literatur. Wien 1830

GRIMSCHITZ, BRUNO: Das kollektivistische Problem der Würzburger Residenz und der Schönbornkapelle am Würzburger Dom. Rez. von Sedlmaier-Pfister 1923 und Boll 1925 in: Belvedere. 8. 1925. Forum 13–22

GRIMSCHITZ, BRUNO: Johann Lucas von Hildebrandt. Wien, München 1959[2]

GURLITT, CORNELIUS: Geschichte des Barockstiles und des Rococo in Deutschland... (Geschichte der Neueren Baukunst V; 2. Abteilung 2. Teil). Stuttgart 1889

HERRMANN, WOLFGANG: Neue Entwürfe zur Würzburger Residenz. In: Jahrbuch der Preußischen Kunstsammlungen. 49. 1928. 111–134

HIRSCH, FRITZ: Das sogenannte Skizzenbuch Balthasar Neumanns. Ein Beitrag zur Charakteristik des Meisters und zur Philosophie der Baukunst (Zeitschrift für Geschichte der Architektur, Beiheft 8). Heidelberg 1912

HIRSCH, FRITZ: Rez. von Sedlmaier-Pfister 1923 in: Zeitschrift für Geschichte der Architektur. 8. 1981. 77–79

HOFMANN, FRIEDRICH H.: Das Ehrenhofgitter der Residenz in Würzburg. In: Zeitschrift für Denkmalpflege. 2. 1927/28. 171–187

HOFMANN, WALTER JÜRGEN: Balthasar Neumann und die Formierung

seiner Architektur. In: Jahrbuch für fränkische Landesforschung. 42. 1982, 249–294
HOTZ, JOACHIM: Katalog der Sammlung Eckert aus dem Nachlaß Balthasar Neumanns im Mainfränischen Museum Würzburg (Veröffentlichung der Gesellschaft für fränkische Geschichte VIII. Reihe Quellen und Darstellungen ... 3). Würzburg 1965
HOTZ, JOACHIM: Das „Skizzenbuch Balthasar Neumanns". Studien zur Arbeitsweise des Würzburger Meisters und zur Dekorationskunst des 18. Jahrhunderts. Text- und Katalogband. Wiesbaden 1981
HUBALA, ERICH: Renaissance und Barock (Epochen der Architektur, herausgegeben von Harald Busch III). Frankfurt am Main 1968
KARCH, GEORG: Die königliche Residenz und der Hofgarten zu Würzburg, nach ihrem mythisch-philosophischen Charakter, dem platonischen Kosmos, im Zusammenhang erklärt. Würzburg 1869
KELLER, JOSEF: Balthasar Neumann. Würzburg 1896
KREISEL, HEINRICH: Die künstlerischen Ausstattungen des Hauptstockes der fürstbischöflichen Residenz zu Würzburg. Inauguraldiss. 1922 (ungedruckt!)
LERSCH, THOMAS: Artikel „Farbenlehre" im RDK 7. 1974. 158–274
LOHMEYER, KARL: Die Briefe Balthasar Neumanns von seiner Pariser Studienreise, mitgeteilt von ... Düsseldorf 1911
LOHMEYER, KARL: Die Briefe Balthasar Neumanns an Friedrich Carl von Schönborn ... und Dokumente aus den ersten Baujahren der Würzburger Residenz. Das rheinisch-fränkische Barock I. Saarbrücken, Berlin, Leipzig, Stuttgart 1921
LORENZ, HELLMUT: Kunstgeschichte oder Künstlergeschichte – Bemerkungen zur Forschungslage der Wiener Barockarchitektur. In: Artibus et Historiae. 4 (II). 1981. 99–123
MADER, FELIX: Die Kunstdenkmäler des Königreiches Bayern. Unterfranken. Band 12: Stadt Würzburg. München 1915
MAIER, CARL: Die königliche Residentz zu Würzburg. Würzburg 1895
NEUMANN, GÜNTHER: Neresheim. Herausgegeben von Hans Jantzen München-Pasing 1947
NIEDERMAYER, ANDREAS: Kunstgeschichte von Wirzburg. Wirzburg und Frankfurt a. M. 1860
OEGG, JOSEPH ANTON: Versuch einer Korographie der Erz- und großherzogl. Haupt- und Residenzstadt Würzburg. Würzburg 1808
PFISTER, RUDOLF, UND RICHARD SEDLMAIER: Die fürstbischöfliche Residenz zu Würzburg. Text- und Tafelband. München 1923
REUTHER, HANS: Barocke Dachwerke in Franken. In: Deutsche Kunst und Denkmalpflege. 1955. 44–53
REUTHER, HANS: Beiträge zur Natursteinverwendung in der Mainfränkischen Barockarchitektur. In: Deutsche Kunst und Denkmalpflege. 2. 1956. 128–146
REUTHER, HANS: Die Zeichnungen aus dem Nachlaß Balthasar Neumanns. Der Bestand in der Kunstbibliothek Berlin, Berlin 1979
REUTHER, HANS: Balthasar Neumann. München 1983
RODA, BURKARD VON: Adam Friedrich von Seinsheim, Auftraggeber zwischen Rokoko und Klassizismus. Inauguralidiss. Würzburg 1978 (Veröffentlichungen der Gesellschaft für fränk. Geschichte. VIII. Reihe, Quellen und Darstellungen ... 6). Neustadt a. d. Aisch 1980
RODA, BURKARD VON: Der Franconia-Brunnen auf dem Würzburger Residenzplatz. In: Jahrbuch für fränkische Landesforschung 43. 1983. 195–214
ROSE, HANS: Spätbarock. München 1922
ROSE, HANS: Tagebuch des Herrn von Chantelou über die Reise des Cavaliere Bernini nach Frankreich. München 1919
SACHSE, HANS-JOACHIM: Barocke Dachwerke, Decken und Gewölbe. Zur Baugeschichte und Baukonstruktion in Süddeutschland. Habil. Schrift (MS). Berlin 1975
SACHSE, HANS-JOACHIM: Die barocken Dachwerks- und Gewölbekonstruktionen der Abteikirche zu Neresheim unter besonderer Berücksichtigung der im 19. Jahrhundert durchgeführten Veränderungen. Diss. Berlin 1967
SCHAROLD, KARL GOTTFRIED: Würzburg und die umliegende Gegend. Würzburg 1805
SCHAROLD, KARL GOTTFRIED: Materialien zur fränkischen würzburgischen Kunstgeschichte. MS in der Univ. Bibl. Würzburg. MCH Folio 636
SEDLMAIER, RICHARD: Rez. von Georg Eckert, B. Neumann und die Würzburger Residenzpläne (1917). In: Frankenland. 1919/20. 227–229
SEDLMAIER, RICHARD siehe: PFISTER, RUDOLF
SEDLMAYR, HANS: Die Area Capitolina des Michelangelo. In: Jahrbuch der Preußischen Kunstsammlungen. 52. 1931. 176–181
THIES, HARMEN: Grundrißfiguren Balthasar Neumanns. Zum maßstäblich-geometrischen Rißaufbau der Schönbornkapelle und der Hofkirche in Würzburg. Florenz 1980
THIES, HARMEN: Michelangelo. Das Kapitol (Italienische Forschungen, hrsg. vom kunsthist. Inst. Florenz 3. Folge. Band 11). München 1982
WOLFF-METTERNICH, FRANZ GRAF VON: Unité et variations dans l'art du 18e siècle dans le sud de l'Allemagne et en Rhénanie. In: Actes du 19e Congrès Intern. d'Histoire de l'art. Paris 1958
ZELLER, ADOLF: Balthasar Neumann und seine Arbeitsweise. In: Zeitschrift für Bauwesen. Hrsg. vom Preuß. Finanzministerium. Jahrgang 1928. Heft 6. Berlin 1929
S. AUTORE: Geschichte des Residenz-Platzes zu Würzburg. In: Fränkische Blätter Nr. 18 und 19, 64. Jahrgang 1934, Nr. 18, S. 69–72 und Nr. 19, S. 73–76
Amtlicher Führer durch die Residenz in Würzburg, hrsg. von der Bayer. Verwaltung der Staatl. Schlösser, Seen und Gärten 1982[9]

Der 1779 fertiggestellte Baukomplex »Residenz Würzburg« und sein weiteres Schicksal

Das Gesamtkunstwerk der Residenz Würzburg, »Das Schloß über allen Schlössern«, »Deutschlands schönster Pfarrhof« oder – wie Dehio sagt: »Der vollkommenste Profanbau des 18. Jahrhunderts«, war in einem einmaligen Symposion europäischer Künstler – einschließlich der Architekten – entstanden. Die 60jährige Baugeschichte begann 1719 mit der Planung durch einen Fürstbischof aus der Grafenfamilie Schönborn – Johann Philipp Franz. Der Bau wurde unter dessen Nachfolger, dem Fürstbischof Christoph Franz von Hutten, weitergeführt, unter Fürstbischof Friedrich Carl Schönborn wieder energisch vorangetrieben und vor allem unter Fürstbischof Carl Philipp von Greiffenklau, der Tiepolo nach Würzburg holte, zur höchsten Vollendung gebracht.

Aber noch unter Fürstbischof Adam Friedrich Graf von Seinsheim (1755–79), der zwar die Außenanlage, die Platzgestaltung mit dem Gesandtenbau als Pendant zum bereits bestehenden Rosenbachhof und die flankierenden Kolonnaden mit Pylonen vollenden ließ, war diese Zeit des »Würzburger Barocks« zu Ende. Schon unter ihm begann das weitere Schicksal, wurde bereits die großartige Planung der plastischen Durchformung der »großen Stiege« nach Entwürfen des Johann Wolfgang von der Auvera bzw. des Ferdinand Tietz, wie sie noch in den Plänen aus dem Büro Balthasar Neumanns um 1740 eingezeichnet ist, bzw. die eines prächtigen schmiedeeisernen Gitters des Hofschlossers Georg Oegg durch eine spröde klassizistische Dekoration ersetzt. Ebenso wurde die frühbarocke erste bischöfliche Wohnung in diesem neuen Stil umgestaltet.

Die Fertigstellung der Residenz unter Seinsheims Regentschaft ist der Ausgangspunkt des Berichts über das weitere Schicksal dieses Bauwerks, das beeinflußt wurde durch gesellschaftliche und politische Entwicklungen, Stilwandel, Nutzungsänderungen, Alterungserscheinungen, Katastrophen und Wiederaufbauarbeiten. Es ist ein Bericht über gut 200 Jahre, aufgebaut auf den dem Verfasser zugänglichen Quellen und seinen eigenen Erfahrungen während der entscheidenden Jahre des Wiederaufbaus von 1953–71.

Wichtige Zäsur der politischen Entwicklung war 1802 die Inbesitznahme des geistlichen Hochstifts durch Kurfürst Max Josef von Bayern. Ein Wappen mit seinen Initialen »M. J.«, von bayerischen Löwen gehalten, beherrscht jetzt das Giebelfeld über dem Mittelpavillon der Hofgartenseite, und auf dem Giebelfeld über dem Eingangsportal halten zwei Löwen das bayerische Wappen in ihren Krallen. Reste der Putten, die früher das fürstbischöfliche Wappen umspielten, liegen noch heute in einem Depot des Hofgartens. Im Jahre 1803 erhielt der Maurermeister Käs 171 Gulden dafür, daß er aus 114 Kartuschen die Domherrenwappen abgeschlagen hatte. Die Spiegel der bekrönten Kartuschen über den Hauptgeschoßfenstern sind seitdem leer. Ebenso wurden die geistlichen Embleme, die »Hoheitszeichen« der Fürstbischöfe, in den Zwickeln der Fenster über den Eingangstüren im Ehrenhof entfernt. Die Residenz wurde Sitz der Kurfürstlich Bayerischen Landesdirektion.

1806–14, während des Interregnums der Familie Toscana, wurde die gesamte fürstbischöfliche Wohnung entlang der Südseite, einschließlich der Ahnengalerie, dem Abschluß der Südlichen Paradezimmer – die zahlreich erhaltenen Entwurfzeichnungen für diese Raumgruppe sprechen dafür, daß diese wohl die prächtigste

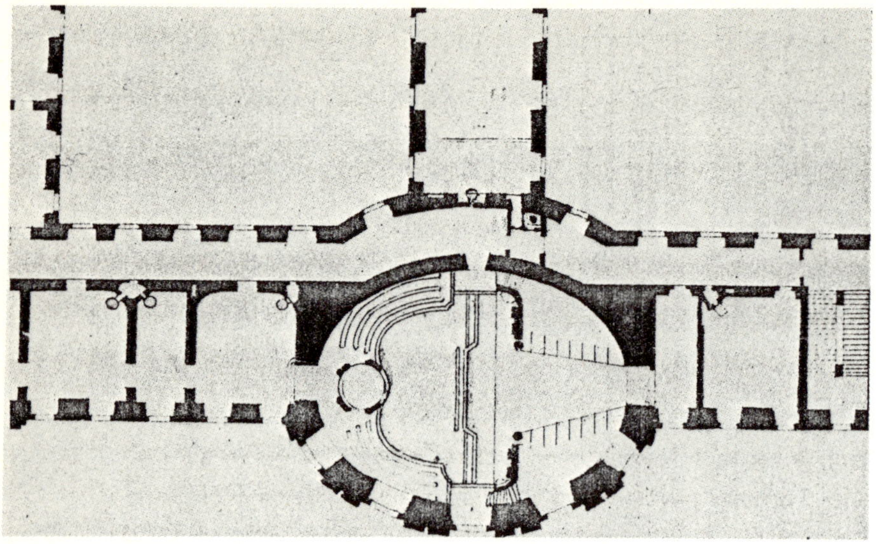

Fig. 70 Operntheater im Nordoval. Aus e. Hauptgeschoßgrundriß aus dem Umkreis des Würzburger Hofarchitekten J. M. Fischer

Ausstattung erhalten hatte –, im Empirestil völlig neu gestaltet. Aus Anlaß der nur kurzen Besuche Napoleons 1806 und 1812 wurde das Schlafzimmer in den Nördlichen Paradezimmern (Kaiserinnenzimmer) teilweise in diesem neuen Stil umgeändert.

Nach der endgültigen Eingliederung des Fürstbistums Würzburg in das Königreich Bayern am 28. Juni 1814 wurden ausgerechnet unter dem kunstsinnigen König Ludwig I. der Gitterabschluß des Ehrenhofes, des von Anfang an geplanten prunkvollen Introitus zur ganzen Schloßanlage, 1821 beseitigt und die ursprünglich transparent und filigran geplanten Eingangstore mit einer Bretterverkleidung zugenagelt. Im 19. Jahrhundert residierten Kronprinz Ludwig und die Könige von Bayern vorübergehend in der Residenz. Weil der spätere Prinzregent Luitpold in der Residenz Würzburg geboren wurde, stiftete die Stadt Würzburg zu seinem 70. Geburtstag den Frankoniabrunnen, der heute etwa an der Stelle des ehemaligen Ehrenhofgitters steht und dort 1894 eingeweiht wurde.

Am 15. Mai 1896 zerstörte eine Brandkatastrophe weite Bereiche der Dächer über dem Nordteil. Erst drei Wochen zuvor hatte der 1. Commandant der Würzburger Freiwilligen Feuerwehr, Herr Gräf, in einem Vortrag »auf die mangelnde Feuersicherheit in der Residenz Würzburg, dem herrlichen, in Deutschland ohnegleichen bestehenden Fürstenschlosse, hingewiesen und das kgl. Hofmarschallamt angesichts dieser Mängel und dem aus einem Walde von Holz bestehenden Dachstuhl zur Errichtung zeitgemäßer Löschmittel gemahnt...«. »Im Dachstuhl des linken Flügels, und zwar rechts, gerade neben dem stark zurücktretenden Mittelbau des Schlosses, entstand – wie man sich erzählt – infolge eines schadhaften Kamines und nach vorgenommener Ausbrennung desselben das Feuer, das der gerade herrschende starke Südwestwind unterstützte, rasch weiterverbreitete, nach kurzer Zeit den ganzen linken Flügelbau in Flammen setzte und zuletzt auch den nach dem Hofgarten zu hervorspringenden Mittelbau (Garten-Facade) ergriff... Nach einem Großeinsatz aller erreichbaren Feuerwehren und des 9. Infanterie-Regiments mit Dampfspritzen und großen Leitern wurde der Brand gelöscht, der um 15 Uhr durch zwei Kanonenschläge von der Festung herab angekündigt worden war und dessen man gegen Abend so weit Herr wurde, daß wenigstens der rechte Flügel der Residenz unbeschädigt blieb.« Nicht erfaßt wurden vom Feuer im Nordflügel die Dächer über dem Treppenhaus und den Nördlichen Paradezimmern zwischen Grünlackiertem Zimmer und Kaisersaal. Hier war allerdings Löschwasser teilweise »durch den Plafond« eingedrungen.

In den zwanziger Jahren dieses Jahrhunderts wurde die Restaurierung der Innenausstattung nach »streng denkmalspflegerischen Gesichtspunkten« der damaligen Zeit eingeleitet. Der ursprüngliche, historische Zustand wurde, soweit möglich, wieder hergestellt. Bei der damaligen Entrümpelung wurde manches verkauft, so auch das vorschriftsmäßig gesattelte und gezäumte Schaukelpferd aus dem Spielzimmer des Prinzen in der Nördlichen Rotunde (Ovalsaal).

Hier ist in den Plänen von 1770/71 aus dem Büro des Johann Michael Fischer noch ein Theatersaal eingezeichnet, der in der Amtszeit Adam Friedrichs von Seinsheim dort eingebaut wurde. Im wesentlichen blieb die gesamte Schloßanlage bis zur Zerstörung am 16. März 1945 unversehrt.

Die besonderen konstruktiven Eigenschaften des Baues

Neben solchen äußeren Einflüssen ist das Schicksal eines Bauwerkes aber auch durch seine besonderen individuellen Anlagen, seine Stärken und Schwächen, vorbestimmt und einem entsprechenden Alterungsprozeß unterworfen. Diese »Kondition des Bauwerks« soll zunächst kurz beschrieben werden. Sie begründet einerseits seine Fähigkeit, die späteren Ereignisse und Katastrophen zu überdauern, enthält andererseits aber auch die konstruktive Problematik, die vor allem im Treppenhaus anzutreffen ist.

In einem Brief des Sohnes von Balthasar Neumann ist die oft zitierte Episode überliefert, wonach Lucas von Hildebrandt aus Wien seine Bedenken über die Konstruktion etwa so formulierte: »Wenn das hält, werde ich mich unter dem Gewölbe auf eigene Kosten hängen lassen.« Balthasar Neumann soll sich dagegen verpflichtet haben, daß er nach der Fertigstellung »eine Batterie von Kanonen« im Vestibül abfeuern lassen werde, »ohne daß etwas passiere«. Beide Demonstrationen unterblieben, doch die spätere Entwicklung zeigt, daß Bedenken durchaus berechtigt waren.

Welches sind nun die besonderen Anlagen dieses Baues? Die Wiederaufbauarbeiten nach der Zerstörung haben die Gründungssituation an einigen Stellen aufgedeckt. Zwischen den gewölbten Kellern im Nord- und Südflügel, die bis zu einer Tiefe von 7,50 Meter unter dem Erdgeschoß hinabreichen, wurde 1961 quer durch den Ehrenhof ein befahrbarer Verbindungsgang angelegt, um die Weinkeller des Staatsweingutes miteinander zu verbinden. Ein weiterer Verbindungsweg wurde unter dem Rennweg in 8,4 Meter Tiefe zum Rosenbachhof angelegt, der mit seinen Nebengebäuden jetzt als Verwaltungs- und Betriebsgebäude der Hofkellerei genutzt wird. Ein spezieller Einblick in die Fundierung ergab sich im Zuge der Sanierung der statischen Verhältnisse im Treppenhaus. Die vielgerühmte kalottenartige Aufwölbung des Residenzplatzes besteht demnach bis zu einer Tiefe von 6 Meter aus Bauschutt, der auf brüchigem Zellenkalk aufliegt. Bis auf diesen relativ festen Grund mußten also die Fundamente im nicht unterkellerten Mittelteil der Residenz heruntergeführt werden. In der Mittelachse des Treppenhauses wurde 1963 in der Zellenkalkbasis eine tiefe Erdspalte festgestellt, die auch durch 30 Meter tiefe Bohrungen nicht ergründbar war. An diesem – statisch gesehen – heikelsten Punkt des Bauwerkes waren die Streifenfundamente der ursprünglichen Gründung unterbrochen.

Das aufgehende Mauerwerk (im Keller 2,50–3,50 Meter, im Hauptgeschoß 1–2 Meter stark) aus Bruchstein mit Werksteinverkleidung ist durch »Heißkalkmörtel« verbunden, der eine nahe an heutige Betongüte heranreichende Festigkeit erreicht. Große Raumgruppen sind mit Bruchstein- bzw. Ziegelsteingewölben überspannt, nämlich die Keller und das Erdgeschoß, im unteren Halbgeschoß etwa die Hälfte der Räume, im Hauptgeschoß bzw. oberen Halbgeschoß nur die großen Repräsentationsräume sowie der nördliche Ovalsaal, aus Gründen der Verspannung mit umlaufendem Gang.

Der untere Ansatz des 24–30 Zentimeter starken Muldengewölbes über dem Treppenhaus ist aus Ziegeln gemauert, die eigentliche Gewölbekappe ist mit Tuffstein ausgeführt. Die darüberliegenden Verstärkungsgurte bestehen wieder aus Ziegelmaterial. Auch hier wurde durch die Vermauerung mit »Heißkalkmörtel« eine annähernd homogene Schalenbildung er-

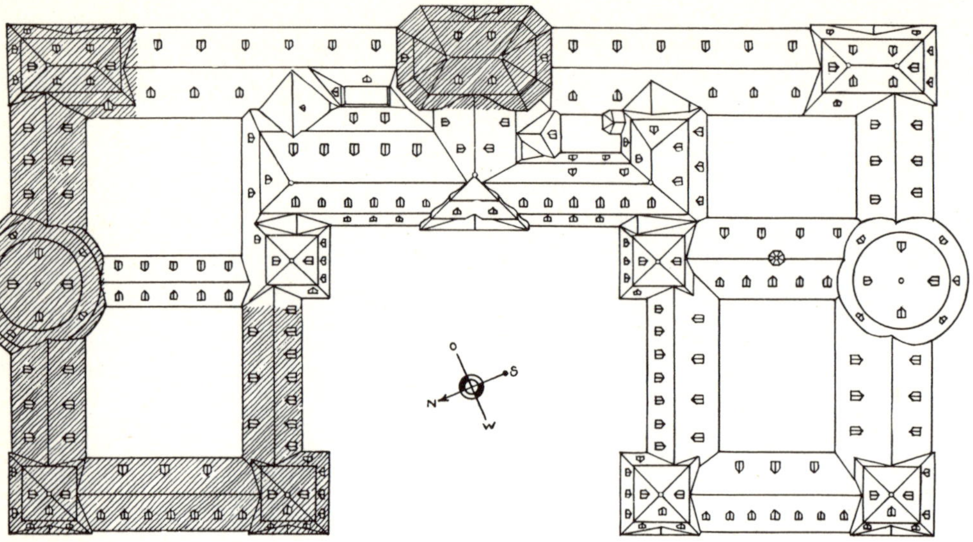

Fig. 71 In die Darstellung der Dächer über der Residenz sind die beim Brand von 1896 zerstörten Teile (Sedlmaier-Pfister, 1923)

reicht, die weitgehend einer Betonschale entspricht.

Das Vestibül mit der beachtlichen Größe von 16,5 auf 14,72 Meter ist mit einer flachen (Stichhöhe 1,15 Meter), im Mittelteil fast ebenen dünnen Wölbungsschale aus einer Mischung von Bims und Kalk überspannt. Leider sind Mauerwerk und Gewölbe dieser Art einem besonderen Alterungsprozeß unterworfen. Während der Bauzeit, als große bewegliche Lasten durch die Baustelle transportiert wurden, war ihre Belastbarkeit noch am größten. Aber bereits die weiteren Beanspruchungen während des Ausbaues, die durch spätere Umbauten, Nutzungsänderungen und wechselnde Verkehrslasten einerseits und andererseits durch wechselnde Temperaturen im Jahreszeitenwechsel, durch einseitige Sonnenbestrahlung oder punktweise Beheizung einzelner Bereiche entstanden, brachten im Laufe der folgenden 200 Jahre dauernde Feinbewegungen in das statische Gefüge. Sicher führte der Brand von 1896 außer zur Hitzeentwicklung auch noch zu einer Änderung der statischen Situation, weil die ursprünglichen Holzdachstühle durch Eisenkonstruktionen ersetzt wurden. Durch alle diese Bewegungen wurde der Mörtel allmählich brüchig; er riß an den Stellen, an denen er überbeansprucht wurde.

Gerade die neue Nutzung durch das Mozartfest seit 1932 mit den damit verbundenen großen Verkehrslasten war der Anlaß für den ersten bedeutenden Schadensfall: Die Säulen im Vestibül mußten zum erstenmal ausgewechselt werden; eine Maßnahme, die später im Bericht über die endgültige Sanierung des Treppenhauses 1962–64 näher beschrieben wird.

Die äußere Werksteinschale des Bauwerkes mit der Attikabekrönung mußte nicht nur durch die Hitze der Katastrophe von 1945 große Schäden erleiden. Gerade durch die stetig steigende Aggressivität der Luft in unserem Industriezeitalter wird hier der Alterungsprozeß der Verwitterung erheblich beschleunigt.

Diese Vorbelastungen durch die spezielle Struktur des Bauwerkes und die durch sein zwischenzeitliches Schicksal von 1779 bis 1945 bedingten Veränderungen werden immer wieder auftauchen, wenn nach dem folgenden Abschnitt über die Katastrophe von 1945 der chronologische Bericht über den Wiederaufbau von 1945–82 folgt. Bei diesem hat sich einerseits allmählich die Zielvorstellung entwickelt, das Gesamtkunstwerk (Stand 1779) wiederherzustellen, andererseits aber sollten die Zeugnisse der späteren Geschichte erhalten bleiben, und außerdem mußten weite Bereiche des Riesenbaues der Würzburger Residenz einer neuen Nutzung zugeführt werden.

Die Katastrophe 1945
Die vorsorglichen Maßnahmen und die ersten Rettungsversuche

Am 16. März 1945, zwischen 21.20 und 21.40 Uhr, wurde Würzburg durch einen Fliegerangriff zerstört; eine Woche vor Einstellung der strategischen Luftangriffe der Alliierten nach Überschreiten des Rheins in breiter Front am 23. März, als eine der letzten 100000-Einwohner-Städte Deutschlands. Mit 106000 Einwohnern, seit der Eingemeindung Heidingsfelds, gehörte Würzburg gerade noch zu dieser makabren Kategorie und war bei Kriegsende die am stärksten zerstörte Großstadt: 90% der bebauten Fläche in der Innenstadt waren vernichtet, 5% der Einwohner starben in der Bombennacht. 2700000 m^3 Trümmerschutt wurden bis 1960 abtransportiert.

Diese Zerstörung war die grauenvolle Zäsur in der Geschichte der Stadt Würzburg und ihrer Residenz. Im Feuersturm, der über die Stadt hinzog, schmolzen z. B. die Glocken in den Westtürmen des Domes, das flüssige Metall floß durch die für die Glockenseile gebohrten Öffnungen in die erdgeschossigen Gewölbe und entzündete den dort eingelagerten Teil des Domschatzes. Auch im Residenzkomplex mit den Kavaliersbauten gingen alle brennbaren Bauteile in Flammen auf: die Dachstühle, die Decken über und zwischen den einzelnen Geschoßen, die Fenster, Türen, Fußböden, die nicht ausgebauten Wandvertäfelungen und Ausstattungsstücke. Da nur wenige Sprengbomben in diesem Bereich der Stadt fielen, blieben im wesentlichen stehen: die Außen- und Zwischenmauern und die überwölbten Bereiche, nämlich das Erdgeschoß mit Vestibül, das Treppenhaus, der Weiße Saal, der Kaisersaal und die Hofkirche – lange Zeit danach allerdings ohne Dach der Witterung preisgegeben. Nur einzelne Sprengkörper und Phosphorkanister hatten die Gewölbekappen durchschlagen. Im Weinkeller unter der Hofkirche lagen noch 15 Jahre später geschmolzene Bocksbeutel.

Nach einer 1949 veröffentlichten Information des Hausmeisters Weber wurde der seit Kriegsbeginn in der Residenz stationierte Feuerlöschzug sofort nach dem Angriff abgezogen, um die Menschen zu retten, die in einem Keller in der Hofstraße eingeschlossen waren. Zur Brandbekämpfung in der Residenz blieb nur noch der Hausmeister, der unter Lebensgefahr mit Feuerlöschern und Wassereimern wenigstens das Übergreifen des Feuers in die Depoträume beiderseits des Gartensaales und der Hofkirche verhinderte.

Zu dieser unmittelbaren Einwirkung des Krieges kamen noch die nachfolgenden Zerstörungen durch Plünderungen. Der Leiter des Landesamtes für Denkmalspflege, Professor Georg Lill, berichtet 1946: »Die brutalsten Zerstörungen kamen auf der Plassenburg oberhalb Kulmbachs vor, wo Fremdarbeiter die kostbaren Möbel aus den Residenzen Würzburg, Bamberg und Bayreuth zerschlugen und verbrannten, Objekte, die Zehntausende von Goldmark an Wert besaßen. Oder auf einem mainfränkischen Schloß (Thüngen), wo die einzigartige antike Vasensammlung der Universität Würzburg (heute Martin-von-Wagner-Museum in der Residenz) von Betrunkenen völlig zertrümmert wurde (siehe Kapitel S. 304).« In dem nach den Kampfhandlungen als Vergeltungsmaßnahme angezündeten Schlößchen Wässerndorf verbrannten auch Teile des Residenzinventars.

38 Jahre nach der Katastrophe vom 16. März 1945 ist die Residenz Würzburg jetzt in ihren wesentlichen Teilen wieder aufgebaut und als Weltkulturgut unter besonderen Schutz gestellt. Die Organisation für Erzie-

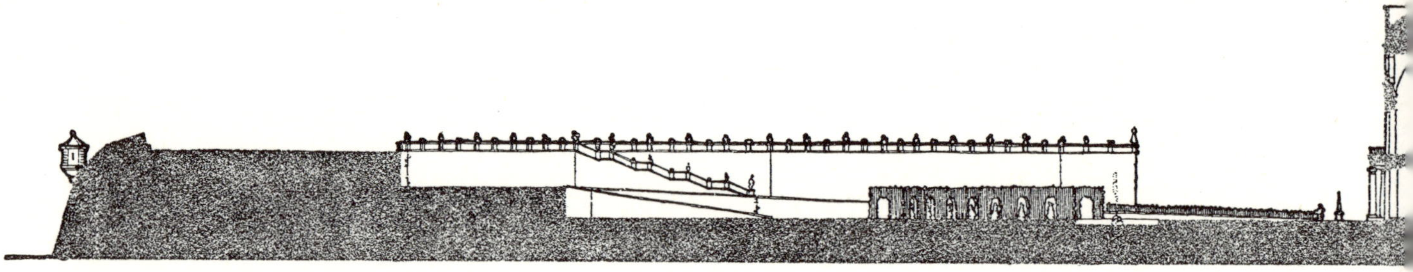

hung, Wissenschaft und Kultur der Vereinten Nationen (UNESCO) hat seit Einführung der Liste der besonders schützenswerten Kulturgüter der Welt (1972) unter 112 solchen »Stätten mit außerordentlichem Wert« auch die Residenz Würzburg unter ihren Schutz gestellt: neben dem Aachener Dom und dem von Speyer als drittes Baudenkmal der Bundesrepublik Deutschland. Nach der Haager Konvention aus dem Jahr 1954 müssen bei kriegerischen Auseinandersetzungen alle gegen ein solches Gut und dessen Umgebung gerichteten feindlichen Handlungen unterlassen werden.

Heute, zu einer Zeit, in der ein Zerstörungspotential nie dagewesenen Ausmaßes in beiden Teilen unseres Landes bereitliegt, soll nachfolgend dokumentiert werden, was damals, im Weltkrieg 1939–45, als zunächst ein Luftangriff nicht ganz ausgeschlossen werden konnte, an Fürsorge für die Erhaltung dieses Baudenkmals aufgewendet wurde, was zerstört und warum und wie danach wieder aufgebaut wurde.

Im Widerspruch zu der, vor allem in den ersten Kriegsjahren, propagierten Euphorie standen schon lange vor der drohenden Zerstörung die offiziellen und heimlichen Initiativen zur Bestandsaufnahme der Kulturgüter und ihrer Rettung. Umfangreiche fotografische Aufnahmen von sehr hoher Qualität, die fast alle jetzt rekonstruierten Räume ausreichend erfaßten, machte vor allem das Bildarchiv in Marburg bereits in den zwanziger Jahren, also keineswegs in Befürchtung von Kriegszerstörungen. Die Bayerische Verwaltung der Staatlichen Schlösser, Gärten und Seen unter Leitung von Professor Esterer veranlaßte zusätzlich während der Jahre 1943–44, wie in München so auch in der Würzburger Residenz und an allen besonders gefährdeten Objekten ihres großen Bereiches, daß alles wertvolle Mobiliar, alle wichtigen Ausstattungsstücke und alle irgendwie ausbaubaren wertvollen Bauteile ausgelagert wurden – eine damals keineswegs selbstverständliche Aktion.

Ein Merkblatt des Landesamtes für Denkmalspflege aus dem Jahr 1941 besagt u. a.: »Die Sicherung von Kunstwerken kann nicht allumfassend sein, sondern wird sich aus verschiedenen Gründen im allgemeinen auf eine Auswahl der bedeutendsten Kunstwerke eines Landes, einer Provinz, einer Stadt, eines Bauwerkes beschränken müssen.«

Für die Genehmigung zum Ausbau des Cuvilliés-Theaters in München um die Jahreswende 1943–44 z. B. mußten auf Veranlassung des Autors erhebliche politische Widerstände überwunden werden; denn Coventry war zwar 1940 »conventriert« worden, aber Äußerungen, daß München oder Würzburg ein ähnliches Schicksal erleiden könnten, hatten damals einen gefährlichen defaitistischen Beigeschmack.

Ein Zeichen für die so verständliche Verdrängung der Angst vor den Folgen eines verlorenen Krieges war z. B. die Tatsache, daß eine Münchener Werkstätte noch mit der Anfertigung einer Ausstattung in einem hypertrophen Makart-Stil für Schloß Thorn beschäftigt war, als dieses Ende 1944 bereits von den Russen erobert worden war. Ein weiteres Symptom für diese Verdrängung ist der Mangel jeder Dokumentation über die vorsorglichen Schutzmaßnahmen. Fast nichts ist schriftlich zu finden, niemand kann oder will sich heute noch erinnern, und niemandem wurde später für seinen Einsatz gedankt. Allerdings sind in Würzburg auch die Akten des zuständigen Landbauamtes, der Schloß- und

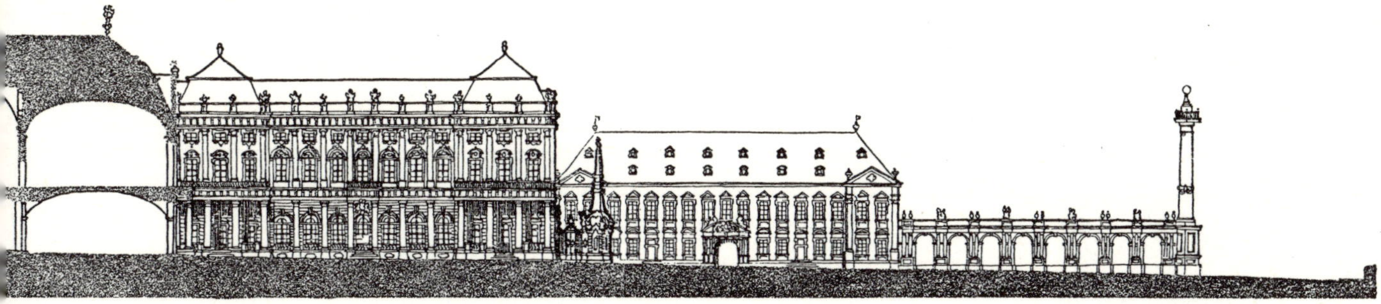

Fig. 72 Vertikalschnitt durch Garten, Bau und Platz (Sedlmaier-Pfister, 1923)

Gartenverwaltung und der Regierung von Unterfranken im Kriege verbrannt. Jedenfalls konnten aus der Plassenburg in Kulmbach die ausgelagerten Innenausstattungsbestände der Residenz Würzburg nach dem Kriege – wenn auch stark ramponiert – wieder zurückgeholt werden. Die Vertäfelung des Audienzzimmers mit dem vergoldeten Zinndekor war nach späterer Auskunft des Kunstschreinermeisters Ebert im Uhrturm der Festung Marienberg ausgelagert und wurde so ebenfalls gerettet.

Lediglich über die Auslagerung des Martin-von-Wagner-Museums, das jetzt in die Residenz eingebaut ist, aus seinem damaligen Standort in der Alten Universität liegt ein Bericht des damaligen Direktors des Mainfränkischen Museums, Professor Dr. Clemens Schenk, an den Rektor der Universität vor. In diesem wird über die beabsichtigte Auslagerung der Bildbestände, der Plastiken und der Keramiken in die Forsthäuser Buch, Sailershausen, Hundelshausen, Kist und Kleinwenkheim berichtet. Am 4. März 1944 lief der Transport mit einem Holzgaslastwagen des »Staatssicherheitsdienstes«, einem Fahrschulwagen der Wehrmacht und anderen behelfsmäßig hergerichteten Lastwagen an. Die Sammlung der Handzeichnungen und Kupferstiche kam in die unterirdischen Tresore von zwei Würzburger Banken. Vorsorge mit Löschsand und Feuerlöschern sowie für die laufende Wartung wurden getroffen. Vom 3. April 1944 liegt hierfür ein Dankschreiben des Rektors vor.

Vom gleichen Veranlasser wurde im November 1944 ein Teil der antiken Vasensammlung des Museums aus dem Kellerabgang der Alten Universität in ein »eng gesprengtes Kellergelaß« verbracht und dort vermauert. Der Großteil der antiken Vasen und Plastiken war bereits vorher durch den Leiter des Museums, Herrn Professor Möbius, nach Schloß Thüngen ausgelagert worden.

Viele Teile der Inneneinrichtung der Residenz selbst waren allerdings nicht ausbaubar, so vor allem das »Spiegelkabinett«. Hier ging beim Versuch, die in Eglomisé-Technik bemalten Spiegel zu entfernen, zu viel zu Bruch, da die Tafeln fest unter der stuckierten Umrahmung eingebaut waren. Der Münchner Kunsthistoriker Dr. Carl Lamb verfertigte deshalb damals von diesem Raum eine ganze Reihe hervorragender Farbdias mit allen wesentlichen Details.

Nach dem bereits zuvor zitierten Bericht des Hausmeisters Weber waren die beiderseits des Gartensaales anschließenden Räume als behelfsmäßige Depots eingerichtet. Die Fenster waren wie auch bei den darüberliegenden »Kaiserzimmern« mit Splitterschutzgittern und Verschalungen gesichert. Anstelle der Asbestschwellen gegen übergreifende Fußbodenbrände in den Prunkräumen waren in diesen Depots die Türen mit Ziegeltrockenmauerwerk abgeschottet. Außer den Gemälden der Residenzgalerie, den Gobelins, Lüstern und Möbeln der Residenz waren hier auch wertvolle Rokokomöbel aus dem Mainfränkischen Museum untergebracht.

Manche Vertäfelungen, wie die des Ersten Alexanderzimmers, wurden am Ort belassen, da sie leicht rekonstruierbar erschienen. Vorsorgende Maßnahmen gegen Sprengbomben zum Schutze der gewölbten, mit Fresken und Stuckierungen reich dekorierten Haupträume, des Treppenhauses, des Weißen Saales, des Kaisersaales und der Hofkirche waren praktisch undurchführbar. Zu den vorsorglichen Brandschutzmaßnah-

Fig. 73 Aufbringen der neuen Holzverschalung für das Dach des Kaisersaales, Sommer 1945 (J. D. Skilton: Würzburg 1945, 1952)

men gehörte auch die Anlage von zwei großen Löschwasserbehältern auf dem Residenzplatz, die am Katastrophentag allerdings nur zum Nässen der Kleider für die Menschen im Feuersturm genutzt werden konnten.

1945: Für die Dokumentation der Jahre nach der Zerstörung ist das Bautagebuch des Landbauamtes Würzburg, das im Auftrag der Bayerischen Verwaltung der Staatlichen Schlösser, Gärten und Seen (später kurz »Schlösserverwaltung« genannt) auch die Residenz betreut, die zunächst erschütternd spärliche Grundlage. Die Eintragung für 1945 lautet: »Die Residenz ist weitgehend zerstört und fast völlig ausgebrannt. Erhalten geblieben ist im wesentlichen das Treppenhaus, der Gartensaal, der Weiße Saal, der Kaisersaal und die Hofkirche, ebenso die eisernen Dachstühle über dem Nordtrakt, den Nördlichen Paradezimmern und dem Kaisersaal. Gemäß mündlicher Weisung des Herrn Oberregierungsbaurats Hertwig von der Bayerischen Schlösserverwaltung in München erstreckt sich die Tätigkeit des Landbauamtes zunächst auf die Sicherung und Bergung der nach dem Luftangriff am 16. März 1945 noch rettbaren Teile der Residenz, also des Treppenhauses mit den Gemälden von Tiepolo, des Kaiser- und Gartensaales mit den Gemälden von Tiepolo bzw. Zick, sowie der Hofkirche.«

Nicht erwähnt ist hier die Aktion des amerikanischen Kunstschutzoffiziers (also »ex officio«) John D. Skilton jr. In seinem 1948 in Paris erschienenen Buch »Défense de l'art Européen« schreibt er: »Unsere dringlichste Aufgabe bestand darin, über dem Gewölbe des Treppenhauses ein neues Dach zu errichten, um das Mauerwerk und die Fresken vor nicht wieder gutzumachenden Wetterschäden zu schützen. Nachdem wir dem Gewölbe ein Dach aus Holz und Dachpappe gegeben hatten, versuchten wir den nächstwichtigen Teil der Residenz, den ebenso von Giovanni Battista Tiepolo ausgeschmückten Kaisersaal, zu retten. Dies war der große Festsaal im oberen Stockwerk. Seine Fresken hatten schon durch Regen stark gelitten, doch bewahrte sie die Wiederherstellung des Daches vor weiteren Beschädigungen.«

Mit viel Geschick, etwas Glück und einem schier unerschöpflichen Ideenreichtum war es dem US-Offizier damals gelungen – auch gegen Widerstände aus den eigenen Reihen –, Baumstämme von Flößen aus Ochsenfurt, Dachpappe aus Bamberg, Zement aus Karlstadt und Werkzeuge aus den Beständen der US-Army für die Abdeckung der Residenz zu requirieren; Materialien, die im Spätherbst 1945 nur schwer zu beschaffen waren.

Eine Aufnahme von damals zeigt, daß der eiserne Dachstuhl über dem Kaisersaal noch verwendbar gewesen zu sein scheint. Nicht abgedeckt wurden allerdings damals das Gewölbe über der Hofkirche und das über dem Spiegelkabinett, das der spätere Generalkonservator Dr. Kreisl 1945 nach dem Angriff, wenn auch beschädigt, noch gesehen hat.

Beim »Richtfest«, das der damalige »Bauherr« Skilton im Gartensaal feierte, dankte er seinen Helfern. Namentlich genannt werden hier nur Professor Boslet und später zwei weitere Architekten, nämlich Eugen Altenhöfer und als Architekt des Bischofs, der im Ausweichquartier Oberzell residierte, Architekt »Herrsschudel«, was wohl Herr Schädel heißen soll. Skiltons Dankesworte waren damals: »Sie haben ihrer Stadt wertvolle Kunstschätze erhalten. Später werden Kunstliebende

Fig. 74 Das Grünlackierte Zimmer nach dem Brand 1945 (Archivbild Kuhn)

aus der ganzen Welt Ihnen für diese Arbeit dankbar sein.«

Es gab noch andere, freiwillige und unbezahlte Aktivitäten. Zunächst war wohl die einzige intakte zivile Dienststelle nach dem Zusammenbruch in Würzburg das Bischöfliche Ordinariat. Mit Ausweis vom 26. April 1945, gezeichnet Dr. Kainz, Domkapitular, wurde unter Leitung von Professor Dr. Kurt Gerstenberg der Kunsthistoriker Dr. Rudolf Kuhn beauftragt, die Kunstwerke der Würzburger Kirchen zu sichern, »wegen seiner Ortskenntnis und Vertrautheit mit der Würzburger Kunst und seiner zuverlässigen kirchlichen Gesinnung«. Dies war zunächst die einzige Autorisation des »Kunstschutztrupps«, zu dem noch einige Würzburger Studenten stießen. Einem von diesen, Dr. Christian Gneuß z. B., wurde später, am 15. Juli 1946, für die Tätigkeit von etwa einem Jahr der Betrag von ganzen 30 RM vom Bayerischen Landesamt für Denkmalpflege ausgezahlt, was ihm allerdings zu wenig erschien.

Die provisorische Unterkunft des Kunstschutztrupps im Hause Haydnstraße 12 war wirksam mit »Off Limits« beschildert. Daß dessen Tätigkeit nicht auf kirchliche Objekte beschränkt blieb, beweist die erste größere Aktion.

Der Ordinarius für Kunstgeschichte, Professor Gerstenberg, besorgte bereits vor der Kapitulation aus einer Brauerei ein Bier- oder Hopfenzelt zur provisorischen Abdeckung des Treppenhausgewölbes der Residenz. Eine von Dr. Kuhn bei der Firma Scheuring in Ochsenfurt requirierte, zirka 100 m^2 große Zeltplane wanderte vom Weißen Saal über den Kaisersaal zur Hofkirche und schließlich zur Schönbornkapelle.

Da der Vorstand des Landbauamtes, wie die Leiter der meisten Behörden, noch nicht »entnazifiziert« war, sind die Zuständigkeiten nur schwer zu entwirren. Laut Ausweis vom 24. April 1946 der amerikanischen Dienststelle »Monuments, Fine Arts and Archives Section« arbeitete Dr. Kuhn in deren Auftrag. Laut Ausweis vom 21. September 1946, gezeichnet Dr. Georg Lill, ist er Mitarbeiter des Bayerischen Landesamtes für Denkmalspflege. In einem Schreiben vom 21. Oktober 1950 bedankt sich John D. Skilton jr. für diese Tätigkeit bei Dr. Kuhn wie folgt: »Ich rufe in mein Gedächtnis zurück Deine vielen anderen Bergungsaktionen, besonders die in der Residenz. Ich erinnere mich, wie ich mit Dir losging, um Planen für die Abdeckung der Tiepolofresken zu finden und wie Du Stunden zubrachtest, um Wasser zu schleppen, das sich in den Gewölbebasen angesammelt hatte. Sicher muß Dein Name einen Ehrenplatz in der Würzburger Kunstgeschichte einnehmen.« Dies waren also Aktionen teilweise noch vor der Errichtung des Notdaches durch den amerikanischen Kunstoffizier.

Mit dem Hausmeister Weber, der später wochenlang auch noch Plünderer abwehren mußte, wurde also zunächst Ordnung geschaffen. Eine große Panzerfaust, Munitionsreste und Konservenbüchsen wurden weggeräumt. Die vom Brand mit geschmolzenem Glas überzogenen feuervergoldeten Bronzewandleuchter des Spiegelkabinetts unter dem inzwischen eingestürzten Gewölbe, Teile von Wagnerputten des Treppenhauses und aus dem Hofgarten, Kaminböcke und sonstige sehenswerte Objekte kamen in das »Off Limits« gesicherte Depot an der Haydnstraße 12. Abgefallene Stuckreste wurden im Nordoval gesammelt. Die Reste des stukkierten Treppenhauslüsters von Materno Bossi kamen

233 Als am 15. September 1743 der prachtvolle Raum der Hofkirche eingeweiht wurde, bedeutete dies den gelungenen Abschluß einer Arbeit, der eine Vielzahl von Planungen und Entwürfen vorausgegangen war. Über drei Stockwerke erstreckt sich der Bau im Südflügel des Schlosses und gilt neben dem großen Treppenhaus als vollkommenste architektonische Leistung Balthasar Neumanns in der Würzburger Residenz.

234 Die Anordnung der einzelnen Bauelemente läßt den rechtwinkligen Grundriß der Hofkirche vergessen. Geprägt wird die Raumgestalt durch die drei großen Kuppelgewölbe, die einander berühren. Zwei davon sind auf dem Bild zu sehen: ein querliegendes Oval über der Orgelempore, das seine Entsprechung über dem Hochaltar hat, und rechts das mittlere große Oval. Die Ausmalung dieser Kuppeln erfolgte durch Rudolf Byss und seine Schüler.

235 Die Figurengruppe über dem Hochaltar der Hofkirche hat Antonio Bossi geschaffen (1741): Maria Magdalena trauert unter dem Kreuz. Eingerahmt wird diese Gruppe durch zwei Säulen aus achatfarbenem Marmor, die wie in der ganzen Kirche die Empore und die Stützen des oberen Geschosses tragen.

236 In prachtvollem Schmuck zeigt sich auch der Raum der Empore. Hier mischen sich die Töne des Marmors mit dem Weiß und Gold des Stucks und den Farben des Deckengemäldes, das über der Orgelempore den Engelsturz Luzifers zeigt.

233 When on September 15th, 1743 the magnificent Court Church was consecrated, a piece of work had been accomplished which had been prepared by a multitude of plans and drafts. The structure of the church extends over three storeys in the south wing of the palace. Together with the great staircase, it is considered to be the most outstanding architectural performance achieved by Balthasar Neumann in Würzburg Residence.

234 The ingenious arrangement of the different building components totally conceals the rectangular ground-plan of the Court Church. The shape of the interior is determined by the three large dome-shaped vaults contiguous to each other. The plate represents two of them: a transverse oval above the organ gallery (it has got a counterpart above the high altar) and the large central oval on the right. The vaults were painted by Rudolf Byss and his pupils.

235 The group of figures above the high altar was created by Antonio Bossi (1741): Mary Magdalen mourning under the Cross. The group is framed by two of the agate marble columns supporting the gallery and the pillars of the upper storey.

236 The gallery also presents magnificent decoration. The tones of the marble mingle with the white and gold of the stucco and with the colours of the ceiling fresco showing, above the organ gallery, the Fall of the angel Lucifer.

233 Quand, le 15 septembre 1743, la somptueuse église de la cour fut consacrée, on célébra aussi l'achèvement heureux d'une œuvre à laquelle eurent précédé beaucoup de projets et de plans. La construction dans l'aile sud de la Résidence s'élève sur trois étages. Avec la grande cage d'escalier, elle est considérée comme l'exploit architectural le plus perfectionné que Balthasar Neumann ait réalisé dans la Résidence de Würzburg.

234 La disposition des différents éléments de construction fait oublier le plan rectangulaire de l'église de la cour. L'effet d'espace de la nef est produit par les trois grandes voûtes en coupole qui se touchent: on en voit deux sur la photo: au-dessus de la tribune d'orgues, un ovale transversal dont l'équivalent se trouve au-dessus du maître-autel, et à droite, le grand ovale médian. La décoration des coupoles fut exécutée par Rudolf Byss et ses élèves.

235 Le groupe de figures au-dessus du maître-autel fut créé par Antonio Bossi en 1741: Marie Madeleine portant le deuil sous la croix. Le groupe est encadré par deux des colonnes en marbre couleur agate qui soutiennent la galérie et les appuis de l'étage supérieur.

236 La galérie se présente en décor somptueux. Ici les teintes du marbre se marient à l'or et au blanc du stucage et aux couleurs de la fresque du plafond, laquelle représente, audessus de l'orgue, la chute de l'ange Lucifer.

IN
RI

237 Eine Detailaufnahme des Hochaltars zeigt bei der Gruppe unter dem Kreuz das Zusammenspiel der Farben Weiß, Blau und Gold mit den Formen der von Antonio Bossi gestalteten Komposition.

238 Giovanni Battista Tiepolo hat im Frühjahr 1752 die Bilder der beiden Seitenaltäre für die Hofkirche gemalt. Während der rechte Altar ein Marienaltar ist, greift der linke Altar der Evangelienseite (Bild) das Thema des Erzengels Michael und des Engelsturzes auf. Eingerahmt wird der Altar von zwei gewundenen hellgelben Säulen, die sich bis zum schwarzen Gebälk schrauben, daneben die Figuren der Erzengel Gabriel und Raffael.

239 Neben dem linken Seitenaltar steht auf der linken Seite die Figur des Erzengels Gabriel mit der Lilie, dem Symbol der Reinheit, in seiner Rechten. Die Figur wurde nach einem Entwurf des Hofbildhauers Johann Wolfgang von der Auvera in Carrara aus weißem Marmor gearbeitet. Von dort wurde sie über Gibraltar und Holland nach Würzburg transportiert (1740).

240 Am Gebälk der Orgelempore befindet sich über dem Eingang das prachtvolle Wappen des Fürstbischofs Friedrich Carl von Schönborn, der als Bauherr der Hofkirche einen wesentlichen Einfluß auf ihre Gestaltung nahm. Viele der verwirklichten Ideen gehen auf ihn selbst zurück. Seine Hofkirche sollte sich in ihrem fürstlich repräsentativen Charakter von den Pfarrkirchen der Stadt unterscheiden.

237 A detail view of the high altar shows the play of the colours white, blue and gold harmonizing with the composition of Antonio Bossi's group under the Cross.

238 In the spring of 1752 Giovanni Battista Tiepolo painted the altarpieces for the two side altars of the Court Church. Whereas the altar on the right is dedicated to Saint-Mary, the altar on the gospel side takes up the subject of Archangel Michael and the Fall of the Angels. The altar is flanked by two wreathed columns ascending in spirals towards the black entablature; the two flanking figures represent the archangels Gabriel and Raffael.

239 The figure of the archangel Gabriel with the lily, symbol of purity, is standing on the left side altar. It was created in Carrara after a draft by the court sculptor Johann Wolfgang von der Auvera and transported to Würzburg via Gibraltar and Holland in 1740.

240 On the entablature of the organ gallery, above the entrance, there is the magnificent coat of arms of Prince Bishop Friedrich Carl von Schönborn, who exerted an important influence on the layout of his Court Church, which was to distinguish itself from the parish churches of the town by its princely imposing character.

237 Le détail du maître-autel montre le jeu harmonieux des couleurs blanc, bleu et or avec les formes du groupe au-dessous de la croix, exécuté par Antonio Bossi.

238 Au printemps de l'année 1752, Giovanni Battista Tiepolo a peint les tableaux des deux autels latéraux de l'église. L'autel droit est dédié à Sainte-Marie, tandis que l'autel gauche (du côté évangile) traite le sujet de Saint-Michel archange et de la chute des anges. L'autel est encadré par deux colonnes torses jaune clair qui montent en spirales jusqu'à l'entablement noir. Aux côtés, les figures des archanges Gabriel et Raphaël.

239 A gauche de l'autel latéral gauche, on voit la figure de Saint-Michel archange avec le lys, symbole de la pureté, à la main droite. La statue fut sculptée en marbre blanc à Carrare même d'après un projet du sculpteur de la cour Johann Wolfgang von der Auvera. Elle fut transportée de Carrare à Würzburg par Gibraltar et la Hollande en 1740.

240 A l'entablement de la tribune d'orgue, audessus de l'entrée, se trouvent les somptueuses armoiries du prince-évêque Friedrich Carl von Schönborn, qui, en tant que maître des lieux, a exercé une influence essentielle sur l'architecture et la décoration de l'église. Beaucoup des idées réalisées sont dues à luimême.

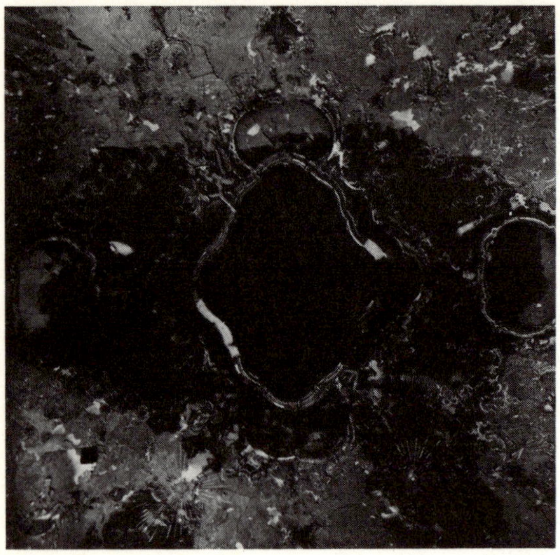

Fig. 75 Decke des Spiegelkabinetts nach dem Brand 1945 (Archivbild Kuhn)

in die Silberkammer, in den Nördlichen Kaiserzimmern wurden die Wanddekorationen, Spiegel- und Kaminumrahmungen provisorisch mit Blech abgedeckt. Eine Reihe von Fotos dieser Zeit zeigt das Spiegelkabinettgewölbe vor seinem endgültigen Einsturz und den Zustand der Prunkräume kurz nach der Katastrophe.

Vieles scheint hier noch erhalten gewesen zu sein, was nach dem Einzug der Stahlbetondecken in den Jahren 1953–58, als der Entschluß zur Wiederherstellung der Prunkräume noch nicht herangereift war, inzwischen verlorengegangen war, z. B. ein Teil des reichen Intarsienbodens im Grünlackierten Zimmer.

Grundsätze der praktizierten Denkmalspflege in den ersten Jahren nach dem Zweiten Weltkrieg

Tiefe Not und Niedergeschlagenheit bestimmten während der ersten Jahre nach dem Krieg die Handlungen der Menschen, vor allem in einer fast total zerstörten Stadt wie Würzburg. Eine Zeitlang wurde sogar ernstlich überlegt, ob die Ruinenstadt, »das Grab am Main«, als Mahnmal des Krieges unverändert erhalten bleiben sollte. Jedenfalls war die Erfüllung der primitivsten Lebensbedürfnisse noch jahrelang vorrangig vor allen Gedanken an Pflege der Denkmäler oder gar deren Rekonstruktion. Zwischen dieser Zeit tiefster Depression und heute sind fast 40 Jahre vergangen, Notjahre zunächst, dann Wirtschaftswunderjahre, wie die des barocken Wunders nach dem 30jährigen Krieg, bis zu unserer Zeit, einer Zeit der Besinnung, nachdem der Rausch des erfolgreichen Wachstums ad absurdum geführt ist.

Wenn man über das Phänomen der Rekonstruktion eines zum großen Teil zerstörten Bauwerkes dieses Ausmaßes berichten soll, sind einige grundsätzliche Bemerkungen notwendig. In der Baugeschichte gibt es ein paar Experimente von Rekonstruktionen: In Athen wurde die Stoa rekonstruiert, ein tödlich langweiliges, steriles Gebilde, das kaum besucht wird. Auch die Rekonstruktionen von Evans in Knossos sind eher fragwürdige Touristenattraktionen. Niemals wurde dagegen daran gedacht, die Pyramiden, den Tempel von Karnak, das Heidelberger Schloß oder sonst ein bedeutendes bauliches Kunstdenkmal zu rekonstruieren, obwohl das Parthenon auf der Akropolis in Athen unter Verwendung der im Britischen Museum »ausgelagerten« plastischen Bestandteile (mit dem im Würzburger Martin-von-Wagner-Museum aufbewahrten Kopf eines Zentauren) einschließlich der Athena Parthenon des Phidias anhand der genauen Beschreibung und zahlreicher überlieferter Repliken sicher mindestens ebenso rekonstruierbar wäre wie die Würzburger Residenz.

Der 587 v. Chr. zerstörte Tempel von Jerusalem wurde von Salomon nicht rekonstruiert, sondern aufgebaut als Neuer Tempel des Salomon. Als der sicher verehrungswürdige vielschiffige romanische Petersdom in Rom baufällig geworden war, wurde an seiner Stelle der heutige Petersdom errichtet.

In den Jahren nach dem Kriege, als nach der Hoffnungslosigkeit die ersten Ansätze des Wiederaufbaus begannen, war jeder Gedanke an Rekonstruktion noch verpönt. Noch galt auch im Bauwesen die Maxime Dehios: Konservieren ja, Rekonstruieren nein. In der Kathedrale des schon zuvor erwähnten Coventry blieben die gotischen Reste erhalten und wurden einer modernen Kirche integriert; das Ensemble der Gedächtniskirche von Eiermann in Berlin stellte neben einen tristen Bautorso gläserne Prismen, Döllgast schloß das Loch in der Längsseite der Alten Pinakothek in München mit einer Stahlrohrkonstruktion, das Langhaus der gotischen Franziskanerkirche in Würzburg ist ein gelungenes Beispiel des Kontrastes einer modernen Stahlkonstruktion zu erhaltener gotischer Bausubstanz (Architekt Heinzmann). Reinhard Riemerschmidt ließ in Würzburg, in Nachbarschaft der Residenz, den neugotischen Turmstumpf von St. Johannis zwischen zwei neuen, mit Asbestzementplatten bedeckten Turmspitzen seiner modernen Kirche (eingeweiht 1957) stehen. Im Wettbewerb für den Wiederaufbau von Nürnberg und in dem für die Gestaltung des Westwerkes des Domes von Würzburg 1953 wurden solche Lösungen bis zur Groteske vorgeschlagen. Auch beim Wettbewerb für die Münchener Oper 1954 schlug nur ein Teilnehmer und eine Arbeit außer Konkurrenz eine Rekonstruktion vor, prämiert wurden nur moderne Lösungen. Auch das zur Ausführung vergebene Projekt Professor Graubners war ein modernes Haus, ähnlich dem Schauspielhaus in Hannover. Erst später wurde die Planung auf Rekonstruktion umgestellt.

Noch 1957 beschloß das Domkapitel in Würzburg die Beseitigung des Stuckes im Dom, die Herausnahme der alten Ausstattung und eine moderne Inneneinrichtung, erst Anfang 1960 entschied es sich für die Integrierung und Restaurierung des Erhaltengebliebenen. Für das einzige gerettete Renaissance-Palais der Stadt, das Palais Conti, den Amts- und Wohnsitz des Bischofs, lag die moderne Neubauplanung nach dem vorgesehenen Abriß bereits vor. Violett-le-Ducs Rekonstruktionen in Carcassonne sind – im Detail sieht man es – keine echten Rekonstruktionen, sondern romantische Neuschöpfungen einer Burgenphantasie im gleichen Geist wie später bei Neuschwanstein. Die laufende Erneuerung der Holzkonstruktionen buddhistischer Tempel ist materialbedingt und somit ebenfalls nicht vergleichbar. Nur der Campanile von San Marco in Venedig wurde 1902 nach dem erwarteten Einsturz sofort wieder in der ursprünglichen Form errichtet – auf Kosten der Privatschatulle der Deutschen Kaisers.

Professor Georg Lill, der Leiter des Bayerischen Landesamtes für Denkmalpflege, schreibt 1946: »Können wir überhaupt zeitlich bedingte Kunstwerke wie etwa die landschaftlich oder generationsmäßig ganz individuell festgelegten Inneneinrichtungen der Würzburger Kirchen, die über die Renaissance Julius Echters zu dem schweren Barock der Schönborns und dem graziösen Rokoko Balthasar Neumanns oder des Bossi in den feinsten Variationen und Stimmungen verliefen, können wir derartige Feinheiten auch nur zum Teil wieder aufleben lassen? Nein und abermals nein, die Raumkunst der Residenzen in München und Würzburg, die wuchtigen Altäre in Stift Haug in Würzburg, das prunkvolle Rokoko der Anna-Damenstiftskirche in München, sie sind und bleiben uns für alle Zeiten verloren, ebenso wie die Originalpläne von Balthasar Neumann, die im Museum zu Würzburg im Feuer verkohlten. In diesen Fällen lag eben das Wesen des Kunstwerkes in der Handschrift, in dem letzten beseelten Ausdruck, den der Geist nur einer einzigen Hand verleiht. Wir können gewisse Bauten auch in späterer Zeit wieder ergänzend ausbessern und ausrichten, etwa das Rathaus von Augsburg. Aber die dekorative Pracht der Inneneinrichtung können wir ihm nicht mehr in der alten Vollkommenheit wiedergeben. Wir haben auch das Schloß der Pfälzer Wittelsbacher in Heidelberg durch die Jahrhunderte als Ruine, als Mahnmal, als eine triste Erinnerung belassen, wenn auch manchmal nur nach harter Überwindung gegenteiliger Bestrebungen in der überheblichen Zeit der Stilimitation. Es wäre gut gewesen, wenn man auch die Hände von der Wartburg, der Hohen Königsburg und ähnlichem gelassen hätte.«

»Tempora mutantur et nos mutamur in illis« – schön rhythmisch ist diese römische Erkenntnis formuliert, daß auch der Mensch sich mit dem Ablauf der Zeiten wandelt. Es liegt schon ein grundlegender Wandel im Denken und Fühlen einer Gesellschaft vor, wenn heute die weitgehende Rekonstruktion des Schlosses in Würzburg, seiner 168 Meter langen Folge von Prunk-

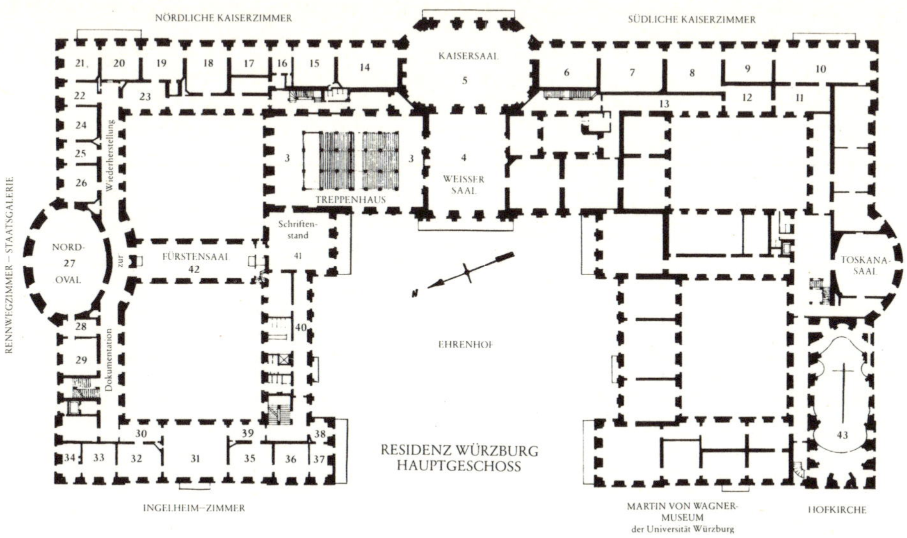

6 Erstes Alexanderzimmer
7 Thronsaal
8 Venezianisches Zimmer
9 Spiegelkabinett
14 Zweites Alexanderzimmer
15 Drittes Alexanderzimmer
16 Rotes Kabinett
17 Gesellschaftszimmer
20 Teezimmer
21 Grünlackiertes Zimmer
31 Kleiner Weißer Saal
32 Roter Salon
35 Blauer Salon
36 Gelber Salon
37 Grünes Eckkabinett

Fig. 76 Grundriß des Hauptgeschosses mit den Nummern der derzeitigen Führungsfolge (Amtl. Führer der Residenz, 1983)

räumen, der nordwestlichen Bischofswohnung und des Toscanasaales als selbstverständlich hingenommen und bewundert wird, ebenso wie die rekonstruierten Straßenzüge polnischer Städte oder das wiedererstandene Goethehaus in Frankfurt, über das seinerzeit (1950) noch heftig gelästert wurde. Zumindest die Ausstattung von Zarskoje Selo bei Leningrad ist prunkvoller geworden, als sie zur Zeit der Zaren war, und die Vergolder tragen hohe sozialistische Orden.

Ist es ein Nicht-geschehen-machen-wollen, bedeutet es den Versuch einer Korrektur der Geschichte, ist es eine Bestrebung nach Rückgewinnung der zerstörten Identitätskennzeichen oder der besonderen eigenen Kulturmerkmale oder ein weiteres Symptom für die Unfähigkeit unserer Zeit, die Vergangenheit wirklich zu bewältigen? Oder glaubt die Menschheit zum erstenmal in ihrer Entwicklung nicht mehr an eine Zukunft, nachdem nichts mehr zu erobern ist und bald alle Lebensgrundlagen verbraucht sind? Dazu kommt die Angst vor dem bereitgestellten Selbstvernichtungspotential. Dieses merkwürdige Zurückblicken ähnelt sehr dem Verhalten eines Sterbenden. Jedenfalls ist es eine nie dagewesene Erscheinung, ein typisches Merkmal dieser Zeit, das merkwürdigerweise in krassem Gegensatz zu den auch heute noch geltenden Grundsätzen der Denkmalspflege steht. An Plastiken der Antike in den Museen wurden gleichzeitig mit Akribie alle späteren Ergänzungen beseitigt, auch wenn hier anstelle der ursprünglichen Bruchflächen glatte Ausbohrungen mit Löchern für die Befestigungsstifte sichtbar wurden. Auch an den Aegineten in der Glyptothek in München wurden Thorwaldsens Ergänzungen wieder abgenommen. Einerseits also die Achtung vor der Unwiederholbarkeit der Originale – jeder Kenner sieht, aus welcher Zeit ein imitierter »Barock« stammt: z. B. der sogenannte Wiener Barock –, und andererseits ist man bei rekonstruierten Bauten, z. B. beim Goethehaus in Frankfurt, stolz darauf, daß »selbst Kenner nicht merken, was neu oder ergänzt ist«. Letztlich ist doch immer zu erkennen, was die jeweilige Zeit aus dem Kunstwerk herausgelesen hat, bzw. was hineininterpretiert wurde. Vorsichtig gesagt ist dieser Widerspruch doch ein Symptom für ein gespaltenes Denken.

Der nachfolgende Bericht über den Wiederaufbau der Residenz Würzburg – ein selbstkritischer Rechenschaftsbericht – soll diese merkwürdige Entwicklung verständlich machen und an dem Beispiel Residenz zu Würzburg soweit wie möglich begründen und rechtfertigen. Jedenfalls bestand anfänglich keine grundsätzliche, etwa auf Rekonstruktion hinzielende Planung, sondern es war eine lange, stufenweise Entwicklung.

Für die Bezeichnung der Räume werden die heute noch allgemein üblichen Namen, wie sie auch im Standardwerk von Sedlmaier-Pfister (1923) genannt wurden, übernommen, weil auch die Chronik des Landbauamtes nur diese Bezeichnungen kennt, obwohl – wie v. Rhoda in seiner Veröffentlichung von 1980 über die Zeit des Fürstbischofs Seinsheim nachweist – vor allem bei den »Paradezimmern« aus dieser Benennung nach Funktionen ein irrtümlicher Schluß auf die ausschließliche tatsächliche Nutzung dieser Räume gezogen werden könnte. Die ab 1945 laufend geführten Bautagebücher des Landbauamtes sind der Leitfaden des Berichts.

Beginn des Wiederaufbaues, Restaurierung der Tiepolofresken, Bestandssicherung bis zum Richtfest 1959 Einbau der Universitätsräume 1953–59

Laut Tagebuch des Landbauamtes wurden 1946 nur 150000 Reichsmark »Zur Behebung von Kriegsschäden« an der Residenz genehmigt. Viel konnte damit nicht ausgeführt werden. »Notdach über dem Treppenhaus, Weißer Saal und Hofkirche errichtet. Instandsetzung des durch Brand stark beschädigten eisernen Dachstuhles über dem Kaisersaal.« Die Sicherungsmaßnahmen durch die amerikanische Truppe sind damit offensichtlich nicht gemeint.

1947 wurden für die Residenz, die Festung und das Schlößchen Veitshöchheim insgesamt 270000 RM ausgegeben. Das bedeutete für die Residenz: »Im Herbst 1947 eiserner Dachstuhl über dem Nordflügel angebracht, die Dächer des Nordflügels mit Schalung und Pappe eingedeckt.« Die Bereitstellung von Geldmitteln war in der Zeit der »Baustoffbewirtschaftung« eine sekundäre Sorge, primär war die Schwierigkeit, die erforderlichen Bezugscheine herbeizuschaffen, oft auf abenteuerlichen Wegen.

Die hier anfänglich genannten jährlichen Ausgaben sollen lediglich dokumentieren, mit welch geringen Summen in einer Währung ohne rechte Kaufkraft zunächst versucht wurde zu retten, was noch zu retten war. Die später jeweils genannten, aufgerundeten jährlichen Ausgaben für das Hauptgebäude (»Allgemeiner Wiederaufbau«) ohne Nebengebäude und Sondernutzungen sollen lediglich das jeweilige Bauvolumen dokumentieren. Die Gesamtaufwendungen für die Wiederherstellung sind einer abschließenden Übersicht über die Baukosten zu entnehmen.

Nicht in der Chronik des Landbauamtes erwähnt und auch in diesen Kosten nicht enthalten ist die Restaurierung der Tiepolofresken im Kaisersaal und im großen Treppenhaus (1947–49), über die ein Bericht von Otto Hertwig, dem Leiter der Bauabteilung der Schlösserverwaltung, vorliegt. Er zeigt, daß entgegen dem heutigen Eindruck damals doch erhebliche Schäden behoben werden mußten und manche Retuschen unvermeidlich waren. »Zwar waren nach dem Brand bei klarem Himmel und starkem Wind die Rücken der Gewölbe von der Asche fast reingefegt worden, so daß keine Kalilauge oder sonstige Aschenderivate vom nachfolgenden schweren Regen eingeschwemmt wurden. Die gewaltige Hitze über dem Treppenhausgewölbe hatte jedoch die Kalktuffquader teilweise zu Ätzkalk gebrannt, so daß gelöstes Kalkhydrat in die Freskoschicht dringen konnte. Dadurch entstanden glasartige dunkle Verkrustungen und Schleierbildungen, die schon früher vorhandenen einzelnen schwarzen Pilzbildungen dehnten sich zu großen Kolonien aus.« Die Feststellung, daß für die Gewölbekappen des Treppenhauses kein vulkanischer Tuff, sondern Kalktuff verwendet wurde, müßte allerdings nochmals überprüft werden.

»Im Kaisersaal, der nicht mit Tuff, sondern mit Ziegeln überwölbt ist, hatten die Schäden eine andere Ursache. Auf dem mit reinem Kalkmörtel verputzten Gewölbe war der Stuck aus Gips und Dolomitkalk aufgetragen, einem heimtückischen Material. Bei jeder nachträglichen Durchfeuchtung entsteht, durch Umsetzung aus dem schwefelsauren Kalk des Gipses und dem kohlensauren Magnesium des Dolomits, kohlensaurer Kalk und schwefelsaures Magnesium (das sogenannte Bittersalz), die den Stuck Bossis schlimm zerfallen ließen. Das einfilternde Bittersalz hatte auch hier einzelne Stellen des sonst gut erhaltenen Freskengrundes zermürbt.

Fig. 77 Detail des Treppenhausfreskos nach dem Brand 1945 (Archivbild Kuhn)

Durch die gewaltige Hitzeentwicklung der Brandnacht hatte sich zudem der Putz in größeren Flächen vom Gewölbe gelöst. Wenn auch die Farbschichten bis auf wenige ganz abgeblätterte Stellen – insgesamt höchstens 1 m^2 – erhalten waren, so waren sie auch hier durch Zermürbungen, Verglasungen, Schleierbildung, Pilzwucherungen, Verschmutzung und Wasserränder arg entstellt.

Die ersten Notabdeckungen – ab April 1945 – hielten stärkeren Regengüssen, wie dem am 31. Mai 1945, nicht stand. Nur durch Abschöpfen der Wassersäcke in den Gewölbefüßen konnten größere Zerstörungen vermieden werden. So wurde 1947 endlich, nachdem die Gerüste beschafft werden konnten, mit einer Sicherung der Fresken begonnen, die zuvor nach oben teils durch Notdächer, teils mit endgültigem Schieferdach geschützt worden waren. Zunächst mußten die an Stellen schwerer Durchwässerung blasig aufgestandenen oder über zermürbtem Putz bereits in Fetzen hängenden Farbfilmschichten durch Injektionen von Kalkkaseinwasser wieder angeklebt werden. Die Pilzwucherungen wurden mit Glashaarbürsten beseitigt, das Aufhellen der Schleier wurde mit Barytwasser versucht.«

Diese schwierigen Arbeiten wurden im September 1947 abgebrochen, als ein leichtes Auslegergerüst im Kaisersaal zusammenbrach und die beiden Restauratoren verunglückten; Tutschek tödlich, Gramberger wurde schwer verletzt. Nachdem für die folgenden Jahre der Restaurator Drobek verpflichtet worden war, begann die eigentliche Wiederherstellung der Fresken. »Dabei zeigte es sich, daß die hellen und mittleren Farbtöne in guter Freskotechnik fest mit dem Putz verbunden waren, tiefe und intensive Farben waren jedoch mit geringer Bindung sehr pastos aufgetragen. Aber auch die nachträgliche Übermalung ganz heller Töne am Himmel und in den Wolken hatte Tiepolo auf die erste, bereits erhärtete Fassung fast ohne Bindemittel, also »secco«, aufgesetzt und nur seine typischen, abschließenden braunen Konturierungen mit Kalkkasein gebunden. Nur wenige Erdfarben, heller und dunkler Ocker, Eisenrot, Terra Pozzuoli, Umbra natur und gebrannt, Veroneser Grüne Erde, einige Smalten und Beinschwarz zeigt die Farbpalette Tiepolos. Nur an wenigen wichtigen Stellen sind die kostbaren Mineralfarben wie Malachitgrün und Bergzinnober verwendet. Farben, die bei nachträglichen, mit Kalk gemischten hellen Aufträgen schwarz geworden waren.«

Um die ursprüngliche Wirkung der Fresken wiederherzustellen, mußten die erhaltenen Teile gefestigt, Verfärbungen korrigiert und Fehlstellen ergänzt werden. Diese Retuschen wurden nur leicht gebunden und sind wieder leicht entfernbar. Die komplizierte Rezeptur für dieses Heilverfahren mußte zum Teil neu entwickelt werden. Nur in Detailaufnahmen aus der Nähe ist heute noch erkennbar, was damals geleistet wurde, um die ursprüngliche Gesamtwirkung wiederherzustellen.

Im Kaisersaal mußten anschließend (1949–51) die zermürbten und vielfach schon abgestürzten Stukkaturen erneuert und in beträchtlichem Umfang Vergoldungen wiederhergestellt werden. Neueste Untersuchungen zeigen, daß der Deckenstuck auf gelbem Bolus nur stellenweise mit Blattgold überhöht ist und daß der »Stucco lustro« der Gurte nur gemalt ist. Ob so auch der Originalzustand war oder ob dies nur eine Sparmaßnahme bei der Restaurierung bedeutete, ließ sich nicht feststellen.

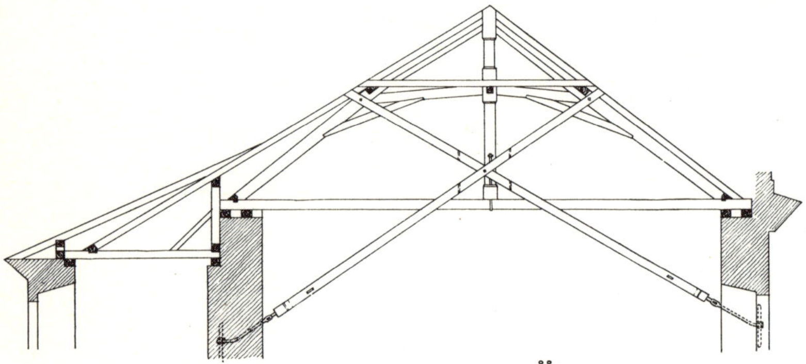

LIEGENDER · STUHL · ÜBER · DEM · KIRCHEN-GEWÖLBE

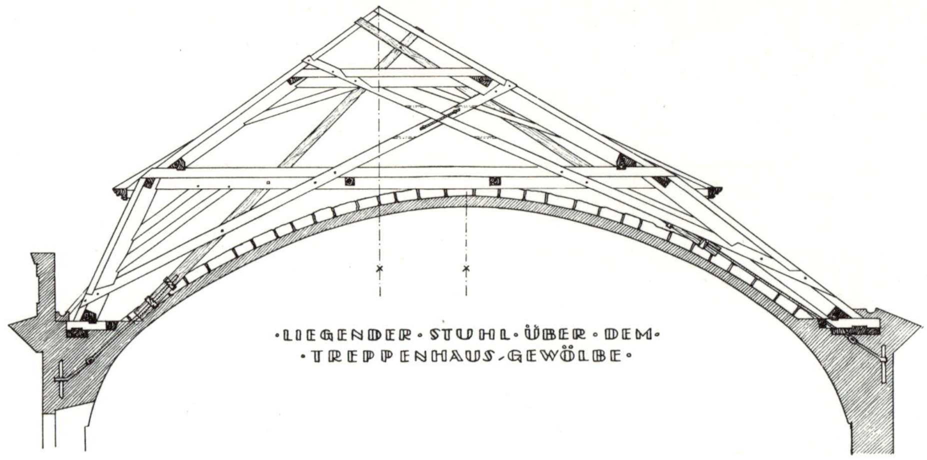

LIEGENDER · STUHL · ÜBER · DEM · TREPPENHAUS-GEWÖLBE

Zunächst waren provisorische Fenster und Türen und die Einstimmung der Gewölbe- und Wandflächen die abschließenden Arbeiten. Deshalb erscheint heute, nachdem die Fenster und Türen mit den ungewöhnlich reichen feuervergoldeten Beschlägen wieder ihre ursprüngliche Preziosität erhalten haben, der Kaisersaal nicht mehr von der Katastrophe betroffen.

1948 wurden 157000 DM, also in neuer Währung, aufgewendet, um das Notdach über dem Treppenhaus durch einen provisorischen eisernen Dachstuhl zu ersetzen, Eindeckung mit Schalung und Pappe. »Somit sind die wertvollen Fresken von Tiepolo endgültig als gesichert anzusehen.« Die Stahlarbeiten wurden von der Firma Noell, Würzburg, ausgeführt. Bereits nach dem Brand von 1896 waren die hölzernen Dachstühle über dem Nordflügel entlang dem Rennweg, über dem Nordwesttrakt und über dem Kaisersaal durch Stahldachstühle dieser Firma ersetzt worden.

1949 wurden 164000 DM ausgegeben. Damit wurden Stahldachstühle auf der Ostseite zwischen Nordflügel und Kaisersaal errichtet und mit Schalung und Pappe eingedeckt. Weitere 160000 DM wurden 1949 ausgegeben für einen Dachstuhl südlich des Kaisersaales mit Pappe und Holzverschalung. Nachdem bereits 1945 der Dienstbetrieb des Landbauamtes in einem notdürftig hergerichteten Raum im Erdgeschoß der Residenz angelaufen war, wurden jetzt auch einige Wohnungen für Bedienstete der Schlösserverwaltung eingerichtet. Außerdem wurden im Jahr 1949 zwei Räume für die Hofkellereien und zwei Räume für die Schlösserverwaltung übergeben.

Über dem Gewölbe des Kaisersaales und des Treppenhauses liegen heute noch funktionslos die Zuganker aus der Bauzeit, Reste der genialen Konstruktion Balthasar Neumanns, der die weitgespannten Gewölbe mit dem Gewicht des hölzernen Dachstuhles und den Zugankern mit einer gewaltigen Klammer von oben umgriff, um sichtbare Zuganker im Innenraum des Treppenhauses und des Kaisersaales zu vermeiden, eine Konstruktion, die an die abenteuerliche Weise erinnert, mit der sich Freiherr von Münchhausen an den eigenen Haaren aus dem Sumpf herauszog. Tatsächlich kann auch der moderne Stahldachstuhl diese Funktion eines Gewölbezugankers nicht übernehmen. Allerdings schließt das Treppenhausgewölbe mit Ausnahme der drei Fensterachsen zum Ehrenhof auf beiden Seiten in Kämpferhöhe heute an Stahlbetondeckenflächen an, die einen großen Teil der Schübe übernehmen können (siehe Grundriß).

Sicherlich haben verschiedene Faktoren zusammengewirkt. Letztlich kann aber die statische Situation nicht ohne größere Eingriffe in die Bausubstanz geklärt werden. Der Raum für den Dachstuhl vor allem über dem Treppenhaus war so beengt, daß auch die Zugspannungen dieses Stuhles nur mit diesen Eisenzugbändern erfaßbar waren. Wahrscheinlich wird der Gewölbeschub durch eine Art umlaufenden Zugring abgefangen, der durch die mit weit eingreifenden Eisenklammern verbundenen Gesimssteine gebildet wird. Ob Balthasar Neumann, der als Techniker und Mathematiker bezeichnet wird, dabei modern rechnerisch oder noch empirisch konstruierte, ist bis heute noch nicht nachgewiesen.

Das früheste bekannte Beispiel dieser Umstellung von handwerklich-gewohnheitsmäßigem Schaffen zur modernen, wissenschaftlich fundierten Bauingenieur-

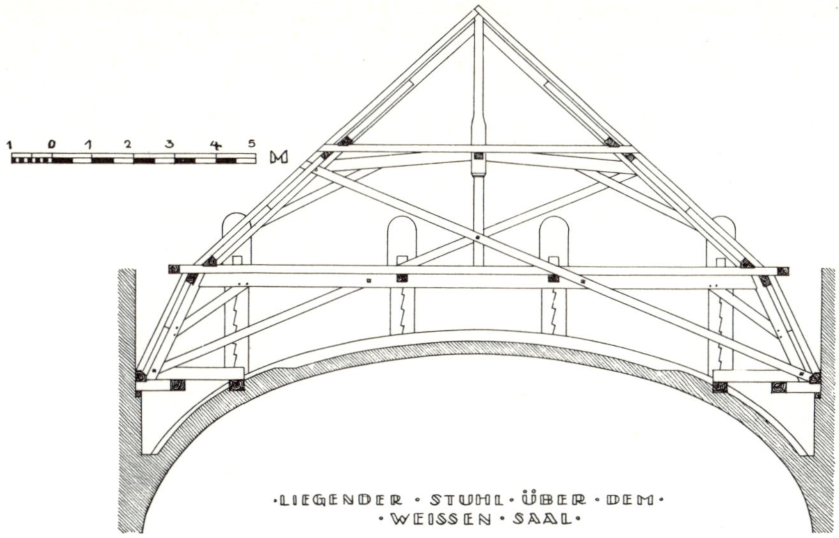

Fig. 78 Profile der alten Dachstühle (Sedlmaier-Pfister, 1923)

kunst ist die im Auftrag von Papst Benedikt XIV. 1742–43 durchgeführte statische Untersuchung der Kuppel der Peterskirche in Rom, um die Ursache der Risse und sonstigen Schäden festzustellen. Die drei beauftragten »Ingenieure«, Le Seur, Jacquier und Boscowich, waren sich dabei bewußt, daß sie »gänzlich neue Wege beschreiten«. Falls Balthasar Neumann wirklich gerechnet hat, stimmt das nicht ganz, dann wäre er der erste moderne Statiker, da die Gewölbe über dem Treppenhaus und dem Kaisersaal schon 1737–42 gebaut wurden.

1950 wurden nur 131 000 DM verbaut. Davon 79 000 DM für die Wiederherstellung der Hofkellerei-Weinstuben an der Nordseite des Ehrenhofes (Einweihung am 8. Juli 1950), der Rest für eine Wohnung und einen Dachstuhl über dem rückwärtigen nördlichen Pavillon im Ehrenhof und für einen zweiten Heizkessel im Gewächshaus.

1951 – in diesem Jahr fand das erste Mozartfest nach dem Krieg in der Residenz statt. Um dies zu ermöglichen, wurden neben den staatlichen Baumitteln in Höhe von 156 000 DM vom Bayerischen Rundfunk 120 000 DM beigesteuert, die für die Herrichtung des Weißen Saales bestimmt waren.

Noch galt als Bauprogramm: Erhaltung der Substanz und neue Zweckbestimmung für die wiederherzustellenden Räume. Also folgende Arbeiten: Restaurierung des Stuckes und der Wand- und Deckenfresken im Kaisersaal sowie Behebung von baulichen Schäden und Stuckausbesserung im Weißen Saal. Bei letzteren Arbeiten kann es sich nur um behelfsmäßige Maßnahmen gehandelt haben, da einige Jahre später eine umfangreiche Hauptsanierung notwendig wurde. Außerdem wurde ein Stahldachstuhl über dem Trakt zwischen dem Weißen Saal und dem Pavillon an der Südseite des Ehrenhofes und ein Notdach über den Südlichen Paradezimmern errichtet. Die dem Weißen Saal und dem Kaisersaal südlich benachbarten Räume und eine WC-Anlage wurden für das Mozartfest provisorisch eingerichtet. In diesem Bereich zwischen dem Weißen Saal und westlichen Südhof wurden aus Gründen der Feuersicherheit die ersten Stahlbetondecken (System Koenen) anstelle der früheren Holzbalkenkonstruktionen eingezogen. Die Deckenstärke dieser modernen Bauweise ist größer als die der früheren Holzbalkendecken. Bei der späteren Rekonstruktion der Prunkräume mußten daher die Hohlkehlen im Audienzzimmer, Venezianischen Zimmer und in der Ahnengalerie etwas abgeflacht werden. Die übrigen Dekken wurden deshalb später entsprechend höher gelegt. Eine Sprengbombe bzw. ein Brandbombenkanister hatte offensichtlich das Gewölbe über dem Erdgeschoß in der Nordostecke des Ehrenhofes unmittelbar neben dem Treppenhaus durchschlagen, hier wurde ein neues Kreuzgewölbe mit Steinsäulen eingebaut.

1952 – Ausgaben 277 000 DM – wurde der Nordostflügel mit Pavillon am Hofgarten eingedeckt. Die ganze Fassade der Residenz wurde mit Hängegerüst vom Dach aus von »herabfallenden Architekturteilen« gereinigt. Der nördliche Zwischenbau wurde mit Dachpappe eingedeckt und auf das provisorische Dach des Weißen Saales eine zweite Dachpapplage aufgebracht. Infolge von Sturmschäden waren »umfangreiche Pappe- und Schieferausbesserungen und Nagelschäden-Beseitigung« notwendig. Vom 20. Juni bis 18. Oktober fand eine Gedächtnisausstellung anläßlich des 200. Todestages des Baumeisters Balthasar Neumann statt.

In den folgenden fünf Jahren von 1953–58 wurden mit einem Kostenaufwand von 1,8 Millionen DM überwiegend Stahldachkonstruktionen, Zimmererarbeiten und Dacheindeckungen in Schiefer mit den dazu erforderlichen Beton- und Maurerarbeiten für die Dachfüße ausgeführt. Begleitend liefen die Arbeiten an Dachgauben und Dachknaufurnen, größere Sicherungen an den Balustraden durch Steinmetz- und Blitzschutzarbeiten. Dabei mußten 1954 drei fehlende Balustradenfelder an der Südlichen Rotunde aus Gänheimer Sandstein neu erstellt und die übrigen Felder mit Rundstahl armiert und mit Minerosmaterial weitgehend ergänzt werden. Drei fehlende »heraldische Vasen« wurden neu angefertigt, andere erhielten neue Füße. Auch zwischen der Rotunde und der Hofkirche fehlten drei Balustradenfelder, die Attikafiguren wurden in der oben genannten Technik durch den »Stukkateur« Grützner ergänzt. 1956 wurde die gleiche Arbeit an der Attika um den Ehrenhof fertig. Das reichverzierte rechte Balustradenfeld an der Mittelfront wurde erneuert und hier auch die Plastiken und das mittlere Giebelfeld instand gesetzt. 1957 wurden die gleichen Arbeiten an der Nordwestecke notwendig, 1958 an der nordöstlichen Ehrenhofecke und am Wappen über dem Hauptportal. So ganz »original« war der Attikabestand offensichtlich nicht mehr, als sich 20 Jahre später zeigte, daß Teile dieser provisorischen Sicherungsarbeiten nicht standhielten und unter herber öffentlicher Kritik durch Abgüsse ersetzt werden mußten.

Laufend wurden Fenster in ursprünglicher Gestalt in der eigenen Schreinerei angefertigt und anschließend von Würzburger Firmen bleiverglast. Im Innenausbau wurden keine denkmalspflegerischen Aufgaben weiterverfolgt. Der Südflügel, die frühere Bischofswohnung, zuletzt im Toscanastil umgewandelt, wurde für die Nutzung durch Universitätsinstitute ausgebaut, nachdem eine zwischenzeitliche Bestrebung, diesen Bereich und Teile des südlichen Hofgartens für ein Stadttheater zu nutzen, aufgegeben worden war. Noch heute sind in diesem Bauteil in vier Geschossen neben dem Martin-von-Wagner-Museum eine Reihe von geisteswissenschaftlichen Instituten untergebracht. Der Ausbau dieser Raumgruppe kostete zusätzlich 3,4 Millionen DM.

Durch eine sehr schwierige, aber elegant gelöste Stahlkonstruktion über dem Toskanasaal (1955) entstand ein freier Kuppelraum. Lange Zeit wurde erwogen, hier ein Planetarium der Firma Zeiss zu installieren. Gleichzeitig begann 1954 der Ausbau der Räume entlang dem Rennweg für das Bayerische Staatsarchiv, wofür 900 000 DM ausgegeben wurden. Aus diesem Anlaß wurden die verbrannten Fensterumrahmungen am Rennweg und in den beiden Nordhöfen instand gesetzt bzw. neue Gewände eingebaut, einschließlich neuer Eichenholzfenster.

Als besondere »Vorkommnisse von historischer Bedeutung« werden erwähnt: 1957 wurde bei der Aufstellung des neuen Stahldaches auf der Hofkirche an der Innenhofseite auf dem Dachfuß die gleiche Steinrinne freigelegt wie die hinter der Balustrade am Hofgarten. Offensichtlich war ursprünglich auch auf der Hofseite eine Attikabalustrade vorgesehen. Die kriegszerstörte Wendeltreppe im Südflügel, die »Lola-Montez-Treppe«, wurde nur bis zum ersten Halbgeschoß und nicht mehr zum Hauptgeschoß hochgeführt. In den ausgebrannten Staatsarchivräumen fand man eine schmiede-

Fig. 79 Stichkappen der Gewölbe über dem Kaisersaal im Dachraum (Sedlmaier-Pfister, 1923)

eiserne Tür mit reichen Rosengirlanden aus der Hand des Georg Oegg. Sie wurde instand gesetzt und später wieder dort eingebaut.

Im Zuge des während dieser Jahre weiterlaufenden Einbaues von Stahlbetondecken in allen Geschossen wurde 1955 anstelle des Spiegelsaalgewölbes eine flache Stahlbetondecke über dem hier als Interimslösung installierten Thronsaal angebracht.

1957 wurden die Reste eines Kreuzgewölbes, das durch eine Bombe bzw. Phosphorkanister durchschlagen worden war, westlich der Südlichen Rotunde ebenfalls durch eine Stahlbetondecke ersetzt. Hier war, wie bereits oben erwähnt, der Brand bis in den Weinkeller vorgedrungen. Im Südlichen Vestibül, wo ebenfalls eine solche Bombe vom Dach bis zum Erdgeschoßfußboden durchgeschlagen war, wurden ⅔ des Gewölbes durch eine Stahlbetonkonstruktion mit daruntergehängter Rabitzkonstruktion ersetzt.

1958/59 wurde der Dachstuhl über dem Weißen Saal »rekonstruiert«. Das Dach wurde neu eingedeckt einschließlich der sechs Meter hohen Urne mit der »Wetterfahne«.

Erste Ansätze zur Rekonstruktion 1959–63
Wiederherstellung der Hofkirche
Beginn der Wiederherstellung der Prunkräume
Das Problem Residenzplatz

Im Jahre 1959 wurden 423 000 DM ausgegeben. Mit der Fertigstellung des letzten Dachstuhles, nämlich über dem Weißen Saal, und der Vollendung aller Zimmerer- und Schiefereindeckungsarbeiten, der Montage der Blitzschutzanlage auf dem Südflügel und dem Mitteltrakt und der Ergänzung der Blitzschutzanlage auf dem Nordflügel war die Dacheindeckung des Hauptgebäudes der Residenz endgültig abgeschlossen. Dies war der Anlaß zu einem Richtfest im Februar 1959.

Im gleichen Jahr begannen die Rohbauarbeiten im Nordflügel. Über dem ersten Halbgeschoß und dem Hauptgeschoß wurden Stahlbetondecken eingezogen. Außerdem begannen die Instandsetzungsarbeiten am Werkstein der Außenfassade auf der Hofgartenseite und am Rennweg.

Wohl im Zuge der positiven Entwicklung der Gesamtwirtschaft wurden auch im Jahr 1960 größere Baumittel bereitgestellt: 460 000 DM.

Nachdem nun das äußere Erscheinungsbild der Residenz im wesentlichen wieder hergestellt war, wurde der Absicht, den Glockenturm auf dem Dach des Binnentraktes im Südflügel wieder zu errichten, zunächst widersprochen. Die erste Grundsatzdebatte entstand: Hier sollte ein verlorengegangenes größeres Bauglied, das, weil versteckt liegend, für die Gesamterscheinung unbedeutend war, völlig neu rekonstruiert werden. Eine solche Lösung widersprach dem damals gerade noch geltenden Grundsatz: Erhaltenes konservieren – ja, Verlorengegangenes rekonstruieren – nein. Entscheidend war letztlich, daß Balthasar Neumann lange Zeit hartnäckig gegen alle Widerstände seiner Architektenkollegen bzw. Kontrahenten kämpfend hier seine Idee verwirklicht hatte, eine komplette Kirche mit Turm der Schloßfassade zu integrieren, statt in die Nördliche Rotunde einzubauen. Also gehörte zu dieser Lösung auch der kupferverkleidete Turm mit den drei Glocken. Er wurde zunächst »schwarz« gebaut und nachträglich gutgeheißen. Die eingezogenen Decken im Nordflügel waren 1960 fertig, die Werksteinarbeiten an den Außenfassaden wurden fortgesetzt, die verwaltungseigene Schreinerei fertigte weiterhin Fenster.

»In der Hofkirche sind Renovierungs-, Fresken-, Stuck-, Stuckmarmor-, Vergolder- und Polierweißarbeiten in vollem Gange.« Die Renovierung der Hofkirche erwies sich während der Durchführung als wesentlich schwieriger, als nach dem allgemeinen Eindruck vor der Einrüstung zu erwarten war. Die von Byss in »Fresco-secco« gemalten Deckenbilder hatten zwar offensichtlich schwer unter der langen Durchfeuchtung durch Regenwasser gelitten, das übrige Dekor, vor allem der vergoldete Stuck, die Polierweißflächen und der »Stucco-lustro« waren jedoch nur reparaturbedürftig erschienen. Tatsächlich mußte die gesamte Oberhaut des Raumes überarbeitet werden, fast sämtliche Vergoldungen mußten erneuert werden. Von den Dekkenfresken waren nur die Partien des Chorgewölbes, die mit Golddekor durchzogen waren, besser erhalten geblieben. Die Fresken des mittleren und des westlichen Deckenovals waren fast ganz zerstört und wurden von Kunstmaler Karl Körner, Schleißheim, nach vorhandenen Fotos großenteils neu gemalt: in der gleichen trockenen, verhältnismäßig dunklen Erscheinung, welche die Deckenspiegel vor der Zerstörung gezeigt hatten.

Körner wertete sie selbst vorwiegend als dekorative

Fig. 80 Mittelgewölbe der Hofkirche im Sommer 1945 (Archivbild Kuhn)

Leistung von Byss, der es verstanden hatte, mit dieser Decke der ganzen Farbigkeit und bewegten Fülle der Ornamentierung des Raumes einen ruhigen Abschluß zu geben, und weniger als selbständiges Kunstwerk von hohem Rang. Die figurenreichen Kompositionen sind zum Teil von Scheinarchitekturen eingefaßt, die durch ihr filigranes Goldornament die Bilder optisch in die Raumdekoration einbinden. Körner glaubte feststellen zu können, daß die Figurengruppe über dem Hochaltar und die Schwerpunkte der Hauptkuppel die Handschrift von Byss tragen, während die übrigen Partien und der Engelsturz über der Orgelempore von dessen Mitarbeitern oder Schülern ausgeführt wurde. Auch die vier Evangelisten in den Gewölbezwickeln schrieb er Byss zu.

Die Schäden an der Decke durch Nässe, Brand, Rauch und wohl auch durch den Kerzenruß von zwei Jahrhunderten waren so groß, daß man zunächst erwog, die Hauptkuppel und die über der Empore liegende Kuppel neutral einzustimmen. Es fehlte mehr als die Hälfte der Bildflächen, der Rest war weitgehend abgeblättert. Die pastose, aber völlig pulverisierte Malschicht lag über einer dünnen, aquarellartigen Untermalung und war offensichtlich »al secco« gemalt. Das Materialprüfamt einer Hochschule bestätigte diesen Befund. Da eine Reinigung der pastellartigen Schicht von fetten Rußteilen nicht möglich war, wurde an vielen Stellen die Farbschicht mit mineralhaltigen Bindemitteln, die keine Verbindung mit fetthaltigen Teilen eingehen, gefestigt und der Ruß abgebürstet. Diese restaurierten Teile konnten allerdings nicht wie die Ergänzungen ganz auf den ursprünglichen Zustand aufgehellt werden.

Diese weitgehende Erneuerung des Fehlenden wurde jedoch nicht bis zur letzten Durcharbeitung perfektioniert, um sie als solche auch künftig erkennbar zu lassen. Wie wildlederartige farbige Teppiche schließen die Fresken wieder den Raum; sie haben nie illusionistisch den Raum nach oben geöffnet, waren keine »Lüftlmalerei«, sondern bewahren die architektonische Funktion der Kuppeln als raumabschließende Schalen.

Alle Vergoldungen mußten erneuert werden, da nicht nur der Bolus, sondern auch der darunterliegende Gipsgrund durch Feuchtigkeit verfault war. Nur an den Säulenkapitelen der Seitenaltäre und an der Traperie des rechten Engels am oberen Altar konnten Partien der ursprünglichen Fassung noch erhalten werden. Das gehabte Wechselspiel zwischen Glanz- und Mattgold, welches die plastische Wirkung des Ornaments unterstützt, wurde vor der Abnahme der brüchigen Goldschicht im Schema festgehalten und in die neue Vergoldung übernommen.

In Stucco-lustro-Technik erneuert werden mußten nur die Wandpartie über der Tür in der Nordwestecke, die durch den Brand vom Seitengang her zerstört war, und in Polierweiß die Oberfläche der Loggien im Obergeschoß. Über die Ausführungstechnik der Vergoldung entstand ein erster großer Konflikt, nachdem aus München ein Fachmann angereist war, der sich als Analogon zum »Filou« Visconti erwies, der seinerzeit 1742 mit der Bemalung des Treppenhauses und Kaisersaales beauftragt war und nach einiger Zeit als Hochstapler bloßgestellt wurde.

Unter Beratung durch den Münchner Bildhauer Ingram Spengler, der bereits bei der Wiederherstellung des Stuckes im Dom tätig war, wurden daraufhin die einheimischen Handwerker in die ursprünglichen Techniken eingearbeitet, Arbeitsgänge, die im Vergleich zu heutigen Techniken unvorstellbar viel Zeit beanspruchten. Der Preis für einen Quadratmeter in Polierweiß an den Loggien im Obergeschoß wurde bereits damals mit 750 DM veranschlagt. Bei allen Wandflächen und den Architekturgliedern in Stucco-lustro ist der Glanz der Oberfläche nur durch eine Folge von zwölf Poliervorgängen mit Glaspapieren und Achaten verschiedener Körnung und viel Wasser erreichbar. Verfärbungen im Inkarnat der Figuren durch Rost der Eiseneinlagen konnten nicht durch Farbe korrigiert werden. Der Poliervorgang war durch keine andere Technik ersetzbar.

Eine grundsätzliche Korrektur des letzten Zustandes vor der Zerstörung wurde hier zunächst als selbstverständlich hingenommen. In der Toscanazeit 1806–14 war die barocke Einrichtung der Fürstbischöflichen Wohnung im Hauptgeschoß auf der Südseite, also anschließend an die Hofkirche, herausgerissen und durch eine »toscanische« im Empirestil ersetzt worden. Dieser neuklassische Dekorationsstil war stark beeinflußt von den Ausgrabungen in Pompeji und Herculaneum. Eine dort ausgegrabene Bronze mit einer Sockelmontage aus der Empirezeit, jetzt in Würzburg entdeckt, ist kennzeichnend für diese Symbiose. Nur die Südliche Rotunde, der heutige »Toscanasaal«, in dem – wenn auch durch Brand und Durchfeuchtung schwer geschädigte – Freskenreste erhalten geblieben waren, ist in dieser Manier rekonstruiert worden.

Bei der damaligen Neueinrichtung der Bischofswohnung wurden an der Südseite der Residenz toscanische Fenster eingebaut, ebenso in der darunterliegenden Hofkirche. Offensichtlich ging das konsequente Denken damals sehr weit. Als Beispiel wird hier auf die Verbindungstüren zwischen dem Weißen Saal und dem Kaisersaal hingewiesen, die auf der dominanten Kaisersaalseite die Fensterteilung verspiegelt aufnehmen, die Seite zum Weißen Saal in der Gliederung der übrigen Türen dieses Raumes ist einfach quer durch die Füllungen aufgeschnitten. Das formale Konzept hat Vorrang vor dem funktionellen.

Balthasar Neumann hatte die Hofkirche zwar unauffällig dem Fassadenschema seines Schlosses integriert, das Innere sollte jedoch einen freistehenden, von beiden Seiten belichteten Raum »vorspiegeln«, wobei der direkte Blick auf die Lichtquellen Fenster bzw. Spiegel in barocker Kulissentechnik durch die Nebenaltäre verstellt ist. An der Stirnseite und an der Innenwand in beiden Geschossen ersetzen verspiegelte Fenster und Türen die Öffnungen nach außen. Diese paßten jetzt nicht mehr zu der neuen toscanischen Fenstergliederung, wurden herausgerissen und durch minuziös aufgemalte Spiegeltüren- und -fenster in toscanischer Aufteilung ersetzt, einschließlich aufgemalter vergoldeter Beschläge.

Nachdem nun bei der Restaurierung die Südfassade wieder ihre barocke Fenstereinteilung erhalten hatte, wurden jetzt konsequenterweise die barocken Pendants wieder hergestellt. Leider ist eine wichtige Voraussetzung für diese ursprüngliche Wirkung des Raumes, nämlich die Verspiegelung, verunklärt, weil man im letzten Moment entschied, daß die beiden ersten seitlichen Türen in der Formgebung der Toscanazeit als Geschichts-Dokumentation zu belassen seien: leider an einem für die Raumwirkung entscheidenden Punkt. Auch die Eiche natur belassene Oberfläche dieser Türen paßt nicht in das Raumkonzept, ebensowenig wie die in Eiche natur belassene Bestuhlung. Die Schnitzarbeit – hier aus der Hand von Ferdinand Hundt – ist so überhöht und kontrastreich ausgeführt, daß sie – wie auch Reste beweisen – ursprünglich gefaßt war, nämlich weiß und wahrscheinlich mit sparsamem Golddekor. Für diese weiße Fassung sprechen auch die hier im Gegensatz zum Kaisersaal weiß polierten Säulenbasen, die mit der Bestuhlung korrespondiert haben.

Hier wurde also die denkmalspflegerische Entscheidung für Konservierung des letzten Zustandes getroffen, obwohl der Gesamtraum eine andere Lösung verlangt hätte. Zur heftigen Kritik in der Fachliteratur über den angeblich falsch erneuerten Hintergrund der Kreuzigungsgruppe am Hauptaltar wird später Stellung genommen.

Weil die Hofkirche eine beliebte Trauungskirche ist, wurde auf der Empore in der Nordwestecke eine Orgel mit neuem Prospekt eingebaut, nicht sichtbar vom Kirchenschiff aus, damit die Raumwirkung nicht beeinträchtigt wird. An dieser Stelle stand bereits im 19. Jahrhundert eine Orgel.

Die Hofkirche steht also wieder in ihrer ganzen einmaligen Pracht, und ihre Wiederherstellung widerspricht wohl kaum den strengen Grundsätzen von Dehio. Spätere Korrekturen an den oben angesprochenen zeitbedingten Entscheidungen der Denkmalspflege sind ohne weiteres noch nachholbar.

Bemerkenswert ist hier noch im Bautagebuch des Landbauamtes die abschließende Notiz für 1960: »Noch verwendbare Stuckreste der Prunkzimmer wurden gesichert.« Hier erscheint also eine erste Andeutung für den Gedanken an eine Rekonstruktion.

1961 wurden 531 000 DM ausgegeben. Der Schwerpunkt der Tätigkeit lag in der Hofkirche mit Stuckmarmor-, Polierweiß- und Vergolderarbeiten. Auch die Restaurierung der Deckenfresken wurde fortgeführt. »Im Nordflügel werden Stahlbetondecken eingezogen.«

1962 (Ausgaben 360 000 DM). Die Instandsetzungsarbeiten an der Hofkirche und an den Fassaden sind im wesentlichen beendet. »Mit der Wiederherstellung der Prunkräume wurde begonnen, zunächst der Audienzsaal und das Venezianische Zimmer restauriert. Anhand von Fotos und Handskizzen von Antonio Bossi wird der reiche Deckenstuck rekonstruiert und aufgetragen. Die geretteten Wandvertäfelungen, Spiegelaufsätze usw. wurden gereinigt und aufpoliert, die beschädigten Vergoldungen ergänzt.«

»Mit der Neupflasterung von Fahrstraßen und Parkplätzen auf dem Residenzplatz wurde begonnen. Wegen starken Frostes mußten die Arbeiten wieder eingestellt werden. Die letzten noch fehlenden Stahlbetondecken wurden eingezogen.« Diese Eintragung im Bautagebuch, den Residenzplatz betreffend, wird später noch eingehend kommentiert.

1963 wurden für das Hauptgebäude der Residenz 480 000 DM ausgegeben. »Die Hofkirche der Residenz Würzburg wurde nach Abschluß der Restaurierungsarbeiten im September, nachdem vom Würzburger Bischof Dr. Josef Stangl am 15. September 1963 die Altarweihe vollzogen war, wieder geöffnet.«

»Die im Jahr 1962 begonnene Wiederherstellung der Prunkräume, Thronsaal und Venezianisches Zimmer, macht gute Fortschritte. Durch Auffindung von Farbdias und guten Fotos wurden die Rekonstruktionsarbeiten wesentlich erleichtert.« Mit der Wiederher-

257 Der Tiroler Kunstschlosser Johann Georg Oegg kam mit seiner Familie an den Hof des Fürstbischofs Friedrich Carl von Schönborn. Unter diesem und unter dessen Nachfolgern schuf er die schmiedeeisernen Kunstwerke, von denen heute noch die Prachttore zum Hofgarten und das Rennwegertor erhalten sind. Den Mittelteil des Tores am Gesandtenbau, an der Südseite der Residenz (Bild), hat bereits der Sohn des Kunstschlossers, Anton Oegg, ausgeführt (1769).

258/259 Das Greiffenklautor schließt den Hofgarten an der Nordseite zur Straße hin ab (Mittelteil 1746/51, Seitenteile 1752). Der Blick durch dieses Tor auf die sonnenbeschienene Gartenfront der Residenz kann vielleicht am besten den Eindruck vermitteln, den das prachtvolle Gitter machte, das einst den Ehrenhof zum Residenzplatz hin abschloß. Dieses größte Kunstwerk Johann Georg Oeggs wurde im Jahr 1821 abgerissen und versteigert und ist seitdem verschollen.

260 Das rechte Seitengitter des Tores am Gesandtenbau, das Johann Georg Oegg selbst gearbeitet hat (1748/49), trägt das Wappen des Fürstbischofs Anselm Franz von Ingelheim, des Nachfolgers Friedrich Carls.

257 The Tyrolian art metal-worker Johann Georg Oegg came with his family to the court of Prince Bishop Friedrich Carl von Schönborn. Under the reign of the latter and of his successors, Oegg created his wrought-iron works of art, of which remain still today the magnificent gates at the entrance to the palace grounds and the so-called "Rennweg" gate. The central part of the gate near the legation building at the south side of the palace was made by Anton Oegg, the son of the art metal-worker (1769).

258/259 The Greiffenklau gate closes the palace grounds towards the street at the north side (central part 1746/51, lateral parts 1752). The view through this gate on the sunlit garden frontage of the palace may best convey the impression left by the magnificent grill that used to separate the main courtyard from today's Residence Square. The most outstanding work of art created by Johann Georg Oegg was pulled down and sold by auction in 1821 and has been missing since then.

260 The right lateral grill of the gate near the legation building was created by Johann Georg Oegg himself (1748/49). It bears the coat of arms of Prince Bishop Anselm Franz von Ingelheim, the successor of Friedrich Carl.

257 Le ferronnier tyrolien Johann Georg Oegg vint s'installer avec sa famille à la cour du prince-évêque Friedrich Carl von Schönborn. C'est sous le règne de celui-ci et de ses successeurs qu'il créa ses œuvres d'art en fer forgé dont subsistent encore aujourd'hui les portes de parade qui donnent sur le parc et la porte dite «du Rennweg». La partie centrale de la porte entre l'hôtel de la légation et le pavillon sud de la Résidence (planche) fut exécutée par Anton Oegg, le fils du ferronnier (1769).

258/259 La porte Greiffenklau donne sur une rue qui longe le parc du côté nord (partie centrale de 1746/51, parties latérales de 1752). La vue à travers cette porte sur la face ensoleillée du côté du jardin évoque le mieux le souvenir du somptueux grillage qui, à l'époque, servait de clôture entre la cour d'honneur et l'actuelle Place de la Résidence. Cette œuvre d'art, la plus raffinée que Johann Georg Oegg ait jamais exécutée, fut démolie et vendue aux enchères en 1821. Elle reste disparue dès lors.

260 La grille latérale droite de la porte près de l'hôtel de la légation fut créée par Johann Georg Oegg lui-même (1748/49). Elle porte les armoiries du prince-évêque Anselm Franz von Ingelheim, successeur de Friedrich Carl.

261 Ein Ausschnitt vom Mittelteil des Greiffenklautors zeigt unter dem fränkischen Herzogshut das Wappen des Fürstbischofs Carl Philipp von Greiffenklau, der nach dem Intermezzo Ingelheims den Bau der Residenz zügig vorantrieb. Unter dem Wappen seines Auftraggebers hat sich der Kunstschlosser Johann Georg Oegg selbst dargestellt.

262/263 Die Dachlandschaft der Würzburger Residenz gibt in ihrer Vielfalt die Strukturen des gesamten Baus wieder. Dies zeigt ein Blick über den Nordteil des Schlosses: Über den Flügeln wurden Satteldächer, über den Pavillons Kuppel-, Walm- oder Zeltdächer errichtet. Links erkennt man das Kuppeldach über der nördlichen Ovalrotunde, über dem nördlichen Eckpavillon der Gartenfront das Mansardendach, dessen unterer Teil steiler geneigt ist als der obere. Nur dieses Mansardendach findet beim Saalbau des Corps de Logis, rechts im Hintergrund, Anwendung.

264 Von einem Dachfenster des Saalbaus geht der Blick über den von Martin Christian Tümbler geschaffenen Dachknauf (1739/43) in Richtung des Würzburger Domes.

261 A detail of the central part of the Greiffenklau gate shows, under the Franconian ducal coronet, the coat of arms of Prince Bishop Carl Philipp von Greiffenklau who, after the Ingelheim interlude, considerably accelerated the progress of the building. Under the arms of the orderer, the art metal-worker Johann Georg Oegg has placed his self-portrait.

262/263 The variform roofing of Würzburg Residence conveys the structure of the whole building. This is shown by a view of the north part of the palace: saddle roofs have been erected topping the wings, domed, hipped or tented roofs above the pavilions. On the left, the plate shows the domed roof above the north oval rotunda and, above the north corner pavilion of the garden frontage, the mansard roof, the lower sides of which have got a steeper gradient than the higher ones. The mansard roof is the only type used for the hall structure of the central building.

264 This view from a skylight of the hall structure roof shows a sort of acroter created by Martin Christian Tümbler (1739/43) and, in the background, Würzburg Cathedral.

261 Un détail le la partie centrale de la porte Greiffenklau montre, au-dessous de la couronne ducale franconienne, les armoiries du prince-évêque Karl Philipp von Greiffenklau qui, après l'intermède d'Ingelheim, fit bien avancer la construction de la Résidence. Au-dessous des armoiries du maître des lieux, on aperçoit le portrait du ferronnier Johann Georg Oegg.

262/263 La toiture de la Résidence répète par la variété de sa composition les structures de l'ensemble de l'édifice comme le montre une vue sur la partie nord du château: au-dessus des ailes, on construisit des toits en batière, au-dessus des pavillons des toits en croupe, en pavillon ou en coupole. A gauche, on distingue le toit en coupole de la rotonde ovale nord, et, au-dessus du pavillon nord de la face du côté du parc, le toit en mansarde, dont les pans inférieurs sont en pente plus forte que les pans supérieurs.

264 Du haut d'une lucarne du toit du corps de logis, le regard tombe sur la cathédrale de Würzburg après avoir frôlé une sorte d'acrotère créé par Martin Christian Tümbler en 1739/43.

Fig. 81   S. Roland: Ansicht der Residenz für einen Gesellenbrief. Nürnberg 1778

stellung weiterer Prunkräume, nämlich des Zweiten Alexanderzimmers und des Roten Kabinetts, wurde begonnen.

»Die teilweise Neupflasterung mit alten Steinen des Residenzplatzes wurde abgeschlossen.« Hinter diesem harmlosen Satz verbirgt sich zunächst eine dramatische Aktion zur Beschaffung von Baumitteln und später eine heftige Auseinandersetzung in der Öffentlichkeit wegen der Nutzung dieses Platzes als Parkplatz. Damals war der Platz noch nicht der »öffentlichen Nutzung gewidmet«. Eine Zeitlang war er mit städtischen Parkschildern versehen und gleichzeitig mit Parkverbotsschildern der Schlösserverwaltung als Vertreter des Grundbesitzers, des Freistaates Bayern. Verantwortlich für die Sicherheit war der Vorstand des Landbauamtes als der »verantwortliche Beamte des höheren Dienstes«, obwohl keine Mittel für die Instandsetzung der öffentlich genutzten, ruinösen, knochenbrecherischen Verkehrsfläche zu beschaffen waren. Nur durch die Drohung, eine zwei Meter hohe, dichte und unübersteigbare Absperrung um den ganzen Platz zu errichten, wurden nach jahrelangen vergeblichen Bemühungen 1962 die erforderlichen 150000 DM kurzfristig bereitgestellt. Dann wurde der Platz zur öffentlichen Nutzung »umgewidmet«.

Im Einvernehmen mit der Stadt war zunächst von der Bayerischen Verwaltung der Staatlichen Schlösser, Gärten und Seen geplant, den Platz entlang der Fahrstraße durch ein ein Meter hohes Vierkantrohr-Geländer abzuschließen und nur in der Mitte zu öffnen, damit der Parkverkehr besser überwacht werden und sich geregelt in den fließenden Verkehr wieder einfädeln könne. Diese Lösung scheiterte am öffentlichen Widerstand. Ein Stadtrat rühmte sich in der Öffentlichkeit, daß er in der Nacht persönlich das aufgestellte Musterstück umgetreten habe. Es ist schade, daß heute diese weite, leicht gewölbte Fläche, aus der die Residenz herauswächst, gerade an Tagen mit großem Fremdenverkehr mit Omnibussen und Autos völlig zugedeckt ist. Auch eine zwei Jahre später geplante Umleitung des gesamten Verkehrs vom Rennwegerring in eine versenkt, entlang der Nordseite des Rosenbachhof-Gartens geplante Umgehungsstraße, die den ganzen Residenzplatz, abgesehen von den Autostellplätzen, zu einem symmetrischen Fußgängerplatz gemacht hätte, wurde nicht ausgeführt. Abgewehrt werden konnte von der Schlösserverwaltung eine geplante Tiefgarage unter dem gesamten Platz und die dabei vorgesehene Untertunnelung des Rennweger Tores. Da dieser Gedanke schon länger diskutiert worden war, wurde der Verbindungsgang zwischen Residenz und Rosenbachhof schon 1961 vorsorglich 8,4 Meter unter den Rennweg gelegt und dabei auch der Entwässerungskanal aus der Erbauungszeit unterfahren. Die heutige Situation des Residenzplatzes ist kein auf die Dauer tragbarer Kompromiß und dieses einmaligen Bauwerkes unwürdig.

Sicherung des Vestibüls und des Treppenhauses 1932 und 1963–67

Ein weiterer Haushaltsbetrag in Höhe von 150000 DM mußte bereitgestellt werden (Eintragung im Tagebuch): »Wegen Gefahr drohenden Zustandes im Vestibül der Residenz wurde mit umfangreichen Sicherungsarbeiten begonnen. Die Arbeiten stehen unter Leitung und Aufsicht von Dr. Ing. B. Das Vestibülgewölbe sowie die Treppenläufe des Haupttreppenhauses wurden zimmermannsmäßig abgebolzt.« Was war der Anlaß zu dieser Maßnahme? Seit 1951 wurde in der Residenz im Kaiserssal und anschließenden Weißen Saal wieder das Mozartfest gefeiert, nach den gesetzlichen Bestimmungen als Massenveranstaltung einzustufen, bei der eine bewegte Belastung der Bodenfläche von 500 kg/m^2 anzunehmen ist, also gerade hier in diesem Bereich, dessen Konstruktion bereits zur Bauzeit zu dem vorher geschilderten Fachgespräch zwischen Balthasar Neumann und Lucas von Hildebrandt geführt hatte. Mit dieser Konstruktion gab es immer wieder Probleme, und in der Folgezeit wurde viel daran herumgebastelt, weil die Säulen unter der Trennmauer zwischen Treppenhaus und Weißem Saal starke Schäden aufwiesen.

Das Landbauamt Würzburg berichtete bereits am 7. Mai 1932, daß an einer Tragsäule im Vestibül unterhalb des Kapitels ein Stück herausgebrochen und daß der Schaft auf etwa 80 Zentimeter Höhe geborsten sei. Später zersprang noch das Kapitel. Bereits am 11. Mai früh um 2 Uhr war die Auswechselung von drei Säulentrommeln von zusammen 1,08 Meter Höhe und des Kapitels beendet.

Als Ursache wurde damals errechnet, daß die Säulenschäfte zehnfach überlastet sind. Bei einer Auflast von 144 Tonnen ergab die Berechnung auf den Quadratzentimeter 80 Kilogramm anstatt der zulässigen acht Kilogramm. »Es wird als wahres Wunder bezeichnet, daß sie 150 Jahre lang gehalten haben. Theoretisch hätten die Säulen bereits damals nach Ausschalen der Gewölbe und Bögen bersten müssen. Desgleichen die anderen, nordöstlich stehenden.« Die Untersuchung ergab aber auch, daß die Resultante aus Gewölbeschub und senkrechter Belastung einschließlich Nutzlast durch die Mitte des Tragbalkens über den Säulen geht, die Säulen also keine Schubkräfte aufnehmen müssen, weil die Auflast durch die Wand zwischen Treppenhaus und Weißem Saal exzentrisch aufgesetzt ist. Die neu eingebauten lagerhaften Trommeln hielten den Druck wenigstens mit vierfacher Sicherheit aus, während nach den damaligen Vorschriften eine zehn- bis elffache Sicherheit notwendig gewesen wäre.

Die Beobachtungen während einer Universitätsfeier einige Tage danach zeigten keine weiteren Deformationen. Am 6. Juni 1932 wurde daher wieder die Genehmigung zur Abhaltung des Mozartfestes erteilt. »Der in Aussicht gestellten Vorlage eines Projektes zur Verbesserung der Standfestigkeit der Treppenhausmauer wird von der damaligen Krongutsverwaltung entgegengesehen.« Das Projekt ist nicht auffindbar und wurde wohl nie erstellt.

Ende der fünfziger Jahre zeigte sich folgender Befund: Von den ursprünglich monolithischen Säulen waren zwei Paar Doppelsäulen aus lagerhaften Steintrommeln zusammengesetzt. Dort begannen die einzelnen Lagerfugen auszubrechen. Der dem Weißen Saal vorgelagerte Treppenpodest wölbte sich vor. Der Kämpferstein des Bogens rutschte nach unten. Kriegseinwirkungen, der Ersatz des Holzdachstuhls durch ei-

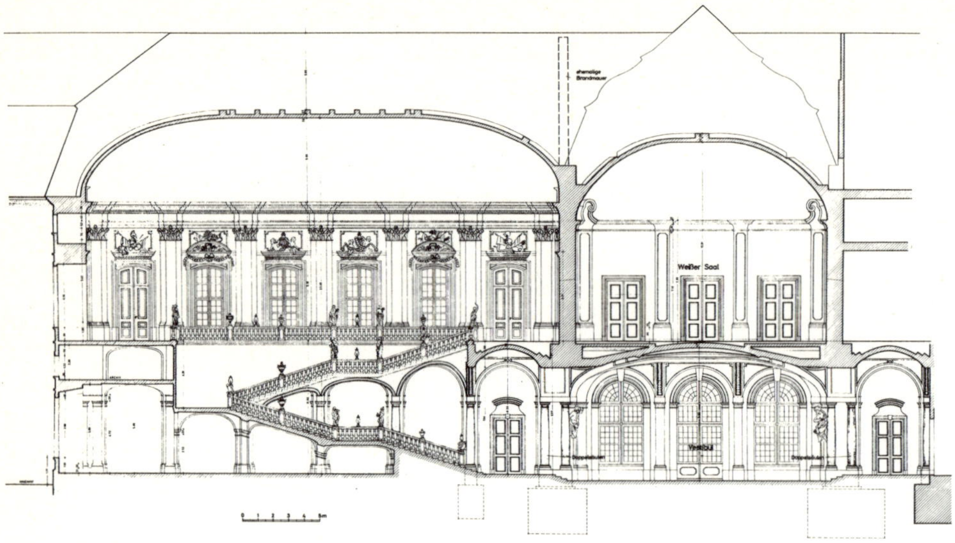

Fig. 82 Längsschnitt durch Treppenhaus, Weißen Saal u. Vestibül

nen stählernen und die Abtragung einer Feuertrennwand über dem kritischen Säulenpaar hatten die statische Situation verändert. Doch das Bauwerk wurde auch damit zunächst einigermaßen fertig. Durch Umlastung im Mauerwerk und in den Gewölben, also Baugliedern, die sich aus vielen aneinandergereihten Einzelteilen zusammensetzen, entstand ein neues labiles Gleichgewicht. An der Südseite des Treppenhauses, der Nordwand des Weißen Saales, war der Mittelteil der Wand bogenförmig abgerissen, beginnend an den schwächsten Punkten, den Supraporten über den Eingangstüren. Dementsprechend entstand ein gleich großer, horizontaler, bogenförmiger Gewölbeabriß in der Decke über dem Vestibül. Nur diese abgerissenen Partien mußten das Gleichgewicht halten, die übrigen Kräfte gingen diagonal in die Ecken der Räume. Beim späteren Ausbau zeigte es sich, daß die Säulen keinerlei Schübe aufnehmen konnten, sie waren leicht mit der Hand zu bewegen.

Nach Erkenntnis dieser kritischen statischen Situation erhob das verantwortliche Amt, nämlich das Landbauamt Würzburg, Bedenken gegen die Weiterführung des Mozartfestes 1960. Ein statischer Gutachter im Auftrag der Stadt Würzburg (Christner) entlastete das Amt in diesem Jahr noch von seiner Verantwortung, das Mozartfest wurde also durchgeführt. 1961 wagte aber auch der städtische Gutachter nicht mehr, die Verantwortung zu tragen, das Mozartfest fiel aus. Das war das notwendige Druckmittel, um endlich dieses statische Problem aufzugreifen. Es ist kaum auszudenken, was damals auf dem Spiel stand. Neben der Gefahr für Hunderte von Konzertbesuchern war das Kernstück der Residenz gefährdet, nämlich das gesamte Gewölbe des Weißen Saales, die Trennwand dieses Saales zum Treppenhaus, etwa ein Viertel des Gewölbes über dem Treppenhaus mit dem Deckenfresko Tiepolos, der obere Teil der Haupttreppe und das gesamte Gewölbe über dem Vestibül. Zunächst wurde mit 146 m^3 Rund- und Schnittholz das Vestibülgewölbe und die Haupttreppe zimmermannsmäßig abgebolzt. 1964 wurden 550 000 DM ausgegeben.

Das Landbauamt hatte von Anfang an erhebliche Bedenken gegen das Prinzip der angelaufenen Sicherungsarbeiten erhoben. Der Vorstand des Amtes wurde daraufhin seiner Verantwortung für die Maßnahme enthoben, der örtliche Bauleiter sollte ebenfalls abgelöst werden. Dem beauftragten Ingenieur wurde kommissarisch die Verantwortung übertragen. Die katastrophalen Folgen der falschen Abbolzung – durch die Verringerung der Auflast waren die Horizontalschübe noch wirksamer geworden – wurden im Lauf des Jahres immer deutlicher. Der Treppenlauf ging nach oben, die seitlichen Gewölbe über dem Erdgeschoß des Treppenhauses bekamen Risse, der Bodenbelag im Obergeschoß des Treppenhauses ging nach oben, die Fernwirkung reichte bis zur Nordwand des Treppenhauses. Nach heftigen Kontroversen wurde auf Betreiben des Landbauamtes im Jahr 1964 Prof. Dr. Ing. Schorn, Darmstadt, hinzugezogen, der die Ansicht des Landbauamtes voll bestätigte. Sein Urteil lautete: »hochexplosive Einsturzgefahr«. Jetzt wurde Prof. Dr. Schorn mit der Oberleitung in Zusammenarbeit mit dem Würzburger Statiker von Andrian-Werburg beauftragt. Als erstes wurde die gesamte Holzkonstruktion der Abbolzung herausgenommen und ein neues Sicherungskonzept entwickelt: Anstelle der von Dr.-Ing. B. vorge-

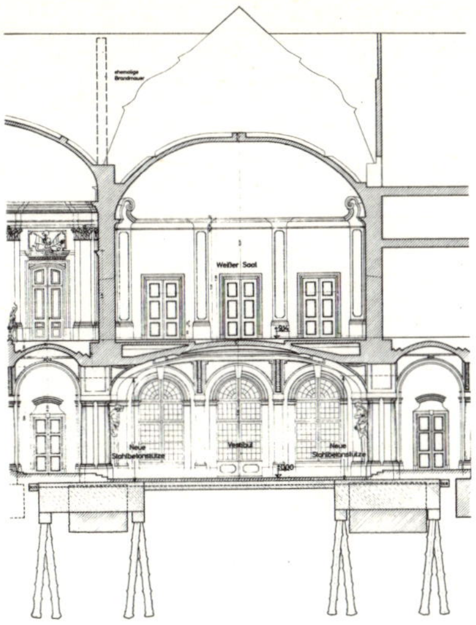

Fig. 83 Querschnitt durch Mittelbau mit Pfahlgründung

schlagenen sichtbaren schweren Doppelzuganker in Kämpferhöhe des Vestibüls wurde das ganze Zugsystem unter den Boden des Vestibüls verlegt.

Die waghalsige, geniale, wohl empirisch erdachte konstruktive Lösung Balthasar Neumanns war nach den oben aufgeführten Veränderungen in der statischen Situation, durch Umlastungsreaktionen des Baues und Alterung nicht mehr wiederherstellbar. Das tatsächliche Konstruktionsprinzip Neumanns war, soweit es beim Bau bloßgelegt werden konnte, nur erahnbar. Über der ganzen flachgewölbten Decke des Vestibüls, einer nur 26 Zentimeter starken Schale aus Bimsstein, mit Heißkalkmörtel vermauert, hatte er Zuganker 50 auf 50 Millimeter stark angeordnet, die er über einen aus fast mannshohen Sandsteinen im oberen Podest quer über die ganze Raumbreite eingebauten scheitrechten Bogen in die Podeste und in die Treppenläufe hineinzog. Nach den heute geltenden Lastenannahmen wurde für die beiden strittigen Säulenpaare im Erdgeschoß eine Auflast von 385 Tonnen und ein Horizontalschub von 80 Tonnen errechnet. Sandsteinsäulen dieses Ausmaßes nehmen aber etwa nur die Hälfte dieser Auflast und keine Horizontalschübe auf.

Das neue Konstruktionsprinzip, das von der Firma Wolfsholz in Frankfurt und Stuttgart ausgeführt wurde, wird nachfolgend kurz beschrieben: Da bis auf 30 Meter Tiefe kein fester Baugrund feststellbar war (die Säulen stehen am Rand einer Erdspalte im mittleren Muschelkalk), wurden Säulenfundamente auf insgesamt 64 Stahlbetonpfählen, sogenannten »Reibungspfählen«, statt »Aufstandspfählen« eingebaut. Der Preßbeton wurde bei gleichzeitigem Hochziehen der Schalung eingebracht, damit der Beton in die seitlichen Kavernen des klüftigen Baugrundes eindringen konnte. Fast die doppelte Menge Beton, wie der Querschnitt der Pfähle fassen konnte, ging also in Hohlräume und verklammerte die Pfähle mit dem Baugrund. Die vier Säulenpaare wurden durch Stahlbetonpfeiler ersetzt, die ursprünglichen Säulen erscheinen an diesen Pfeilern nur noch als Halbsäulen. Diese Pfeiler sind fest und starr mit dem neuen Fundament verankert; Zuganker mit dazwischenliegenden Druckbalken im Boden – um Überspannung zu vermeiden – verbinden die Säulenfüße miteinander und nehmen die horizontalen Kräfte statisch nachweisbar auf.

Mit einem ungewöhnlich hohen Aufwand an stählernen Hilfskonstruktionen mußten während dieser Auswechslung die betroffenen Bauteile abgestützt werden. Feinmessungen überwachten den Vorgang, und höchste Perfektion der Ausführung brachte das Werk ohne Zwischenfall zu Ende. Damit war das einzige, wirklich schwierige statische Problem beim Wiederaufbau der Residenz gelöst. Die Gesamtkosten dieser Sicherung betrugen 1 430 000 DM.

Arbeiten in den Prunkräumen; Problemstellung »Rekonstruktion« Wandel der Auffassung in der Denkmalspflege

Gleichzeitig wurden 1964 (Ausgaben 550000 DM) die Wiederherstellungsarbeiten in den Prunkräumen fortgesetzt, also von jetzt an weitgehende »Rekonstruktion«, nachdem in den Jahren zuvor im wesentlichen Substanz erhalten und gesichert wurde und ganze Raumgruppen für neue Nutzungen hergerichtet wurden: der gesamte Nordflügel, ohne Hauptgeschoß, für das Bayerische Staatsarchiv, der Südflügel, die ursprünglich barocke, dann toscanisch umgeänderte Bischofswohnung, für Institute der Universität Würzburg. Das Staatsweingut hatte sich im Erdgeschoß um den Ehrenhof etabliert, die Außenstelle des Landesamtes für Denkmalspflege neben der Hofkirche. Auch andere, teilweise wieder aufgegebene Interimsunterkünfte verschiedener Art wurden hergerichtet.

Über die Wiederentstehung der »Studiensammlung« des Kunsthistorischen und Archäologischen Instituts der Universität, des Martin-von-Wagner-Museums, wird gesondert berichtet.

Der Bereich der heute wiederhergestellten Prunkräume wurde dabei zunächst ausgespart, und es war manchmal wegen des dringenden Raumbedarfs der Universität schwer, diese freizuhalten, da ein endgültiges Konzept über den Umfang der zu rekonstruierenden Räume noch fehlte. Als z. B. die Universität für den Bereich der »Ingelheimzimmer« Bedarf anmeldete, konnte sie nur durch eiligst aufgestellte Gerüste, die eine noch gar nicht vorgesehene Rekonstruktion vortäuschten, von ihrer Absicht, diese Räume zu nutzen, abgebracht werden.

Zu diesen Rekonstruktionsarbeiten in den Prunkräumen lautet die Eintragung im Bautagebuch: »Der Deckenstuck im ehemaligen Thronsaal, die Deckenmalerei im Venezianischen Zimmer, die Stuckmarmor-Ofenekken sowie die Restaurierung der kostbaren Holzvertäfelung wurden fertiggestellt. Die Stuckarbeiten im Zweiten und Dritten Alexanderzimmer sowie im Roten Kabinett wurden weitergeführt.« Außerdem wurden im Zuge von Feuerschutzmaßnahmen die Feuerstätten im Nordflügel beseitigt, ebenso die Zentralheizungsanlage des Staatsarchivs und die der Schloß- und Gartenverwaltung.

Eine weitere Maßnahme zum vorbeugenden Brandschutz: Die gesamte Residenz wurde an das Fernheizwerk der Stadt Würzburg angeschlossen. Für die übrigen Arbeiten im Hauptgebäude wurden 1965 530000 DM ausgegeben. Die Arbeiten an den Prunkräumen gingen weiter. Die Vergoldung des Deckenstuckes im ehemaligen Thronsaal (jetzt Audienzzimmer) wurde fast fertiggestellt. Die Stuckarbeiten im Zweiten und Dritten Alexanderzimmer sowie im Roten Kabinett wurden weitergeführt, im Ersten Alexanderzimmer mit der Stuckierung der Decke begonnen. Für diesen Raum wurde in der eigenen Werkstätte die Wandvertäfelung rekonstruiert. Anstelle der zerstörten Deckenbilder wurden für den Thronsaal (heute Audienzzimmer) und das Erste Alexanderzimmer Ölbilder auf Leinwand von Belucci aus Schloß Bensheim in der Pfalz als Leihgaben der Bayerischen Staatsgemäldesammlung aufgehängt, nachdem sie »auf das erforderliche Maß vergrößert worden waren«. Inzwischen ist also die Wiederherstellung der Prunkräume beiderseits des Kaisersaales im vollen Gange. Es ist hier notwendig, diese Rekonstruktionsarbeiten etwas eingehender zu kommentieren.

Beim Wiederaufbau des Würzburger Domes hatte

Fig. 84 Paradezimmer nach der Zerstörung 1945

das Domkapitel seinen Entschluß von 1957, den erhalten gebliebenen Stuck im Chor und im Querhaus zu entfernen, später revidiert. Die Rekonstruktion des verlorengegangenen Stuckes im Langhaus lehnte der Landesbaukunstausschuß 1961 ab, weil Erhaltenes konserviert, Verlorenes aber nicht rekonstruiert werden sollte. Diese Lösung wurde nach der Einweihung des Domes 1967 in der Fachpresse als »Purifizierung« heftig angegriffen.

Die Situation und damit die Aufgabenstellung in der Residenz waren grundlegend anders als im Dom. Hier waren fast alle Möblierungen erhalten geblieben. Fast alle ausbaubaren Teile waren ausgelagert und – wenn auch beschädigt – gerettet worden; an den Wänden und Deckenansätzen waren wichtige Stuckreste erhalten. Diese rudimentären Raumreste waren überspannt mit den neuen Stahlbetonrippendecken. Eine museale Aneinanderreihung dieser Rudimente wäre ein zweifelhaftes Experiment gewesen. Zudem war das Mittelstück der 168 Meter langen Enfilade des Kaisersaales fast unbeschädigt erhalten geblieben. Rekonstruktion wurde so allmählich zur selbstverständlichen, einzig denkbaren Lösung. Zu der Problematik und den Grenzen einer solchen Rekonstruktion muß jedoch noch einiges gesagt werden.

Kann man wirklich ein künstlerisches Werk einer vergangenen Epoche wiederholen? Hier erscheint es angebracht, die resignierende Behauptung Kants anzuwenden, daß es »grundsätzlich unmöglich sei, überhaupt irgendeine Feststellung über die außersubjektive Wirklichkeit treffen zu können«. Jede Epoche und jedes Individuum erkennt nur eine bestimmte Seite eines Werkes einer anderen Epoche oder von einem anderen Individuum. Eine spontane Handschrift ist nicht wiederholbar. In seiner Festrede anläßlich der Eröffnung der Südlichen Prunkräume 1970 sprach in einer Art von Gewissenserforschung der Präsident der Schlösserverwaltung von Gumppenberg über die Grenzen des Machbaren bei der Wiederherstellung dieses Baudenkmals. Der Generalkonservator Dr. Heinrich Kreisel zitierte in seiner Kritik über den bisherigen Aufbau, zur Problematik von Rekonstruktionen aus diesem Anlaß Wölfflin, daß beim Barocken »Blut flösse«, wenn man einen Bestandteil des Ganzen eliminieren wolle. Hier ist viel Blut geflossen, und die Frage bleibt offen, ob nur Blut gestillt werden darf oder ob auch Prothesen erlaubt sind. Kreisel bejaht zwar die Berechtigung zur Wiederherstellung, seine kritischen Anmerkungen zur Ausführung müssen aber richtiggestellt werden:

Der Pfeilerspiegel des Ersten Alexanderzimmers, der, ausgeführt von dem Bamberger Hofbildhauer Franz Anton Schlott, noch aus der ersten Bischofswohnung von 1736 stammen soll, blieb leider nicht erhalten, er ist neu. Die Bemalung der Decke im Venezianischen Zimmer wurde mit Rücksicht auf die verblaßten Gobelins farblich zurückhaltender rekonstruiert, aber sie steht nicht »secco«, sondern in Deckfarben auf blendend weißem Stucco-lustro-Grund. Auch hier irrt Kreisel, es waren auch Farbdias vorhanden.

Der Empfehlung, bei eventuellen künftigen Restaurierungen den »nachtblauen« Hintergrund hinter der Kreuzigungsgruppe des Hochaltars in der Hofkirche wiederherzustellen, muß entgegengesetzt werden, daß der helle Hintergrund original ist, nur in der Predella wurde das Blau erneuert, allerdings unbeabsichtigt etwas dunkler. Insgesamt ist Kreisel aber »glücklich über

Fig. 85 Paradezimmer nach der Zerstörung 1945

die Wiederherstellung dieses bedeutendsten Wohnappartements der Würzburger Residenz« und der Hofkirche.

In Würzburg war die Ausgangsposition für diese Aufgabe allerdings besonders günstig. Bei den vorangegangenen Stuckergänzungen im Dom und in der Hofkirche waren die Handwerker bereits gründlich geschult worden. Dabei hat sich der Bildhauer Ingram Sprengler aus Ambach am Starnberger See besonders verdient gemacht, der auch nach den vorhandenen Fotos die entsprechend entzerrten, planen Zeichnungen fertigte. Da die Bauleitung nur in großen Abständen personell umbesetzt werden mußte, war die Kontinuität gewahrt, und spezielle Erfahrungen blieben lange Zeit nutzbar. Der heutige Bauleiter (1983), der jetzige Technische Oberamtsrat Heinz Richter, ist seit 1958 ohne Unterbrechung örtlicher Bauleiter und hat sich so wegen seiner besonderen Fachkenntnis, Erfahrung und Zuverlässigkeit zur Schlüsselfigur des Wiederaufbaus entwickelt. Wiederholte Abwerbungsversuche zu höheren Dienstposten konnten von dem Präsidenten der Schlösserverwaltung und den Landbauamtsvorständen jeweils abgewendet werden. Auch die Leitung der Bauabteilung der Schlösserverwaltung und die des Landbauamtes (siehe Liste der Beteiligten am Ende des Berichts) wechselte selten.

Die drei am Bau tätigen unterfränkischen Stukkateurfirmen Fuchs, Menna und Schubert konnten ausgezeichnete, begeisterungsfähige Mitarbeiter stellen. Schon bei der Wiederherstellung der Hofkirche war die Arbeit zur Einstimmung meist mit barocker Musik begleitet. Bei der etwas ungewöhnlichen Handschrift des Deckenstuckes im Roten Kabinett z. B. war bereits ein Drittel fertig, als die Stukkateure baten, nochmals alles abreißen zu dürfen, weil sie selbst nicht damit zufrieden waren. Jeder identifizierte sich mit seiner Arbeit. Die freien Formen des Antragsstuckes sind so wenigstens aus einem ähnlichen Geist entstanden wie zur Zeit des Barock und damit auch von hoher Qualität. Einfacher war die Rekonstruktion der sich wiederholenden Formstücke im nördlichen Teil der »Räume für die Kaiserin«, da hier außer auf die erhaltenen Rudimente auch auf die ursprünglichen Gußformen aus Eichenholz bzw. Gips zurückgegriffen werden konnte, die in den Kasematten wiederentdeckt wurden. Allerdings waren diese Formen aus starrem Material ohne Hinterschneidungen gefertigt. Mit elastischen Kunststofformen einschließlich Hinterschneidungen war der Dekor hier original wiederherstellbar.

Die oben bereits angeführte Ersatzlösung für die verlorengegangenen Bilder könnte in späterer Zeit noch einmal überdacht werden. Durch die oft notwendigen beträchtlichen Anstückelungen nach allen Seiten – gedehnt wie im berüchtigten »Procrustes-Bett« – haben diese wertvollen Bilder arg gelitten. Ihre Thematik und ihre Bildaufteilung haben keinen Bezug zum Stuckdekor der Decke und zum übrigen Raum. So ist es peinlich, wenn in der Ahnengalerie der Lüster ausgerechnet in der verlängerten Rückenpartie einer Dame aufgehängt werden mußte. Die Thematik der ursprünglichen Bilder war, nach dem umfangreichen zugrunde gelegten Konzept zu schließen, gründlich ausgewählt, wenn sie auch nur verschlüsselt christliche Motive enthielt.

Außer in der Hofkirche ist in diesem Schloß des Fürstbischofs, der doch primär Bischof war, das Kreuzeszeichen einmal zu sehen über der Supraporte des

Kaisersaales, in der ein Kaiser mit diesem Zeichen einen Zugang zur Kirche verteidigt, während in der Supraporte gegenüber – wohl aus Paritätsgründen – ein Bischof einem Kaiser mit dem Krummstab den Zutritt verweigert. Ein weiteres Kreuz ist im Deckenfresko des Treppenhauses erkennbar als Zeichen des Berges Golgatha. An der südlichen Stirnwand des Kaisersaales ist zu sehen, daß der am Kreuz hängende, gemarterte Leichnam doch nicht recht in die festliche Atmosphäre des Raumes und des Bildgegenstandes gepaßt hatte, während der nackte Putto, der den das Kreuz diskret abdeckenden Vorhang lüpft, hoffähiger zu sein scheint.

Der abgelehnte Vorschlag einer Rekonstruktion der ursprünglichen Deckenbilder könnte nochmals überprüft werden, nämlich: Einstimmung der Flächen in die verschiedenen Farben der verlorengegangenen Ölbilder, darüber in Konturen die Nachzeichnungen der ursprünglichen Kompositionen, deren Schema – wie überprüft wurde – in einem engen Bezug zum umgebenden Stuckdekor der Decke stand. Damit wären fragwürdige Kopien vermieden, die Gesamtwirkung des Raumes und die ursprüngliche Thematik der Bilderfolge soweit wie möglich und vertretbar wiederhergestellt.

Nur im Venezianischen Zimmer war eine ganze Dekkenbemalung größeren Umfangs zu rekonstruieren. Sie korrespondiert hier mit den auf grundierter Pappe in die gerettete Holzvertäfelung eingelassenen und von vergoldetem Zinkgußdekor aus der Werkstatt des Ferdinand Hundt gerahmten Bildern und mit den Gobelins. Von dieser Decke waren (s. o.) sehr gute Farbdias aller Teile vorhanden. Weil die Gobelins aus der Würzburger Werkstatt Pierot bei der Restaurierung in München etwas geschrumpft und verblaßt waren, wurde auch die Bemalung auf geglättetem Gipsgrund farbig etwas zurückgehalten (Kunstmaler Karl Körner, Schleißheim, der auch die Decken in der Hofkirche restauriert hat). Die verlorengegangenen Öfen der südlichen Kaiserzimmer aus der Werkstatt des aus Wien stammenden Häfners Eder wurden durch ähnliche, wenn auch etwas kleinere, die im Wiener Kunsthandel erstanden wurden, ersetzt. Die übrigen Öfen der Nördlichen Paradezimmer wurden aus Resten, die aus dem Schutt geborgen wurden, zusammengesetzt bzw. ergänzt. Als Beweis für die Unwiederholbarkeit eines Kunstwerkes sei hier eine Episode angeführt. Zwei im Münchner Kunsthandel ersteigerte barocke Öfen erwiesen sich als Kopien des späten 19. Jahrhunderts. Auch diese konnten durch in Wien im Kunsthandel erworbene Originale ersetzt werden.

Schwierig zu lösen waren die beiden Endpunkte der Enfilade. Im Süden fehlte zunächst das verlorengegangene Spiegelkabinett und anschließend die Galerie mit den Portraits der Fürstbischöfe, die bereits in der Toscanazeit in Wohnräume aufgeteilt worden war. Im Spiegelkabinett, wegen der darüberliegenden Universitätsräume anstelle eines Gewölbes mit einer Stahlbetonplatte überspannt, wurde jetzt der Thronsaal, eine Königlich Bayerische Ausstattung aus dem frühen 19. Jahrhundert, die schon mehrmals gewandert war, eingerichtet; anschließend, als Ersatz für die schon in der Toscanazeit verlorengegangene Ahnengalerie, eine mit der einfach rekonstruierbaren Vertäfelung des Ersten Alexanderzimmers verkleidete neukonzipierte Galerie mit den fürstbischöflichen Portraits. Der zweite neuralgische Punkt war der Abschluß der Nördlichen Paradezimmer, das Grünlackierte Zimmer.

Weiterführung der Sanierungsarbeiten im Treppenhaus Wiederherstellung der Nördlichen Prunkräume Farbgebung in Vestibül und Treppenhaus (1966)

Im Jahre 1966 wurden 575000 DM ausgegeben. Der Deckenstuck im Audienzzimmer der Nördlichen Kaiserzimmer ist jetzt fertig und vergoldet, ebenso die Stuckmarmor-Ofenecken. Auch im Ersten Alexanderzimmer ist die Decke farbig gefaßt. Die Decken im Zweiten und Dritten Alexanderzimmer sind ebenfalls fertig, einschließlich der Deckenbilder. Im Roten Kabinett sind die Stuck- und Vergolderarbeiten beendet. Im Gesellschafts- und im Napoleonzimmer wird mit Stuckarbeiten begonnen, im Grünlackierten Zimmer wird der Bestand gesichert.

Die beiderseits des Kaisersaales anschließenden ersten beiden Räume der Enfilade sind als Symbolisierung edelster kaiserlicher Provenienz mit Gobelins aus der Geschichte Kaiser Alexanders ausgestattet. Sie sind vor 1700 in Holland gewebt, stammen noch aus der Ausstattung der fürstbischöflichen Wohnung in der Festung Marienberg und sind für die neue Situation paßgerecht eingenäht. Durch die jahrhundertelange Aufhängung waren sie allein wegen ihres Eigengewichts sehr schadhaft geworden. Vom Landbauamt wurde mit dem damals neu entwickelten Klettband eine Aufhängungsmethode erdacht, die eine streifenweise über die gesamte Fläche verteilte Anbringung ermöglichte. Im Katastrophenfall können diese wertvollen Tapisserien zudem rasch von der hinterlüfteten Unterkonstruktion abgezogen werden. Diese Methode wurde inzwischen auch von anderen Museen übernommen.

Nach Abschluß der Sicherungsarbeiten im Vestibül mußten umfangreiche Stuckpartien infolge der falschen Abbolzung ergänzt werden. Schwierig war die Entscheidung über die Farbgebung von Vestibül und Haupttreppe. Die ursprüngliche Planung Neumanns, eine offene Bogenarchitektur mit einer reichen Balustrade (verschiedene Entwürfe von Ferdinand Dietz und v. d. Auvera, von Cuvilliés bzw. mit einer Gitterbrüstung von Oegg, sind überliefert), war nach dem Tod Neumanns dem neuen Stilgefühl zum Opfer gefallen. Die kraftvoll aus den Bossen herausgeschlagenen Atlanten des Wolfgang von der Auvera (1749) im Vestibül zeigen, daß auch hier ein anderes Dekor geplant war als der flache klassizistische Formenstuck Ludovico Bossis von 1765/66 und die Grisaille-Malerei im Deckenspiegel. Diese urspünglich durchbrochene Bogenarchitektur des Haupttreppenhauses wird in dem heute geschlossenen Treppenschacht nach einiger Zeit immer wieder durch den Putz sichtbar. Ein einheitliches Gelb, das offensichtlich nach jeder Erneuerung von dem jeweils vorgefundenen, nachgedunkelten Zustand ausgehend immer intensiver und brandiger geworden war und sich fast peinlich von der Obergeschoßzone mit dem Tiepologemälde distanzierte, überzog zuletzt das Vestibül mit Haupttreppe.

Glücklicherweise konnten im Würzburger Treppenhaus noch Farbreste einer zweifarbigen Fassung nachgewiesen werden, die die Grundlage für die heutige vermittelnde Farbgebung boten. Sämtliche Flächen wurden zunächst in hellgrau (Kalkfarbe mit einem Zusatz von Leinölfirnis) angelegt bzw. unterlegt. Darauf wurde das durch den Befund bestimmte Gelb auf den Wandfeldern transparent auflasiert, so daß das unterlegte Grau durchscheint. Die Ornamentbänder, auch an den Unterseiten der Gurtbogen, wurden weiß grundiert und in lichtem Grau überlasiert. Die Balustraden wurden in einem warmen, silbrigen Grau angelegt, eingestimmt auf die Figuren und Vasen aus Heiligenthaler

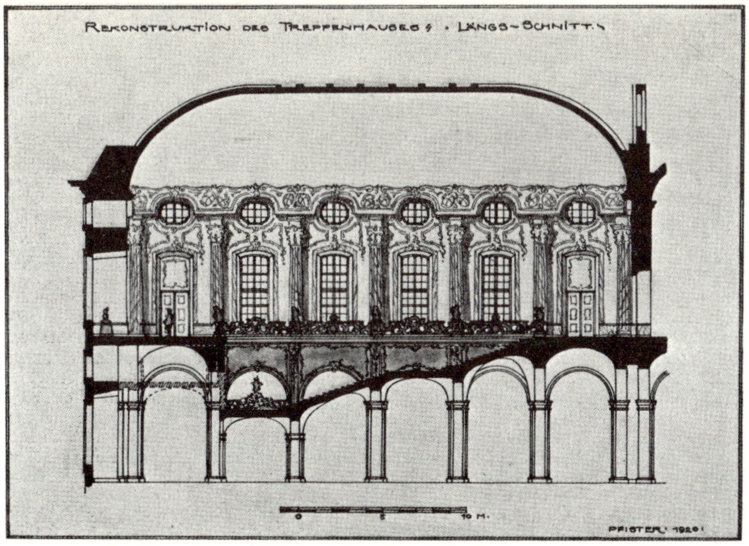

Fig. 86 Rekonstruktion der um 1744 geplanten Treppenhausgestaltung (Sedlmaier-Pfister, 1923)

Marmor, die ursprünglich grau, durch dauerndes Anfassen dann bräunlich geworden waren. Den gleichen Ton erhielten die beiderseitigen Treppenwangen. Diese Lösung dürfte einerseits dem im Geschmack der Zeit Louis XVI. umgeänderten Treppenschacht gerecht werden und steht andererseits nicht mehr in so krassem Kontrast zu der Gestaltung des darüberliegenden barocken Hauptgeschosses.

Das Problem »Ehrenhofgitter« – Geschichtsdenkmal gegen Baudenkmal
Sanierung des Weißen Saales
Fertigstellung des Kaisersaales
Übergabe der Südlichen Paradezimmer (1970)
Beginn der Wiederherstellung der Ingelheimzimmer (1969)

Leider wurde im letzten Augenblick verhindert, die Eingangstore des Vestibüls, deren barockes Grundgerüst mit Beschlägen noch erhalten ist, durch Verglasung, für die verschiedene Entwürfe vorliegen, transparent nach außen zu öffnen. Das Vestibül, nach römischer Bautradition eine offene, befahrbare Eingangshalle, ist jetzt einseitig dunkel. Allerdings waren diese Tore laut Rechnung von 1752 doch zunächst mit Füllungen ausgestattet und dann später einschließlich der Oberlichter klassizistisch verbrettert worden. Damit bleibt hier eine Grundidee der Schloßanlage verunklärt, nämlich die leicht geknickte Sichtachse vom Mausoleum der Schönborns, der Schönbornkapelle am Dom, durch die Mittelachse der Residenz bis zur Spitze der Bastion in der Mitte des kulissenartig aufgebauten Hofgartens. Nachdem schon Fürstbischof von Erthal sich innerhalb des Gitterabschlusses als Gefangener gefühlt hatte – wohl auch in der zeitlichen Aversion gegen das Rokoko –, war unter König Ludwig I. 1821, weil in der Revolutionszeit des 19. Jahrhunderts das Königreich seine Aufgeschlossenheit zum Volk dokumentieren wollte, das unverzichtbare Bauglied der Schloßanlage, der westliche Abschluß des Ehrenhofes mit dem Oeggschen Gitter zwischen Pyramiden und Kolossalfiguren des von der Auvera, abgerissen worden. Oder, wie es 1896 ein Berichterstatter formulierte: »Das Gitterwerk wurde im Jahr 1821 aus guten architektonischen Gründen hinweggeschafft«. In einem überdachten Depot im Hofgarten lagern noch drei gewaltige Torsi mit ausgezeichnet erhaltenen Köpfen. Der dritte Kopf ist abgebrochen und liegt in dem Depot im Hofgarten anschließend an den Rumpf. Spuren des Ehrenhofgitters sind an den seinerzeitigen Pflasterausbesserungen teilweise noch heute ablesbar.

Eine Parallele zur Distanzierung dieser Zeit von Barock und Rokoko ist die der Geschichte des Residenztheaters München. Hier wurde ebenfalls unter Ludwig I. das Rokoko-Theater ausgebaut und in einen Schuppen im »Lehel« ausgelagert, wo der Deckenanschluß bei einem Brand zerstört wurde. Erst unter Ludwig II., der seine Liebe zum Rokoko in Schloß Linderhof und Herrenchiemsee bewies, wurde dieser Stil wieder hoffähig, und das Cuvilliés-Theater wurde am ursprünglichen Platz wieder eingebaut.

Schon 1925 hatte man erwogen, das Ehrenhofgitter der Würzburger Residenz zu rekonstruieren. Der Präsident der Schlösserverwaltung, Esterer, hielt eine Rekonstruktion oder eine ähnliche Ersatzlösung für möglich, für das Haus Wittelsbach gab Kronprinz Rupprecht sein Einverständnis, wenn ein würdiger Alternativstandort für den Prinzregentenbrunnen (Franconiabrunnen) gefunden würde. Veröffentlichungen von 1926 zeigen Schaubilder des damals geplanten »Handwerkshofs« mit dem hier vorgesehenen Alternativstandort für den Brunnen.

Auch die 1960 vom Landbauamt mit Vertretern der Stadt Würzburg untersuchte Möglichkeit, den für den Prinzregenten Luitpold gestifteten Franconiabrunnen, der eher in die Sphäre der früheren Reichsstadt Nürnberg, der Stadt der Meistersinger und des »Altfränkischen« passen würde, in die Glacisanlagen an der Ottostraße zu versetzen – eine Fotomontage erschien in der Tagespresse –, wurde fallengelassen, ebenso die Planung der Rekonstruktion der Ehrenhofgitter. Hier bekam diesmal die Aufgabe der Denkmalspflege, Wah-

Fig. 87 Ausführungsentwurf des Ehrenhofabschlusses, rechte Hälfte (SE 322)

rung eines Geschichtsdenkmals, den Vorrang vor der beabsichtigten Rekonstruktion eines Baudenkmals. Tröstlich ist auch hier die Perspektive: »cura posterior«, also der Zukunft überlassen.

Eine böse Überraschung brachte in diesem Jahr die genauere Untersuchung des Weißen Saales. Teilweise hatten sich hier Putzflächen von dem Gewölbe gelöst, der hier ad absurdum aufschäumende Stuckdekor war teilweise nicht armiert bzw. die Armierungen waren durchgerostet. Ein größerer Teil an der Südwestecke mußte erneuert werden. Die stuckierten Stoffdrapierungen bestanden aus in Gips getränktem Papier, das bei der Durchfeuchtung verfault war. Nach Armierung aller ausladenden Figuren und Ornamente sowie Festigung der Putzflächen mit Hunderten von Schrauben, wurde der Saal wieder in grau-weißer Tönung auf die silberne Grundhaltung eingestimmt. Die Kritik einer Kunsthistorikerin in der Münchener Presse: »Wie häßliche Händchen greift weißer Stuck über neue (gelbe!) Türrahmen« gibt Veranlassung, darauf hinzuweisen, daß die gelben Stucco-lustro-Einfassungen der Türen ohne Überarbeitung original sind, ebenso das weiße Stuckdekor. Auch original, wenn auch ungewöhnlich, sind die weißen Putten auf dem graphitschwarzen Ofen. Auch dies hatte die Kunsthistorikerin in der Münchener Presse als eine Erfindung der Würzburger Bauleitung gebrandmarkt.

1967 wurden 641 000 DM ausgegeben. Die neue Vertäfelung im Ersten Alexanderzimmer ist jetzt eingebaut, ebenso nach der Restaurierung die gerettete, kostbare Vertäfelung des Audienzzimmers. Hier und im Venezianischen Zimmer wurde das neue Tafelparkett verlegt. Die in Wien restaurierten Kristall-Lüster bzw. die dort angefertigten Kopien wurden in diesen Räumen aufgehängt. Mit den Putz- und Stuckarbeiten im künftigen Thronsaal, in der Großen Galerie, in den Fluren und Nebenräumen wurde begonnen. Anstelle des Spiegelkabinetts wurde also der klassizistische Thronsaal des 19. Jahrhunderts installiert, da eine Rekonstruktion des Spiegelkabinetts, des Höhepunkts dieser südlichen Prunkraumfolge, unmöglich erschien; einerseits weil anstelle der Überwölbung eine Flachdecke für die darüberliegenden Universitätsräume eingebaut worden war und andererseits, weil die ersten Versuche einer Kopie der Eglomisée-Technik enttäuschend ausfielen. Im Nordflügel wurden die Stuckarbeiten begonnen, im Zweiten Alexanderzimmer und im Gesellschaftszimmer wurden sie fertig, die Arbeiten im Dritten Alexanderzimmer und im Napoleonzimmer liefen weiter, im Souper- und Teezimmer begannen die Stuckarbeiten. Stilistisch ist das Gesellschaftszimmer (Gründamastenes Zimmer) der Endpunkt einer Folge von Rokoko-Räumen (Fertigstellung 1751). Wie weiße Gischt auf grüner Brandung schäumt hier der Stuck auf. Weiter kann diese Technik und Formensprache nicht getrieben werden. Vermutlich ist daran und an der Unmöglichkeit, sich auf den klassizistischen Stil umzustellen, Antonio Bossi zerbrochen. Er wurde 1757 ins Irrenhaus eingeliefert.

In der Südwestecke des Gewölbes im Weißen Saal, der Schadenstelle, die sich bereits früher gezeigt hatte, mußte der gemauerte Rippenüberzug, der sich von der Schale gelöst hatte, mit Armierungsdübeln und Aufbeton wieder gefestigt werden. 1967 konnte das Mozartfest wieder stattfinden, nachdem die Sicherungsarbeiten abgeschlossen waren. Zuvor wurden noch im Weißen Saal neue Fenster- und neue Balkontüren versetzt und der Parkettboden aus Lärchenholztafeln zwischen Eichenholzgehrungsfriesen verlegt.

1968 (Ausgaben 717 000 DM). Die Putz- und Stuckarbeiten im Thronsaal, in der Großen Galerie und in den Nebenräumen wurden fertig. Die Deckengemälde wurden montiert und die Unterböden verlegt. Die Lüsterkopien für den Thronsaal und die Große Galerie wurden aus Wien geliefert. Die Wandvertäfelung für die Große Galerie, eine Kopie des Ersten Alexanderzimmers, wurde in Massiv-Eiche und Eichenfurnier in der Residenzschreinerei neu angefertigt. Im Nordflügel wurden die Stuckarbeiten im Teezimmer beendet. Mit den Deckenstuckarbeiten im Grünlackierten Zimmer wurde begonnen. Die Rekonstruktion dieser Decke war problematisch. Die vorhandenen Aufnahmen zeigten nur einen undeutlichen Ausschnitt der Mittelzone. Wahrscheinlich wurde der Aufnahme damals keine große Bedeutung beigemessen, weil die Decke bereits nach dem Brand 1896 teilweise erneuert worden war, möglicherweise in freier Neugestaltung. Mit Modellversuchen wurde dann die heutige Lösung als die wahrscheinlich richtige entwickelt. In allen Prunkräumen des Nordflügels wurden Blindböden auf Lagerhölzern eingebaut, um so eine weitere Verschmutzung durch die offenliegenden Gewölbeauffüllungen zu verhindern.

»Der Kaisersaal erhielt vier neue Fenster und eine neue Balkontür mit Bleiverglasung.« Nur wenn man diese Wunderwerke der feuervergoldeten Schlösser und Beschläge genauer ansieht, kann man ermessen, was dieser lakonische Satz bedeutet. Die aus dem Schutt geborgenen Teile mußten überholt bzw. fehlende nachgegossen werden. Diese wurden wieder gangbar gemacht und dann einschließlich vieler tausend Schrauben »feuervergoldet« und so wieder eingebaut.

Vor der Hofkirche wurde die Freitreppe erneuert. Besondere Vorkommnisse: »In den Kasematten des Hofgartens wurden die alten Eichenholzformen für die Formstücke der Nördlichen Paradezimmer, vor allem aber für die Ingelheimer- und Toscanaräume gefunden.«

1969 (Ausgaben 900 000 DM). Im Bereich des Südlichen Paradezimmers wurden im Thronsaal, in der Großen Galerie und den angrenzenden Nebenräumen die Parkettböden verlegt und die Vertäfelungen eingebaut. Die Ausstattung dieser Räume wurde festgelegt, die drei großen Monatswandteppiche für die Galerie und der Musica-Teppich für den westlich anschließenden Raum wurden von der Würzburger Firma Olga Pacher restauriert. Die Große Galerie erhielt eine Seidendamastbespannung. »Im Ersten Alexanderzimmer und im Venezianischen Zimmer wurden die Ofenkopien wieder abgebaut und durch die in Wien erworbenen echten Rokoko-Öfen ersetzt.« Die ganze Raumgruppe der Südlichen Paradezimmer, also die sogenannten Kaiserzimmer, sollen bis zum 250. Jahrestag der Grundsteinlegung der Residenz am 20. Mai 1970 fertig sein.«

Im Nordflügel begannen die Vergolderarbeiten im Tee- und Souperzimmer. Die Stuckarbeiten im Grünlackierten Zimmer liefen weiter. Im Souperzimmer wurde unter Verwendung der geretteten Teile der Kachelofen rekonstruiert. Im Ingelheimer-Trakt wurde mit den Stuckarbeiten im Gelben Eckkabinett, im Grünen, Roten und Blauen Salon begonnen.

Ganz selbstverständlich wurde jetzt die Rekonstruktion dieser Raumgruppen begonnen, die zuvor noch keineswegs geplant war, denn kurz zuvor hatte die Universität (s. o.) diesen Bereich für sich in Anspruch nehmen wollen. Ein Indiz hierfür: Die niederländischen Wandteppiche des Französischen Jagdzimmers waren in München restauriert und daraufhin in die Reichen Zimmer der dortigen Residenz eingebaut worden, weil die Verwendung in den Ingelheimzimmern in Würzburg damals nicht mehr möglich erschien. In München konnten die Teppiche dann nicht mehr herausgenommen werden, weil dort die umrahmenden Vertäfelungen den Maßen dieser Teppiche angepaßt waren. Dafür erhielt die Würzburger Residenz eine gleichwertige Folge der Jahreszeiten-Teppiche gleicher Provenienz.

1970 (Ausgaben 844 000 DM). In einem Festakt anläßlich des 250. Jahrestages der Grundsteinlegung der Residenz (22. Mai 1970) wurden die Kaiserzimmer des Südflügels der Öffentlichkeit übergeben. In den Nördlichen Paradezimmern wurden die noch vorhandenen Türfutter und die ausgelagerten Türflügel restauriert, mit der Neuanfertigung der Wandvertäfelung und der Türen für das Rote Kabinett und das Souperzimmer wurde begonnen. Die Vertäfelung dieser Räume war nicht ausgebaut worden. Restteile, wenn auch stark verbrannt, machten eine genaue Rekonstruktion möglich. Die Vergoldung im Souperzimmer und der Stuck im Grünlackierten Zimmer wurden fertig. In den übrigen Räumen wurden die Unterböden verlegt. In den Ingelheimzimmern liefen die Stuckarbeiten weiter. Die Versilberung begann im Grünen Salon.

Die Aufbringung der Versilberung ist etwas schwieriger als die der Vergoldung, weil dieses Material nicht so dünn geschlagen werden kann wie Gold. Einfach erschien zunächst die Einstimmung der Patina. Das hier auf dunklem Bolus aufgebrachte Silber wurde nach bisher bewährter Technik einige Zeit der natürlichen Oxydation überlassen und nach einigen Wochen, wenn der erwünschte Grad erreicht war, durch einen Lacküberzug in diesem Zustand fixiert. Schadstoffe in unserer heutigen Umluft scheinen die Ursache dafür zu sein, daß sich das Silber ungleichmäßig in schwarz-rot oder blau verfärbte. Nach kurzzeitiger natürlicher Patinierung wurde daher das Silber künstlich patiniert und dann mit einem Schutzlack überzogen. Die Einstimmung des Goldes ist dagegen nur durch farbige Lacküberzüge möglich und war deshalb gerade bei Ausbesserungsarbeiten, wenn neue Vergoldung an stark gealterte, patinierte Partien anschließt, besonders schwierig.

Nach der reichen Palette von verschiedenfarbigen Hölzern, Gold und Malereien in den Südlichen Kaiserzimmern des Barock und Rokoko, den einheitlich überwiegend in Weiß und Gold gehaltenen nördlichen Kaiserzimmern, in welchen das Rokoko sich übersteigert und dann in spröde klassizistische und »zopfige« Gußformen umschlägt, folgt jetzt eine Raumgruppe, die konsequent nur in Silber in Verbindung mit Weiß und starker Farbigkeit gehalten ist, die »Ingelheimzimmer«. Deren Neugestaltung wurde möglicherweise durch eine Reise Materno Bossis, eines Neffen von Antonio Bossi, nach München im Jahre 1776 von der »Amalienburg« Cuvilliés' in Nymphenburg beeinflußt.

1971 (Ausgaben 813 000 DM). Die Stuckarbeiten in den Nördlichen Paradezimmern waren jetzt fertig. Nur im Zweiten Alexanderzimmer waren noch komplizierte Spiegelrahmen an den Fensterpfeilern, die ursprüng-

281 Im Nordflügel der Residenz wird die gesamte Raumflucht des Hauptstockwerks an der Nordseite als Filialgalerie der Bayerischen Staatsgemäldesammlung genutzt. Hauptsächlich sind dort venezianische Barockmaler aus dem Umkreis Tiepolos ausgestellt. Zwei Szenen aus Torquato Tassos Versepos »Das befreite Jerusalem« hat Tiepolo selbst illustriert (1751/53): der Kreuzritter Rinaldo im Bann der schönen Zauberin Armida (oben) und Rinaldos Trennung von Armida (unten).

282 Der Gartensaal der Würzburger Residenz schließt als Sala Terrena an das Vestibül an und öffnet sich mit seiner Fensterfront zum Garten. Seegrüne Stukkaturen auf kalkweißem Untergrund rahmen das Deckengemälde von Johann Zick (1750) ein.

283/284 Unter der Darstellung des Göttermahls in kräftigen Farben öffnet sich der Gartensaal zu den ansteigenden Terrassen des Ostgartens.

285/286 In den Arkaden der Laubengänge des östlichen Hofgartens hat Johann Peter Wagner die verspielten Darstellungen seiner Putten (1774/76) postiert. Mit Vorliebe wird dabei das Motiv der mit ihren Murmeltieren umherziehenden Savoyarden in den Gartenplastiken variiert.

287/288 Im Südgarten vor dem Gebäude der Orangerie steht Johann Peter Wagners Figurengruppe: Hades, der Gott der Unterwelt, raubt Persephone (oben). Der Blick durch die Arkaden der Laubengänge des Ostgartens zeigt das große Rondell vor der Gartenfront (unten).

281 The north side of the main storey enfilade of the north wing is used as a branch gallery by the Bayerische Staatsgemäldesammlung (State Gallery of Bavaria). Mainly Venetian baroque painters from Tiepolo's entourage are exposed there. Two scenes from Tasso's verse epic "la Gerusalemme liberata" have been illustrated by Tiepolo himself (1751/53): the crusader Rinaldo enchanted by the beautiful magician Armida (above) and Rinaldo's separation from Armida (below).

282 The Garden Hall of Würzburg Residence is adjacent to the vestibule; its window front opens onto the garden. Glaucous stucco on chalk-white background frames the ceiling fresco by Johann Zick (1750).

283/284 Under the representation of the banquet of the gods painted in vivid colours, the Garden Hall opens onto the terraced east garden.

285/286 Johann Peter Wagner has placed his ornate putto figures in the pergola arcades of the east palace grounds (1774/76). The motif of putti accompanied by marmots has been taken up there in many variations.

287/288 In the south garden, in front of the orangerie building, there is Johann Peter Wagner's group of figures: the Rape of Perse phone by Hades, god of the underworld (above). The view through the pergola arcades of the east garden shows the large circular flower bed facing the garden frontage (below).

281 L'ensemble de l'enfilade de l'étage principal de l'aile nord sert de galerie de la Bayerische Staatsgemäldesammlung (Collection de tableaux de l'État bavarois). Des peintres baroques vénitiens de l'entourage de Tiepolo y sont exposés surtout. Tiepolo lui-même a illustré deux scènes (1751/53) de l'épopée en vers «la Jérusalem délivrée» du Tasse: le croisé Rinaldo tombé sous le charme de la belle magicienne Armida (en haut) et la séparation de Rinaldo et d'Armida (en bas).

282 La Salle du jardin de la Résidence de Würzburg se joint comme Sala terrena au vestibule et s'ouvre sur le jardin par sa face fenêtrée. Le stucage glauque sur fond blanc chaux encadre la fresque du plafond de Johann Zick (1750).

283/284 Au-dessous de la représentation en couleurs vives du festin des dieux, la salle s'ouvre vers les terrasses du parc est.

285/286 Dans les arcades en feuillage du parc oriental, Johann Peter Wagner a placé les figures frivoles de ses putti (1774/76). C'est le motif des putti camelots accompagnés de marmottes qui fut varié de préférence dans les sculptures du parc.

287/288 Dans le jardin méridional devant le bâtiment de l'orangerie, se dresse le groupe de figures de Johann Peter Wagner: Perséphone enlevée par Hadès, dieu des enfers (en haut). Le regard à travers les arcades du parc oriental tombe sur la grande corbeille devant la façade qui donne sur le jardin (en bas).

lich in Antragsstuck geschaffen waren, zu rekonstruieren. Sie wurden in Atelierarbeit angefertigt und dann auf die Wand aufgebracht. Die geretteten bzw. neuen Wandvertäfelungen wurden eingebaut. Die Türen zu den Fluren waren in Arbeit. Die Stuckvergoldungsarbeiten wurden mit Ausnahme des Grünlackierten Zimmers abgeschlossen. Außer im Teezimmer und im Grünlackierten Zimmer wird in diesen Räumen das Tafelparkett verlegt. In Wien wurden zwei weitere Barocköfen für das Zweite und Dritte Alexanderzimmer gekauft. Die übrigen Öfen dieser Raumflucht sind im wesentlichen original, das heißt, sie bestehen aus geretteten Bruchstücken und Teilergänzungen.

Die nördlichen Abschlußräume dieser Paradezimmer, nämlich das Tee- und das Grünlackierte Zimmer, hatten reiche Intarsienböden. Erst nach monatelangen Bemühungen konnte endlich 1970 der Schlüssel für das Konzept des Bodens im Grünlackierten Zimmer gefunden werden; eine typische geometrische Spielerei der Zeit als Grundlage für ein Vexierspiel mit optischen Täuschungen.

Für das Rote Kabinett, das Gesellschaftszimmer und das Napoleonzimmer wurden die Wandbespannungen geliefert. In allen Räumen konnten, meist hinter Deckleisten versteckt, Reste der ursprünglich aus Lyon, Venedig und Mailand stammenden Damastbespannung gefunden werden, anhand derer die Nachbestellung möglich war, da die ursprünglichen Webkartons dort noch vorhanden sind. Lediglich die Wandbespannung im »Napoleonzimmer« war problematisch. Bei seinen Besuchen 1806 und 1812 hatte Napoleon hier übernachtet. Der Raum wurde eigens hierfür umgestaltet und mit intensiv rotem Damast bezogen. Neben einem vergoldeten Bett mit rotem Damasthimmel stehen vergoldete, leicht pyramidenförmig angezogene Nachtkästchen, die wohl nach den Eindrücken des ägyptischen Feldzuges entstanden sind, an dem auch der Würzburger Architekt Peter Spaeth teilnahm. Das ehemalige Frauengefängnis neben der Burkarderkirche in Würzburg zeigt eine neoklassizistische Verarbeitung dieser ägyptischen Eindrücke.

Dieses Denkmal der Geschichte, das rotdekorierte Himmelbett (der goldene Reif am Betthimmel ist nicht original, sondern ein feingliedriger Ersatz aus den Beständen der Münchener Residenz), mußte stehenbleiben, zumal die Möbelausstattung vor der Nutzung durch Napoleon fehlte. Da keine Spuren des ursprünglichen Damastes gefunden wurden, sollte eine neue Wandbespannung eine vermittelnde Rolle spielen zwischen dem nur hier in Farbe und Gold gefaßten Rokokostuck, dem dazugehörigen farbigen Fayence-Ofen und dem goldenen, jetzt in gedämpftem Rot bezogenen Himmelbett aus der Napoleonzeit. Eine lichtgrünlichgelbe Lyoner Seidendamastbespannung mit einem Rokokodekor versucht nun, dieser Aufgabe gerecht zu werden.

Das waren jedenfalls die Überlegungen, die zu dieser Entscheidung geführt hatten. In der neuerlich veröffentlichten Korrespondenz des Fürstbischofs Adam Friedrich von Seinsheim (v. Roda) steht allerdings schon 1763: »Ich werde künftiges Jahr ein apartes Zimmer mit rotem Damast ausmachen und ein schön galoniertes Bett von gleicher Farbe hineinmachen lassen.« Wenn dieser Plan verwirklicht wurde, dann wohl kaum im penetranten Napoleonischen Rot.

Die Supraporten wurden restauriert, über dem Zugang zum Grünlackierten Zimmer durch eine Kopie ersetzt. Die schwierigen Restaurierungsarbeiten im Grünlackierten Zimmer wurden »nach langwierigen Voruntersuchungen und Proben« (seit 1969) weitergeführt. Die wertvollen Tür- und Fensterbeschläge wurden restauriert und neu vergoldet. Fehlende Teile wurden neu angefertigt. »In den Ingelheimzimmern gingen die Arbeiten weiter.«

Grünlackiertes Zimmer
»Einweihung« der Nördlichen Paradezimmer 1972

Hier muß zunächst die besondere Problematik bei der Wiederherstellung des Grünlackierten Eckzimmers etwas ausführlicher behandelt werden. Voraus: Die ganz besondere Preziosität dieses Raumes war nicht voll wiederherstellbar. Alle Flächen, also die Wände, Decken und Türen waren zunächst mit Blattsilber überzogen. Erst darauf wurde eine transparente grüne Lasur aufgebracht. An den beiden vor der Katastrophe ausgebauten Türen ist diese leuchtend durchschimmernde Wirkung noch am besten zu erkennen. Durch den Brand hatte diese Lasur zum großen Teil ihre Transparenz verloren, sie wurde zu einer dunklen, grünen Deckfarbe. Ebenso waren die reichen Bemalungen und die Vergoldung stark nachgedunkelt. Auch das darunterliegende Silber hatte durch die Hitze stark gelitten und war an verschiedenen Stellen einschließlich des Kreidegrundes abgeplatzt.

Eine Reihe von Vignetten war leider nicht durch Fotoaufnahmen belegt. Auch die Fotos von der Decke waren unzulänglich und zeigten nur einen Ausschnitt des Dekors in der Mitte. Diese Decke war wohl bereits nach dem Brand von 1891 zum Teil erneuert worden und von fragwürdiger Originalität. Es war sehr schwierig, nachgedunkelte Stellen, die neue Decke, die restliche Vergoldung und die alte, teilweise bruchstückhaft erhaltene figürliche und dekorative Bemalung sowie die neu zu erfindenden Vignetten, die neu auf Silber lasierten Flächen und die neue Vergoldung so aufeinander abzustimmen, daß eine einheitliche Raumwirkung entstand.

Die Abwicklung dieser Maßnahmen wurde als erste vom Landbauamt durch eine gründliche Bilddokumentation belegt. Rekonstruktion, bei Beginn der Wiederaufbauarbeiten noch verpönt, war im Laufe der Jahre allmählich »salonfähig« geworden. Der Würzburger Kunstmaler Wolfgang Lenz, der später auch den Auftrag für die Rekonstruktion des Spiegelkabinetts erhielt, hatte die schwierige und undankbare Aufgabe, die schadhafte Malerei auszubessern bzw. zu ergänzen und die fehlenden Vignetten neu zu konzipieren. Der »Kenner« und der gebildete Laie wird und soll auch hier erkennen, was Original und was Ergänzung ist.

1972 wurden 895 000 DM ausgegeben. In diesem Jahre wurden auch die Restaurierungs- und Wiederherstellungsarbeiten an den Nördlichen Paradezimmern abgeschlossen. Am 14. August 1972 wurde mit einem Festakt im Kaisersaal diese Raumgruppe (ohne Teezimmer und Grünlackiertes Zimmer) der Öffentlichkeit übergeben. »Erste Besprechungen werden geführt über den Wiederaufbau des Fürstensaales und die Ausstattung der Raumflucht entlang dem Rennweg (Nordseite) für die schon lange vorgesehene Einrichtung einer Filialgalerie der Bayerischen Staatsgemäldesammlung.« (Venezianische Barockmaler des 17. und 18. Jahrhunderts im Umkreis von Tiepolo.)

Fürstensaal und Filialgalerie

Auch der Fürstensaal war schon seit Jahren mit einer ganz bestimmten Aufgabe bedacht. Die Attraktivität der Residenz für Veranstaltungen war besonders groß, zumal in Würzburg ein repräsentativer Raum für Empfänge fehlte. Allerdings sind die Prunkräume der Residenz in Würzburg auch wegen der fehlenden Heizung nicht für öffentliche Veranstaltungen geeignet. Eine Heizung der Prunkräume während der ganzen Heizperiode war nicht notwendig und somit unwirtschaftlich – nur kurzes Aufheizen schadet der Ausstattung und dem Mobiliar, da sich bei Temperaturgefälle leicht Schwitzwasser bildet. Nachdem der Vorschlag einer geringen, gleichmäßigen Aufheizung durch Elektrospeicheraggregate in den überall vorhandenen Kachelöfen wegen »Strahlungsbedenken« abgelehnt wurde (es sind allerdings nur Rotlichtstrahlungen, also Wärmestrahlungen vergleichbar der Abstrahlung eines Kachelofens), hat sich jedoch die jetzige klimatische Situation ohne zusätzliche Heizgeräte als ausreichend erwiesen. Die Trägheit der dicken Mauern, deren große Speicherungsfähigkeit, gleicht im Jahresablauf die Temperaturschwankungen und Luftfeuchtigkeitsunterschiede ausreichend aus. Für repräsentative Veranstaltungen wurde daher eine eigene bewirtschaftbare Einheit vorgesehen, nämlich der Fürstensaal mit Nebenräumen. Allerdings stand diese Aufgabe zunächst hintan, da die begrenzten Baumittel den gleichzeitigen Ausbau neben den übrigen Aufgaben nicht erlaubten. Zudem war hier auf diesem Verbindungsbau zwischen den Nordhöfen als Dachkonstruktion ein »massives Notdach« mit tiefer gesetzter Unterseite errichtet worden, weil damals nicht mit dem Wiedereinbau dieses Saales gerechnet wurde.

Die Nordräume des Hauptgeschoßes der Residenz waren eigentlich niemals repräsentativ oder aufwendig ausgebaut worden; einerseits wegen ihrer Nordlage, andererseits, weil in der Mitte dieses Nordteils, der Nördlichen Rotunde, während der Bauzeit zunächst die Hofkirche vorgesehen war. Vorübergehend, Ende des 18. Jahrhunderts, war hier ein Theater eingebaut (s. o.). Für die neue Nutzung durch eine Gemäldegalerie war nicht nur die sonnenfreie Belichtung, sondern auch die Lage zwischen zwei Raumgruppen, nämlich Paradezimmer und Ingelheimzimmer, vorteilhaft. Damit wurde Aufsichtspersonal eingespart.

1973 wurden 1 504 000 DM ausgegeben. Einerseits flossen im Zuge des noch bestehenden »Wirtschaftswunders« die Gelder reichlicher, andererseits stieg aber auch der Baukostenindex entsprechend.

»Die letzten zwei Räume der Nördlichen Paradezimmer, das Teezimmer und das Grünlackierte Zimmer, sind noch in Arbeit.« Im ersteren wurde das Intarsienparkett mit einfacherem Muster in Eiche, Nußbaum und Ahornholz verlegt. Im Grünlackierten Zimmer waren alle Arbeiten an der Versilberung, dem grünen »Lüster-Überzug«, die Vergoldungen und die Wandmalerei im vollen Gange. Der oben beschriebene sehr reiche Intarsienboden wurde an die Firma Bembe, Bad Mergentheim, vergeben. Die Edelhölzer der Oberfläche haben eine Stärke von zehn Millimeter, weil bei einer eventuellen Beschädigung durch »Pfennigabsätze« es notwendig sein könnte, den Boden abzuschleifen.

Das letzte »provisorische« Dach der Residenz, das über dem Fürstensaal, wurde jetzt abgetragen, eine Stahlbetondecke in der Höhe der ursprünglichen Dekkenbalkenlage eingezogen und ein neuer Dachstuhl

Fig. 88 Ingelheimer Saal nach der Zerstörung 1945 (Archivbild Kuhn)

aufgestellt. Am 19. Juli 1973 war Richtfest. Nach dem Einbau der Fenster im Fürstensaal war der letzte äußere Eindruck eines Ruinenzustandes beseitigt. Die Putz- und Stuckarbeiten wurden begonnen. In den Rennwegzimmern begannen die Ausbauarbeiten für die Filialgalerie der Staatsgemäldesammlung. Nachdem eine Probetemperierung mit Elektrospeicheröfen im Rondellsaal die erforderliche Temperatur von plus acht Grad erreicht hatte, fiel die Entscheidung für dieses Heizsystem in der Galerie. In den Ingelheimzimmern liefen die Stuck- und Vergolderarbeiten weiter.

1974 betrugen die Bauausgaben 2 000 000 DM. Nachdem auch die letzten beiden Räume der Nördlichen Paradezimmer fertiggestellt waren, nämlich das Teezimmer und das Grünlackierte Zimmer, wurde diese Raumgruppe und die Filialgalerie der Bayerischen Staatsgemäldesammlung am 13. Dezember 1974 der Öffentlichkeit übergeben. Die im letzten westlichen Raum dieser Galerie nach Angaben der Staatsgemäldesammlung angebrachte Wandbespannung in blauer Rohseide sollte noch einmal überprüft werden. Die hier aufgehängten Bilder von Domenico Tiepolo bzw. von Jan Battista Tiepolo zeigen viel blauen Himmel. Auf dem himmelblauen Wandbespannungshintergrund entsteht so eine scherenschnittartige Wirkung.

Allgemeine Anerkennung fand die Wiederherstellung des Grünlackierten Zimmers, das auch unter Kunsthistorikern lange Zeit als unwiederherstellbar galt. Die Problematik wurde bereits oben im Bericht über das Jahr 1971, als die Arbeiten begonnen wurden, ausführlich behandelt. Die Dokumentation dazu wurde im Flur der Rennweger Zimmer den Besuchern im Zuge der Führungslinie zugänglich gemacht.

Im Fürstensaal wurde mit der Stuckierung an der Decke und in den Hohlkehlen begonnen. In den Ingelheimzimmern liefen die Stuck- und Versilberungsarbeiten weiter. Große Partien dieses Bereiches sind in wiederholbarem Formenstuck gestaltet, so vor allem die Decke des Kleinen Weißen Saales in der Mitte der Raumgruppe. Hier ist die klassische römische Kassettendecke zu einer dekorativen, schräg gestellten Reihung von Minikasetten persifliert. Großmaßstäbliche figurale Kartuschen und Supraportenreliefs von hoher künstlerischer Qualität waren hier im Antragsstuck zu ergänzen bzw. zu rekonstruieren. In den übrigen Räumen stammen die erhaltenen Deckenansätze und die zu rekonstruierenden Decken überwiegend noch aus der frühbarocken, noch klassisch wirkenden Zeit (Castelli 1725), der Bauperiode des Bischofs Christoph Franz von Hutten; der Wanddekor dagegen überwiegend aus der nachbarocken, anti-barocken und klassizistischen Zeit nach 1765. Wesentliche Teile der Hohlkehle und der noblen Fensternischendekoration waren zum Glück erhalten, so die Folge der versilberten Musikinstrumentenkompositionen im nördlichen Teil und die Reihe der Waffenkompositionen im südlichen Teil der Raumflucht.

1975 (Ausgaben 1 400 000 DM). In den Ingelheimzimmern gingen die Arbeiten weiter, nämlich Stuckierung, Versilberung, Elektroinstallation und Verlegen der Lagerhölzer und Blindböden. Erste Farbversuche wurden an den Wänden aufgetragen. Im Fürstensaal wurde weiter stuckiert, die nördliche Empore mit Brüstungsfeldern wurde fertig. In der Hohlkehle wurden weitere Stuckreliefs eingebaut, also nicht an Ort angetragen, sondern wegen der besseren Arbeitsbedingun-

Fig. 89 Zerstörung in den Ingelheimer Zimmern 1945 (Archivbild Kuhn)

gen im Atelier gefertigt. Die Hohlkehlenreliefs fertigte Bildhauer Pfeiffer aus Esslingen, die Deckenreliefs Bildhauer Julian Walter, Vasbühl.

In den benachbarten ehemaligen Charlottenzimmern wurden die Toilettenanlagen und sonstigen Nebenräume für die neue Nutzung des Fürstensaales eingerichtet (s. o., Bericht von 1972).

Die Fassaden der zwei Nordhöfe und des nördlichen Lichthofes wurden neu verputzt. Die Sandsteingewände und Gesimse ergänzte man teilweise mit Vierungsstücken und teilweise in »Mineros-Technik«. Diese Mischtechnik, nämlich Einsetzen von neuen Sandsteinwerkstücken an größeren Fehlstellen und Ausbessern der kleinen Fehlstellen mit der modellierbaren Minerosmasse, hatte sich seit Jahren bewährt. Kleine Farbabweichungen, vor allem bei durchnäßter Fassade, können in Kauf genommen werden, da mit dieser Methode möglichst viel der originalen Substanz erhalten bleibt und vermieden wird, daß anstelle der ursprünglichen klaren Steinsetzung, die überall an der Fassade trotz der dünnen Fugenschnitte ablesbar ist, ein »Flikkenteppich« entsteht. Ein zusammenfassender Farbanstrich könnte zudem Farbunterschiede ausgleichen, zumal der Bau nie »steinsichtig«, sondern farbig war. Spuren an den Innenseiten der Säulen unter den Balkonen an beiden Seiten des Ehrenhofes deuten darauf hin, daß ein gelblicher Sandsteintonanstrich die verschiedenen Farbschattierungen des Natursteins, zumindest des Sockelgeschoßes, überzog. Dieses hebt sich deutlich gegen die dunkleren Steine des Obergeschosses ab. Die struktiven Teile und Architekturglieder waren silbergrau hervorgehoben, die Attikafiguren waren weiß. Sämtliche Dachrinnen und alle Traufbleche wurden in Kupfer erneuert, weil gerade die schadhaften oder fehlenden Blechabdeckungen meist die Ursache der Zerstörung an vorkragenden Sandsteinbaugliedern waren. Um Gefährdungen durch herabfallende Steinbrocken zu vermeiden, mußten Balustraden und Trophäen der Attika gesichert werden. An der Nordseite des Ehrenhofes wurden einzelne Trophäen befestigt bzw. abgebaut.

1976 betrugen die Ausgaben 1 797 000 DM. Die Arbeiten in den Ingelheimzimmern liefen weiter, mit Ausnahme des Intarsienparkettbodens für das »Gelbe Eckkabinett« wurde in allen Räumen Tafelparkett verlegt.

Harte Diskussionen zwischen dem Leiter des Landbauamtes und den Fachleuten der Schlösserverwaltung wegen der endgültigen Farbgebung der Räume wurden geführt. Unter Berufung auf den »Geist der Zeit« entschied sich die Schlösserverwaltung für hellere Töne als die vom Landbauamt vorgeschlagenen kräftigeren Farben, die durch Befunde an den Wänden belegt waren und auch den Farben der erhalten gebliebenen Möblierung entsprachen. Die Soffbespannung (Seidendamast) für das Eckkabinett wurde bestellt, für die Entscheidung über die Wandbespannungen im Roten und im Blauen Salon mußten noch weitere Muster beschafft werden.

Die Rekonstruktion des großen Ofens im Weißen Saal wurde begonnen. Von diesem Ofen und auch von den übrigen Öfen dieser Raumflucht waren nur wenige Bruchstücke erhalten. Nach den teilweise schlechten Erfahrungen mit dem Erwerb von Originalöfen in den Paradezimmern fiel die Entscheidung hier für die Rekonstruktion, zumal ein stilistisch passender Originalofen in dieser Größe wohl nicht erwerbbar war. Der weiße Lackanstrich muß also hier den Eindruck glasierter Kacheln ersetzen.

Im Fürstensaal gingen die Arbeiten weiter. Der offene Kamin an der Nordseite wurde fertig, weitere Reliefs in der Hohlkehle wurden eingebaut. Auch im Nordteil trug man Deckenreliefs an. Der Auftrag für die Lüftungs- und Klimaanlage wurde vergeben.

In den Nordhöfen wurden die Kanalisation neu verrohrt und neue Pflastersteine verlegt. Die noch verwendungsfähigen alten Pflastersteine wurden bei der Pflasterung im Hof der Festung Marienberg verwendet. Der Brunnen im rückwärtigen Nordhof, der »abzusacken drohte«, wurde abgebaut, restauriert und wieder aufgestellt. Das völlig verkalkte Wasserleitungsnetz mußte hier erneuert werden. Der mit Bauschutt zugeschüttete Brunnenschacht könnte später freigelegt werden.

Probleme der Fassadenerhaltung und des Figurenschmuckes Übergabe der Ingelheimzimmer und des Fürstensaales am 29. September 1978

Die Sicherungsarbeiten an der Balustrade und an den Trophäen der Attika, vor allem an der Gloriole, wurden fortgesetzt. Diese Arbeiten liefen noch in die nächsten Jahre weiter. Da in der Presse gegen den Ersatz zerstörter Teile durch Abgüsse heftige Kritik erhoben wurde, wird hier zu dem Problem »Abgüsse statt Kopien« Stellung genommen.

Schon Ende der fünfziger Jahre war die starke Zerstörung an den Figuren des Hofgartens Veitshöchheim der Anlaß zu jahrelangen Versuchen mit Festigungsmitteln, z. B. Steintränkung bzw. Ergänzung in der obengenannten Mineros-Technik und ähnlichem. Unabhängig davon machte das Landbauamt mit den Stukkateuren Mahler und Appel von der Firma A. Fuchs eigene Versuche, die zu einem neuen, patentierten, »nahtlosen« Abformverfahren führten.

In den Jahren seit der Erbauung der Residenz bzw. der Anlage der Hofgärten in Veitshöchheim und Würzburg waren diese – wie Reste zeigen – ursprünglich »porcelain«, also weiß mit Golddekor, gefaßten Hofgartenfiguren zum größten Teil einmal oder auch mehrmals durch Kopien ersetzt worden. An diesen ist heute ablesbar, wann sie jeweils gefertigt wurden, denn trotz aller Bemühungen um Originaltreue zeigen sie deutlich, was der jeweilige Zeitgeschmack herausgelesen bzw. hineininterpretiert hat.

Weil sich die Fortsetzung des bisherigen Verfahrens, nämlich Fertigung von unikalen Kopien aus Sandstein und davon wieder Fertigung von Kopien, als sehr unbefriedigend erwiesen hatte, nach einigen ganz mißratenen Kopien, nach gelungenen oder fehlgeschlagenen Versuchen mit Festigung durch Tränkung bzw. Ergänzungen, fiel endlich die Grundsatzentscheidung: Alle Originale aus den Hofgärten – ein Teil davon steht heute im Mainfränkischen Museum – werden künftig in der Orangerie des Würzburger Hofgartens, zusammen mit den dort überwinternden dekorativen Topfpflanzen wie Orangen- und Lorbeerbäumen, museal aufgestellt. In den folgenden Jahren wurden dann in beiden Hofgärten 75% der Figuren durch witterungsbeständigere Abgüsse ersetzt, die – soweit möglich – von Originalen abgenommen wurden, die nur zu diesem Zweck an den Fehlstellen durch leicht wieder abnehmbare Anmodellierungen ergänzt wurden.

Ähnlich waren wohl die Verhältnisse beim plastischen Dekor der Residenzfassade in den letzten 200 Jahren. Die Kartusche über dem Mitteltrakt der Gartenseite der Residenz trägt die Initialen M. J. bestimmt nicht original, sondern sie stammt aus der Zeit Max Josefs nach 1803. Drei Teile des ursprünglichen Wappens mit zwei den Bischofshut haltenden Putten lagern noch in einem Depot in der Hofgärtnerei. Vieles spricht dafür, daß in den Jahren seit der Erbauung, vor allem bei der Restaurierung in den zwanziger Jahren, große Teile des plastischen Dekors der Krönung der Residenz durch Kopien ersetzt wurden. Zufällig sind auf einer Aufnahme im Standardwerk über die Residenz von Pfister-Sedlmayer (1923) links unten zwei abgenommene Trophäen von der Südwand des Ehrenhofes sichtbar, deren Kopien später abgebildet sind. Eines der am Boden stehenden Originale, bereits mit weißem Material ergänzt, ist heute als Kriegerdenkmal eines Sportvereins auf der Frankenwarte in Würzburg aufgestellt, einschließlich der weißen Ergänzungen. Nur aus solchen Zufallsentdeckungen können Fehlstellen im Wissen über das weitere Schicksal des Baues vor der Zerstö-

Fig. 90 Zerstörung druch Umwelteinflüsse am Erdgeschoß zum Rennweg. Auswechseln oder Ausbessern?

rung von 1945 teilweise rekonstruiert werden, da die Bauakten verlorengingen.

Eine Gesamtaufnahme der Residenz von 1933 zeigt jedenfalls, daß damals alle Attikafiguren standen. Die Datierung an einzelnen Figuren und die etwas grobe Oberflächenbehandlung spricht dafür, daß es weitgehend Kopien waren, wohl teilweise aus der Zeit nach dem großen Brand von 1896. Auch hier war also die Schlußfolgerung: Die gefährdeten Teile werden abgebaut und nur für den Abgußvorgang mit einem leicht wieder entfernbaren Material ergänzt. Die Originale kommen ebenfalls in die Orangerie. Die armierten, aus einem dauerhaften, dem Sandstein ähnlichen Material gefertigten Abgüsse, die eine wesentlich längere Lebenserwartung haben, werden eingebaut.

Die jahrelange Erfahrung mit den Hofgartenfiguren beim nahtlosen Abformen selbst kompliziertester großer Objekte, die Erfahrung und Erprobung mit verschiedenen Materialien für den Ersatz des Sandsteins und mit den Farbzusätzen waren die Voraussetzungen, daß diese in großer Höhe extremen Witterungsverhältnissen ausgesetzten Bauglieder jetzt so rekonstruiert werden konnten. Die Würzburger Werkstätte wird seitdem mit ähnlichen Aufträgen aus vielen Ländern geradezu überhäuft.

1977 (Ausgaben 1 500 000 DM). Bei der Fortführung der Versilberungsarbeiten in den Ingelheimzimmern – im Gelben Kabinett, im Grünen Salon und im Roten Salon waren sie inzwischen fertiggestellt, in den südlichen Räumen waren sie im Gange – wurden im Grünen Eckkabinett eindeutige Befunde festgestellt, daß auch der hier zuletzt weiße Stuck ursprünglich durchgehend versilbert war. Die Entscheidung fiel für diese erste Fassung. Die Farbgebung im Kleinen Weißen Saal wurde begonnen.

Im Gelben Eckkabinett wurde das Intarsienparkett verlegt. Die Wiederherstellung der Öfen wurde auch hier unter Verwendung der wenigen noch vorhandenen Originalteile fortgesetzt. Mit der Anfertigung und Versetzung der Türen samt Futter und Verkleidung wurde begonnen. Die Restaurierung weiterer Gobelins wurde in Auftrag gegeben, die seidenen Wandbespannungen für den Blauen und Roten Salon wurden bestellt. Sie wurden in Venedig angefertigt.

Im Fürstensaal wurden weitere neu angefertigte Stuckreliefs für die Hohlkehle eingebaut. Die Stuckembleme an der Decke wurden angetragen, die Brüstungen der Empore stuckiert. Der Stuckmarmorkamin an der Südwand wurde aufgestellt, die Atlanten unter Verwendung der noch vorhandenen Reste wiederhergestellt. Mit dem Einbau der Klimaanlage wurde begonnen.

Wegen der Aufstellung der Lüftungsanlage im Dachraum waren umfangreiche Stahlbetonarbeiten notwendig. Die Heizungs- und Sanitärinstallation für Küche und Toiletten wurde vergeben. Im neuen Vorsaal wurde das reiche Gesims entwickelt, die Verputzarbeiten begannen.

1978 (Ausgaben 1 900 000 DM). Für die Fertigstellung der Ingelheimzimmer wurde der Termin Ende September 1978 (bevorstehende Bayerische Landtagswahlen) festgelegt. Die erforderlichen zusätzlichen Mittel wurden umgehend bewilligt. Am 29. September 1978 erfolgte die Übergabe der Ingelheimzimmer und des Fürstensaales an die Öffentlichkeit durch den Bayerischen Staatsminister der Finanzen, Max Streibel.

Das Spiegelkabinett

Völlig überraschend erscheint jetzt ein neuer Entschluß in Richtung »Rekonstruktion«: Erich Bachmann schrieb noch in seinem Residenzführer in der Ausgabe von 1975: »Das Spiegelkabinett freilich, das unbestritten schönste seiner Art und eines der vollkommensten Raumkunstwerke des Rokoko überhaupt, scheint, obwohl die bewegliche Einrichtung ganz erhalten ist, für immer dahin zu sein.« Nach der »gelungenen« Restaurierung des Grünlackierten Zimmers hatte das Landbauamt allerdings schon 1974 den Auftrag erhalten, die Möglichkeit einer Rekonstruktion zu untersuchen.

Im April 1978 wurden erste Gespräche mit den von der Baumaßnahme »Wiederherstellung des Spiegelkabinetts« betroffenen Professoren der darüber eingerichteten Universitätsinstitute geführt. Nach der Fertigstellung der Bauten für die Philosophische Fakultät in der Neuen Universität am Hubland war die Raumnot dieser Institute wesentlich entspannt. Im Juli wurde gemeinsam mit dem Rektor, dem Kanzler und den beteiligten Professoren eine befriedigende Lösung gefunden, da – wie bereits vorher beschrieben – das zu rekonstruierende Gewölbe über dem Spiegelsaal die Folge der darüberliegenden Institutsräume durchbrechen sollte. Mit Beginn des Wintersemesters 1978/79 mußten die Räume über dem Spiegelkabinett freigemacht werden. Bereits im Oktober wurde die nach dem Krieg eingezogene Stahlbetondecke »in Diamantsäge- und Kernbohrverfahren« ausgebaut und eine neue, über dem zu rekonstruierenden Gewölbe liegende Stahlbetondecke eingebracht. Diese Arbeiten waren Ende des Jahres fertig. Neue Untersuchungen für die Wiederherstellungsarbeiten, Proben mit mundgeblasenen Gläsern, Verspiegelungsarten und der sogenannten Eglomisée-Technik begannen.

1979 wurden 999 000 DM ausgegeben. Im Spiegelkabinett wurde die Höhe und die Form des Gewölbes, der Verlauf der Hohlkehle und das Profil des Gesimses zeichnerisch und durch verschiedene Modellproben entwickelt. Eine größere Decken- und Gesimsprobe mit teilweise aufgezeichnetem Stuck wurde im Juni durch die Schlösserverwaltung begutachtet und gutgeheißen, ebenso die von der DEGUSSA gefertigten und von der Landesgewerbeanstalt auf Haltbarkeit untersuchten Verspiegelungsproben. Im August wurden die Stuckarbeiten ausgeschrieben und vergeben. Die detaillierte Ausarbeitung der Vorlagen für die Deckenstuckierung konnte somit beginnen.

»Die Zimmererarbeiten für die Gewölbekonstruktion in Holz- und Rippenstreckmetall, aufgehängt an der neuen darüberliegenden Stahlbetondecke, begannen im September.« Anstelle der bisher vorgesehenen mundgeblasenen Gläser, die sich wegen der sehr geringen und auch unterschiedlichen Stärke als problematisch erwiesen, wurde nach vielen Versuchen ein besser geeignetes Glas, nämlich ein fünf Millimeter starkes, industriell gefertigtes, optisches Brillenglas gewählt. Die Schneide- und Verspiegelungsversuche verliefen positiv, zudem entsprach dieses Glas wesentlich besser den überlieferten alten Glasresten. Der endgültige Auftrag für die Verspiegelung wurde erteilt. Kunstmaler Wolfgang Lenz wurde zunächst mit der »zeichnerischen Aufteilung der Südwand« beauftragt.

Scheinbar gab es schon während der Erbauungszeit Schwierigkeiten mit der Beschaffung der Gläser. Jedenfalls hatte Balthasar Neumann in Fabrikschleichach im

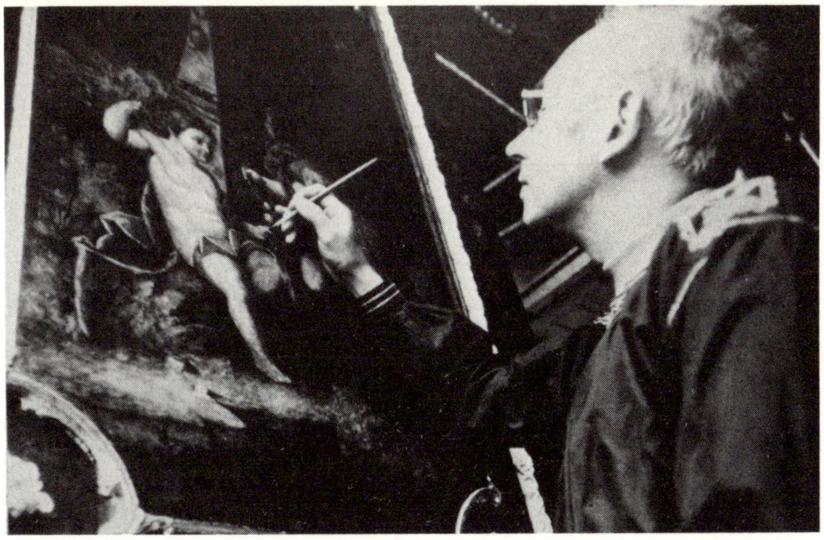

Fig. 91 Kunstmaler Lenz arbeitet im Grünlackierten Zimmer

Steigerwald in eigener Regie die von der Hofkammer gepachtete Glashütte ab 1733 betrieben und von dort aus nicht nur den Residenzbau beliefert, sondern auch Glas bis Holland exportiert. Die Baugruppe dieser Fabrik ist bis heute im wesentlichen erhalten. »Nebentätigkeiten« waren den Beamten also damals erlaubt. Auch der Holzbildhauer und Gießer, Ferdinand Hundt, hat den Türknopf der Hofkirche noch an andere verkauft, wie ein Fundstück beweist.

Der Entschluß zur Rekonstruktion dieses einerseits am meisten zerstörten Raumes der ganzen Enfilade »Kaiserzimmer« und andererseits deren Glanzpunktes im wahrsten Sinne des Wortes war letztlich unausweichlich und konsequent. Als einziger Raum in dieser Raumflucht ist er neben dem Kaisersaal durch ein Gewölbe überhöht, in Eglomisée-Technik bemalte Spiegel mit chinesischen Motiven dekorierten die Wände und Gewölbepartien zwischen reich vergoldetem oder farbig gefaßtem figurenreichen Stuck, ein wirklicher Höhepunkt der Kaiserzimmer. Allerdings war von all dem nichts übriggeblieben als eine Türe und die feuervergoldeten Wandleuchter, dazu die Einrichtung mit den Sitzmöbeln und zwei Tische mit in Eglomisée-Technik bemalten Glasplatten. Diese sind somit – neben einem beim Ausbauversuch 1944 zu Bruch gegangenen, aber dadurch wenigstens geretteten Teil einer Wandplatte – die einzigen Spiegelplatten in dieser Technik, die original erhalten blieben. An einem dritten Tisch fehlt die Spiegelplatte.

Allmählich, im Laufe des Jahres, hatte es sich gezeigt, daß eine glaubhafte Wiederherstellung der ganzen Prunkraumflucht einschließlich des nördlichen Abschlußes, des Grünlackierten Zimmers, doch möglich war. Notwendige Konsequenz war es daher, auch den südlichen Abschluß wiederherzustellen. Der ursprüngliche Abschluß, die Galerie der Fürstbischöfe, war nicht rekonstruierbar, da diese bereits in der Toscanazeit zu Wohnräumen umgestaltet worden war. Nur in diesem Zusammenhang erscheint die vollkommene Rekonstruktion eines Raumes von dieser einmaligen künstlerischen Bedeutung mit allen Konsequenzen gemessen am wirklich Machbaren verständlich und vertretbar. Mitentscheidend war der Glücksfall, daß der Würzburger Kunstmaler Wolfgang Lenz eingesetzt werden konnte. »Wenn es einer machen kann, dann nur der«, so formulierte es der Leiter der Bauabteilung der Schlösserverwaltung, Abt.-Dir. Schelling.

»Der Zustand der Attikabalustraden mit Vasen und Trophäen wird zunehmend schlechter. Mehrere Urnen müssen durch Abgüsse ersetzt werden.«

1980 wurden 801 000 DM ausgegeben. Im Spiegelkabinett wurden die Decke und die Hohlkehle verputzt und das Hauptgesims gezogen, die Stuckmarmorierung und das Schleifen derselben wurden begonnen. Als Unterkonstruktion für die großen Spiegelflächen wurden »Tischlerplatten« eingebaut.

Da die mit großer Verzögerung abgelieferten Zeichnungen des beauftragen Bildhauers für die Rekonstruktion des Stucks wegen großer Ungenauigkeit nicht verwendbar waren, wurde diesem der Auftrag durch die zuständige Firma entzogen. Die Entwicklung des Deckenstucks, die Anfertigung von Zeichnungen und das Aufpausen auf die Deckenfläche konnte von den Stukkateuren trotzdem bis Jahresende abgeschlossen werden.

Die Zusammensetzung der Metall-Legierung für die

Verspiegelungen durch die DEGUSSA wurde nochmals geändert und anstelle der bisherigen Legierung von 95% Zinn und 5% Blei eine solche aus Aluminium mit einer geringen Beimengung von Magnesium und Silizium verwendet. Die ersten Spiegel wurden geliefert und an der Decke montiert. Grundsätzlich wurden bei den Wiederherstellungsarbeiten der Residenz, soweit wie möglich, überlieferte Techniken der Bauzeit angewandt. Die früher übliche Verspiegelung mit Quecksilber ist jedoch heute aus Gründen des Arbeitsschutzes verboten (Quecksilbervergiftungen). Hier mußte eine neue Technik das überlieferte Erscheinungsbild mindestens in gleichwertiger Qualität ersetzen. Nach Anbringen der Spiegel an der Decke wurden die Stuckspiegelumrahmungen gezogen und versetzt.

Für die Wandflächen wurden die ersten Gläser zunächst vorbehandelt, verspiegelt, vergoldet und dann mit Gravur und figuraler Bemalung durch Kunstmaler Lenz fertiggestellt: Die Vorbereitung der Gläser, das Ankleben der Teilflächen und die Vergoldung wurden der Werkstatt der Schloß- und Gartenverwaltung in der Residenz (Vergolder Weber) übertragen.

An der Fassade des Ehrenhofes wurden die Gesimse und Balkonabdeckungen erneuert. Auch hier waren wieder umfangreiche Steinmetzarbeiten, teilweise im »Abgußverfahren« notwendig.

1981 (Ausgaben 900000 DM). Im Januar begannen die Antragsstuckarbeiten an der Decke. Die gerettete Türe mit neuer Verkleidung wurde eingesetzt und an der Süd- und Nordwand der Sockel gesetzt. Die Wandflächen wurden mit »schwer entflammbar« imprägnierten Tischlerplatten verkleidet, auf die im Mai die ersten verspiegelten, vergoldeten und bemalten Glasplatten montiert werden konnten. Zum Ende des Jahres waren alle Platten der Südwand einschließlich der Supraporten fertig und montiert. Die Stuckierung dieser Wandflächen wurde begonnen.

Ursprünglich waren die Spiegeltafeln einfach auf den Putz aufgeklebt und durch den Stuck in den Zwischenräumen, der die Spiegelwände überspielte, so festgehalten, daß ein Ausbau im Krieg nicht möglich war (s. o.). Die heutige, diffizile Montage auf Tischlerplatten erlaubt die Herausnahme der einzelnen Platten, allerdings auch nicht ohne Beschädigung des auf den dazu gesandelten Rändern der Spiegelplatten aufliegenden, übergreifenden Stucks. An der Süd- und Nordwand wurden auch die besonders feingliedrigen Stukkierungen des Hauptgesimses fertig.

An den Glastafeln der Nordwand wurde gearbeitet, die nördliche Supraporte fertiggestellt, die Gläser für die Westwand wurden für die Verspiegelung vorbereitet. Nachdem ab Mai eine weitere Firma zur Mitarbeit gewonnen werden konnte, machte die ungewöhnlich reiche Stuckierung der Decke gute Fortschritte.

Im Frühjahr kam eine neue unangenehme Überraschung. Nach dem nassen und kalten Winter hatten sich an den Fassaden und an der Attika einzelne Steinteile gelöst. Mit Drehleitern und Hängekorb wurden alle Fassaden auf gefahrdrohende Zustände überprüft. Als Ergebnis mußte zunächst vor dem kommenden Winter die gesamte, reich gegliederte Attikabalustrade über dem Haupteingang im Ehrenhof, die 20 Jahre zuvor provisorisch überholt worden war (s. o.), einschließlich zweier Figuren und dreier Büsten abgebaut werden. Der Sandstein war senkrecht aufgespalten, Teile drohten hinabzustürzen. Diese Teile wurden

Fig. 92 Stuckierung der Decke im Spiegelkabinett

durch Abgüsse ersetzt. Das Landbauamt war daraufhin einer heftigen Kampagne einer in den letzten Jahren etablierten Denkmalschutzgemeinschaft ausgesetzt wegen »Zerstörung der Residenz«. »Im Zuge dieser Arbeiten an der Dachbalustrade wurden Teile einer bisher fehlenden Figur und einer Vase geborgen.«

1982 wurden 900 000 DM ausgegeben, ein Teil davon für das Spiegelkabinett. Die Arbeiten hier konnten nicht durch Bereitstellen größerer Baumittel forciert werden, das eingearbeitete Team kann die stufenweise Folge von diffizilen Arbeitsgängen, die immer wieder einander überschneiden, nicht beschleunigen. Immerhin war jetzt ein Großteil der Arbeit geleistet. Die vier Eckkartuschen mit der Darstellung der vier Erdteile waren fertig. Auch an der Nordwand wurden die verspiegelten, vergoldeten und bemalten Gläser montiert, die Stuckumrahmungen dazu begonnen. Die Gläser für die Westwand wurden zugeschnitten, verspiegelt und vergoldet dem Kunstmaler übergeben.

Für die Rekonstruktion des Marmorkamines waren Modellversuche notwendig. Die Holzschnitzarbeiten für die Lambries liefen. Im nördlichen und südlichen Lichthof mußte die Dachentwässerung erneuert werden.

Die Attikabalustrade am Ehrenhof links neben dem Hauptportal, die Ende 1981 wegen Absturzgefahr abgetragen worden war, wurde durch Abgüsse ersetzt. Die überlebensgroßen Sandsteinfiguren wurden gefestigt und wieder aufgestellt. Die Bruchstücke einer bisher fehlenden Figur, die 1981 im Dachraum gefunden worden waren, wurden zusammengesetzt und provisorisch ergänzt, der Abguß davon schließt jetzt die Fehlstelle wieder. Auch hier mußten sämtliche Traufbleche und Regenrinnen erneuert werden.

Mit dieser Eintragung endet 1982 das Bautagebuch. Im wesentlichen ist der Wiederaufbau abgeschlossen. Das letzte Glanzlicht, das Spiegelkabinett, ist diesem Gesamtkunstwerk Residenz bald wieder aufgesetzt. Noch 1983 steht der Stuck in Weiß zwischen den verspiegelten Bildflächen in Farbe und Gold. Wenn auch dieser wieder in Gold und Farbe gefaßt ist, wird dieses einmalige Raumkunstwerk, »eines der vollendetsten des Rokoko überhaupt«, wieder in seiner illusionistischen, verwirrenden Pracht strahlen.

Die Kavaliersbauten mit Kolonnaden und Hofkellerei

Auch von den das Hauptgebäude flankierenden beiden Kavaliersbauten, dem »Rosenbachhof«, früher »Präsidialgebäude«, und dem »Gesandtenbau«, standen nach dem Bombenangriff nur die aufgehenden Mauern. Jahrelang blieb die Frage der künftigen Verwendung offen.

Das nördliche Palais, der um 1700 von Petrini erbaute Rosenbachhof, war neben der Mittelachse von der Schönbornkapelle bis zur Spitze der Bastion im Hofgarten der zweite Zwangspunkt der Planung, damit war die Breitenausdehnung festgelegt. Bis 1731 überwachte von dieser »Bauhütte« aus der Fürstbischof das Baugeschehen. Bis zum Zweiten Weltkrieg wohnte hier im »Präsidialgebäude« der Regierungspräsident. Nach den Kriegszerstörungen war das Wohnrecht der Familie Wittelsbach in der Residenz auf dieses Palais übertragen worden. 1953 war über einem Leicht-Stahldachstuhl das Dach mit Gesims, Risalitgiebel und Dachgauben anhand von Bestandfotografien wieder aufgesetzt worden. Auch hier hatte der Brand vor allem die Fensterlaibungen beschädigt, die Fassade wurde teilweise mit Werksteineinsätzen und teilweise mit Mineros-Technik ausgebessert.

Bis 1963 ging der Bau nur zögernd weiter, da die Planungsbesprechungen mit dem »Wittelsbacher Ausgleichsfond« durch dauernde Programmänderungen belastet waren. Die Grundinstallationen waren bereits fertig, das Staatsweingut hatte im Erdgeschoß bereits Büros und Laborräume bezogen, als der Bayerische Prinz sich entschloß, doch nicht in Würzburg zu studieren, und das Wohnrecht abgelöst wurde. Damit war jetzt die Möglichkeit gegeben, für das Staatsweingut eine sinnvolle Gesamtlösung zu planen.

Die Hauptverwaltung des Staatsweingutes Würzburg-Veitshöchheim hat jetzt ihren Sitz im Obergeschoß des Rosenbachhofes. Im Erdgeschoß und in den Nebengebäuden mit Kellern des anschließenden Hofes, wie die früheren Ökonomiegebäude dieses ehemaligen Gutshofes hinter einer hohen Mauer entlang dem Rennweg versteckt liegend, sind die Betriebsräume mit Flaschenkeller und Flaschenabfüllung sowie Versand untergebracht.

Auch der bisher manchmal chaotisch ablaufende Kellereibetrieb konnte in geordnete Bahnen gelenkt werden. Ein unterirdischer Verbindungsgang quer durch den Ehrenhof verbindet die gewölbten Keller des Nordflügels nun mit den monumentalen Gewölberäumen des Südflügels. In Jahrhunderten gewachsener Weinkellerpilz überzieht hier das Natursteinmauerwerk und gibt Gewähr für ein gleichmäßiges Kellerklima. Zur Verbindung der Kellerei mit den Betriebsgebäuden im Rosenbachhof wurde unter dem Rennweg in 8,4 Meter Tiefe ein Verbindungsgang geschaffen. Während früher in allen Höfen der Residenz, über den Ehrenhof und über den Rennweg hinweg der Staatsweingut-Betrieb improvisiert werden mußte, verläuft dieser heute unsichtbar. Lediglich während der Traubenlese müssen einige Parkplätze der Universität im Hof neben der Hofkirche zum Einfüllen der Trauben und zum Abtransport des Preßgutes freigemacht werden, und herbstlicher Duft durchzieht dann die Südhöfe. Trotz der Technik einer modernen Kellerwirtschaft konnten die repräsentativen Raumgruppen im Nordkeller mit dem imposanten Rondellkeller unter dem nördlichen Mitteloval der Residenz im ursprünglichen Zustand erhalten und restauriert werden. Einschließ-

Fig. 93 Fässer im »Probierkeller« der Hofkellerei

lich der riesigen »Beamtenfässer« bildet die imposante Front der Eichenfässer mit den geschnitzen Faßböden wieder ein würdiges Spalier für die Besucher des hier neu eingerichteten, repräsentativen Probierkellers.

Das Pendant zum Rosenbachhof, der Gesandtenbau gegenüber, der erst 1767 vom Amtmann Geigel als annähernde Kopie errichtet worden war, wurde als erster Ansatz zu einem »Kongreßzentrum« erdgeschossig mit der Gaststätte des Staatsweingutes und im Obergeschoß mit zwei größeren Konferenzräumen ausgebaut. Auch hier war nach jahrelangem Ruinenzustand im Innern keine Originalsubstanz erhalten. Die Situierung der Haupttreppe in der Mitte wurde beibehalten, obwohl die Betriebsabläufe erschwert wurden. Die Planung des Landbauamtes wurde vom Leiter der Bauabteilung der Schlösserverwaltung, Baudirektor Huf, geleitet.

Nachdem 1959 das gesamte Muschelkalkgesims erneuert werden mußte, wurde auf einem Stahlbetonkranz ein Stahlgitter-Faltdachstuhl aufgestellt. Ab 1960 wurde der Ausbau, mit der Zielsetzung: »Fertigstellung Frühjahr 1963«, vorangetrieben. Im Mai 1963 war Einweihung.

Die Kolonnaden mit den beiden Pylonen, die die Platzkomposition an die Stadt an einer Ecke des mittelalterlichen Mauerrings anbinden, hatten ebenfalls schwer gelitten. Im Laufe der Jahre sind, wenn wieder einmal Barmittel erübrigt werden konnten, die Gitter Stück für Stück überholt und ergänzt worden. Ein Baubucheintrag vom Jahr 1971 zeugt von einem erfreulichen Beitrag, diese Arbeiten endlich zum Abschluß zu bringen: »Der Verschönerungsverein Würzburg hat zu diesen Arbeiten eine Summe von 10 000 DM gespendet, mit der Auflage, daß sämtliche Gitter bis Mai 1972 eingebaut sind. Der Termin kann eingehalten werden.«

Das Martin-von-Wagner-Museum

Wie bereits am Anfang berichtet, war die Vasensammlung der Universität am Auslagerungsort Schloß Thüngen durch Plünderer arg zerschlagen worden. Das Kunsthistorische Institut und das Institut für Klassische Archäologie waren im Südflügel entlang dem Hofgarten (der früheren zweiten Bischofswohnung, später nach Umgestaltung der Wohnung der Familie Toscana) eingezogen mit dem Ziel, auch das Museum und die dazugehörigen bedeutenden Sammlungen der Universität in diesem Bereich unterzubringen.

Durch die neuen, freitragenden Dachkonstruktionen entstand an der Südseite des Ehrenhofes über dem zweiten Halbgeschoß, in dem teilweise die abschließenden Geschoßdecken noch nicht eingezogen waren, eine Folge hoher, großer Räume, die dazu anregten, dort die griechische Vasensammlung aufzustellen. Das darunterliegende Hauptgeschoß, früher Teil der Toscanawohnung, in der Prinzregent Luitpold geboren wurde, und das, obwohl das Mobiliar gerettet worden war, nicht wieder aufgebaut werden sollte, bot sich für die Gemäldegalerie an.

Gegen Ende des Rechnungsjahres 1959 zeigte sich, daß noch Baumittel des Bundes für Universitätsbauten, deren Kosten Bund und Land zu gleichen Teilen bestreiten, übriggeblieben waren. In einer Eilaktion wurde eine Planung mit Kostenanschlag für den Einbau des »Museums« in die Residenz eingereicht. Dieser Antrag wurde allerdings zunächst abgelehnt, weil die Zweckbestimmung der Bundesmittel den Zuschuß für ein Museum nicht erlaubte. Mit der neuen Überschrift: »Einbau einer Studiensammlung für das Kunsthistorische Institut und das Institut für Klassische Archäologie in der Residenz Würzburg« wurde das gleiche Projekt kurze Zeit später wieder eingereicht und der Zuschuß bewilligt.

Die umfangreiche, interessante Gemäldesammlung und die viel zuwenig bekannte Sammlung bedeutender Plastiken einschließlich einiger »Riemenschneider« und eines Bildes von Mathis Gothart Nithart, genannt Grünewald, ist jetzt in hohen repräsentativen Räumen – überwiegend nach Norden gelegen – im Hauptgeschoß untergebracht. Tafelparkett und verschiedenfarbige Naturleinenbespannungen auf Holzvertäfelungen an den Wänden sind Folie für die Bilder und unterstützen das Raumklima dieser vielseitigen Gemäldegalerie.

Die Raumfolge unter dem Dach im zweiten Halbgeschoß, über grauem Marmorboden mit weißen getünchten Rabitzgewölben weit überspannte strenge Museumsräume, gibt jetzt die Möglichkeit, die an Bedeutung neben München und Berlin an dritter Stelle liegende reiche Sammlung antiker Vasen und Plastiken würdig, übersichtlich und instruktiv aufzustellen. Als »Martin-von-Wagner-Museum der Universität Würzburg« wurde sie am 23. Februar 1963 feierlich der öffentlichen Nutzung übergeben.

Die zeitgeschichtlich aufschlußreichen Berichte über die Entstehung dieser Sammlung sind eine köstliche Lektüre mit amüsanten und abenteuerlichen Szenen. Weil diese Geschichte exemplarisch ist für die Entstehung solcher Sammlungen und weil dieses Museum der Ersatz für die der Residenz verlorengegangene Raumgruppe der Toscanazimmer bzw. die bereits Anfang des 19. Jahrhunderts umgestaltete Erste Bischofswohnung ist, wird hier eingehender berichtet.

Am Anfang stand ein skurriles Raritätenkabinett, gegründet von Josef Anton Bruno mit dem Klosternamen Bonavita Blank, der zunächst als Solotänzer bei dem von den Jesuiten gepflegten Theater geglänzt haben soll. Die meisten Objekte waren sogenannte »Musivgemälde«, von denen er 480 produziert hatte. Die aus zerfallenen Hölzern, Federn und Schmetterlingsflügeln gebastelten Landschaften und Portraits waren damals eine Sensation. Da die beiden Kaiser Leopold II. und Franz II. davon hell begeistert waren, machte der Landesherr Franz Ludwig von Erthal diesen Blank zum Professor und stellte die Sammlung 1796 im Gesandtenbau auf. 1803 ging sie mit einer Leibrente von 12000 Gulden an die Universität Würzburg über und wurde dort aufgestellt. Ein einziges Stück davon blieb bis heute erhalten: ein aus Vogelfedern zusammengesetztes Bild, ein Portrait von König Max I. Josef in buntem Früchtekranz auf steinernem Sockel. Unter den Nachfolgerns Blanks wurde die Sammlung mit Bildern, Münzen, Graphiken und Gipsabgüssen bereichert. Nachdem König Ludwig I. angeordnet hatte, »bis auf weitere allerhöchste Entschließung darf keine Vermehrung der aesthetischen Sammlung stattfinden«, vererbte der Museumsleiter Fröhlich seine eigene Sammlung, 200 Gemälde, deren Wert mit 10000 Gulden veranschlagt war, dem Museum.

Ein völlig neues Gesicht und später auch seinen Namen bekam das Museum durch die Stiftung Martin von Wagners. Geboren 1777 als Sohn des bedeutenden Holfbildhauers der Residenz, Peter Wagner, lebte er als Maler und Bildhauer 54 Jahre in Rom, wo er vorwiegend als Aufkäufer von Antiken für den Kronprinzen und späteren König Ludwig I. von Bayern tätig war. So konnte er außer wesentlichen Teilen der Sammlungen der Pinakothek und Glyptothek auf seinen gefahrvollen Reisen auch die »Aegineten« in Griechenland erwerben. Um in Rom bleiben zu können, verzichtete er sogar auf den Posten eines Generaldirektors der Münchener Museen. Allmählich vergessen hauste er zuletzt als »Cerberus der Villa Malta« leicht schrullig und verbittert in Rom, von wo er die Universität Würzburg wissen ließ, daß er ihr seine eigene Sammlung schenken wolle. Der Theologe, Landtagsabgeordnete und Oberbibliothekar Anton Ruland berichtet von seinem ersten Besuch als Abgesandter der Universität 1857: »Bereits am dritten Tag meiner Hieherkunft, die am 22-ten November erfolgte, war das freundschaftliche Verhältnis zu dem alten, ehrlichen, aber höchst empfindlichen, durch jedes unschuldige Wort in Feuer und Flamme aufgehenden und dann grundgroben und mehr als grundgroben Wagner so intim geworden, daß ich meine Mission als eine durchaus glückliche nennen darf. . . . .« Um den alten Mann nicht zu vergrämen, mußte der Theologe Ruland im Heiligen Rom »eben nicht sehr heilig, sondern nach Künstlerweise« leben. »Ich besuche Trattorien, Kaffeehaus etc., wo er mich eben hinbestellt.«

Nachdem die Übergabe der Sammlung abgesprochen war, einschließlich der Übergabe der kostbaren archäologisch artistischen Bibliothek und des beträchtlichen Kapitalvermögens, fragte Wagner, »ob ich ihn vielleicht nicht auch noch mitnehmen und ausbalgen lassen wolle«. Bald darauf starb Wagner 81jährig, nachdem ihm die Universität zum Dank kurz zuvor eine Kiste Boxbeutel mit besonders edlen Weinen geschickt hatte. Ein abenteuerlicher Reisebericht des Theologie-Professors Franz Hetterich schildert den Transport des

Erbes 1859 nach Würzburg während der italienischen Revolutionszeit (1859–1869). In Civita-Vecchia konnten die Geldkoffer im Handgemenge gerade noch gerettet werden.

Die nächste bedeutende Erwerbung, 480 griechische Tongefäße, die der Gutsbesitzer Feoli seit 1828 bei der Stadt Vulci ausgegraben hatte, gelang dem Museumsleiter Professor Karl Ludwig Urlichs. Dessen 95jährige Enkelin, die Pianistin Lotte Kliebert, kann dies heute noch aus der Familienüberlieferung kommentieren.

1872 erfuhr Urlichs auf einer Studienreise, daß die Sammlung Feoli zu einem günstigen Preis zu erwerben sei. Am 19. April informierte er den Rektor, am 23. April traf das erforderliche Gutachten über die Sammlung ein, am 24. April telegraphierte der Rektor an Urlichs, daß der Senat den Kauf grundsätzlich genehmigt habe, am 27. April wurde die stiftungsaufsichtliche Genehmigung (Martin-von-Wagner-Stiftung) am Ministerium beantragt, und bereits am 3. Mai genehmigte der Minister den Ankauf für 30000 Francs. Nur 14 Tage hatte die ganze Aktion zwischen Rom, Würzburg und München gedauert. Die Auszahlung der Kaufsumme, die Urlichs noch um 4500 Francs heruntergedrückt hatte, verlief etwas komplizierter, so daß dieser zum mindesten zur Zwischenfinanzierung mit seinem Privatvermögen einspringen mußte. Jedenfalls erinnert sich seine Enkelin, daß die Kiste mit den Wertpapieren nach seinem Tod leer gewesen sei.

Unter Heinrich Sittl kamen noch die schönen Terrakotten aus der Sammlung Margaritis hinzu.

Professor Dr. Hans Möbius, von 1942–1964 Leiter des Museums, verlagerte nach seiner Entlassung aus der Wehrmacht 1944 mit Wehrmachtsfahrzeugen einen großen Teil der Vasen und Plastiken nach Thüngen in tiefe und vermeintlich sichere Brauereikeller. Auf der Suche nach dem genius loci, hier dem Alkohol, wurden in den letzten Kriegsjahren diese Kisten allerdings mehrmals geplündert und aus Enttäuschung sogar die Holzwolle der Verpackungen angezündet, während die in der Alten Universität von Schenk gesicherten Bestände (s. o.) weniger gelitten hatten. Professor Möbius konnte bei einem Besuch, kurz bevor er 81jährig in Bad Homburg starb, wenigstens die Bilanz ziehen, daß die wesentlichen Bestände wieder restauriert waren und unter ihm das Museum endlich sein über 150 Jahre geplantes eigenes »Gehäuse« bekommen hatte.

Seine Nachfolgerin, Professor Dr. Erika Simon, erlebte 1966, daß Neuerwerbungen im 20. Jahrhundert nicht so rasch realisierbar sind wie der Ankauf der Sammlung Feoli im 19. Jahrhundert, von dem berichtet wurde. In Rom hatte sie bei einem Kunsthändler einen monumentalen Rundaltar mit Eroten entdeckt und sofort als den identifiziert, der 1863 in den Gärten des Sallust gefunden, veröffentlicht und seitdem verschwunden war. Der Händler räumte ihr zum Dank für diese Expertise das Vorkaufsrecht bis zum Jahresende ein. Vergeblich versuchte Frau Simon das Ministerium von der Bedeutung gerade dieser Erwerbung für die Stadt der Putten, Würzburg, zu überzeugen. Am letzten Tag vor Ablauf der Frist erzählte sie mir, dem Berichterstatter, von ihrer Not. Nach einigen vergeblichen Versuchen gelang es noch am gleichen Abend bei einem Besuch in Castell den Fürsten Castell-Castell zu veranlassen, ein Telegramm mit der grundsätzlichen Zusage nach Rom zu schicken. Die erforderlichen Mittel wurden dann im Laufe der nächsten zwei Jahre bereitgestellt. So gelang im letzten Moment noch diese wichtigste Neuerwerbung der letzten Jahre.

Zur Misere des geringen Ankaufsetats kommt heute noch der enorme Preisanstieg. Da kam 1982 wie ein Wunder zur 400-Jahr-Feier der Universität eine Stiftung zustande, die nur mit der Initialzündung durch Martin von Wagner vergleichbar ist. Der Berliner Studienrat Alexander Kieseleffs schenkte, durch den Würzburger Ägyptologen Karl-Theodor Zauzich stimuliert, seine in 20 Jahren zusammengetragene Privatsammlung der Universität. Zwei Drittel der Sammlung von rund 1500 Objekten sind ägyptischen Ursprungs ab der Nequada-Kultur und mehr als ein Ersatz für die im Kriege verlorengegangene Substanz. Das weitere Drittel ergänzt mit ganz bedeutenden Keramiken und Kleinkunst ab der minoischen Kultur die »Vasensammlung«, die von Frau Professor Dr. Simon betreut wird. Der ganze unbezahlbare Reichtum der Sammlung wird erst voll zur Geltung kommen, wenn sie in den drei eigens dafür frei gemachten Räumen aufgestellt sein wird: Das Vermächtnis eines bescheidenen Zeitgenossen, der »nur so nebenberuflich die Wiege der Europäischen Kultur mit antiken Fundstücken dokumentieren wollte«.

Die Universitätsräume und der Toscanasaal

Bis zum Bezug der neuen Universitätsbauten am Hubland war die Universität Würzburg im Stadtgebiet verteilt, weil die bestehenden Gebäude den wachsenden Raumbedarf nicht erfüllen konnten. Es war naheliegend, Räume in der Residenz mit Universitätsinstituten zu füllen.

»Entschuttung der Südlichen Rotunde (heute Toscanasaal) . . . in allen Geschossen sowie des ersten Halbgeschosses im südlichen Ost- und im östlichen Südflügel« lautet die erste Eintragung im Bautagebuch 1954.

In den nächsten Jahren wurden in diesem Bereich Decken betoniert, Zwischenwände eingezogen und die Grundinstallation begonnen. Teilweise wurden schon Böden in Parkett und Sandstein verlegt. Nachdem auch hier die verbrannten Leibungen »ergänzt« worden waren, wurden die Türen und Fenster versetzt. Die Arbeiten liefen in den folgenden drei Jahren zügig weiter. Das erste Halbgeschoß und das Hauptgeschoß konnten 1958 den Benutzern übergeben werden.

1959 folgten weitere Raumgruppen im zweiten Halbgeschoß. »Beginn der Werksteininstandsetzungsarbeit an der Fassade des Südflügels zum Residenzplatz.« Diese Eintragung zeigt, daß auf das Baukonto der Universitätsräume auch Restaurierungsarbeiten an der Fassade verbucht wurden. Am 15. Januar 1960 wurde die Raumgruppe im zweiten Halbgeschoß dem Bauherrn übergeben, der Ausbau weiterer Räume begann. 1962 nahm die Universität alle Räume in Benutzung, lediglich die Arbeiten im Rondellsaal (Toscanasaal) und an den Außenfassaden waren noch im Gange und liefen weiter bis zum Abschluß 1965.

Für die Öffentlichkeit bedeutsam ist in diesem Bereich außer der ursprünglichen Treppenanlage mit den beiden anschließenden Fluren (deren Decken haben wieder ihre ursprüngliche Profilierung) und dem bereits zuvor beschriebenen Bereich des »Martin-von-Wagner-Museums« vor allem der beliebte Hörsaal, der »Toscanasaal«, dessen Restaurierungskosten ebenfalls zu Lasten der Universität abgebucht werden konnten. Wenn nicht später doch noch ein paar Räume an der Südseite des Ehrenhofes im Toscanastil rekonstruiert werden, damit wenigstens die wichtigsten Stücke der erhaltenen Möblierung aus dieser für Würzburg geschichtlich bedeutsamen und stilgeschichtlich interessanten Zeit hier museal aufgestellt werden können, dann bleibt der Toscanasaal das einzige repräsentative Zeugnis des Interregnums von 1806–1814.

In einem merkwürdigen, fast skurrilen Empirestil, wohl unter dem Eindruck römischer Dekorationskunst, die in den Grabungen von Pompej und Herculaneum wiederentdeckt wurde, zeigt dieser Saal nach Entwürfen des Franzosen Salins de Montfort eine südliche Zeltarchitektur in fröhlicher Buntheit, die auf die Flachdecke die Illusion einer Wölbung zaubert. Die ornamentale und figurale Wanddekoration war teilweise, wenn auch sehr brüchig und durch Brandeinwirkung farblich weitgehend verändert, erhalten geblieben. Ab der eingestürzten Galerie nach oben war nichts mehr – auch nicht in Spuren – erhalten. Da die farbige Bindung an die erhaltenen, verfärbten Rudimente die Rekonstruktion unmöglich gemacht hätte, wurde die gesamte Raumdekoration neu gemalt. Der einschlägig befähigte Würzburger Kunstmaler Curt Lessig und vor allem Herr Pelzer aus Söcking am Starnberger See waren hier tätig, um diese ganz ungewöhnliche Raumdekoration wieder entstehen zu lassen (Ende 1966).

Das Staatsarchiv

Auf Beschluß des Fürstbischofs Adam Friedrich von Seinsheim vom 30. Dezember 1763 wurde das Bischöfliche Archiv aus dem Schoderturm in der Festung (heute Randersackererturm) in die Residenz verlegt. Seit der Bistumsgründung im Jahre 742 waren diese Archivalien angesammelt worden, oder wie Dr. August Sperl, Archivar und Dichter zu Anfang dieses Jahrhunderts, formuliert: »Der Landesherr des 16. Jahrhunderts besaß Rüstkammern zweierlei Art. In der ersten verwahrte er seine Waffen, und diese Rüstkammern waren längst zu mächtigen Zeughäusern geworden, in der anderen lagen hinter Schloß und Riegel und vergitterten Fenstern die Pergamente und Papiere – und aus diesen Rüstkammern sind im Laufe der Zeit unsere Archive erwachsen.«

Über das Festungsarchiv berichtet der berühmte Würzburger Archivar Lorenz Fries 1545: »Es ist nur ein einziges starkes Gewölb mit zweien Lichten. Darin stehen fünf unterschiedliche Schrein oder Behälter mit ihren geordneten Schubladen, in welchen des Stifts Würzburg und seines Herzogtums zu Franken Regalia, Freiheit, Kaufbriefe, Verträge, Quittanzien, Lehnmachung, Register, Lehnrevers, Dienerbestallung, Einigung, Bündnis, Huldigung der Untertanen, Revers über bewilligte Verpfändung, Urfehd und anderes, so viel derselben bei eines vorstehenden Fürsten Handen erlegt sein.«

Viel größer war der Bereich des Archivs in der Residenz im unteren Mezzanin der Nördlichen Rotunde zunächst auch nicht. Schon Fürstbischof Friedrich Carl Schönborn hatte den Raum für diesen Zweck bestimmt, weil »räumig genug, eben zu diesem Gebrauch mit besonders von Quadratstein aufgesetzten, dicken Mauern vom Fundament an bis oben hinaus und noch mit besonders angebrachten doppelten Gewölben vor alle Gefahr sichergestellet«. Bis 1763 war der auf zwei mächtigen Säulen überwölbte Raum allerdings Rüstkammer. Mit den Entwürfen der Archivschränke wurde 1763 der Architekt Hauptmann Fischer beauftragt. 1764 erhielten die Hofschreiner Schlecht und Walser und der Hofschlosser Georg Oegg ihre Aufträge zur Ausführung.

Die Einrichtung, von der August Sperl schreibt: »prächtige, von geschnitzten Aufsätzen gekrönte Schränke«, bestand aus vier großen Kästen, fünf großen Schränken (Schreinerrechnung 690 Gulden), dazu ein »Sesselgestell«. Oegg erhielt 1002 Gulden für Beschläge und eine Türe, die als einziger Teil dieser Ausstattung erhalten blieb und heute das Prunkstück im Archiv ist. Die Archivalien waren allerdings in einem ziemlichen Durcheinander, weil Fürstbischof Adam Friedrich von Seinsheim aus Liebe zu seinen Schätzen kaum jemanden ins Archiv ließ, auch nicht zum Aufräumen. Bis zur Kriegszerstörung war das Archiv, seit 1814 Königliches Bayerisches Archiv, 1921 in Staatsarchiv umbenannt, so angewachsen, daß es nach Zusammenfassung der verschiedenen Dependencen (in der Neubaukirche, in der Alten Universität, im Südflügel der Residenz, in der Hofweinstube und sogar in der Weinstube Buhl hinter dem Dom) im Nordflügel 80 Räume belegt hatte, allerdings kein modernes Archiv, sondern »ein zufällig zusammengestoppeltes Konglomerat einzelner Zimmer und Säle«.

Von diesen Räumen blieben nach dem Brand nur vier einigermaßen intakt. Trotz Auslagerung von 50% der Bestände gingen in den Ausweichlagern und in der

Fig. 94 Archivräume des Staatsarchivs in der Residenz

Residenz 55% der Substanz, meist Akten nach 1600, verloren. Die Auffüllung dieser Fehlbestände war zunächst das geringere Problem, drückender war die Raumnot.

»Die einst meterdicken Rundsäulen im Erd- und ersten Halbgeschoß, die die Last der Gewölbe durch alle Geschosse hindurch bis zum Dachstuhl tragen, drohten einzustürzen und wurden noch von der Militärregierung armiert und ausbetoniert.« Dies war bis 1947 die einzige Baumaßnahme im Archiv. Die ersten Bücherregale ließ der Bibliotheksleiter Dr. Burkhard aus dem Holz der Tribüne vor dem Franconiabrunnen, auf der auch Ingrid Bergman eine Vorstellung vor US-Soldaten gegeben hatte, zusammenbauen. Das Tagebuch des Landbauamtes berichtet erst 1955 von einer großen Baumaßnahme (70000 DM), dem »Einbau einer Obergeschoßregalanlage im Erdgeschoß der Rotunde und dem Einbau einer Zwischendecke aus armierten Kunststeinplatten«.

1956 wird die im Schutt aufgefundene oben bereits erwähnte Türe von Oegg instand gesetzt und 1957/58 wird die erste Raumgruppe fertig. Nachdem die Gewölbe ausgebessert und darauf aufsetzende Zwischenwände abgefangen waren, wurden die weiteren Geschosse ausgebaut. 1965 wurde eine zweite Raumgruppe übergeben. Ein Lastenaufzug wurde vergeben, der nach schwierigen statischen Untersuchungen – aus Rücksicht auf die darunterliegenden Gewölbe der Hofkellerei war eine Abfangkonstruktion erforderlich – 1966/67 eingebaut wurde. 1968/69 konnten mangels ausreichender Baumittel nur einige Räume fertiggestellt werden, im Frühjahr 1970 mußte der Bau aus diesem Grund sogar vorübergehend eingestellt werden. 1972 konnte endlich nach den Worten des Archivdirektors Dr. Scherzer »eines der modernsten Archive in einem historischen Altbau« übergeben werden, das in einer vorbildlichen Zusammenarbeit zwischen Nutznießern und Bauleuten entwickelt wurde. Allein die Inneneinrichtung kostete 400000 DM, die Baukosten betrugen 900000 DM. Für die Unterbringung der weiteren Archivalien war bereits der Einbau des Staatsarchivdepots auf der Festung Marienberg angefangen (1970).

Inneneinrichtung

Wie bereits eingangs berichtet, hatte die ausgelagerte Inneneinrichtung durch Plünderer auf der Plassenburg stark gelitten. Verheizt wurden wohl nur ergiebige Stücke wie größere Schränke. Die sperrigen Sitzmöbel, teilweise aus den Fenstern geworfen, hatten am meisten gelitten. In einem jahrelangen Puzzlespiel wurden die Einzelteile wieder zusammengesetzt und restauriert. Ein Beispiel: Am reicheingelegten Kabinettstück von David Roentgen in den Nördlichen Kaiserzimmern fehlten bei der Eröffnung dieser Raumflucht noch die Marmordeckplatte und die Schlagleiste. Sie wurden behelfsmäßig eingesetzt. Dann fand sich doch noch in einem Depot die originale Platte, und die Schlagleiste konnte anhand eines Fotos rekonstruiert werden.

Die meisten dieser Schreinerarbeiten wurden in der eigenen Werkstätte der Schloß- und Gartenverwaltung ausgeführt, der zweiten Werkstätte der Bayerischen Schlösserverwaltung, die sich trotz mancher Einsprüche vertreten ließ, weil sie auch für Ansbach und Aschaffenburg tätig war. Auch hier war der entscheidende Vorteil gegenüber Privatbetrieben, daß durch jahrelange spezielle Erfahrung ein spezifisches Fachwissen und besondere Fertigkeiten entwickelt werden konnten. Während der rund 35 Jahre waren nur drei Werkstattleiter (Kastner, Mehler und Nötscher) tätig. Auch die Handwerker blieben meistens bis zu ihrem Ruhestand. Außerdem verlangte der Bauablauf ohne Rücksicht auf kommerzielle Interessen ein stets greifbares, einsatzfähiges Team für alle gleichzeitig anfallenden Arbeiten wie Türen- und Fensterbau, Wandvertäfelung und Möblierungen einschließlich der kleineren Reparaturen.

Ergänzt wurde dieses Team durch die eigene Vergoldungswerkstätte und einen Schnitzer (Holzbildhauermeister Mehler, später Weidner). Was über die Kapazität dieses Kleinbetriebes hinausging oder dessen Fähigkeiten überforderte, wurde an Spezialfirmen vergeben. So alle Textilrenovierungen an die Würzburger Firma Olga Pacher, geb. Fritz, oder diffizile Restaurierung von Bildern und Vergoldungen an die Firma Peter Pracher. Die beiden Altartafeln der Hofkirche von Giovanni Battista Tiepolo restaurierte das Dörner Institut in München. Bei der Beschaffung der Wandbespannung nach den originalen Kartons für die Prunkräume, der Naturleinenbespannung für das Martin-von-Wagner-Museum und der Seidenbespannung für die Filialgalerie sowie bei allen Problemen der fachgerechten Anbringung hat sich die Würzburger Firma Hanna Troll besonders bewährt. Für die Kunstschlosserarbeiten gab es am Ort die beiden erfahrenen Werkstätten von Schnellenberger und Schrepfer.

Alle Reparaturen an dem Bestand von ungewöhnlich reichen Glaslüstern und die Ergänzung fehlender Lüster durch Kopien nach Originalen in Würzburg und Ansbach wurden von der Firma Zahn und Söhne in Wien ausgeführt, die dort schon seit »Maria Theresias Zeiten« arbeitet. Die ganze Palette dieser Arbeiten ist erst bei einem Rundgang durch alle Räume erlebbar; zu der Vielzahl der verschiedenen Gewerke kommen die stilistischen Varianten. Nur die Ausstattung für Schloß Johannesburg in Aschaffenburg, die in einer Bauphase, als in Würzburg andere Arbeiten wie die Sicherung des Vestibüls vordringlich waren, hier instand gesetzt wurde, ist mit der Einrichtung der »Ingelheim-Zimmer« stilistisch verwandt.

Der Hofgarten und die »Oegg-Gitter«

Auch am Hofgarten sind heute die Verwüstungen des Krieges nicht mehr ablesbar. Unter Leitung der Gärtenabteilung der Bayerischen Verwaltung der Staatlichen Schlösser, Gärten und Seen wurde von der örtlichen Gärtnerei der Schloßverwaltung Würzburg der Hofgarten im wesentlichen wieder so hergestellt, wie er nach seiner verwickelten Entstehungsgeschichte vor dem Krieg überliefert war, also in unmittelbarer Nachbarschaft der Residenz ein Architekturgarten im französischen Stil mit anschließenden Landschaftsgartenbereichen mit hohem Baumwuchs nach der Vorstellung eines englischen Gartens. Nur der Präsidialgarten hinter den Verwaltungs- und Betriebsgebäuden des Staatsweingutes im Rosenbachhof mußte neu konzipiert werden.

Bauliche Maßnahmen waren im Hofgarten außer der Instandsetzung der Umfassungsmauern und des Wege- und Treppenbaus mit Balustraden vor allem die Wiederherstellung der Orangerie sowie die Rettung der Gartenplastiken und der Oeggschen Gitter.

Die Orangerie, ein schmaler, langer Baukörper, der in voller Breite parallel zur Südseite steht, ist nach verschiedenen Entwurfsphasen nie eigentlich fertiggestellt worden. Die für Barockanlagen typische Sichtachse ist hier in der Mitte der Südfassade zunächst betont durch einen Brunnen und die Europa- sowie die Proserpina-Gruppe, stößt dann aber auf eine heute funktionslose profane Fenster- und Türfassade des 19. Jahrhunderts zwischen zwei symmetrisch anschließenden, mit hohen Figurennischen gegliederten Baukörpern des 18. Jahrhunderts. Mit einem noch sichtbaren Bogen ist dieses Mittelstück überspannt. Dieser Bogen zwischen zwei ursprünglich geplanten freistehenden Baukörpern, wie sie in dem Plan des Prokop Mayer von 1774 noch eingezeichnet sind, hätte eine gläserne Transparenz der Mittelachse erlaubt, aber auch hier wurde dem geschichtlich überlieferten Bestand der Vorrang eingeräumt gegenüber der Verwirklichung eines barocken Grundprinzips, der Sichtachse mit Blick ins »Unendliche«.

Die Südseite zeigt funktionsgerecht in voller Höhe verglaste Bogenarchitektur mit witterungsbeständigen Afzelia-Holz-Fenstern. In der Bauzeit von 1965–70 wurde das Gebäude bis auf den Innenausbau so weit fertiggestellt, daß es zunächst als Werkstätte für die Steinskulpturen genutzt werden kann. Wie bereits berichtet, werden hier die Originale der Gartenfiguren aus Würzburg und Veitshöchheim, soweit sie nicht schon im Mainfränkischen Museum stehen, zusammen mit den zu überwinternden Topfpflanzen aufgestellt.

Noch 20 Jahre nach dem Krieg war die Lösung, in den Gärten künftig nur Abgüsse aufzustellen, keineswegs selbstverständlich. Da z. B. die Figuren unter dem Kranz der Pyramideneiben rund um das Rondell in der Mittelachse der Südseite stark gelitten hatten, wurde damals ernstlich erwogen, die im Krieg arg zerzausten Bäume zu beseitigen. Heute stehen sie – vorbildlich zugeschnitten – über witterungsunempfindlichen Abgüssen. Ebenso haben die Laubengänge gegenüber der Mittelfront wieder ihre Wunden verheilt und reihen sich wie eine barocke Laubengang-Tischdekoration mit Porzellanfiguren im Halbrund um das Rondell vor dem Gartensaal, allerdings blieben die Abgüsse »steinsichtig«, statt »porcelain« weiß mit Gold, wie es auf der Bundesgartenschau in München 1983 gezeigt wurde.

Für die Problemstellung Rekonstruktion des Ehrenhofgitters ist die Erfahrung mit den vorhandenen drei

Gittern am Hofgarten bedeutsam. Offensichtlich waren im Laufe von 200 Jahren aufgetretene Rostschäden jeweils durch Auskittungen oder Anstriche vertuscht worden, unter denen der Rost weiterfraß. Bei der gründlichen Sanierung wurden die Gitter vollständig auseinandergenommen, zerstörte Teile wurden neu geschmiedet und eingesetzt, nachdem alle Teile einschließlich der Verbindungen mit modernen Rostschutzmitteln bzw. Verzinkung gesichert worden waren. Die beiden Würzburger Kunstschmiedewerkstätten haben dabei die Handschrift und die Technik Oeggs gründlich kennengelernt, dessen eisernes Selbstbildnis die Mitte des Rennwegertores unter dem fürstbischöflichen Wappen ziert.

Die Gesamtkosten des Wiederaufbaus und ein Vergleich mit den ursprünglichen Baukosten

Die nachfolgende Aufstellung der Baukosten für den Wiederaufbau muß zuvor erläutert werden. Sie bringt die Summe von Ausgaben einer Wiederaufbauzeit von 38 Jahren. Die geringen Aufwendungen vor der Währungsreform 1948 sind nicht enthalten und auch nicht dazuaddierbar. Während dieser Zeit ist der Baukostenindex auf ein Vielfaches gestiegen. Auf eine Hochrechnung wird verzichtet, weil sie auch bei dem Vergleichsobjekt nicht vorliegt.

Die Aufwendungen für die Etablierung anderer Nutznießer wie Universität mit Martin-von-Wagner-Museum und Toscanasaal, Staatsarchiv, Landesamt für Denkmalpflege, Staatsweingut mit Hofkellerei und für andere zwischenzeitlich wieder aufgegebene Nutzungen sind oft nicht zu trennen von den damit zusammenhängenden Wiederaufbauarbeiten und Fassadenerneuerungen in den jeweiligen Bereichen. Dazu kommen noch die laufenden Bauunterhaltausgaben.

Die im chronologischen Bericht über den Wiederaufbau zuvor genannten Zahlen bringen auf- bzw. abgerundet nur die Aufwendungen, die auf dem Titel »Residenz Würzburg Wiederaufbau« verbucht wurden, um damit in etwa das jährliche Bauvolumen zu dokumentieren. Einige Jahre erscheinen hier die Ausgaben niedriger, weil der Schwerpunkt auf Arbeiten für andere Nutznießer lag. Später, nach Erledigung dieser Arbeiten und bei steigendem Baukostenindex, wachsen diese Zahlen entsprechend.

Der Kostenanschlag für den »Wiederaufbau Residenz Würzburg« (Stand 1982) lautet auf 30 200 000,– DM. (Die Ausgaben in RM sind nicht berücksichtigt.)

Davon wurden auf diesem Titel bis 31. 12. 82 ausgegeben	24 714 000,– DM	
Differenz = Restsumme 5 486 000,– DM		
dazu für Universität und Martin von Wagner-Museum	3 432 000,– DM	
Ausbau des Staatsarchivs i. d. Residenz	898 600,– DM	
Landesamt für Denkmalpflege und Wohnungen	300 000,– DM	
Sicherung des Vestibüls	1 440 000,– DM	
Gesandtenbau (Residenzgaststätten)	1 963 000,– DM	
Rosenbachhof – Präsidialgebäude (Staatsweingut mit Betriebsgebäuden)	2 343 700,– DM	
Orangerie	645 000,– DM	
Zwischensumme	~35 736 000,– DM	35 736 000,– DM
Hofgarten und Neuanlage des Rosenbachgartens einschließlich Figurenabgüsse, ohne die bei den allgemeinen Baukosten verrechneten Arbeiten an den Mauern, Treppen und Balustraden in Höhe von 2 237 500,– DM zusätzlich		273 000,– DM
Inneneinrichtung, musealer Bereich (886 000,– DM wurden zusätzlich auf Bautitel verrechnet)	447 000,– DM	
Löhne für Schreiner und Schnitzer	2 100 000,– DM	
Sachkosten dazu	21 000,– DM	
	2 568 000,– DM	2 568 000,– DM

Summe der bisherigen Ausgaben	38 577 000,– DM
Dazu Kostenschätzung für noch anfallende Arbeiten aus dem Kostenanschlag Residenz allgemein (siehe oben)	5 486 000,– DM
bei Hofgarten und Inneneinrichtung (geschätzt)	500 000,– DM
Geschätzte Gesamtkosten	44 563 000,– DM
Dazu zusätzliche Mittel und Stiftungen z. B. vom Bayerischen Rundfunk 120 000,– DM und vom Verschönerungsverein 12 000,– DM sowie Kosten der ersten Sicherungsmaßnahmen, Ausgaben vor der Währungsreform, Kosten der staatlichen Bauleitung, für Unvorgesehenes und zur Aufrundung	2 437 000,– DM
Geschätzte Gesamtkosten für den Wiederaufbau mit Einrichtung und Außenanlagen demnach:	47 000 000,– DM

Hierzu einige Vergleiche: Für den Wiederaufbau der Residenz München, der parallel zur Bauzeit der Residenz Würzburg lief, wurden bisher 84 000 000 DM ausgegeben. Für das Kulturzentrum am Gasteig in München, das jetzt im Bau ist, sind 360 000 000 DM angesetzt, für den Wiederaufbau des Deutschen Theaters in München wurden 85 000 000 DM ausgegeben.

Es ist naheliegend und reizvoll, hier einen Vergleich zu den ursprünglichen Baukosten zu versuchen, obwohl dies nur bedingt möglich ist. Bei den monetären Aufwendungen damals sind unter anderem nicht voll erfaßt die Hand- und Spanndienste, die Lieferungen von Sand, Bruchsteinen und ähnlichen Materialien sowie zusätzliches Bauholz aus den Waldungen des Hochstifts. Sicher schwankte in der damaligen 50jährigen Bauzeit auch der Baukostenindex. Der Vergleich der Kaufkraft der damaligen Währung, des fränkischen Guldens, speziell beim Bau eines solchen Objekts mit den heutigen Baukosten ist nur annähernd möglich. Anhand einiger Beispiele wird später ein solcher Versuch gemacht.

600 000 fr. Gulden waren vor Baubeginn in einem Prozeß des Fürstbischofs Philipp Franz von Schönborn gegen den Verwalter seines Vorgängers, Johann Philipp II. von Greiffenklau, eingenommen worden und bildeten den Grundstock der Baumittel. In der Annahme, die später noch begründet wird, daß ein fr. Gulden einer Kaufkraft im Bauwesen von 50 DM heute entspricht, wären das 30 000 000 DM.

Bis zur Einweihung der Schloßkirche am 15. September 1743 waren etwa 1 000 000 fr. Gulden – nach den unvollständigen Abrechnungsunterlagen waren es 1 053 036 – ausgegeben worden, also rund 50 000 000 DM. Zu diesem Zeitpunkt waren zwei Drittel der Baumaßnahme fertiggestellt, nämlich der gesamte Hauptbau unter Dach, der Rosenbachhof stand schon vor Baubeginn des Schlosses, dazu die Einrichtung der Hofkirche, der ersten Bischofswohnung, heute »Ingelheimzimmer«, der zweiten Bischofswohnung entlang der Südseite und der südlichen Paradezimmer.

Zu dem Grundkapital von 600 000 fr. Gulden mußten in den 25 Jahren von 1719–1743 also noch zusätzlich 400 000 fr. Gulden aufgebracht werden oder jährlich 16 000 fr. Gulden, entsprechend 800 000 DM, eine Summe, die an heutigen Verhältnissen gemessen wohl ohne unerträgliche Belastung der Bevölkerung des gesamten Fürstentums aufbringbar erscheint, wenn man zum Vergleich nur die Bau- und Unterhaltskosten bei Schwimmbädern und Gemeinschaftshallen heutiger Gemeinden heranzieht.

Für die Restbausumme, das restliche Drittel, rund 500 000 fr. Gulden oder 25 000 000 DM, waren in der

Zeit von 1743–1779, also in 36 Jahren, jährlich demnach aufzubringen rund 13 900 fr. Gulden oder 694 000 DM. Als monatlicher Bauetat war ab 1743 sogar fast das Doppelte vorgesehen, nämlich 2000 fr. Gulden, jährlich also 24 000 fr. Gulden oder umgerechnet 1 200 000 DM. Nach den unvollständigen Abrechnungsunterlagen betragen die Ausgaben von 1741 bis 1778 nur 444 447 fr. Gulden. Die Abrechnung des Jahres 1779 fehlt dabei. Bei den Baurechnungen fehlt außerdem nachweisbar zum Beispiel das riesige Honorar, das Tiepolo ausgezahlt bekam, sowie das Honorar an Cuvilliés, der mehrere Wagenladungen mit Holzmodellen nach Würzburg bringen ließ, für seine Tätigkeit von 1759–1766.

Nach Sedlmaier Pfister betrugen die monetären Gesamtkosten bis 1778:

		1 564 000 Gulden
dazu die Ausgaben 1779 zusätzlich	ca.	10 000 Gulden
Um eine vergleichbare Gesamtsumme zu errechnen, sind hier noch mitzurechnen die Baukosten für das Schlößchen am Rennweg 1700–1704		38 416 Gulden
Dazu das Honorar für Tiepolo		28 000 Gulden
Dazu das Honorar für Cuvilliés und sonstige nicht verrechnete Leistungen	ca.	60 000 Gulden
insgesamt		1 700 000 Gulden
oder umgerechnet rund		85 Millionen DM

Ein Vergleich zum Wertansatz des Guldens mit 50 DM: Allein das wahrhaft fürstliche Honorar, das Giovanni Battista Tiepolo 1753 ausbezahlt bekam, überstieg bereits den veranschlagten Jahresetat und spricht also eher dafür, daß die Umrechnung 50 DM pro fr. Gulden zu hoch angesetzt ist. Er erhielt bei freier Kost und Logis für sich selbst und seinen Sohn Giovanni und seine Mitarbeiter für den »Plafond der Stiege« 12 000 fr. Gulden, für den Kaisersaal und Ölbilder – darunter wohl auch die beiden Altarblätter der Hofkirche – 7000 und 3000 fr. Gulden und für die Hin- und Rückreise weitere 3000 fr. Gulden sowie eine Gratifikation von 3000 fr. Gulden, insgesamt also 28 000 fr. Gulden oder 1 400 000 DM. Eine hohe Investition, die allerdings gut angelegt war.

Zwei weitere Honorare zum Vergleich. Der Kunstschmied Oegg erhielt für das Ehrenhofgitter sogar 28 745 fr. Gulden, dies entspräche 1 437 250 DM, nach Meinung von Dr. Ph. Joseph Keller »für damalige Zeit eine Riesensumme«. 1,5 Millionen DM wären sicher anzusetzen, wenn das Gitter heute rekonstruiert werden sollte. J. v. d. Aureva erhielt für die Steinarbeiten dazu 4100 fr. Gulden.

Im Gegensatz dazu erhielt der bischöfliche Archivar Armknecht alias Armbknecht (1750–1769) nur ein Jahresgehalt von 300 fr. Gulden, dazu 12 Malter Korn, 1,5 Fuder Wein und 7 fr. Gulden 3 Batzen Neujahrsgeld, umgerechnet also jährlich 15 000 DM und Nebenleistungen. Das Gehalt eines heutigen Archivdirektors läge etwa dreimal so hoch, zuzüglich Nebenleistungen wie Weihnachtsgeld, Beihilfen, Kindergeld und Pensionsanspruch. Dieser Vergleich spricht eher dafür, daß der Ansatz 50 DM pro Gulden noch zu niedrig ist.

Der Archivdirektor Dr. Scherzer hat, als das Landbauamt bei der Renovierung der Hofkirche die Kosten für die Vergoldung begründen mußte, nachgewiesen, daß diese damals höher waren als heute, obwohl die Ausbesserungsarbeiten viel schwieriger waren als die damalige Neuvergoldung.

Mit diesen Vergleichen wurde versucht, eine Relation zwischen den damaligen Baukosten und den heutigen zu finden. Die Annahme, daß der Gulden bei dieser Bauaufgabe heute mit 50 DM zu bewerten ist, dürfte als Hilfsmittel ausreichen.

Das Verhältnis von demnach 85 Millionen ursprünglicher Baukosten zu rund 47 Millionen für den Wiederaufbau liegt günstiger, als es der Zerstörungsgrad von 1945 vermuten ließe. Allerdings wurde auch manches nicht wiederhergestellt: zum Beispiel der Ehrenhofgitterabschluß und die südliche Bischofswohnung in ihrer ursprünglich reichen Ausstattung.

Damit schließt der Bericht über das Geschick dieser wahrhaft bedeutenden Schloßanlage von elitärer Individualität während der letzten 200 Jahre. Es ist naheliegend und folgerichtig, darüber nachzudenken, wie deren »Geschichte« und damit auch die unsere weitergehen wird.

Die Beteiligten am Wiederaufbau

Die Präsidenten der Bayerischen Verwaltung der Staatlichen Schlösser, Gärten und Seen:

Prof. Dr. Rudolf Esterer, 1. 8. 1945–31. 3. 1952. Professur für Denkmalspflege an der TH München, der die ausbaubaren Teile der Residenz während des Krieges in Sicherheit brachte und für die ersten Wiederaufbaujahre die treibende Kraft war. Dr. Alfred Kiefer, 1. 4. 1952–31. 12. 1954, und Dr. Max Wunschel, 1. 2. 1955–31. 8. 1958, zwei Juristen, die vor allem die fiskalische Grundlage für die Aufbauarbeiten sicherten.

Levin Frhr. von Gumppenberg, 1. 9. 1958–31. 12. 1974, ebenfalls Jurist, der dank seiner exzellenten Kenntnis der bayerischen Geschichte und Kunstgeschichte in den wichtigsten Jahren des Wiederaufbaues der noble Ansprechpartner für alle Entscheidungen war. Hans Jürgen Frhr. v. Crailsheim, 1. 1. 1975–dato, dem ich besonders für seine Unterstützung bei diesem Buch danke, insbesondere für die Bereitstellung der Unterlagen durch das Landbauamt Würzburg.

Vorwiegend für den juristischen und finanziellen Bereich waren zuständig die jeweiligen Vizepräsidenten: Rudolf Schwarzmaier, 28. 6. 1947–28. 12. 1952, Hans Welsch, 1. 4. 1953–9. 7. 1967, Anton Hüttenhofer, 1. 2. 1968–31. 10. 1978, und Anton Klaß, 1. 11. 1978–dato.

Die Leiter der Bauabteilung waren: Baudirektor Otto Hertwig, 1. 3. 1943–31. 10. 1954, dessen Bericht über die Restaurierung der Fresken im Treppenhaus und im Kaisersaal in vorliegendem Bericht weitgehend zitiert wird. Baudirektor Sepp Huf, 1. 11. 1954–24. 9. 1961, dessen engagierter Einsatz insbesondere beim Wiederaufbau des Gesandtenbaues durch seinen frühen Tod abgebrochen wurde. Abteilungsdirektor Lars Landschreiber, 1. 4. 1962–30. 6. 1972, der vor allem in der kritischen Phase der Treppenhaussicherung die schwierige Vermittlerrolle hatte, und Abt.-Dir. Günther Schelling, 1. 7. 1972–dato, dem ich ebenfalls für seine Unterstützung für diesen Beitrag danke. Der Referent dieser Abteilung für die Residenz Würzburg ist ab 1. 2. 1966–dato Bauoberrat Peter v. Unold.

Für die museale Seite, die Inneneinrichtung, waren zuständig die Leiter der Museumsabteilung, Dr. Ernst Gall, 1. 9. 1949–28. 2. 1953, Dr. Hans Thoma, 1. 7. 1954–17. 2. 1980, Altgraf Dr. Christian Salm, 1. 8. 1966–30. 4. 1968, Dr. Walter Tunk, 1. 5. 1968–31. 12. 1970, Prof. Dr. Erich Bachmann, Landeskonservator, 1. 1. 1971–31. 8. 1975, der Verfasser des amtlichen Residenzführers und während des Aufbaues dank seiner Konzilianz und seines Fachwissens ein erfreulicher Kontrahent, Dr. Gerhard Hojer, 1. 12. 1973–dato, zunächst stellvertretend, ab 1. 9. 1975 Leiter der Museumsabteilung.

Die Referenten dieser Abteilung für die Residenz Würzburg waren: Dr. Hans Thoma, 14. 11. 1947–31. 12. 1962, Dr. Walter Tunk, 1. 1. 1963–31. 12. 1970, Dr. Erich Bachmann, 1. 1. 1971–31. 8. 1975, Dr. Albrecht Mitler, 1. 9. 1975–30. 4. 1981, Dr. Burkard v. Roda, 15. 5. 1981–dato.

Für die Wiederherstellung des Hofgartens waren die Direktoren der Gärtenabteilung zuständig. Max Diermayer, 1. 5. 1937–30. 6. 1952, Christian Bauer, 1. 7. 1953–31. 10. 1966, Karl Meyr, 1. 11. 1966–31. 1. 1977, Herbert Klaus, 1. 5. 1977–dato.

Die Amtsvorstände des Landbauamtes Würzburg: Nach dem Kriege vor 1947 war vorübergehend Bauing. Gurdan kommissarischer Amtsvorstand, Baurat Markowski, 1. 1. 1947–31. 10. 1948, Oberregierungsbaurat Carl Simon, 1. 11. 1948–31. 12. 1955, Oberregierungsbaurat Walter Strauß, 1. 1. 1956–31. 6. 1958, Regierungsbaudirektor Otto Mayer, 1. 7. 1958–31. 5. 1971, Baudirektor Heinz Lützelberger, 1. 6. 1971–30. 9. 1982, Baudirektor Elmar Fick, 30. 9. 1982–dato.

Die örtlichen Bauleiter des Landbauamtes: Regierungsbauinspektor Ernst Renninger bis 1950, Technischer Angestellter Herbert Stubner, zeitweise auch T. A. Piper, 1950–1958. Technischer Oberamtsrat Heinz Richter von 1958–dato, über dessen zentrale Rolle bereits berichtet wurde.

Als Koordinatoren und örtliche Vertreter der Schlösserverwaltung München waren die Amtsvorstände der Schloß- und Gartenverwaltung Würzburg verantwortlich: Schloßinspektor Georg Elflein von 1936–31. 3. 1948, der die Brandnacht am 16. 3. 1945 in der Residenz miterlebte, Regierungsoberinspektor Gustav Jaeger, 1. 4. 1948–31. 12. 1956, als Angestellter 9. 3. 1959–16. 5. 1960, Regierungsoberbauinspektor Ludwig Zaus, 3. 12. 1956–6. 3. 1959. Regierungsamtsrat Hermann Frick, 1. 4. 1960–31. 10. 1981, dem später bei der Quellenangabe noch besonderer Dank ausgesprochen wird, und Regierungsamtsrat Friedrich Brandes, 1. 11. 1981–dato.

Die Betriebsleiter des Hofgartens: Garteninspektor Heinrich Graßl, 15. 7. 1942–26. 11. 1949, er erlebte den Angriff 1945 im Hofgarten. Obergartenverwalter Hugo Peine, 15. 12. 1949–30. 9. 1955, Hauptgartenverwalter Eduard Heckel, 13. 8. 1955–1. 2. 1975, Gartenobersekretär Helmut Uhl, 1. 2. 1975–dato.

Die Leiter der Residenzwerkstätten waren: Kunstschreinermeister Otto Kastner, 1. 6. 1948–31. 1. 1969, und Albert Nötscher, 3. 8. 1970–dato. Der erste Gehilfe Georg Friesacker, 25. 2. 1957–dato. Holzbildhauermeister und vorübergehend Werkstattleiter Franz Mehler, 9. 10. 1961–31. 12. 1973. Holzbildhauermeister Gilbert Weidner, 1. 1. 1974–dato. Vergolder Erich Weber, 1. 4. 1968–dato. Außerdem war auf Werkvertrag langfristig tätig der Bildhauer und Stukkateur Erich Grützner, 1. 5. 1948–31. 12. 1963. Über den Vorteil dieser Kontinuität der Personalbesetzung der Spezialwerkstatt wurde zuvor schon berichtet.

Eine vollständige Liste aller am Bau beschäftigten Firmen und Künstler würde den Umfang dieses Berichtes sprengen. Die wichtigsten Spezialfirmen und Künstler wurden jeweils im Text benannt.

Literaturnachweis und Danksagung

zu *Der 1779 fertiggestellte Baukomplex »Residenz Würzburg« und sein weiteres Schicksal:*

Bachmann, Erich (u. Burkard von Roda): Residenz Würzburg und Hofgarten. Amtliche Führer. München 1970/78/81/82
Eckert, Georg: Balthasar Neumann und die Würzburger Residenzpläne. Straßburg 1917
Freeden, Max H. von: Balthasar Neumann. Leben und Werk. München, Berlin 1963
Keller, Josef: Balthasar Neumann. Würzburg 1896
Kreisel, Heinrich: Residenz Würzburg. Amtlicher Führer. München 1939
Lechler, Friedrich: Illustrierter Führer durch das Schloß Würzburg. Dettelbach 1920
Mader, Felix: Die Kunstdenkmäler des Königsreichs Bayern, Stadt Würzburg. München 1915
Pfister, Rudolf, und Richard Sedlmaier: Die fürstbischöfliche Residenz in Würzburg. Text- und Tafelband. München 1923
Würzburger Chronik. Bearb. von Leo Günther. Würzburg 1925
Die Würzburger Residenz und die Brandkatastrophe vom 15. 5. 1896. Würzburg 1898. Für die Überlassung dieses Heftes u. weiterer Unterlagen danke ich Prof. E. Ellmer/Würzburg.
Der Brand der königlichen Residenz in Würzburg. In: Zeitung für das Feuerlöschwesen. München 15. 6. 1896

zu *Die besonderen konstruktiven Eigenschaften des Baues:*

Grimschitz, Bruno: Johann Lucas von Hildebrandt. Wien, München 1959
Straub, Hans: Die Geschichte der Bauingenieurkunst. Basel 1949

Bereits hier wird Dipl.-Ing. E. P. Altenhöfer, Würzburg, beratender Ingenieur für Statik und Baukonstruktion, für seine Beratung zu diesem Abschnitt und bei allen bautechnischen Fachproblemen gedankt. Wichtige Quellen stammen aus seinem Familienbesitz. Sein Vater, Ing. Eugen Altenhöfer, hat als denkmalpflegender Architekt 20 Jahre beim Wiederaufbau Würzburgs Wesentliches geleistet. Seine Frau, Margret Altenhöfer, hat mit Fachkenntnis und großer Geduld das Manuskript geschrieben.

zu *Die Katastrophe 1945. Die vorsorglichen Maßnahmen und die ersten Rettungsversuche:*

Das Bautagebuch des Landbauamtes Würzburg über die Residenz, Auszüge aus der Bauamtschronik, ist ab hier die Grundlage für den chronologischen Bericht über den Wiederaufbau (nicht veröffentlicht).
Domarus, Max: Der Untergang des alten Würzburg. Würzburg 1980
Dunkhase, Heinrich: Würzburg 16. März 1945, 21.25 Uhr – 21.42 Uhr. In: Mainfränkische Jahrbücher. 32. Würzburg 1980
Kuhn, Rudolf E.: Hausmeister rettete Millionenwerte in Würzburg. In: Mainecho. Aschaffenburg 13. 10. 1949
Lill, Georg: Zerstörte Kunst in Bayern. München 1948
Oppelt, Hans: Würzburger Chronik des Wiederaufbaues. 1945–1975. Würzburg 1982
Oppelt, Hans: Würzburger Chronik des denkwürdigen Jahres 1945. Würzburg 1947
Praktische Denkmalspflege. Gesammelte Merkblätter. Hrsg. von Georg Lill. München 1941
Schenk, Josef: Zur Erinnerung an meinen Vater. Privatdruck 1982
Schnell, Hugo: Das Käppele Würzburg. Führer o. J.
Skilton, John D. Jr.: Défense d. l'Art Européen. Paris 1948
Skilton, John D. Jr.: Würzburg 1945. Würzburg 1952
Stein, Otto: Offen gesagt. Würzburg 1963
Wunschel, Max: In: Festschrift zur Eröffnung des Alten Residenztheaters. München 1958. Zitat daraus: »Trotz der Gefahr des allgemeinen Dafaitismus« (für die Retter des Theaters).
Dr. Rudolf Edwin Kuhn, Kunsthistoriker, stellte Dokumente und Bildmaterial aus seinem Privatarchiv zur Verfügung und hat Korrektur gelesen.

zu *Die Grundsätze der praktizierten Denkmalpflege in den ersten Jahren nach dem Zweiten Weltkrieg:*

Festliche Oper. Geschichte des Wiederaufbaues des Nationaltheaters in München. München 1964
Lill, Georg: Um Bayerns Kulturbauten. Zerstörung und Wiederaufbau. München 1946
Mayer, Otto: Kritik und Rechtfertigung nach 25 Jahren Wiederaufbau. In: Würzburg Heute. Würzburg 1970
Mayer, Otto: Der Wiederaufbau des Domes zu Würzburg. In: Ecclesia Cathedralis. Würzburg 1967
Roda, Burkard von: Adam Friedrich von Seinsheim. Auftraggeber zwischen Rokoko und Klassizismus. Inauguraldiss. Würzburg 1978. (Veröffentlichungen der Gesellschaft für fränkische Geschichte. VIII. Reihe, Quellen und Darstellungen. 6. Neustadt a. d. Aisch 1980)

zu *Beginn des Wiederaufbaues, Restaurierung der Tiepolofresken. Bestandssicherung bis zum Richtfest 1959. Einbau der Universitätsräume (1953–59):*

Hertwig, Otto: Die Wiederherstellung der Tiepolo-Fresken in der Residenz Würzburg. Wien, München 1952

zu *Erste Ansätze zur »Rekonstruktion« 1959–63. Wiederherstellung der Hofkirche. Beginn der Wiederherstellung der Prunkräume. Das Problem Residenzplatz:*

Körner, Karl (u. Otto Mayer): Die Instandsetzung der Würzburger Hofkirche. In: Deutsche Kunst- und Denkmalpflege. 20. München 1962
Reitberger, Heiner: Glocken über der Residenz. Der Uhrturm im Innenhof des Südflügels wird originalgetreu rekonstruiert. In: Mainpost. 133. Würzburg 1960

zu *Sicherung des Vestibüls und des Treppenhauses 1932 und 1963–67:*

Bericht des Landbauamtes Würzburg an die Verwaltung des ehemaligen Krongutes vom 7. 5. 1932 über den Schadensfall an einer Sandsteintragsäule des Vestibüls in der Würzburger Residenz. Nicht veröff. Für die Überlassung einer Ablichtung dieses Berichtes wird Professor Dr. Max H. v. Freeden besonders gedankt.
Landschreiber, Lars: Sicherung des Vestibüls, des Treppenhauses und des Weißen Saales in der Residenz Würzburg. In: Deutsche Kunst- und Denkmalpflege. 26. München 1968

zu *Arbeiten in den Prunkräumen; Problemstellung »Rekonstruktion«. Wandel der Auffassung in der Denkmalspflege:*

Kontroverse um den Wiederaufbau des Würzburger Domes. II. Teil und Schluß.
HEIKAMP, DETLEV: Das Debakel des Wiederaufbaues. In: Bauwelt. 30. Berlin 1973
MAYER, OTTO: Es wurde nichts verbaut. In: Bauwelt. 30. Berlin, 1973
HEIKAMP, DETLEV: Der Wiederaufbau des Würzburger Domes. In: Bauwelt. 49. Berlin 1971
KREISEL, HEINRICH: Die Wiederherstellung und Einrichtung der südlichen Paradezimmer in der Würzburger Residenz. In: Kunstchronik. 7. Nürnberg 1970

zu *Weiterführung der Sanierungsarbeiten im Treppenhaus, Wiederherstellung der nördlichen Prunkräume. Farbgebung in Vestibül und Treppenhaus (1966):*

LANDSCHREIBER, LARS: Die neue Farbgebung im Treppenhaus der Würzburger Residenz. In: Deutsche Kunst- und Denkmalpflege. 26. München 1968

zu *Das Problem »Ehrenhofgitter«-Geschichtsdenkmal gegen Baudenkmal. Sanierung des Weißen Saales. Fertigstellung des Kaisersaales. Übergabe der Südlichen Paradezimmer (1970). Beginn der Wiederherstellung der Ingelheimzimmer (1969):*

MAYER, OTTO: Der Anfang vom Ende. In: 200 Jahre Residenztheater München. Festschrift. München 1951
Zitat daraus: »Unter Ludwig I. war der Begriff Rokoko noch eine Art Schimpfwort. Und wie damals das Abschlußgitter vor dem Ehrenhof der Würzburger Residenz . . . entfernt wurde, ebenso wurde damals die ganze Cuvelliésche Ausstattung des Theaters einfach ausgebaut und in einem Schuppen im Lehel eingelagert.«

zu *Grünlackiertes Zimmer. »Einweihung« der Nördlichen Paradezimmer 1972:*

LÜTZELBERGER, HEINZ: Wiederaufbau der Residenz Würzburg. Zum Abschluß der Rekonstruktion der sogenannten Kaiserzimmer. In: Die Bauverwaltung. 48. Jahrgang. August. Hannover 1975

zu *Fürstensaal und Filialgalerie:*

LÜTZELBERGER, HEINZ: Der Wiederaufbau der Residenz am Beispiel der Ingelheimer Zimmer und des Fürstensaales. In: Schönere Heimat. 68. Jahrgang. München 1979

zu *Probleme der Fassadenerhaltung und des Figurenschmuckes. Übergabe der Ingelheimzimmer und des Fürstensaales am 29. September 1978:*

LÜTZELBERGER, HEINZ: Die Renovierung der Seinsheimzimmer der Würzburger Residenz. In: Bayern (Unterfranken). Zeitschrift von Bayerischer Lebensart. 1978

zu *Das Martin-von-Wagner-Museum:*

HETTINGER, FRANZ: Aus Welt und Kirche. 1. Band. Freiburg 1855
HILPERT, WILHELM: Bericht über die Stiftung Kiseleff. In: Süddeutsche Zeitung. Nr. 285. München 1982
MÖBIUS, HANS: Das Martin-von-Wagner-Museum der Universität Würzburg. Volkach 1965
ZÜCHNER, WOLFGANG: Kriegsverluste. A. A. 1948/49

zu *Das Staatsarchiv:*

SCHERZER, WALTER: Das Staatsarchiv 200 Jahre in der Residenz. In: Mainfränkisches Jahrbuch für Geschichte und Kunst. 89. Würzburg 1966
SCHERZER, WALTER: Der Wiederaufbau des Staatsarchivs Würzburg in der Residenz Würzburg. In: Der Archivar. Jahrgang 1964
SPERL, AUGUST: Geschichte des kgl. Kreisarchivs Würzburg 1802–1812. Sonderdruck der Archivalischen Zeitschrift. Neue Folge. 19. Band. München
Staatsarchiv Würzburg. In: Minerva Handbücher. Berlin, New York 1974

zu *Gesamtkosten des Wiederaufbaues und ein Vergleich mit den ursprünglichen Baukosten:*

KELLER, JOSEF: Balthasar Neumann. Würzburg 1896
PFISTER, RUDOLF, UND RICHARD SEDLMAIER: Die fürstbischöfliche Residenz in Würzburg. Text- und Tafelband. München 1923

Zu den letzten drei Kapiteln hat Reg.-Amtsrat a. D. Hermann Frick mit ungewöhnlich hohem Zeitaufwand alle fehlenden Unterlagen zusammengestellt. Auch für die Überlassung seiner privaten Sammlung einschlägiger Schriften danke ich.

Abschließend wird noch ausdrücklich gedankt: Oberamtsrat Richter für seine Mitarbeit und das gewissenhafte Korrekturlesen, dem Präsidenten der Bayerischen Verwaltung der Staatlichen Schlösser, Gärten und Seen, Hans Jürgen Frh. v. Crailsheim, für seine Förderung dieses Beitrages, Museumsdirektor Dr. Hanswernfried Muth für seine vielfältigen Auskünfte und meinen Söhnen Dr. Thomas Michael Mayer, Marburg, und Stud.-Ass. Martin Mayer, Hannover, für die gründlichen abschließenden Korrekturen.

P
P